R. Spintge   R. Droh (Hrsg.)

Schmerz und Sport

Interdisziplinäre Schmerztherapie
in der Sportmedizin

Mit 111 Abbildungen und 42 Tabellen

Springer-Verlag
Berlin Heidelberg New York
London Paris Tokyo

Dr. med. Ralph Spintge
Dr. med. Roland Droh

Sportkrankenhaus Hellersen
Paulmannshöher Straße 17, 5880 Lüdenscheid, BRD

ISBN-13: 978-3-540-18682-3   e-ISBN-13: 978-3-642-73275-1
DOI: 10.1007/ 978-3-642-73275-1

CIP-Titelaufnahme der Deutschen Bibliothek. Schmerz und Sport: interdisziplinäre Schmerztherapie in d. Sportmedizin / R. Spintge; R. Droh (Hrsg.). - Berlin; Heidelberg; New York; London; Paris; Tokyo: Springer, 1988.

NE: Spintge, Ralph [Hrsg.]

Dieses Werk ist urheberrechtlich geschützt. Die dadurch begründeten Rechte, insbesondere die der Übersetzung, des Nachdrucks, des Vortrags, der Entnahme von Abbildungen und Tabellen, der Funksendung, der Mikroverfilmung oder der Vervielfältigung auf anderen Wegen und der Speicherung in Datenverarbeitungsanlagen, bleiben, auch bei nur auszugsweiser Verwertung, vorbehalten. Eine Vervielfältigung dieses Werkes oder von Teilen dieses Werkes ist auch im Einzelfall nur in den Grenzen der gesetzlichen Bestimmungen des Urheberrechtsgesetzes der Bundesrepublik Deutschland vom 9. September 1965 in der Fassung vom 24. Juni 1985 zulässig. Sie ist grundsätzlich vergütungspflichtig. Zuwiderhandlungen unterliegen den Strafbestimmungen des Urheberrechtsgesetzes.

© Springer-Verlag Berlin Heidelberg 1988
Softcover reprint of the hardcover 1st edition 1988

Die Wiedergabe von Gebrauchsnamen, Handelsnamen, Warenbezeichnungen usw. in diesem Werk berechtigt auch ohne besondere Kennzeichnung nicht zu der Annahme, daß solche Namen im Sinne der Warenzeichen- und Markenschutz-Gesetzgebung als frei zu betrachten wären und daher von jedermann benutzt werden dürften.

Produkthaftung: Für Angaben über Dosierungsanweisungen und Applikationsformen kann vom Verlag keine Gewähr übernommen werden. Derartige Angaben müssen vom jeweiligen Anwender im Einzelfall anhand anderer Literaturstellen auf ihre Richtigkeit überprüft werden.

Gesamtherstellung: Appl, Wemding
2119/3140-543210

Vorwort

Sportliche Hochleistungen können heute nur noch unter Schmerzen erbracht werden. Aber auch eine Vielzahl von Leistungs- und Breitensportlern leidet unter schmerzhaften Bewegungs- und Leistungseinschränkungen. Falsche oder zu starke Beanspruchung des Organismus, und hier insbesondere des Bewegungs- und Stützapparates führen oftmals gar zu chronischen Schmerzen, die nicht nur die Freude am Sport verderben, sondern auch zu einer Beeinträchtigung der sportlichen Leistung in Training und Wettkampf führen.

In den Beiträgen dieses Buches wird erstmals versucht, eine Zusammenschau des Themenkreises „Schmerz und Sport" aus der Sicht von sportmedizinischer Prävention, Trainingslehre, Biomechanik, Physiologie, Psychologie und schmerztherapeutischer Diagnostik und Behandlung zu erbringen. Es kommen dabei nicht nur Wissenschaftler und Ärzte, sondern auch Physiotherapeuten, Psychologen, Trainer und Athleten zu Wort.

Wir möchten den vorliegenden Band als einen ersten Schritt in Richtung auf eine interdisziplinäre, schmerztherapeutische Versorgung unserer sporttreibenden Bevölkerung hin verstanden wissen. Naturgemäß sind dabei einige Aspekte nur gestreift, jedoch meinen wir, daß sportmedizinisch tätige Kollegen, Schmerztherapeuten, aber auch Trainer, Betreuer und die Sportler selbst wichtige Hinweise für eine menschengerechtere und gesündere Sportausübung finden werden.

Lüdenscheid, April 1988   R. Spintge und R. Droh

Inhaltsverzeichnis

Einführung
R. Droh 1

Schmerz und Sport –
Die interdisziplinäre Schmerztherapie in der Sportmedizin
R. Spintge 3

Diagnostik und Therapie

Möglichkeiten und Grenzen der Ultraschalldiagnostik bei
Muskel- und Sehnenverletzungen im Sport
H.-R. Casser und W. van Laack 13

Aspekte isokinetischer Test- und Diagnoseverfahren in der
Sportmedizin
F. Duesberg und A. Verdonck 26

Isokinematisch-dynamometrische Beurteilung der Distorsion
des medialen Seitenbandes
A. Schultz, T. Bochdansky, U. Kroitzsch und T. Gaudernak 33

Überlastungsschmerz im Bereich des subakromialen Raumes
als Folge wiederholter Bewegungsabläufe spezieller
Sportarten
U. Kroitzsch, E. Egkher und A. Schultz 45

Der Patellaschmerz beim jugendlichen Leistungssportler –
taktisches Vorgehen hinsichtlich therapeutischer Maßnahmen
E. Egkher, T. Bochdansky, U. Kroitzsch und A. Schultz 59

Einsatzmöglichkeiten der Extensionstherapie bei Coxalgien
und Meniskopathien
B. Schwarz und G. Feuerstake 71

Diagnostik und Therapie der sogenannten
Beschäftigungsneuritiden
W. Steinbrecher 81

Moderne elektrische Schmerzbehandlung
J.-U. Krainick und U. Thoden 87

Technik der Neuro-Programmstimulation zur Behandlung
akuter und chronischer Schmerzen
M. Mohadjer, E. Milios, H. Neumüller und F. Mundinger 94

Nichtinvasive und nichtpharmakologische Schmerztherapie
mittels physiologisch getriggerter transkutaner
Elektronervenstimulation - Erste klinische Erfahrungen am
Sportkrankenhaus Hellersen
R. Spintge, B. B. Halpaàp und R. Droh 101

Die Therapie der akuten und chronischen Epicondylitis
humeri lateralis (Tennisarm) mit Akupunktur
A. Molsberger, K. P. Schulitz und E. Hille 109

Clinical and Experimental Studies on Patellar Tendon
Enthesopathy in Athletes Using Acupunctural Treatment
Shudong Zhang, Guoping Li, and Fengsu Li 118

Laser Therapy in Chronic Pain Syndromes
J. D. Bryant, J. M. Pernak, and A. M. Klamer 121

Perioperative Schmerztherapie in der Orthopädie
(Sporttraumatologie)
G. Rothmann 126

Die Behandlung von chronischen Schmerzzuständen durch
i. v. Applikation von lokalanästhetikumhaltigen Infusionen
G. Sehhati-Chafai 133

Topical Therapy of Localized Inflammation in Musicians:
A Clinical Evaluation of Aspercreme vs Placebo
*F. H. Hochberg, P. Lavin, R. Portney, D. Roberts, C. Tinney,
K. Hottleman, F. Wanger, J. Newmark, M. Cavanaugh, and
M. Noonan* 139

Vibroacoustics and Sport - The Beginning of a New
Approach to Muscular Stress?
O. Skille 150

Psychophysiologie

Psychophysiologische Mechanismen der Schmerzbewältigung
bei sportlicher Extrembelastung am Beispiel des
Marathonlaufes
W. Larbig, M. Schrode und H. C. Heitkamp 159

Psychologisches Training zur Schmerzbewältigung
G. Hörmann 170

Hypnose als Gesundheitsregulativ im Leistungssport
T. Svoboda 179

Emotion und Sport – Sentic-Cycle, auf dem Weg zur
Schaffung eines leistungsfördernden emotionalen Status
R. Spintge, R. Droh, M. Clynes, A. Mulders und A. Hiby 184

Audience Reaction to Expressions of Pain
P. H. Damstè 190

Physiologische Schmerzforschung

Verhalten von Nozizeptoren im normalen und entzündeten
Muskel
S. Mense 199

Zur Funktion nozizeptiver Afferenzen in der spinalen Motorik
E. D. Schomburg 207

Sind die durch Metabolite im arbeitenden Muskel ausgelösten
Kreislaufreflexe als unterschwellige Stimulierung nozizeptiver
Fasern zu deuten?
F. Thimm 220

Über den Einfluß der endogenen opioiden Peptide auf die
Schmerzwahrnehmung während körperlicher Arbeit
T. Arentz, K. de Meirleir und W. Hollmann 230

Medizinische Stoffwechsel- und Trainingssteuerung

Möglichkeiten und Grenzen der isokinetischen
Trainingssteuerung in der Sport-Rehabilitation
A. Verdonck und F. Duesberg 239

Chronic Pain in Dancers: A Theoretical and Treatment
Protocol
I. Dowd 246

Hormonelles Verhalten bei körperlicher Belastung und
Übertraining: Möglichkeiten einer hormonellen
Trainingssteuerung
A. Urhausen und W. Kindermann 256

Biochemical Indicators in Diagnosis of Overstrain Condition
in Athletes
M. Härkönen, K. Kuoppasalmi, H. Näveri, J. Karvonen, and
H. Adlercreutz 270

Unphysiologisches im Segelsport
A. A. Bettermann 272

Trainingssteuerung in der Schwimmtherapie bei Patienten mit
koronarer Herzkrankheit
U. Schwan und C. Halhuber 282

Bedeutung und Gestaltung einer sinnvollen Sporternährung
unter präventiven Gesichtspunkten
M. Hamm 297

Schlußwort
R. Spintge 302

Sachverzeichnis 303

Autorenverzeichnis

Adlercreutz, H.
Department of Clinical Chemistry, University of Helsinki, Helsinki, Finland

Arentz, T.
Institut für Kreislaufforschung und Sportmedizin,
Institutsgebäude 8.OG, Carl-Diem-Weg, 5000 Köln 41, BRD

Bettermann, A.A.
Unfallchirurgische Klinik, Universität Gießen, Justus-Liebig-Straße,
6300 Gießen, BRD

Bochdansky, T.
Institut für Physikalische Medizin der Universität Wien, 1090 Wien,
Österreich

Bryant, J.D.
Pain Clinic, Reinier de Graaf Gasthuis, Postbus 5013, 2600 GA Delft,
The Netherlands

Casser, H.-R.
Abteilung Orthopädie, Klinikum Aachen, Pauwelsstraße 1,
5100 Aachen, BRD

Cavanaugh, M.
Neurology Service, Massachusetts General Hospital, Harvard Medical
School, Boston, MA 02114, USA

Clynes, M.
Music Research Center, New South Wales State Conservatorium of
Music, Macquarie Street, Sydney, Australia 2000

Damstè, P.H.
Academish Ziekenhuis Utrecht, Instituut voor Stem en
Spraakstoornissen, Catharijnesingle 101, 3511-GV Utrecht,
The Netherlands

Dowd, I.
14 East, 4 Street, Suite 606, New York, NY 10012 USA

Autorenverzeichnis

Droh, R.
Anaesthesiologie, Sportkrankenhaus Hellersen,
Paulmannshöher Straße 17, 5880 Lüdenscheid, BRD

Duesberg, F.
Physikalische Therapie und Rehabilitation, Sportkrankenhaus
Hellersen, Paulmannshöher Straße 17, 5880 Lüdenscheid, BRD

Egkher, E.
II. Universitätsklinik für Unfallchirurgie Wien, 1090 Wien, Österreich

Feuerstake, G.
Orthopädische Universitätsklinik Homburg/Saar,
6650 Homburg/Saar, BRD

Gaudernak, T.
II. Universitätsklinik für Unfallchirurgie Wien, 1090 Wien, Österreich

Halhuber, C.
Herz-Kreislauf-Klinik, 5920 Bad Berleburg, BRD

Halpaap, B. B.
Anaesthesiologie, Sportkrankenhaus Hellersen,
Paulmannshöher Straße 17, 5880 Lüdenscheid, BRD

Hamm, M.
Fachbereich Ernährung und Hauswirtschaft, Fachhochschule
Hamburg, Löhbrügger Kirchstraße 65, 2050 Hamburg 80, BRD

Härkönen, M.
Department of Clinical Chemistry, University of Helsinki, Helsinki,
Finland

Heitkamp, H. C.
Arbeitsbereich Klinische und Physiologische Psychologie der
Universität Tübingen, Gartenstraße 29, 7400 Tübingen, BRD

Hiby, A.
Anaesthesiologie, Sportkrankenhaus Hellersen,
Paulmannshöher Straße 17, 5880 Lüdenscheid, BRD

Hille, E.
Medizinische Einrichtungen der Universität Düsseldorf,
Orthopädische Klinik und Poliklinik, 4000 Düsseldorf 1, BRD

Hochberg, F. H.
Neurology Service, Massachusetts General Hospital, Harvard Medical
School, Boston, MA 02114, USA

Hollmann, W.
Institut für Kreislaufforschung und Sportmedizin,
Institutsgebäude 8. OG, Carl-Diem-Weg, 5000 Köln 41, BRD

Hörmann, G.
von-Esmarch-Straße 111, 4400 Münster, BRD

Hottleman, K.
Neurology Service, Massachusetts General Hospital, Harvard Medical School, Boston, MA 02114, USA

Karvonen, J.
Department of Clinical Chemistry, University of Helsinki, Helsinki, Finland

Kindermann, W.
Abteilung Sport- und Leistungsmedizin der Universität des Saarlandes, 6600 Saarbrücken, BRD

Klamer, A. M.
Reinier de Graaf Gasthuis, Postbus 5013, 2600 GA Delft, The Netherlands

Krainick, J.-U.
Schmerz-Zentrum Mainz, Auf der Steig 14–16, 6500 Mainz, BRD

Kroitzsch, U.
II. Universitätsklinik für Unfallchirurgie Wien, 1090 Wien, Österreich

Kuoppasalmi, K.
Department of Clinical Chemistry, University of Helsinki, Helsinki, Finland

van Laack, W.
Abteilung Orthopädie, Klinikum Aachen, Pauwelsstraße 1, 5100 Aachen, BRD

Larbig, W.
Arbeitsbereich Klinische und Physiologische Psychologie der Universität Tübingen, Gartenstraße 29, 7400 Tübingen, BRD

Lavin, P.
Neurology Service, Massachusetts General Hospital, Harvard Medical School, Boston, MA 02114, USA

Li, Fengsu
Department of Sports Medicine, National Research Institute of Sports Science, Beijing, P. R. China

Li, Guoping
Department of Sports Medicine, National Research Institute of Sports Science, Beijing, P. R. China

de Meirleir, K.
Institut für Kreislaufforschung und Sportmedizin, Institutsgebäude 8. OG, Carl-Diem-Weg, 5000 Köln 41, BRD

Mense, S.
Anatomisches Institut III, Universität Heidelberg, Im Neuenheimer Feld 307, 6900 Heidelberg, BRD

Milios, E.
Abteilung Stereotaxie und Neuronuklearmedizin, Neurochirurgische Universitäts-Klinik, Hugstetter Straße 55, 7800 Freiburg i. Br., BRD

Mohadjer, M.
Abteilung Stereotaxie und Neuronuklearmedizin, Neurochirurgische Universitäts-Klinik, Hugstetter Straße 55, 7800 Freiburg i. Br., BRD

Molsberger, A.
Orthopädische Klinik und Poliklinik, Medizinische Einrichtungen der Universität Düsseldorf, 4000 Düsseldorf 1, BRD

Mulders, A.
Anaesthesiologie, Sportkrankenhaus Hellersen, Paulmannshöher Straße 17, 5880 Lüdenscheid, BRD

Mundinger, F.
Abteilung Stereotaxie und Neuronuklearmedizin, Neurochirurgische Universitäts-Klinik, Hugstetter Straße 55, 7800 Freiburg i. Br., BRD

Näveri, H.
Department of Clinical Chemistry, University of Helsinki, Helsinki, Finland

Neumüller, H.
Abteilung Stereotaxie und Neuronuklearmedizin, Neurochirurgische Universitäts-Klinik, Hugstetter Straße 55, 7800 Freiburg i. Br., BRD

Newmark, J.
Neurology Service, Massachusetts General Hospital, Harvard Medical School, Boston, MA 02114, USA

Noonan, M.
Neurology Service, Massachusetts General Hospital, Harvard Medical School, Boston, MA 02114, USA

Pernak, J. M.
Pain Clinic, Reinier de Graaf Gasthuis, Postbus 5013, 2600 GA Delft, The Netherlands

Portney, R.
Neurology Service, Massachusetts General Hospital, Harvard Medical School, Boston, MA 02114, USA

Roberts, D.
Neurology Service, Harvard Medical School, Massachusetts General Hospital, Harvard Medical School, Boston, MA 02114, USA

Rothmann, G.
Anaesthesiologie, Sportkrankenhaus Hellersen, Paulmannshöher
Straße 17, 5880 Lüdenscheid, BRD

Schomburg, E. D.
Physiologisches Institut der Universität, Humboldtallee 23,
3400 Göttingen, BRD

Schrode, M.
Arbeitsbereich Klinische und Physiologische Psychologie der
Universität Tübingen, Gartenstraße 29, 7400 Tübingen, BRD

Schulitz, K. P.
Orthopädische Klinik und Poliklinik, Medizinische Einrichtungen der
Universität Düsseldorf, 4000 Düsseldorf 1, BRD

Schultz, A.
Lorenz-Böhler Unfallkrankenhaus Wien, Donaueschingerstraße 13,
1090 Wien, Österreich

Schwan, U.
Abteilung Sporttherapie, Herz-Kreislauf-Klinik, 5920 Bad Berleburg,
BRD

Schwarz, B.
Orthopädische Universitätsklinik Homburg/Saar,
6650 Homburg/Saar, BRD

Sehhati-Chafai, G.
Anaesthesiologie, Rotes-Kreuz-Krankenhaus, St.-Pauli-Deich 24,
2800 Bremen 1, BRD

Skille, O.
Høvdingveien 98, 7700 Steinkjer, Norway

Spintge, R.
Anaesthesiologie – Schmerztherapie, Sportkrankenhaus Hellersen,
Paulmannshöher Straße 17, 5880 Lüdenscheid, BRD

Steinbrecher, W.
Zentralkrankenhaus Bremen-Ost, Züricher Straße 40, 2800 Bremen 44,
BRD

Svoboda, T.
Lindenstraße 34, 4938 Schieder 5, BRD

Thimm, F.
Physiologisches Institut der Deutschen Sporthochschule Köln,
Carl-Diem-Weg, 5000 Köln 41, BRD

Thoden, U.
Neurologische Universitäts-Klinik, Hansastraße 9, 7800 Freiburg i. Br.,
BRD

Tinney, C.
Neurology Service, Massachusetts General Hospital, Harvard Medical School, Boston, MA 02114, USA

Urhausen, A.
Abteilung Sport- und Leistungsmedizin der Universität des Saarlandes, 6600 Saarbrücken, BRD

Verdonck, A.
Physikalische Therapie und Rehabilitation, Sportkrankenhaus Hellersen, Paulmannshöher Straße 17, 5880 Lüdenscheid, BRD

Wanger, F.
Neurology Service, Massachusetts General Hospital, Harvard Medical School, MA 02114, USA

Zhang, Shudong
Department of Sports Medicine, National Research Institute of Sports Science, Beijing, P. R. China

Einführung

R. Droh

„Sport und Schmerz" ist ein altes und dennoch sehr aktuelles Thema, wie der mysteriöse Tod einer sehr beliebten und angesehenen Hochleistungssportlerin unseres Landes erst vor einiger Zeit auf eindringliche Weise wieder zeigte.

Über alle Zeiten hinweg wurde uns das Urphänomen „Schmerz" in die Wiege gelegt, um uns vor uns selbst und vor allen auf uns lauernden Gefahren bis hin zum Tode zu warnen. Ein unbemerktes Überschreiten der Schmerzschwelle ist wider die Natur und den Sinn des Schmerzes. Oft sind es nur scheinbar harmlose, nichtbeeindruckende Schmerzen, die uns vorwarnen und erst im Laufe der Zeit zu großen Schmerzen werden, die uns nicht mehr zur Ruhe kommen lassen. Schmerzen sind aber immer bedeutungsvoll zur Sicherung unseres Lebens. Sie sind quasi die „roten Verkehrsampeln" auf den Wegen unserer Existenz, und ihr Aufleuchten darf nicht ignoriert werden.

Generell führt auch zu den Höchstleistungen im Sport der Weg über die Schmerzschwelle. Die wenigsten sind sich beim Überschreiten dieser Schwelle jedoch bewußt, daß sie sich damit in eine innere Gefahrenzone hineinbewegen, die in steter Relation zum äußeren Gefahrenpotential steht und viele derer, die Antischmerzmittel verabreichen und die Leistung stimulieren, sind sich oft nicht bewußt, welche Grenze sie damit öffnen. Statt den Schmerz, der durch Sauerstoffmangel, Störungen des Säure-, Basen-, Wasser-, Elektrolythaushaltes, Durchblutungsstörungen, Traumen, Energiemangel, Erschöpfung, Überhitzung und Unterkühlung entsteht, durch schmerzstillende Medikamente, leistungssteigernde Mittel und Psychopharmaka zu bekämpfen, wäre es physiologischerweise angezeigt dem Körper die fehlenden Substanzen, Sauerstoff, Elektrolyte, Wasser, vitamin- und energiereiche Nahrung, aber auch Temperaturausgleich, Ruhe und Schonung zu verschaffen. Unsere Aufgabe besteht nicht alleine darin, den Schmerz zu beheben, die Leistung zu steigern und die physiologischen Leistungsgrenzen zu überschreiten, sondern viel mehr auch die Ursachen des Schmerzes zu ergründen und zu beseitigen.

Zusätzlich gilt es für den Sportler den sehr bedeutenden Aspekt der Vorsorge aufzugreifen, damit gefährliche Entwicklungen erst gar nicht im Zuge der Professionalisierung des Sportes weitergeführt werden. Je mehr der Sport kommerzialisiert wird, um so mehr wird es geboten sein sich mit erhöhten Anstrengungen der Forschung zur Erkennung der Entwicklung von Akut- und Dauerschäden und deren Vermeidung zuzuwenden.

Das Rad der Zeit läßt sich jedenfalls nicht mehr zurückdrehen, denn der Sport ist für den heutigen Freizeitmenschen längst ein Teil seines Lebens bis hin zur Profession geworden.

Sportler wollen sich miteinander messen. Ihre Anhänger wollen dies sehen. Vielfach ist daraus jedoch ein Wettstreit geworden, der vorab schon medikamentös „verfälscht", wenn nicht sogar entschieden wurde und in dem man dennoch mithalten will, weil man stimuliert ist, weil man siegen will und Medaillen gewinnen muß.

Es ist auch nicht mehr alleine damit getan, daß man nur akute Verletzungen versorgt. Vielmehr wird inzwischen erwartet, daß wir uns vorher einschalten und Desaster vermeidbar machen. Wir, die Sporthochschule Köln und das Krankenhaus für Sportverletzte, sind überzeugt, daß die interdisziplinäre Zusammenarbeit auf diesem Gebiet zwischen Anästhesisten und Orthopäden, konservativ und operativ tätigen Ärzten, Neurologen, Anatomen, Sportpädagogen, Trainern, Biomechanikern, Physikern, Physiologen, Biochemikern gefördert werden muß. Alle müssen ihr Erfahrungen, ihr technischen, räumlichen und personellen Möglichkeiten für diese Aufgabe in Zukunft einsetzen, ohne daß sie falscher Glanz verblendet und von der Suche nach der Wahrheit ablenkt.

Schmerz und Sport –
Die interdisziplinäre Schmerztherapie in der Sportmedizin

R. Spintge

Die interdisziplinäre Schmerztherapie in der Sportmedizin befaßt sich mit schmerzbedingten Leistungseinschränkungen des Sportlers. Neben der Behandlung akuter schmerzhafter Zustände, z. B. unmittelbar nach einer Sportverletzung, rückt dabei zunehmend die Therapie chronischer Schmerzzustände aufgrund falscher oder zu starker Belastung von Gelenken, Sehnen, Bändern, Muskeln und Knochen im Rahmen sog. Überlastungssyndrome (Overuse-Syndrome) in den Mittelpunkt. Derartige chronische Beschwerden spielen inzwischen eine entscheidende Rolle im Bereich des Hochleistungssportes, da wettkampffähige Leistungen heute nur noch unter Schmerzen erbracht werden können. Aber auch im Breitensport gewinnen chronische schmerzhafte Leistungseinschränkungen zunehmend an Bedeutung.

Das Spektrum dieser schmerzhaften Leistungseinschränkungen reicht von der „Fußballermigräne" [81-84] über den „Tennisellenbogen" bis hin zu dysmenorrhöischen Beschwerden [85, 86] und Brustschmerzen bei Sportlerinnen [87].

Unsere eigenen Erfahrungen und diejenigen anderer Schmerzkliniken zeigen, daß eine erfolgversprechende Behandlung und damit die sportliche, berufliche und soziale Rehabilitation des Sportlers stets eine interdisziplinäre Zusammenarbeit in Diagnostik und Therapie erforderlich macht. Insbesondere hat sich die Kooperation der Fachgebiete Orthopädie/Sporttraumatologie und Anästhesiologie bewährt. Auf dem Gebiet der Diagnostik wird hierbei die orthopädisch-biomechanische Befunderhebung z. B. sinnvoll ergänzt durch die anästhesiologische diagnostische Lokalanästhesie. Im therapeutischen Bereich hat sich die Kombination aus orthopädisch-physikalischen Therapiemaßnahmen mit anästhesiologischen Nervenblockaden auf pharmakologischem oder elektrischem Wege bewährt. Ein weitergehendes chirurgisches Eingreifen ist u. U. erforderlich, jedoch nur in Einzelfällen durch einen Neurochirurgen. Meist sind Eingriffe aus dem Arbeitsgebiet der orthopädischen Chirurgie bzw. Sporttraumatologie angezeigt. Die vielfältigen diagnostischen und therapeutischen Aufgaben für eine interdisziplinäre Schmerztherapie ergeben sich dabei insbesondere im Bereich der chronischen Überlastungssyndrome (Tennisellenbogen, schmerzhafte Schultersteife bei Volleyball- und Handballspielern, Lumboischialgien bei Reitern, HWS- und LWS-Syndrome bei Geräteturnern, Überlastungssyndrome in Gelenken der unteren Extremität bei Leichtathleten, Achillessehnenüberlastung bei Hochspringern etc.). In diesen Fällen führen physikalische Maßnahmen einschließlich stützender Bandagen und Verbände oftmals nicht zu einem zufriedenstellenden Erfolg, wie u. a. auch die Erfahrungen bei der Olympiade in Los Angeles gezeigt haben.

Als Methoden interdisziplinärer *Schmerzdiagnostik* finden u. a. Verwendung:

- spezielle körperliche Untersuchungen (neurologischer Status, Chirodiagnostik etc.),
- diagnostische Nervenblockaden,
- thermographische Untersuchungen,
- Haut- und Gewebewiderstandsmessungen,
- Elektromyographie und Elektroneurographie,
- diagnostische Lokalanästhesie.

Beispiele für Methoden interdisziplinärer *Schmerztherapie* sind:

- ambulante und stationäre therapeutische Lokalanästhesien/Sympathikolysen,
- Infusionstherapie,
- elektrische Nervenstimulation und Nervenblockaden,
- stationäre Medikamenten-Entzugsbehandlung,
- physikalische Therapie (einschließlich isokinetischer Trainingsverfahren, Krankengymnastik etc.),
- Reflexzonentherapie (Fuß-Reflexzonenmassage, Akupunktur etc.).

Im Jahre 1986 wurden so am Sportkrankenhaus Hellersen u.a. 350 Schmerzpatienten im Rahmen der interdisziplinären Schmerztherapie mit elektrischer Nervenstimulation, rückenmarksnahen Nervenblockaden verschiedener Art sowie mit bedarfsgesteuerten kontinuierlichen Schmerzmittelinfusionen stationär und ambulant behandelt. Alle Patienten wurden zugleich einer intensiven physikalischen Therapie und in den meisten Fällen auch einer transkutanen elektrischen Nervenstimulation oder der Elektroakupunktur zugeführt, wobei erstmals eine besondere Form der physiologisch-getriggerten TENS Verwendung fand [92].

Der Anteil sportbedingter Verletzungen und sportbedingter chronischer Überlastungsschäden an der allgemeinen Krankheitsstatistik nimmt leider ständig zu. Jährlich ereignen sich in der Bundesrepublik Deutschland etwa 1,5 Mio. Unfälle bei Sport und Spiel, jeder 125. Unfall hinterläßt dabei einen Dauerschaden. Immer mehr Sportarten werden auch wenig versierten und wenig trainierten Menschen zugänglich, Sportarten, welche im Grunde besondere Anforderungen an ein vorbereitendes Training, an präventive Maßnahmen wie entsprechendes Aufwärmen, Stretching etc. sowie an die allgemeine Körperbeherrschung stellen. Die Aufgaben der interdisziplinären Schmerztherapie im Bereich des Sportes erschöpfen sich daher nicht allein in diagnostischen und therapeutischen Maßnahmen bei bereits eingetretenen schmerzhaften Beschwerden. Vielmehr zählen die Prävention durch Aufklärung des Sporttreibenden, die Trainerfortbildung, die Sportlehrerschulung und die sportphysiologisch-biomechanische Beratung zu den wichtigsten Aufgaben einer sportmedizinischen Schmerztherapie. Nicht zu vergessen ist in diesem Zusammenhang auch die stetig steigende Zahl von Alterssportlern [vgl. u.a. 24]. Der Anteil der über 65jährigen an der heutigen Bevölkerung beträgt jetzt schon 15%. Altersbedingte Leistungsminderungen, bzw. Überlastungen des Stütz- und Bewegungsapparates, eine Reduktion von Herzleistung und Organdurchblutung, verminderter Wassergehalt des Gewebes (Muskulatur, Knorpel), prädestinieren den alten Menschen für das Auftreten schmerzhafter Funktionseinschränkungen und Erkrankungen, wenn nicht durch eine entsprechend verständige Lebensführung und ein altergemäßes sportliches Training dem entgegengewirkt wird. Aber auch dem jungen Sportler muß klar werden, daß sein Training eben nicht in jedem Fall „erst gut ist, wenn er es schmerzhaft spürt" [vgl. auch 88-90].

Epidemiologische Analysen des Patientengutes sportmedizinischer Ambulanzen zeigen auf, daß die meisten Verletzungen und Schäden in den Volkssportarten Fußball und Skilaufen auftreten, gefolgt von Handball, Leichtathletik und Turnen. Überwiegend betroffen sind mit über 60% die unteren Extremitäten, wobei mit rund 35% Distorsionen im Vordergrund stehen [1, 15].

In der Sportmedizin wird heute nicht mehr nach Sportarten, sondern nach motorischen Beanspruchungsformen differenziert. Nachfolgend sind beispielhaft einige der häufigsten schmerzbedingten Funktionseinschränkungen mit besonders prädestinierten Sportarten aufgeführt.

1. Wirbelsäulenbeschwerden [17-41, 91]

Schmerzhafte Funktions- und Leistungsstörungen aufgrund eines lumbalen pseudoradikulären Facettensyndromes durch überlastungsbedingte Knorpelschäden in den Wirbelgelenken lassen sich bei mehr als 50% der Leistungssportler mit Rückenschmerzen feststellen [2]. Derartige Rückenbeschwerden bei Leistungssportlern lassen sich nur ausnahmsweise auf degenerative knöcherne Veränderungen an der Wirbelsäule zurückführen. Das lumbale Facettensyndrom als Überlastungsreaktion muß neben der Akutbehandlung zur sofortigen Schmerzbefreiung durch Infiltrationsanästhesie vor allem durch eine entsprechende Änderung des Trainings auf lange Zeit therapiert werden. Insbesondere muß durch ein intensives Krafttraining der Rumpfmuskulatur (gerade und schräge Bauchmuskulatur, Rückenstreckermuskeln) eine bessere Stabilisierung der Wirbelsäule erzielt werden. Dabei ist auf eine korrekte Technik und einen korrekten Bewegungsablauf beim Krafttraining über Kopf mit geradem Rücken und auf das Vermeiden von rückwärtsbeugenden und rotierenden Bewegungen bei Gewichtsbelastung zu achten. Derartige Stabilisierübungen sollten in das allgemeine Trainingsprogramm der jeweiligen Sportdisziplin eingebaut werden [20]. Bei bereits eingetretenen Schäden ist daneben die Durchführung physikalischer Maßnahmen zur Detonisierung der Muskulatur, zur Durchblutungssteigerung und zur Schmerzbekämpfung durchzuführen.

2. Ellenbogenbeschwerden [40-47]

Ellenbogenverletzungen treten insbesondere bei direkten Stürzen (Judo, Kunstturnen) sowie bei direkten Gegnerverletzungen (Ringen, Handball, Fußball) auf. Ellenbogen-Überlastungsschäden (ca. 10% aller Sportschäden) treten vor allen Dingen in Form des Tennisellenbogens, des Fechterellenbogens, des Werferellenbogens (bei 80% aller Speerwerfer) auf. Häufiger, als das Tennisspielen, sind aber die Handhabung eines Schraubenziehers, das Klavierspielen, das Schreibmaschinenschreiben und die Betätigung eines Zahnbohrers verantwortlich für die Ausbildung eines „Tennisellenbogens" [3-7]. Nach einer Erhebung von Paar [8] klagen rund ⅓ aller Tennisspieler diesbezügliche Schmerzzustände mit einer Häufung jenseits des 40. Lebensjahrs - in Abhängigkeit von der Spielintensität. Nicht die

Ruhigstellung in Gips, sondern rehabilitative Maßnahmen (Stärkung der das Gelenk stabilisierenden Muskulatur) und präventive Maßnahmen (Änderungen am Sportgerät, Änderung der Bewegungstechnik und des Trainings) stellen heute die optimale Form der Behandlung dar [3].

3. Schultergelenkbeschwerden [48-54]

Das Gelenk mit der höchsten Anfälligkeit für Verletzungen und Überlastungsschäden im Sport an der oberen Extremität ist die Schulter. Dort spielen sich z. B. 8% aller Gelenkluxationen ab [9]. Sportartspezifische Verletzungen und Schäden treten dabei vor allen Dingen in den Wurfdisziplinen der Leichtathletik, beim Kunstturnen, Gewichtheben, Ringen, Judo und bei anderen Kampfsportarten sowie beim Skifahren, Eishockey, Rugby, Handball, Basketball, Tennis, Squash und Badminton in den Vordergrund. Aufgrund der sehr komplizierten anatomischen und funktionellen Gegebenheiten der Schulter sind Diagnostik und Therapie von Schulterverletzungen und Schulterschäden besonders schwierig und aufwendig. Verletzungen entstehen vor allen Dingen in Sportarten, bei denen die Möglichkeit eines Sturzes, oder der direkten Gewalteinwirkung bei Körperkontakt mit einem sportlichen Gegner bestehen. In den Wurfdisziplinen läßt der rein technische Ablauf eines Wurfes in einem eng umschriebenen anatomischen Gebiet sehr große Zug- und Druckkräfte wirken, die ihrerseits zu Insertionstendinosen mit typischen, schmerzhaften Triggerpunkten führen. Dementsprechend muß bei der Prävention bzw. der präventiven Beratung zur Verhütung derartiger Schäden in erster Linie eine Änderung der Wurftechnik in Betracht gezogen werden. Ähnliches wie für die Wurfdisziplinen gilt auch z. B. beim Turnen, und hier vor allem am Reck, Barren und an den Ringen sowie beim Gewichtheben. Bei Sportarten mit Sturzgefahr ist in erster Linie das Üben eines blitzschnellen Abrollens über die Schulter anstelle eines Sturzes auf die Schulter als präventive Maßnahme zu nennen [10].

4. Sprunggelenkbeschwerden [55-61]

Sprunggelenkschäden treten insbesondere bei Basketballspielern und Handballspielern auf. Hauptursache sind hier insbesondere die Nichtbeachtung sportlicher Regeln, falsche Trainingsanleitung und Übermotivation. Daneben spielen direkte Sportunfälle, übermäßige Belastung der Gelenke, falsche und unphysiologische Bewegungsabläufe, Übersäuerung des Gewebes durch exzessive sportliche Betätigung, neurovegetative Fehlsteuerung durch endokrinologische Insuffizienzen und Überlastung, konstitutionelle oder erworbene Schwächen und Schäden des Kapsel- und Bandapparates eine Rolle [11].

5. Kniegelenkbeschwerden [62-71]

Ein häufiger schmerzhafter Beschwerdekomplex im Fußballsport ist die Chondropathia patellae. Sie muß neben Meniskus und Bandverletzungen stets in die diagnostische Abklärung miteinbezogen werden. Hauptursachen für Kniegelenkverletzungen im Fußballsport sind eine direkte Gewalteinwirkung des Gegenspielers, die Abwehrgrätsche, Spannschüsse, sowie eine vermehrte Bodenhaftung des Beines durch Stollenschuhe. Allerdings weisen auch ohne sportliche Betätigung die meisten über 30jährigen das pathologisch-anatomische Erscheinungsbild der Chondropathia patellae auf [12, 13].

6. Leistenbeschwerden [72-74]

Jeder 4. Patient, der zur sportärztlichen Untersuchung kommt, klagt über Leistenschmerzen [14]. Dies trifft insbesondere für Fußballspieler zu. Differentialdiagnostisch ist hierbei nicht nur an eine Insertionstendinose, sondern z.B. auch an eine Nerveneinklemmung als Ursache zu denken.

Nicht unerwähnt bleiben soll die in letzter Zeit ansteigende Zahl von Reflexdystrophien und Impingmentsyndromen an der unteren und oberen Extremität bei verschiedensten sportlichen Belastungen [75-80].

Aufgrund der genannten Daten ist eine bewegungsartenspezifische Diagnostik und Therapie auch in der schmerztherapeutischen Versorgung von Sportlern zu fordern. Sowohl der Leistungssportler, sein Trainer, aber auch der Hobbysportler und Vereinstrainer stellen mit Recht die Frage nach derartig spezifischer Verhütung, Diagnostik und Behandlung von Verletzungen und Schäden. Wie oben aufgeführt gibt es für einzelne Sportdisziplinen typische bewegungsablaufabhängige wettkampf- und trainingsbedingte Schäden. Sie sollten weit mehr, als dies bisher der Fall ist, Gegenstand gezielter interdisziplinärer Prävention, Diagnostik, Rehabilitation und Therapie sein und darüber hinaus in der Trainingsgestaltung berücksichtigt werden, um verletzungsträchtige Übungsteile auf ein Mindestmaß zu reduzieren.

Hinzuweisen ist in diesem Zusammenhang auf die geringe Verletzungs- und Schadenshäufigkeit bei Zehnkämpfern. Dies zeigt, daß ein abwechslungsreiches und vielseitiges Training und die damit verbundene verschiedenartige Belastung entsprechende Verletzungen und Schäden verhindern können.

Literatur

1. Steinbrück K, Cotta H (1983) Epidemiologie von Sportverletzungen - 10-Jahresanalyse der sportorthopädischen Ambulanz. Dtsch Z Sportmed 6: 173-185
2. Riemer R, Graff KH, Krahl H (1984) Das lumbale Facettensyndrom bei Leistungssportlern. Dtsch Z Sportmed 4: 117-120
3. Segesser B (1985) Sportverletzungen und Sportschäden im Ellenbogenbereich. Dtsch Z Sportmed 3: 80-83
4. Paar O (1981) Die Epicondylitis humeri ulnaris bei Sportlern. Dtsch Z Sportmed 10: 158-262
5. Lolenko FL (1973) Die Verletzung des Ellenbogengelenkes bei Speerwerfern. Med Sport 13: 241-244
6. Rompe G (1971) Beziehungen zwischen Pädagogik und Sporttraumatologie, dargestellt am Beispiel typischer Befunde bei Speerwerfern. Sportarzt Sportmed 22: 239-246
7. Steinbrück K (1977) Sportschäden und Sportverletzungen am Ellenbogen. Dtsch Ärztebl 19: 431-436
8. Paar O, Sandbach G (1978) Zum Problem der sogenannten Epicondylitis humeri. Med Sport 18: 308

9. Pförringer W (1985) Sportspezifische Schulterläsionen. Dtsch Z Sportmed 5: 137–142
10. Pförringer W, Rosemeyer B, Bär HW (1981) Sporttraumatologie – Sportartspezifische Verletzungen und Schäden. Perimed, Erlangen
11. Lyga B (1978) Prophylaxe und konservative Therapie von Sprunggelenkschäden bei Basketballspielern. Dtsch Z Sportmed 9: 240–244
12. Gschwend N (1974) Die Chondropathia patellae. Schweiz Rdsch Med 60: 1–16
13. Steeger D, Knappmann J (1978) Die Chrondropathia patellae, eine wichtige Differentialdiagnose zum Meniskusschaden im Fußballsport. Dtsch Z Sportmed 10: 306–310
14. Meesmann D (1978) Zur Differentialdiagnose des Leistenschmerzes. Dtsch Z Sportmed 10: 311–312
15. Steinbrück K (1987) Epidemiologie von Sportverletzungen – 15-Jahres-Analyse einer sportorthopädischen Ambulanz. Sportverletzung Sportschaden 1: 2–12
16. Moe JH (1968) Back problems in the young athlete. J Am Coll Health Assoc 17/2: 126–130
17. Apel J (1972) Der Kreuzschmerz des Sportlers aus manual-therapeutischer Sicht. Dtsch Gesundheitswoche 27/19: 879–884
18. Micheli LJ (1979) Low back pain in the adolescent: Differential diagnosis. Am J Sportsmed 7/6: 362–364
19. Keens JS (1983) Low back pain in the athletes from spondylogenic injury during recreation or competition. Postgrad Med 74/6: 209–212
20. Smith CF (1977) Physical management of muscular low back pain in the athletes. Can Med Assoc J 117/6: 632–635
21. Harris WD (1978) The lower back in sports medicine. J Arkansas Med Soc 74/10: 377–379
22. Stanish B (1979) Low back pain in middle-age athletes. Am J Sportsmed 7/6: 367–369
23. Jenkins DG (1974) The management of back pain. Proc Roy Soc Med 67/6: 496–498
24. Goldner LJ (1973) Exercise for the aging. South Med J 66/8: 857–858
25. Burton AK (1983) Back pain in Grand Prix drivers. Br J Sportsmed 17/4: 150–151
26. Morray-Lesslie CF, Lintott DJ, Wright V (1977) The spine in sport and veteran military parachutists. Annu Rheum Dis 36/4: 332–342
27. Fairbank JC, O'Brain JP, Davis PR (1979) Intra-abdominal pressure and low back pain. Lancet I/8: 1130
28. Fairbank JC, O'Brain JP, Davis PR (1980) Intra-abdominal pressure rise during weight lifting as an objective measure of low back pain. Spine 5/2: 179–184
29. Zentonza D, Zuanazzi F (1967) Study of the etiopathogenesis of backache in weight lifters. Rheumatismo 19/3: 159–161
30. Aggrawal ND, Kauer R, Kumer S, Matuer DN (1979) A study of chances in the spine in weight lifters and other athletes. Br J Sportsmed 3/2: 58–61
31. Micheli LJ (1985) Back injuries in gymnastics. Clin Sportsmed 4/1: 85–93
32. Jackson DW, Wiltse LL, Zerecoine RJ (1976) Spondylodesis in the female gymnast. Clin Orthop 117: 60–73
33. Meyer E (1975) Wirbelsäulenuntersuchungen bei jugendlichen Kunstturnerinnen. Schweiz Z Sportmed 23/4: 189–193
34. Stallard MC (1980) Backache in oarsmen. Br J Sportsmed 14/2: 105–108
35. Jackson DW (1979) Low back pain in young athletes: Evaluation of stress reaction and discogenic problems. Am J Sportsmed 7/6: 364–366
36. Jungmichel D (1966) Lumbalgieforme Beschwerden bei Stabhochspringern. Beitr Orthop Traumatol 13/2: 70–77
37. Groher W, Heidensohn P (1970) Rückenschmerzen und röntgenologische Veränderungen bei Wasserspringern. Z Orthop 108/1: 51–61
38. Tuetsch C, Ulrich SP (1973) Wirbelsäule und Hochleistungsturnen. Praxis 62/36: 1085–1098
39. Struppler M, Saxser U (1982) Verletzungen und Schäden am Bewegungsapparat beim Wasserspringen. Schweiz Z Sportmed 30/1: 13–17
40. Murley AH (1975) The painfull elbow. Practitioner 215: 36–41
41. Gardener RC (1970) Tennis elbow: Diagnosis, pathology and treatment. Clin Orthop 72: 248–253
42. Priest JD, Jones HH, Nagel DA (1974) Elbow injuries in highly skilled tennis players. J Sportsmed 2/3: 339–349
43. Froimson AI (1971) Treatment of tennis elbow with forecare supportband. J Bone Joint Surg [Am] 53/1: 183–384

44. Hawkins RJ, Kennedy JC (1980) Impingement syndrome in athletes. Am J Sportsmed 8/3: 151-158
45. Kurppa K, Waris P, Rookkanen P (1979) Tennis elbow. Lateral elbow pain syndrome. Scand J Work Environm Health 5/3: 15-18
46. Zänker H (1979) Neuralgieforme Beschwerden bei älteren Tennisspielern. Med Klin 74/15: 589
47. Grana WA, Reshken A (1980) Pitcher's elbow in adoslescents. Am J Sportsmed 8/5: 333-336
48. Joble FW, Joble CM (1983) Painfull athletic injuries of the shoulder. Clin Orthop 173: 117-124
49. Norwood LA, Del Pizzo W, Jobe FW, Karlan RK (1978) Anterior shoulder pain in baseball pitchers. Am J Sportsmed 6/3: 103-105
50. Aronen JG (1985) Problems of the upper extremity in gymnastics. Clin Sportsmed 4/1: 61-71
51. Domingouz RH (1985) Commen leg and shoulder condition in athletes. Compr Ther 11/1: 57-64
52. Richardson AB, Jope FW, Connis HR (1980) The shoulder in competitve swimming. Am J Sportsmed 8/3: 159-163
53. Penny JM, Smith C (1980) The prevention and treatment of swimmer's shoulder. Can J Appl Sport Sci 5/3: 195-202
54. Labadie JC (1984) Medicine and windsurfing. Union Med Canad 113/8: 640-643
55. Orava S (1978) Overexertion injuries in keep-fit athletes. A study of overexertion injuries among non competitive keep-fit athletes. Scand J Rehabil Med 10/4: 187-191
56. Glick JM, Katsch VL (1970) Muxculoseceletal injuries in jogging. Arch Phys Med Rehabil 51/3: 123-126
57. Klein KK, Roberts CA (1976) Mechanical problems of marathoners and joggers. Cause and solution. Am Corret Ther J 30/6: 187-191
58. Miller DH, Schneider HJ, Beronsohn JL, McLain D (1975) A new consideration in athletic injuries. The classical ballett dancer. Clin Orthop 111: 181-191
59. Brody DM (1980) Running injuries. Clin Sympt 32/4: 1-36
60. Gudas CJ (1980) Patterns of lower-extremity injurie in 224 runners. Compr Ther 9: 50-59
61. Teitz CC (1983) Sportsmedicine concerns in dance and gymnastics. Clin Sportsmed 2/3: 571-593
62. Corregan AB (1967) Rehabilitation of injured football players. Med J Aust 1/9: 441-442
63. England JP (1980) An appreciation of the injured knee. Br J Sportsmed 14/1: 6-12
64. Burry HC (1975) The painfull knee. Practitioner 215: 46-54
65. Appel DF (1979) Knee pain in runners. South Med J 72/11: 1377-1379
66. Deveraux MD, Lachmann SM (1984) Patello-femoral arthralgia in athletes attending a sports injurie clinic. Br J Sportsmed 18/1: 18-21
67. Lamb H, Stanish WD (1979) An orthesis to relieve postpatellar pain in competitive paddlers. Am J Sportsmed 7/4: 262-263
68. Stulberg SD, Schulmann K, Stuart S, Kalp P (1980) Breaststroker's knee. Pathology, etiology and treatment. Am J Sportsmed 8/3: 164-171
69. Keskinin K, Erickson E, Komi P (1980) Breaststroke swimmer's knee. Biomechanical and arthroscopic study. Am J Sportsmed 8/4: 228-231
70. Rowere GD, Nickols AW (1985) Frequency, associated factors and treatment of breaststroker's knee in competitive swimmers. Am J Sportsmed 13/4: 99-104
71. Mariani PP, Puddu G, Ferretti A (1978) Jumper's knee. Ital J Orthop Traumatol 4/1: 85-93
72. Fater W (1965) Über den Leistenschmerz bei Fußballspielern. Beitr Orthop Traumatol 12/11: 705-707
73. Nakamura S (1971) Abdominal pains of long distance runners. Jpn J Clin Med 29/2: 801-810
74. Hess H (1980) Leistenschmerz - Ätiologie, Differentialdiagnose und therapeutische Möglichkeiten. Orthopäde 9/3: 186-189
75. Puranen J (1974) The medial tibial syndrom: Exercise ischaemia in the medial facial compartment of the leg. J Bone Joint Surg (Br) 56/4: 712-715
76. Mubarak SJ, Gould RN, Lee Yl, Schmidt DA, Hargens AR (1982) the median tibial stressyndrome. Am J Sportsmed 10/4: 201-205
77. Hawkins RJ, Kennedy JC (1980) Impingement Syndrome in athletes. Am J Sportsmed 8/3: 151-158

78. Detmer DE (1980) Chronic leg pain. Am J Sportsmed 8/2: 141-144
79. Gordon G (1979) Leg pains in athletes. J Foot Surg 18/2: 55-58
80. Orava S, Puranin J (1979) Athlete's leg pains. Br J Sportsmed 13/3: 92-97
81. Matthews WB (1972) Footballer's migraine. Br Med J 2/809: 326-327
82. Espir ML, Hodge IL, Mathews PH (1972) Footballer's migraine. Br Med J 3/822: 352
83. Bennett DR, Fuenning SI, Sullivan G, Weber J (1980) Migraine precipitated by head trauma in athletes. Am J Sportsmed 8/3: 222-203
84. Kalenak A, Petro DJ, Brennan RW (1978) Migraine secondary to head trauma in wrestling. Am J Sportsmed 6/3: 112-113
85. Procope BJ, Timonen S (1971) The premenstrual syndrome in relation to sport, gymnastics and smoking. Acta Obstet Gynecol Scand 9: 77
86. Timonen S, Prokope BJ (1971) Premenstrual syndrome and physical exercise. Acta Obstet Gynecol Scand 50: 331-337
87. Powell B (1983) Bicyclist's nipples. JAMA 249/18: 2457
88. Pöllmann L, Oesterheld R, Höllmann B (1987) Körperliche Aktivierung und Schmerzschwelle - experimentelle Untersuchung -. Schmerz Pain Douleur 1: 39-42
89. Arentz T, De Meirleir K, Hollmann W (1988) Über den Einfluß der endogenen opioiden Peptide auf die Schmerzwahrnehmung während körperlicher Arbeit. In: Spintge R, Droh R (Hrsg) Schmerz und Sport - Interdisziplinäre Schmerztherapie in der Sportmedizin. Springer, Berlin Heidelberg New York Tokyo (in diesem Band, S. 230-236)
90. Köster R (1987) Die Droge Doping lauert doch. Medical Tribune MTV 27: 13
91. Gußbacher A, Niethard FU (1987) Sportschäden an der Wirbelsäule - Jugendliche sind besonders gefährdet. Dtsch Ärztebl 84/17: 814-816
92. Spintge R, Halpaap BB, Droh R (1988) Nichtinvasive und nichtpharmakologische Schmerztherapie mittels physiologisch getriggerter transkutaner Elektronervenstimulation - Erste klinische Erfahrungen. In: Spintge R, Droh R (Hrsg) Schmerz und Sport - Interdisziplinäre Schmerztherapie in der Sportmedizin. Springer, Berlin Heidelberg New York Tokyo (in diesem Band, S. 101-108)

Diagnostik und Therapie

Möglichkeiten und Grenzen der Ultraschalldiagnostik bei Muskel- und Sehnenverletzungen im Sport

H.-R. Casser und W. van Laack

Einführung

Der diagnostische Einsatz des Ultraschalls in der Orthopädie hat in den letzten Jahren zunehmend an Bedeutung gewonnen. Die Darstellbarkeit von Weichteilen, Muskeln und Sehnen durch Ultraschall ist schon seit mehr als 10 Jahren bekannt [13, 14], aber erst nach den Arbeiten von Graf [9, 10] über die sonographische Untersuchung der Säuglingshüfte gelang dieser Untersuchungstechnik der Durchbruch in der Diagnostik des Haltungs- und Bewegungsapparates. Aufgrund der mangelnden Darstellbarkeit des Knochens mit Totalreflektion und -absorption der Ultraschallstrahlen hat die Sonographie im Gegensatz zu anderen Fachgebieten wie der Geburtshilfe und Inneren Medizin erst relativ spät Eingang in die Orthopädie gefunden. Die konkurrenzlos einfache und risikoarme sonographische Abbildungsmöglichkeit von Weichteilen, Muskeln und Sehnen förderte den Einsatz des Ultraschalls in der orthopädischen Diagnostik und fand zunehmend Beachtung. Die Einführung der Real-time-Technik, unter Verwendung hochauflösender Schallköpfe, bedeutete zudem einen großen technischen Fortschritt, da nun auch dynamische Untersuchungen bildlich dargestellt werden konnten.

Die Begeisterung über dieses neue und scheinbar unkomplizierte Untersuchungsverfahren hat aber auch zu einer erheblichen Ausweitung der Indikation zur Ultraschalldiagnostik im Haltungs- und Bewegungsapparat geführt, mit der Gefahr, daß Fehlinterpretationen infolge Überforderung der Methode auftreten und dem Verfahren zu Unrecht angelastet werden.

Ziel dieses Beitrags ist es, die Bedeutung des Ultraschalls in ausgewählten Anwendungsbereichen der Sportorthopädie aufzuzeigen, gleichzeitig aber auch auf die Grenzen dieses Verfahrens zum jetzigen Zeitpunkt hinzuweisen.

Ultraschalldiagnostik bei Sehnenerkrankungen

Achillessehne

Die Achillessehne ist der sonographischen Untersuchung aufgrund des oberflächlichen Verlaufs besonders gut zugänglich. Sie kann in ihrer gesamten Ausdehnung gut eingesehen werden.

Eine der ersten Beschreibungen der Ultraschalluntersuchung der Achillessehne stammt von Lenschow (1978). Seitdem sind mehrere Veröffentlichungen zu diesem Thema erschienen, meistens unter dem Gesichtspunkt der Rupturdarstellung [15,

16, 19], aber auch bezüglich der Achillodynie [1, 4, 8] und bezüglich traumatischer Veränderungen [3, 18].

Zur Technik

Zur Ultraschalluntersuchung der Achillessehne kommen Real-time-Linearscanner zum Einsatz mit einer Frequenz von 5 oder 7 MHz. Die Verwendung von Wasservorlaufstrecken ist unumgänglich [5], um die Auflösung im Nahbereich zu verbessern und eine ausreichende Ankopplung zu erreichen.

Der Patient liegt üblicherweise gerade und flach auf dem Bauch. Da die Stellung des Fußes den Verlauf der Achillessehne beeinflußt, muß darauf geachtet werden, daß die Füße frei über die Kante der Unterlage hinausragen. Diese Position ermöglicht aufgrund der uneingeschränkten aktiven wie passiven Beweglichkeit im oberen Sprunggelenk eine dynamische Ultraschalluntersuchung. Der Untersucher sitzt seitlich des betroffenen Unterschenkels, wobei die Innenseite seines fußwärtigen Knies auf der Plantarfläche des Mittel- und Vorfußes des Patienten ruht und durch Druck die Stellung des Fußes im oberen Sprunggelenk passiv verändern kann. Die Untersuchung erfolgt im dorsalen Längsschnitt, ggf. können zusätzlich Transversalschnitte [4] angefertigt werden (s. Abb. 1).

Sonographischer Normalbefund

Die gesunde Achillessehne zeigt sich im Ultraschallbild als gut abgrenzbares Band von mittlerer Echogenität, das von zwei deutlich sichtbaren, echogenen Begrenzungslinien, dem Peritendineum entsprechend, ventral wie dorsal eingefaßt wird. Die Binnenstruktur läßt eine feine Längstextur erkennen. Im Ansatzbereich am

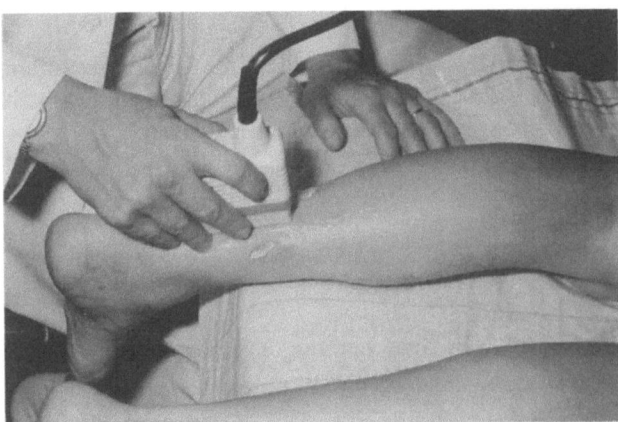

Abb. 1. Sonographische Untersuchung der Achillessehne im üblichem dorsoventralen Längsschnitt. Der Untersucher sitzt am Fußende des auf dem Bauch liegenden Patienten. Der Schallkopf wird parallel zur Achillessehne aufgesetzt und die Schallebene auf dem Monitor kontrolliert

Calcaneus, der sich als bogenförmige echoreiche Knochenkontur darstellt, weist die Sehne eine echoärmere Struktur auf. Im Ursprungsgebiet ist die ventrale Kontur durch die einstrahlenden Muskelfasern des M. soleus undeutlicher [1].

Ventral der Achillessehne befindet sich das echoreiche Fettgewebe des Kager-Dreiecks, weiter ventral die Flexorenmuskulatur (medial: M. flexor hallucis longus, M. flexor digitorum longus und M. tibialis posterior; lateral: Mm. peronei). Am weitesten ventral gelegen imponiert die Tibiahinterkante als echoreiche Kontur. Bei höheren Schallfrequenzen sind die Bursa tendinis calcanei und die Bursa subcutanea calcanea [12] sichtbar.

Auf Transversalschnitten lassen sich im kranialen Bereich die Gastroknemiussehnen und der M. solus abgrenzen, während die Achillessehne in ihrem Mittelteil als elliptisches Gebilde von mittlerer, homogener Echogenität erscheint. Fornage [4] betont den Wert des sonographischen Transversalabschnittes zur Ermittlung des Sehnendurchmessers für gesunde Sehnen und ermittelte einen Normbereich von 4-6 mm (s. Abb. 2).

Pathologische sonographische Befunde

Bei der vollständigen Achillessehnenruptur zeigt sich erwartungsgemäß kein einheitliches sonographisches Bild. Je nach Rupturtyp läßt sich eine vollständige Unterbrechung der Sehnenzeichnung [1, 4, 17] nachweisen, wobei der Rupturbereich reflexarm bis -frei erscheinen kann. Aber auch eine lokale, hohe, inhomogene Echogenität kann als Anhaltspunkt für die Rupturstelle gelten. Dieses uneinheitliche Reflexverhalten wird von der Echogenität der Hämatome beeinflußt. Bei

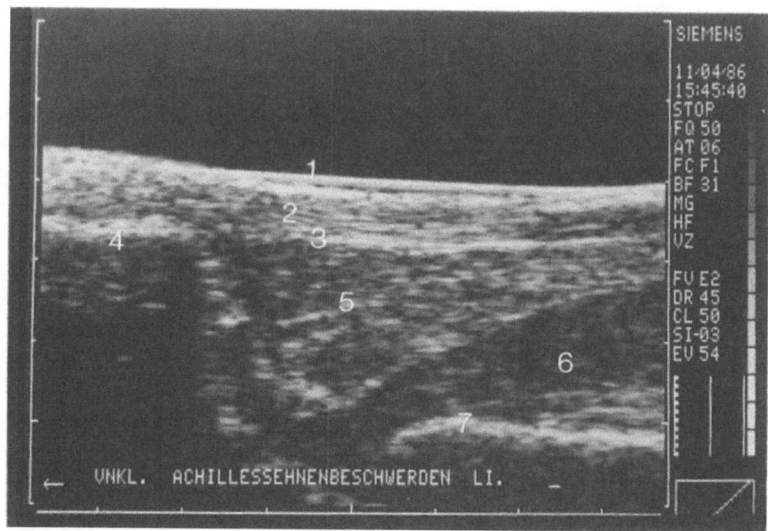

Abb. 2. Sonogramm einer gesunden Achillessehne im dorsoventralen Längsschnitt. *1* Haut, *2* Achillessehne mit typischer Längstextur, *3* Peritendineum, *4* Calcaneus, *5* Kager-Dreieck, *6* Flexorengruppe, *7* Tibiahinterkante

frischen Rupturen zeigt sich die Hämatombildung als sonographisch echofreier Raum, ggf. mit dorsaler Schallverstärkung [17]. Dabei kann sich zusätzlich ein Flüssigkeitsraum entlang der Sehne bilden, der im Querschnitt ringförmig das Sehnenende umgibt [1]. Die gerissenen Sehnenenden lassen sich im echofreien Rupturhämatom gut erkennen. Nach Organisation des Hämatoms und Bildung von Narbengewebe weist die Rupturstelle in der Regel eine vermehrte Echogenität auf [6]. Neben dem Nachweis des Defektes, bei dem die Sehnenenden etwa 1-3 cm voneinander separiert sind, wurden als mögliche Veränderung bei einer Ruptur eine Verbreiterung der Sehne [16], ggf. auch eine Verdünnung nahe der Rupturstelle beobachtet. Schließlich sind analog zu den Rupturzeichen auf konventionellen Röntgenaufnahmen indirekte Veränderungen auch im Kager-Fettdreieck nachweisbar.

Partialruptur

Der Nachweis von Partialrupturen bereitet trotz anderslautender Meinungen [8] erhebliche Schwierigkeiten. Verdickungen und Ausbeulungen der Sehnen, ein Teildefekt in der Sehnenkontur [2] und lokalisierte echoarme oder echofreie Areale innerhalb einer verdickten Sehne [4] werden als Hinweise für eine Partialruptur gewertet. Andererseits werden ähnliche Befunde auch bei einer Tendinitis beobachtet. Zur differentialdiagnostischen Abklärung wird der Einsatz ultraschallgeführter Feinnadelpunktionen in echofreie Sehnenbezirke diskutiert [1], bei denen sich bei einer Tendinitis eine klare, seröse Flüssigkeit, bei Partialrupturen ein hämorrhagisches Punktat gewinnen ließe.

Postoperative sonographische Befunde

Nach operativ rekonstruierten Achillessehnenrupturen kann es durch die Fibrosierungen im Nahbereich zu einer erhöhten Echodichte kommen. Häufig zeigt sich ein inhomogenes Reflexmuster der gesamten Sehne. Die Hautnarbe kann einen leichten Schallschatten bedingen [1]. Ein konstant zu erhebender Befund ist eine Verbreiterung der Sehne mit unregelmäßiger Konturierung [2, 4]. Dabei soll es im ersten postoperativen Jahr aufgrund ödematöser Schwellung zu einer Verbreiterung der Sehne auf 10-12 mm kommen, die sich in den folgenden Jahren zur Normalbreite von 4-6 mm zurückbildet. Die Darstellung von Flüssigkeit innerhalb oder in Nachbarschaft der Sehnen kann möglicherweise Komplikationen im Heilungsverlauf anzeigen. Verkalkungen lassen sich häufig als echoreiche Konturen mit Schallauslöschung nachweisen.

Die sonographische Diagnose einer Reruptur sollte nach unseren Erfahrungen nur mit größter Zurückhaltung gestellt werden, da sich die Rupturstelle zumeist infolge von Auffaserungen, organisierter Hämatom- und Gewebstrümmer inhomogen darstellt und somit sichere Rupturzeichen vermissen läßt.

Das sonographische Bild der Achillodynie

Die sonographische Darstellung der Veränderungen bei Achillodynie beziehen sich in erster Linie auf die Sehnendicke, das Binnenreflexmuster, das Sehnengleitgewebe und die Bursa tendinis calcanii (s. Abb. 3). Sehr häufig zeigt sich bei Achillessehnenreizungen eine Sehnenverdickung. Diese kann lokal (nodulär) oder diffus ausgeprägt sein. Die sonographisch gemessenen Werte der Sehnendurchmesser ergaben eine Verbreiterung von 4-6 mm auf 7-16 mm [4]. Neben der Verbreiterung des Sehnenbandes läßt sich zumeist eine Reflexverarmung der Binnenstruktur feststellen, was als Ausdruck der ödematösen Schwellung gewertet werden kann. Vereinzelt wird in der Literatur aber auch über lokalisierte Echozunahme der Sehnenbinnenstruktur berichtet [8]. Es wird diskutiert, daß der Nachweis einer echofreien Zone innerhalb eines Knotens bei nodulärer Tendinitis als Partialruptur und damit als mögliche Operationsindikation anzusehen ist, um eine vollständige Ruptur zu verhindern [4]. Verkalkungen sind gelegentlich auch ohne operative Eingriffe als reflexreiche Strukturen mit nachfolgendem Schallschatten erkennbar. Besondere Beobachtung gilt auch den Veränderungen des Sehnengleitgewebes. Sehnenverbreiterungen können sonographisch von Verdickungen des Paratenons unterschieden werden: Während bei einer reinen Tendinitis die scharfe Kontur des Sehnengleitgewebes in der Regel erhalten bleibt, stellt sich bei einer Peritendinitis das paraachilläre Gewebe mit unscharfer Begrenzung zur Sehne dar. Dieses Bild ist besonders bei einer akuten Tendinopathie mit Schwellung, Überwärmung und Ruheschmerz zu beobachten [8]. Durch diese ödematöse Schwellung kann das Paratenon sonographisch oft gar nicht mehr als eigene Struktur erkannt werden. Zu Entzündungen der Bursa tendinis calcanei kann es z. B. im

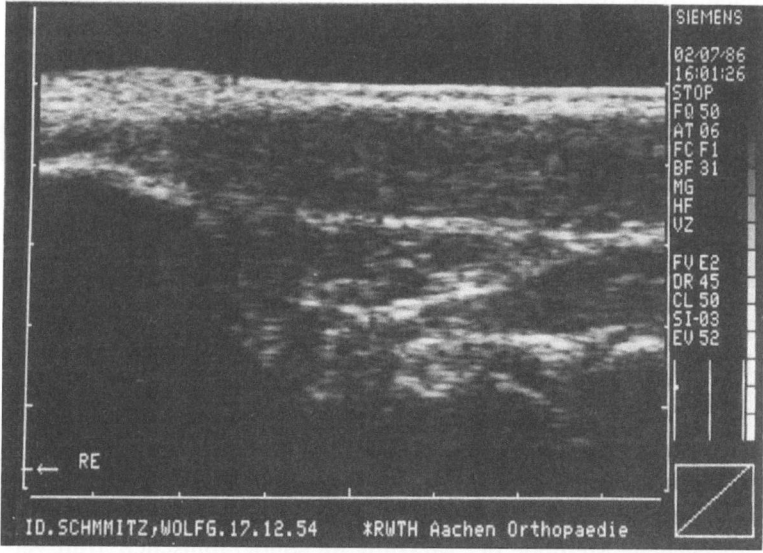

Abb. 3. Sonogramm einer chronisch-entzündlichen Achillodynie: verbreiterte und echoarme Achillessehnenstruktur. Peritendineum noch abgrenzbar

Rahmen einer Insertionstenodopathie kommen, vergesellschaftet mit Verkalkungen und einem inhomogenen Reflexmuster der Sehne. Bedeutung hat der Nachweis dieser Bursitiden auch in der Rheumatologie [3, 18]. Eine subachilläre Bursitis stellt sich als echoarmes, längliches Areal dorsal der Knochenkontur des Calcaneus mit erhöhter Schalltransparenz dar.

Bei der dynamischen Untersuchung läßt sich bei Achillessehnen-Reizzuständen gelegentlich ein Mitgehen benachbarter Schichten oder auch eine inkonstante Sehnenbewegung feststellen, als Folge von Verklebungen, während die gesunde Sehne ein weiches, druckfreies Gleiten demonstrieren läßt.

Sonographische Verlaufskontrollen von behandelten Achillodynien ließen eine Verbesserung des sonographischen Befundes erkennen. Nach Beobachtungen von Frohberger u. Woltering [8] trat eine klinische Beschwerdebesserung immer vor einer Verbesserung des sonographischen Befundes ein. Möglicherweise erweist sich die Sonographie als „sensitiver" als das klinische Beschwerdebild.

Fehlermöglichkeiten

Eigene Untersuchungen und Erfahrungen zeigen, daß das Reflexverhalten des Sehnengewebes stark abhängig ist von der Einstrahlrichtung des Ultraschalls. Bei Verkippen des Schallkopfes nach medial oder lateral kommt es zu einer verwaschenen Darstellung des Fersenbereiches, die eine exakte Abgrenzung von Paratenon und Sehne vermissen läßt. Diese Veränderungen lassen sich sofort erkennen und korrigieren. Problematischer ist die Erkennung von Artefakten im exakt eingestellten dorsalen Längsschnitt bei bogigem Verlauf der Achillessehne, z.B. Plantarflexion. Nach experimentellen Untersuchungen im Wasserbad, unterstützt durch Beobachtungen von Fornage [5] bei Beugesehnen der Hand, konnten wir nachweisen, daß die parallel zum Linearscanner verlaufenden Sehnenanteile im Scheitel der Achillessehne echoreich erschienen, während die nach distal und proximal ansteigenden Sehnenanteile und damit schräg angeschallten Bezirke echoarm erschienen. Um Fehlinterpretationen bei der sonographischen Diagnostik von Achillessehnenbeschwerden zu vermeiden, ist deshalb auf einen gradlinigen und gestreckten Verlauf der Sehne zu achten. Dies muß schon bei der Lagerung des Patienten berücksichtigt werden (s. oben).

Zusammenfassung

Zusammenfassend kann man feststellen, daß die Sonographie eine geeignete Methode zur Untersuchung der Achillessehne darstellt. Die Untersuchung sollte immer im Seitenvergleich erfolgen, wobei ein besonderes Augenmerk auf eine exakte Positionierung des Schallkopfes - parallel zur Sehne - gelegt werden muß. Das gilt in besonderem Maße auch für Verlaufskontrollen, um Fehlinterpretationen zu vermeiden. Zur Quantifizierung und Objektivierung von Sehnenverdickungen sollte neben dem gebräuchlichen dorsalen Längsschnitt die von Fornage [4] angegebene Methode der Messung im sonographischen Transversalschnitt durchgeführt werden. Die Verwendung einer Wasservorlaufstrecke ist zur Ankoppelung wie auch zur Fokussierung eine unumgängliche Voraussetzung.

Möglichkeiten und Grenzen der Ultraschalldiagnostik 19

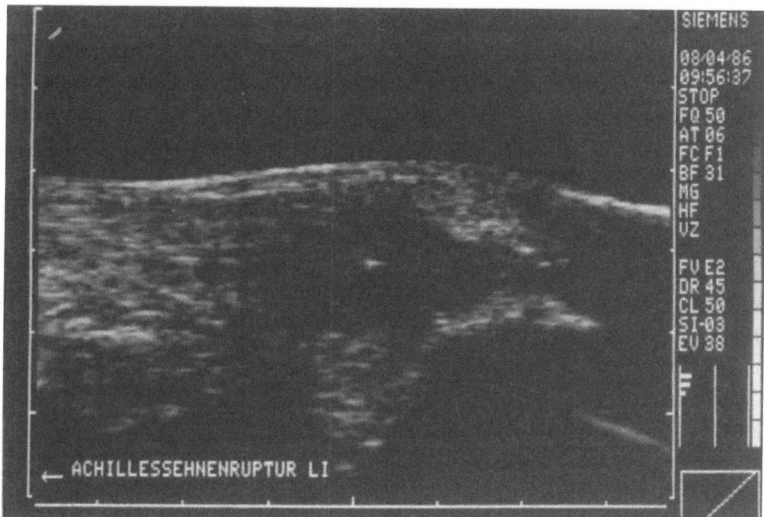

Abb. 4. Sonogramm einer 6 Wochen alten Achillessehnenruptur. Distal kolbenförmige, echoarme Achillessehnenauftreibung im Rupturbereich, proximal (links im Bild) erkennbarer Sehnenstumpf

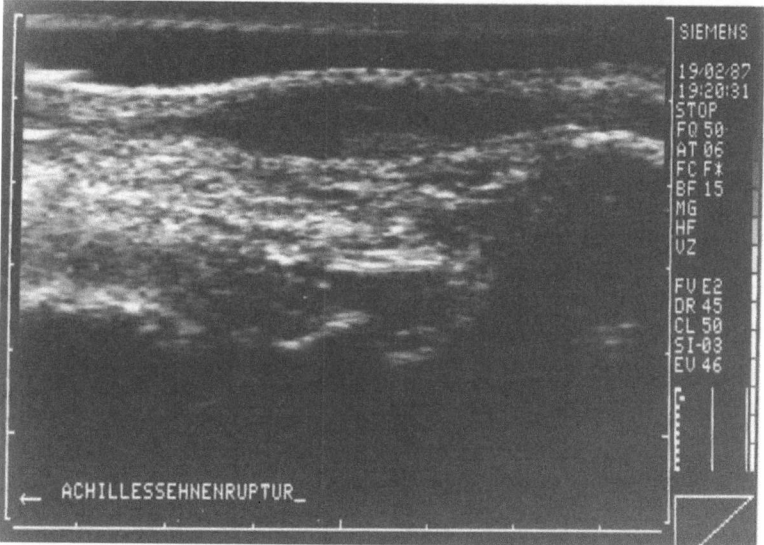

Abb. 5. Sonogramm einer 1 Tag alten Achillessehnenruptur bei bekannter rheumatoider Arthritis. Ausgeprägtes Hämatom im Bereich der Ruptur proximal des Calcaneus mit noch erkennbarem distalem und proximalem Sehnenende

Die Ultraschalluntersuchung der Achillessehne trägt bei vollständiger Ruptur nur wenig zur diagnostischen Sicherheit bei, da die Diagnose schon in der klinischen Untersuchung sichergestellt werden kann (vgl. Abb. 4). Die sonographische Untersuchung eignet sich bei Totalrupturen hauptsächlich zur Befunddokumentation.

Bei länger zurückliegender Ruptur dürfte die sonographische Untersuchung gegenüber der klinischen genaueren Aufschluß geben (vgl. Abb. 5).

Von größerem diagnostischen Nutzen dürfte die sonographische Aufdeckung von Partialrupturen sein, auch zur Abwägung einer Operationsindikation. Zur Zeit ist es aber noch nicht möglich, eindeutige Kriterien für die sonographische Diagnose einer Partialruptur zu geben.

Bei den verschiedenen Formen der Achillodynie kann die Sonographie Wertvolles zur Diagnose und Differentialdiagnose leisten. Insbesondere bieten sich sonographische Verlaufskontrollen bei entzündlichen Prozessen zur Verlaufsbeobachtung und Therapiekontrolle an sowie auch postoperativ zur Überwachung des Heilungsprozesses.

Aufgrund der Überlegenheit gegenüber der röntgenologischen Weichteiltechnik, der Xeroradiographie und der Computertomographie – abgesehen von der fehlenden Strahlenbelastung – und aufgrund des geringen Aufwands gegenüber der Kernspintomographie, scheint die sonographische Untersuchung das geeignetste bildgebende Verfahren zur Darstellung und Abklärung pathologischer Achillessehnenbefunde zu sein. Weitere Studien über die klinische Relevanz sonographischer Befunde sind erforderlich.

Sonographische Untersuchung der Patellarsehne

Aufgrund ihrer oberflächlichen Lage eignet sich auch die Patellarsehne zur sonographischen Diagnostik.

Zur Technik

Die sonographische Darstellung der Sehne erfolgt am gestreckten Knie sowie in verschiedenen Beugestellungen im Längs- und Querschnitt. Zentrale Bedeutung kommt der dynamischen Untersuchung zu bei isometrischer Quadrizepsanspannung, passiver Kniebewegung sowie Extension gegen Widerstand aus einer Beugestellung von 30°. Die Befunde werden jeweils mit der kontralateralen Seite verglichen. Ein 5-MHz-Linearscanner mit Vorlaufstrecke ist ausreichend.

Sonographischer Normalbefund

Die normale Patellarsehne läßt sich gut nach ventral vom subkutanen Gewebe und nach dorsal vom Hoffa-Fettkörper abgrenzen. Sie weist eine homogene, geringe bis mäßige Echogenität auf und erscheint echoärmer als das umgebende Fettgewebe. Gelegentlich stellt sich dorsal der Sehne im Längsschnitt die echoarme Bursa infrapatellaris profunda dar. Die Patellarsehne kann im Längsschnitt eine konische Gestalt haben, insbesondere bei Sportlern, bei denen die proximale Insertion stärker als die distale ausgeprägt ist. Bei untrainierten Menschen ist die Sehne eher bandförmig [6]. Im Querschnitt erscheint die Patellarsehne oval mit einem maximalen Durchmesser von 3–6 mm in ventrodorsaler und 10–15 mm in frontaler Ausdehnung (vgl. Abb. 6).

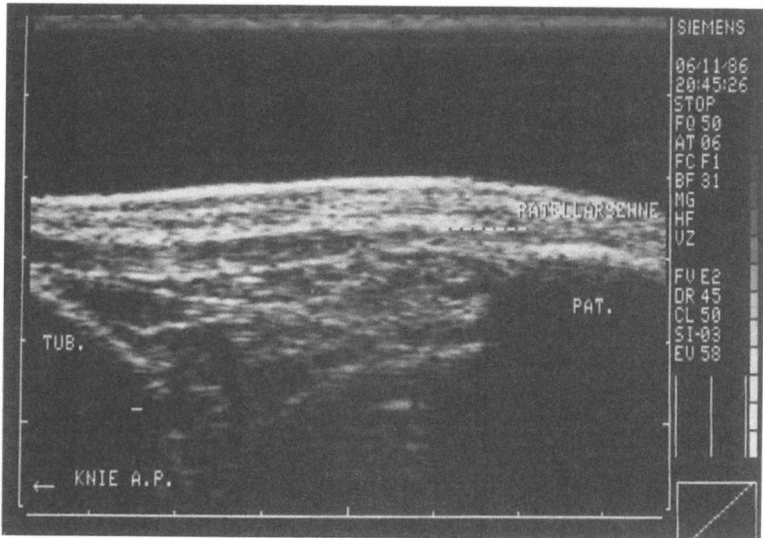

Abb. 6. Sonogramm einer gesunden Patellarsehne im ventralen Längsschnitt bei gestrecktem Knie unter Verwendung einer Wasservorlaufstrecke

Pathologische sonographische Veränderungen

Folgende pathologischen Veränderungen des sonographischen Erscheinungsbildes der Patellarsehne können – abgesehen von der Totalruptur – unterschieden werden:

1) Eine Tendinitis der Patellarsehne kommt häufig bei Sportlern vor und betrifft in der Regel die gesamte Sehne. Sonographisch erscheint die Sehne diffus vergrößert und echoarm. Seltener ist eine fokale Tendinitis, die gewöhnlich nahe der proximalen Insertion an der Patella auftritt und sich sonographisch als echoarme Zone darstellt, im Sinne eines Patellaspitzensyndroms.

2) Verkalkungen finden sich häufig bei Patienten mit chronischer Tendinitis. Im Sonogramm erscheint eine echoreiche Struktur mit nachfolgender Schallauslöschung. Partialrupturen sind sonographisch nachweisbar mit intratendinösem Hämatom (nach Trauma) oder bei mukoider Degeneration. Beide Läsionen stellen sich in gleicher Weise als echoarme Zone dar, gelegentlich mit dorsaler Schallverstärkung [6] (vgl. Abb. 7).

Zusammenfassend kann man feststellen, daß die Sonographie eine gute dynamische Untersuchung der Patellarsehne gewährleistet. Da verschiedene Läsionen ein gleichartiges Erscheinungsbild im Sonogramm haben (Hämatom, fokale Tendinitis, mukoide Degeneration) ist eine differenzierte sonographische Diagnostik nicht immer möglich. Es erscheint aber zumindest die Unterscheidung zwischen normaler und pathologisch veränderter Sehne zuverlässig möglich zu sein, wie auch eine genaue Lokalisationsbestimmung. Der schnell durchgeführte Vergleich mit der kontralateralen Sehne ist empfehlenswert. Die Sonographie erscheint als ein brauchbares Verfahren zur Routineuntersuchung bei Verdacht auf Patellarsehnenläsionen.

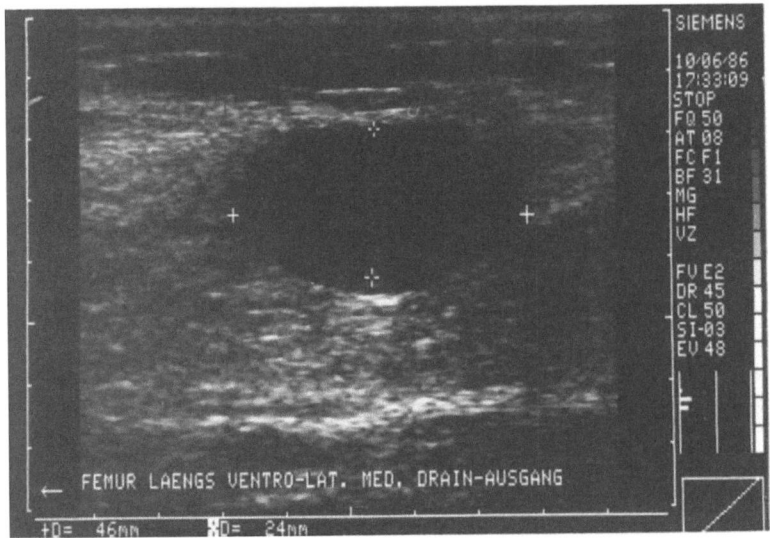

Abb. 7. Sonogramm eines 24 × 46 mm großen postoperativ aufgetretenen, intramuskulären Hämatoms im M. vastus lateralis

Sonographische Untersuchungen der Quadrizepssehne

Auch diese Sehne eignet sich zu sonographischen Untersuchungen.

Einsatz von Schallköpfen

Zum Einsatz kommen ebenfalls Schallköpfe mit einer Frequenz von 5-7 MHz. Üblicherweise wird die Sehne im Sagittalschnitt von ventral dargestellt.

Sonographische Befunde

Die Quadrizepssehne läßt sich ähnlich der Achillessehne sonographisch gut darstellen. Die Sehne stellt sich zumeist echoarm dar, während das umgebende Fettgewebe eine höhere Echogenität aufweist. Der vordere und hintere Rand der Quadrizepssehne ist gut abgrenzbar, wobei die Abbildungsqualität durch einen gleichzeitig bestehenden Gelenkerguß noch verbessert wird [2]. Rupturen der Quadrizepssehne ereignen sich in der Regel nur am Sehnen-/Knochenübergang, also am oberen Patellarpol und lassen sich insbesondere bei der dynamischen Prüfung sonographisch gut nachweisen. Mit Hilfe der Sonographie läßt sich eine isolierte Ruptur der Sehne des M. rectus femoris nachweisen und entsprechend behandeln. Ebenfalls läßt sich der erhaltene Reservestreckapparat im Sonogramm darstellen.

Zusammenfassend kann man festhalten, daß der Hauptwert der sonographischen Diagnostik in der Erkennung von Partialrupturen besteht. Bei vollständigen Rupturen dient die Sonographie der Bestätigung des klinischen Befundes. Eindeutige sonographische Hinweiszeichen zur Differenzierung zwischen degenerativen Veränderungen der Sehne und einer Partialruptur sind sonographisch z.Z. nicht möglich.

Ultraschalldiagnostik bei Muskelverletzungen

Muskelverletzungen ereignen sich hauptsächlich aufgrund von Sportverletzungen, deren bevorzugte Lokalisation der Oberschenkel (M. rectus femoris und Aduktorengruppe) und Unterschenkel (M. triceps surae) ist. Ätiologisch davon abzugrenzen sind intramuskuläre Hämatome infolge von Gerinnungsstörungen bei Hämophilie oder Antikoagulationstherapie mit Bevorzugung des M. iliopsoas, gelegentlich auch des M. rectus abdominis.

Die konventionelle Röntgendiagnostik bietet keine ausreichende Möglichkeit, Muskelverletzungen darzustellen. Aufgrund der guten Darstellbarkeit der Muskulatur im Ultraschallbild liegt es nahe zu versuchen, Muskelverletzungen sonographisch zu beurteilen.

Zur Technik

Zur Ultraschalluntersuchung der Muskulatur eignen sich 3,5- oder 5-MHz-Linear- oder Sektorschallköpfe. Eine Wasservorlaufstrecke ist aufgrund der zumeist guten Ankopplungsmöglichkeiten auf der Muskulatur nicht erforderlich. Die sonographische Untersuchung erfolgt in Longitudinal- und Transversal-, ggf. auch in Schrägschnitten. Untersuchungen der Gegenseite zum Seitenvergleich sind obligat. Besondere Bedeutung kommt der dynamischen Untersuchung bei entspannter und kontrahierter Muskulatur zu, da nur so kleinere Verletzungen erkannt werden können. Wie allgemein üblich entspricht bei den longitudinalen Schnittbildern der linke Bildrand dem proximalen Bildanteil, der rechte dem distalen. Bei Querschnitten ist entsprechend der Computertomographie das Schnittbild von distal nach proximal zu betrachten.

Zur besseren Reproduzierbarkeit sonographischer Schnittuntersuchungen ist immer darauf zu achten, Knochenkonturen im Sonogramm mitaufzunehmen und scharf abzubilden. Ansonsten ist eine genaue Zuordnung und damit Reproduzierbarkeit des Schnittes nicht möglich.

Sonographische Befunde

Die gesunde Skelettmuskulatur imponiert im Sonogramm als relativ echoarmes Gewebe, im Längsschnitt mit strichförmiger Zeichnung und „gefiederter Struktur", im Querschnitt eher gepunktete und inhomogen. Die Muskelfaszien stellen sich als linienförmige Reflexe dar und lassen damit eine Abgrenzung der einzelnen Muskellogen gegeneinander zu [7].

Im Vordergrund bei Sportverletzungen steht der Nachweis von Muskelrupturen. Sonographische Hinweiszeichen für einen Muskelriß sind einmal die Volumenzunahme des Muskels mit Verdrängung des intramuskulären Septums und der Nachweis einer echofreien Zone mit Unterbrechung der gewohnten sonographischen Muskelstruktur als Ausdruck einer Flüssigkeitsansammlung, in der Regel eines Hämatoms [6]. Bei ausgedehnteren Muskelrupturen läßt sich das rupturierte und retrahierte Muskelende im Längsschnitt innerhalb des echoarmen Hämatoms als echoreiche, unregelmäßig begrenzte Struktur nachweisen – als sog. „Glockenklöppelzeichen" [6]. Aber auch diffuse hypoechogene Zonen können auf eine Ruptur hinweisen, wenn es zur Einblutung in das Muskelgewebe kommt. Mit zunehmendem Alter der Verletzung kommt es dann zu inhomogeneren Echomustern infolge der Organisation der Hämatome mit zunehmender Fibrosierung. Spätfolgen wie Narben oder Verkalkungen können somit auch zu echoreichen Strukturveränderungen im Muskel führen. Speziell bei kleineren Muskelrupturen können indirekte Hinweiszeichen wie echofreie Zonen fehlen, da das Blut den Muskel diffus durchtränkt. Die dynamische Muskeluntersuchung mit Kontraktion des betroffenen Muskels hilft Muskelläsionen besser zu erkennen und eine Unterscheidung zwischen Blutgerinnsel und retrahiertem Muskelstumpf vorzunehmen. Außerdem lassen sich bei der dynamischen Untersuchung eine Herabsetzung der Kontraktibilität und des Gleitvermögens infolge von früheren Muskelverletzungen nachweisen.

Zusammenfassend läßt sich feststellen, daß mit Hilfe der sonographischen Untersuchung eine bessere Beurteilung von Muskelverletzungen gelingt. Insbesondere die dynamische Untersuchung erlaubt es, auch kleinere Läsionen im Muskel zu lokalisieren. Bei größeren Verletzungen kommt es zumeist zur Darstellung echofreier bis echoarmer Zonen, die eine Größenabschätzung der Läsion erlauben und eine gezielte Punktion unter sonographischer Kontrolle ermöglichen. Die Ultraschalluntersuchung kann somit neben der klinischen Diagnostik einen wichtigen Beitrag zur operativen oder konservativen Behandlungsindikation leisten. Zudem läßt sich die Rückbildungstendenz von Muskelverletzungen sonographisch leicht und zuverlässig kontrollieren.

Schlußfolgerung

Anhand der hier dargestellten Anwendungsmöglichkeiten der Ultraschalldiagnostik in der Sportorthopädie bei Muskel- und Sehnenerkrankungen wird deutlich, daß die Sonographie durchaus in der Lage ist, Erkenntnisse für die weitere Behandlung zu vermitteln, die bisher überhaupt nicht oder nur durch aufwendige Verfahren wie Computer- oder Kernspintomographie erhältlich waren. Hierbei ist in erster Linie an den Nachweis und die Abgrenzung von Hämatomen, Muskelein- und Sehnenpartialrissen zu denken. Darüber hinaus ermöglicht die Ultraschalldiagnostik sowohl die bildliche Absicherung klinisch eindeutiger Befunde (Beweismaterial) als auch die Einsparung von Röntgenbildern als nicht strahlenbelastendes Untersuchungsverfahren, z. B. beim Nachweis von Knie- und Sprunggelenkinstabilitäten [11]. Insgesamt läßt sich feststellen, daß die Sonographie die diagnostische Palette in der Sportorthopädie erweitert, andererseits aber nur bei kritischer Anwendung und weiterer Forschung die in sie gesetzten Erwartungen erfüllen kann.

Literatur

1. Blei CL, Nirschl RP, Grant EG (1986) Achilles tendon: US diagnosis of pathologic conditions. Radiology 159: 765–767
2. Dillehay GL, Deschler T, Rogers LF, Neiman HL, Hendrix RW (1984) The ultrasonographic characterization of tendons. Invest Radiol 19: 338–341
3. Ernst J (1985) Ultraschalldiagnostik in der Rheumatologie. Aktuell Rheumatol 10: 35–42
4. Fornage BD (1986) Achilles tendon: US examination. Radiology 59: 759–764
5. Fornage BD (1986) Ultrasound examination of the hand. Radiology 160: 853–854
6. Fornage BD, Touche DH, Segal P, Rifkin MD (1983) Ultrasonography in the evaluation of muscular trauma. J Ultrasound Med 2: 549–554
7. Forst R, Casser H-R (1985) 7 MHz-real-time Sonographie der Skelettmuskulatur bei Duchenne-Muskeldystrophie. Ultraschall 6: 336–340
8. Frohberger U, Woltering H (1986) Die Impuls-Echosonographie zur Diagnostik der Achillodynie bei Leistungssportlern. Prakt Sporttraumatol Sportmed 4: 40–44
9. Graf R (1980) The diagnosis of hip dislocation by the ultrasonic compound treatment. Arch Orthop Traumatol Surg 97: 117
10. Graf R (1983) Die sonographische Beurteilung der Hüftdysplasie mit Hilfe der „Erkerdiagnostik". Z Orthop 121: 694·
11. Graf R (1987) Was leistet die Sonographie in der Sporttraumatologie? Dtsch Z Sportmed 38: 82–86
12. Kramps H-A (1979) Einsatzmöglichkeiten der Ultraschalldiagnostik am Bewegungsapparat. Z Orthop 117: 355–364
13. Kramps H-A, Lenschow E (1978) Zur Anwendung der Ultraschall-Compound-Scan-Methode zur Weichteildiagnostik und Konturendarstellung in der Orthopädie. Neues von Picker, Bulletin US 1/78
14. Kratochwill A, Zweymüller K (1975) Ultrasonic examination in orthopaedic surgery. Proc. IInd Europ. Congr. Ultrasonics in Medicine, München, p 343
15. Maner MD (1981) Ultrasonic findings in a ruptured Achilles tendon – Case report. Med Ultrasound 5: 81–82
16. Mayer R, Wilhelm K, Pfeifer KJ (1984) Sonographie der Achillessehnenruptur. Digitale Bilddiagnostik 4: 185–189
17. Pfister A (1987) Die Ultraschalldiagnostik bei sportorthopädischen Weichteilerkrankungen. Dtsch Z Sportmed 38: 107–110
18. Wetzel R, Gondolph-Zink B (1987) Ultraschalldiagnostik in der Rheumatologie – Aussagekraft, Stellenwert und Ergebnisse. Aktuel Rheumatol 12: 61–65
19. Wiesen R, Rossak K (1986) Ultrasonographie in der Orthopädie bei Weichteilerkrankungen und Weichteilverletzungen. Med Orthop Techn 2: 42–47

Aspekte isokinetischer Test- und Diagnoseverfahren in der Sportmedizin

F. Duesberg und A. Verdonck

James Perrine, ein New Yorker Biomechaniker, entwickelte 1967 das erste isokinetische Trainingsgerät [2]. Er ging bei seinen Überlegungen davon aus, daß beim herkömmlichen auxotonischen Training die Komponente Widerstand konstant oder nur unspezifisch variiert wird, der Krafteinsatz innerhalb des Bewegungsradius sich aber verändert. Eine Gelenkeinheit wird somit in ihren schwächsten Bereichen schnell überlastet, in ihren stärksten Bereichen aber unterbelastet. Aufgrund der Trägheit der bestehenden Systeme ist zudem die Schnellkraft häufig schlecht trainierbar.

Beim isokinetischen System erfolgt eine Kraftentwicklung unter einer im voraus festgelegten Bewegungsgeschwindigkeit und gegen einen Widerstand, der sich mittels elektronisch gesteuerter Mechanik oder Hydraulik während der gesamten Bewegung entsprechend der entwickelten Kraft aufbaut. Isokinetik bedeutet also gleichförmige Bewegung bei sich ständig direkt oder indirekt anpassendem Widerstand.

Auch und gerade bei verminderter Leistungsfähigkeit einer Gelenkeinheit, z.B. durch Schmerz oder durch Ermüdung, akkommodiert der apparative Regelkreis mit adäquatem Widerstand. Die auftretenden Winkel und Drehmomente werden zudem kontinuierlich gemessen und aufgezeichnet und können weiterverarbeitet werden. Das maximal erreichte Drehmoment, die Drehmomentkurve über dem gesamten Bewegungsablauf, die durchschnittliche und die Gesamtarbeit und -leistung, die sog. explosive Komponente, die Ausdauer und weitere Parameter können quantitativ bestimmt werden. Das Verhältnis Agonist-Antagonist, gesundes und verletztes Gelenk, Probandenleistung zu Normkollektiv kann untersucht werden. Insbesondere schmerzhafte Funktionseinschränkungen, z.B. bei Sportlern mit Überlastungssyndromen, bei Traumatisierungen oder nach operativen Rekonstruktionen können objektiviert und dokumentiert werden.

Zielsetzungen isokinetischer Tests sind somit
1) Erfassung funktioneller Störungen der Gelenkmechanik und muskulärer Defizite,
2) Objektivierung schmerzbedingter Funktionseinschränkungen,
3) Beurteilung und Steuerung von Therapie- und Trainingsbelastungen,
4) Erfassung von Normwerten.

Hierzu werden in der Regel Primärtests (re-li), Vergleichstests zum Vorbefund (Re-Test) oder zur Längsschnittbeurteilung durchgeführt.

Stand am Anfang der Isokinetik als apparative Test- und Trainingseinheit zunächst nur das Cybex-Gerät (Abb. 1) der Fa. Lumex zur Verfügung [1], werden

Aspekte isokinetischer Test- und Diagnoseverfahren in der Sportmedizin 27

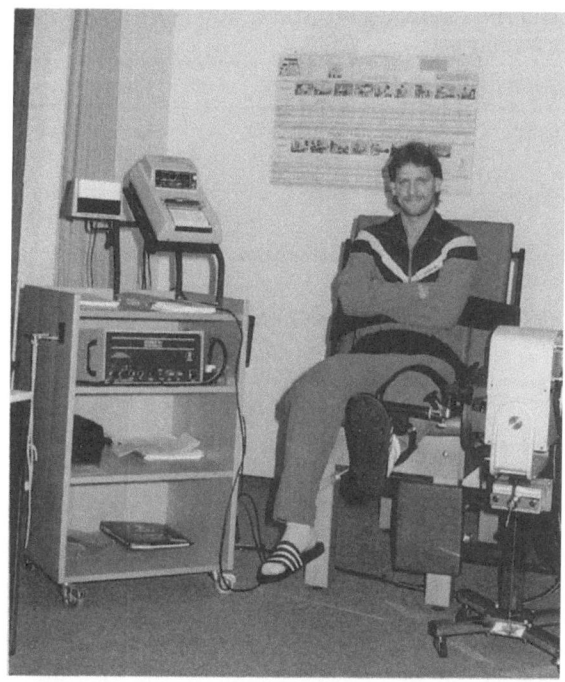

Abb. 1. Isokinetisches Meß- und Trainingsgerät „Cybex-II+" der Fa. Lumex, USA

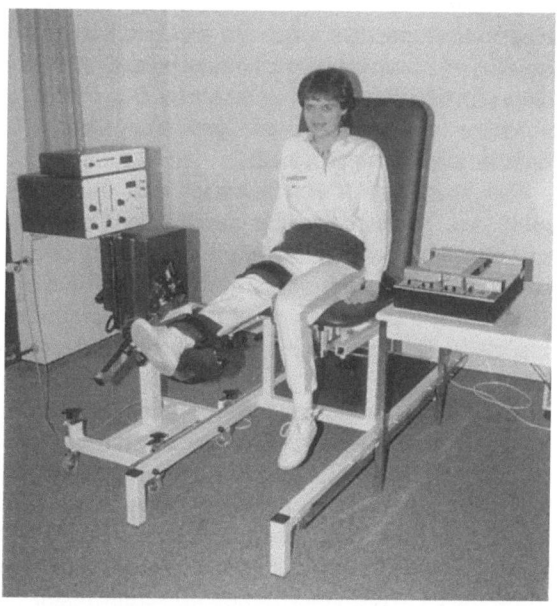

Abb. 2. Isokinetischer Trainer der Fa. Akron, Großbritannien

Tabelle 1. Belastungsarten, Untersuchungsmöglichkeiten und Besonderheiten einiger isokinetischer Apparate

Gerät	Gelenk(e)	Prinzip	Belastung	Besonderheiten
Cybex	Diverse	Isokinetisch	Kontraktiv	1. Isokinetisches Gerät
Akron	Diverse	Isokinetisch/ isodynamisch	Kontraktiv	Unterschiedliche Geschwindigkeit
KIN-COM	Knie/diverse	Isokinetisch	Kontraktiv/ distraktiv	Hohe Geschwindigkeit
GGT 3000	Knie/Ellenbogen	Isokinetisch/ variabel	Kontraktiv/ distraktiv	EDV-gesteuerte Bewegungen
Dynamatic	Knie	Isokinetisch	Kontraktiv/ distraktiv	Positionsregistrierung
Isostation K-200	Knie	Iso-dynamisch/ isokinetisch	Kontraktiv	Dreidimensionale Bewegung
Merac	Diverse	Isokinetisch	Kontraktiv	EDV-gesteuerter Trainingsbereich

heute mehrere und in ihren Möglichkeiten unterschiedliche Geräte angeboten (Abb. 2). Im wesentlichen sind Art der Belastung (konzentrisch-exzentrisch, oder besser: kontraktiv-distraktiv), Zusatzeinrichtungen wie isometrische oder isodynamische Belastungsformen, die Dokumentationstechnik und letztlich die Einsatzmöglichkeiten, d. h. die Zahl der unterschiedlichen test- und trainierbaren Gelenke, zu beachten (Tabelle 1).

Zwei unterschiedliche apparative Systeme finden in der Regel Verwendung, ein elektromechanisches oder ein elektronisch gesteuertes hydraulisches System. Bei dem letztgenannten ist zu beachten, daß in sehr niedrigen Geschwindigkeitsbereichen (unter 30°/s) und in höheren Bereichen (ca. über 160°/s) Ungenauigkeiten auftreten können bzw. die gewählte Geschwindigkeit systembedingt eventuell nicht realisiert werden kann.

Das Isostation K 200 zeichnet sich durch eine nahezu freie Beweglichkeit in allen drei Ebenen aus, für spezifische Untersuchungen mit exakt reproduzierbarem Bewegungsverlauf können bei Bedarf zwei Ebenen durch Wahl hoher Widerstände ausgeschaltet werden. Alle anderen Geräte arbeiten mit zwangsgeführten Bewegungen in jeweils einer Bewegungsrichtung. Physiologisches Rollgleitverhalten eines Gelenkes wird somit bei der starren Gelenksachse des Gerätes nicht umgesetzt.

Beachtung finden sollte die möglichst elektronisch gesteuerte Bewegungslimitierung, beim Akron bespielsweise mit hartem oder weichem Anschlag nach Wahl. Bei diesem Gerät können für zwei gegensätzliche Bewegungsrichtungen wie Flexion-Extension unterschiedliche Geschwindigkeiten gewählt werden. Verwenden wir im Testverfahren aus Gründen der Einheitlichkeit zwar jeweils identische Bewegungsgeschwindigkeiten, so kann damit im Training eine Bewegungsbelastung durch Wahl einer hohen Geschindigkeit quasi eliminiert werden.

Jedes eingesetzte Gerät sollte mindestens einmal monatlich ordnungsgemäß kalibriert werden, eine exakte Eichung mittels definierter Drehmomente ist für vergleichende Untersuchungen unabdingbar.

Bei Bewegungsbelastungen mit oder gegen die Schwerkraft ist deren Einfluß auf das Gesamtergebnis des Tests gegebenenfalls zu berücksichtigen. Agonistische Muskulatur kann durch die Gravität assistiert werden, während die Antagonisten dagegen arbeiten müssen. Bei Einzeltests kann dieser Effekt vernachlässigt werden, bei vergleichenden Untersuchungen kann durch Einzelmessung des Schwerkrafteinflusses und nachfolgende Addition bzw. Subtraktion der Testwerte der Schwerkrafteinfluß Berücksichtigung finden.

Die Testungen der verschiedenen Gelenke sollten aus Gründen der Reproduzierbarkeit in definierten Geschwindigkeiten und unter annähernd identischen Testbedingungen bzgl. Geräteaufbau und Testablauf erfolgen. In der konventionellen Dokumentation zeichnet der dem Testgerät angeschlossene X/Y-Schreiber die Bewegungskurve und die Drehmomentkurve über dem gesamten Bewegungsablauf auf. Mittels Umrechnungstabelle können manuell das jeweilige Drehmomentmaximum und der dazugehörige Winkel quantitativ ermittelt werden. Bezogen auf das Drehmomentmaximum kann das Verhältnis Agonist-Antagonist errechnet werden und ein Seitenvergleich erfolgen.

Bei der visuellen Beurteilung der Kurven wird auf ein annähernd identisches Kurvenbild geachtet, ein harmonischer Kurvenverlauf oder Dellen, Einbrüche oder Zackenbildungen werden in Art und Lokalisation beschrieben. Ein kontinuierlicher Abfall der Drehmomentmaxima entspricht einer physiologischen Ermüdung. Letztendlich sollte auch das Bewegungsausmaß im Seitenvergleich beachtet werden.

Bei der durch X/Y-Schreiber durchgeführten Dokumentation bleiben weitere Parameter wie Arbeit (entspricht der jeweiligen Fläche unter der Drehmomentkurve), Leistung, explosive Komponente und Ausdauer noch unberücksichtigt. Sowohl für das Cybex- wie auch für das Akron-Gerät fanden wir auf dem europäischen Markt keine adäquate EDV-Soft- und Hardware. Der von der Fa. Lumex angebotene Cybex-Data-Reduction-Computer arbeitet zwar in der angegebenen Richtung, konnte aber von seinen Möglichkeiten nicht überzeugen, zudem bleiben die Bildschirmdarstellung und die praktische Dokumentation mittels Grafikdrukker unberücksichtigt.

Daher wurde in Zusammenarbeit mit dem Fachbereich Elektronik der Fachhochschule Osnabrück (Ltg.: Prof. Dr. K. Urbanski) eine spezielle Hard- und Software entwickelt, die kompatibel zum Cybex wie auch zum Akron ist. Über ein gesondertes Interface werden die Analogdaten mittels eines auf einer Einschubkarte plazierten A/D-Konverters in Digitaldaten umgewandelt und können mit einem speziellen EDV-Programm (IDSP = isokinetisches Diagnose- und Statistikprogramm) weiterverarbeitet werden. Testpersonen und Testdaten werden manuell über Tastatur bzw. automatisch über Interface eingegeben, die Verarbeitung erfolgt in einem IBM- oder -kompatiblen Personalcomputer. Die relevanten Daten einer EDV-gesteuerten Auswertung wurden berücksichtigt (Tabelle 2). Die Ausgabe der Zahlenwerte im Rahmen eines Testprotokolls wie auch der Bewegungs- und Drehmomentkurven erfolgt über einen Grafikdrucker.

Erfaßt werden Rechts-Links-Vergleich eines Arthrons und jeweiliger Vergleich mit Normwerten, soweit bereits vorhanden. Die Testpersonen werden differenziert nach Geschlechts-, Alters- und Sportleistungsgruppen.

Tabelle 2. Parameter der EDV-gesteuerten Auswertung isokinetischer Tests

- Maximales Drehmoment (DMM)
- Verhältnis DMM zum Körpergewicht
- Durchschnittliches Drehmomentmaximum
- Durchschnittlicher Winkel des DMM
- Durchschnittliche Arbeit
- Verhältnis durchschnittlicher Arbeit zum Körpergewicht
- Verhältnis durchschnittlicher Arbeit der 1. Bewegung zur 2. Bewegung
- Durchschnittliche Leistung
- Verhältnis durchschnittlicher Leistung zum Körpergewicht
- Verhältnis durchschnittlicher Leistung der 1. Bewegung zur 2. Bewegung
- Durchschnittliche Arbeit nach ⅛ Sekunde
- Abfall der DMM

Da der Proband bei jedem Test aufgefordert wird, seine Maximalkraft zu erreichen, und sich dies auch in der Regel in einem stetigen Abfall der Drehmomentmaxima widerspiegelt, können hieraus Rückschlüsse auf die Ausdauer gezogen werden. Bislang wurde die Anzahl der erforderlichen Wiederholungen gezählt, die erforderlich waren, um einen 50%igen Abfall zu erreichen. In einem anderen Verfahren wird die Summe der ersten fünf Drehmomentmaxima mit der Summe der letzten fünf bei einer definierten Anzahl von Bewegungswiederholungen in Relation gesetzt. Beide Verfahren erschienen uns zu unspezifisch und mit Fehlerquellen behaftet. So bleibt beim letztgenannten Vorgehen eine mögliche Absenkung im mittleren Bereich immer unberücksichtigt.

Wir entwickelten daher ein anderes Verfahren zur Darstellung der Ausdauer, indem wir eine per EDV-Programm gemittelte Gerade durch alle Drehmomentmaxima einer Bewegungsart legten. Der Wert ihrer immer negativen Steigung kann als Maß für die Ausdauer angesehen werden. Er wird in der Einheit Nm/s angegeben.

Im isokinetischen Test können muskuläre Defizite und funktionelle Störungen leicht erkannt und erfaßt werden. Trainingsbelastungen sind relativierbar und objektivierbar [3]. Durch Wiederholungs- und Längsschnitt-Tests können Therapie und Trainingsmethoden kontrolliert und korrigiert werden. Die Reliabilität isokinetischer Testverfahren wird von mehreren Untersuchern als hinreichend angesehen [5]. Voraussetzung bei isokinetischen Tests ist allerdings die Motivation eines Probanden, seine Maximalkraft zu erreichen. Es liegt in der Verantwortung des Untersuchers, ungeeignete Tests beispielsweise bei versuchter Simulation eines Defizites oder einer schmerzhaften Einschränkung als solche zu erkennen und zu verwerfen.

Kontraindikationen, wie allgemein eingeschränkte Belastbarkeit, z. B. durch Anfallsleiden und lokal eingeschränkte Belastbarkeit, z. B. bei einer aktivierten Arthrose, sind zu beachten; die kardiopulmonale Belastbarkeit ist gegebenenfalls in einem Test abzuklären. Insbesondere sollte in der frühen Phase nach Rekonstruktionsoperationen eine Extrembelastung der betroffenen Gelenkanteile durch geeignete Schutzmaßnahmen ausgeschlossen werden. Beim Kniegelenk bietet sich hierzu das JOHNSON-Anti-Shear-Accessory an [4, 6].

In den vergangenen zwei Jahren wurden in unserem Hause hauptsächlich ver-

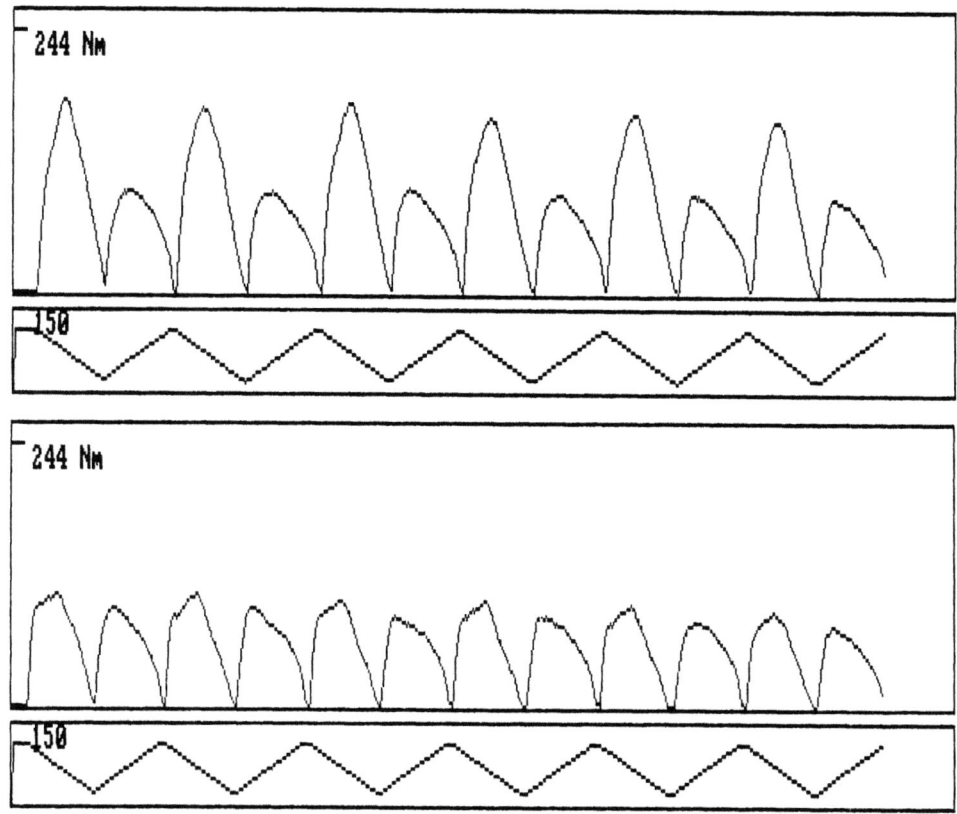

Abb. 3. Isokinetische Drehmomentkurve einer Kniegelenkbelastung in Extension/Flexion bei 60°/s (Cybex-II+ mit IDSP-Auswertung): *oben* gesunde Seite, *unten* Zustand nach operativ versorgter Läsion des vorderen Kreuzbandes mit verbliebener Restinstabilität, verspätetes und deutlich verringertes Drehmomentmaximum, verminderte Explosivität für die Extension bei nahezu identischen Kurven für die Flexion

letzte und operativ versorgte Sportler mit einer – immobilisationsbedingten – Quadrizepsatrophie untersucht. Die isokinetischen Drehmomentkurven zeigten häufig ein verspätet auftretendes Maximum mit z. T. deutlich verminderter Explosivität (Abb. 3). Bei einem anderen Testkollektiv handelte es sich um Sportler mit Belastungs- und Überlastungsbeschwerden im Femoropatellargelenk, im Sinne einer Chondropathia patellae. Hier zeigten die Drehmomentkurven oft Einbrüche und Dellen (Abb. 4).

Eine spezifische Diagnostik bezüglich der Ursache von Defiziten anhand typischer Drehmomentkurven ist aus unserer Erfahrung eindeutig nicht möglich. Belastungseinschränkungen sind zwar objektivierbar und zeigen bei gleichartiger Pathologie oft auch ähnliche Kurven und Daten, im umgekehrten Sinne sollte jedoch auf Rückschlüsse im Sinne einer „Kurvendiagnostik" verzichtet werden.

Die unter identischen isokinetischen Bedingungen gewonnenen individuellen Leistungsdaten erlauben gerade in der Sportmedizin quantitative Aussagen und ermöglichen Empfehlungen für gezielte Therapie- und Trainingsbelastung.

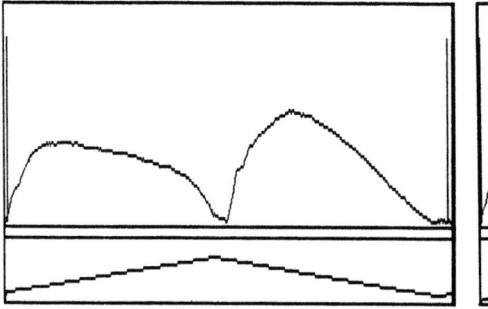 

Abb. 4. Isokinetische Drehmomentkurve einer Kniegelenkbelastung in Flexion *(steigende Gerade unten)* und Extension *(fallende Gerade unten)* bei 60°/s (Cybex-II+ mit IDSP-Auswertung): *links* gesunde Seite, *rechts* Zustand bei Chondropathia patellae mit verringertem Drehmomentmaximum und typischen Krafteinbrüchen insbesondere in der Extension

Literatur

1. Davies GJ (1984) A compendium of isokinetics in clinical usage. S&S Publishers, La Crosse
2. Goebel RS (1984) Über den Effekt eines isokinetischen Krafttrainings im Vergleich zu einem statischen Krafttraining und seine klinische Relevanz. Med. Dissertation, Universität Köln
3. Herbeck B (1986) Der Nutzen apparativer Methoden zur Objektivierung des Trainingserfolges in der Rehabilitation. Z Krankengymn 38: 335-336
4. Johnson D (1982) Controlling anterior shear during isokinetic knee extension exercise. J Orthop Sports Phys Ther 4/1: 23-31
5. Krüger A (1986) 20 Jahre isokinetisches Training. Leistungssport 3: 39-45
6. Timm KE (1986) Validation of the Johnson anti-shear accessory as an accurate und effective clinical isokinetic instrument. J Orthop Sports Phys Ther 7/6: 298-303

Isokinematisch-dynamometrische Beurteilung der Distorsion des medialen Seitenbandes

A. Schultz, T. Bochdansky, U. Kroitzsch und T. Gaudernak

Einleitung

Die Distorsion des medialen Seitenbandes am Kniegelenk ist die häufigste und zugleich auch banalste Kapselbandverletzung. Forcierte Außenrotation und Valgusstreß – Bewegungsmechanismen wie sie bei jeder Sportart häufig vorkommen – führen zu dieser Läsion. Müller [9] teilt die Bandverletzungen in drei Schweregrade ein:

- Grad 1: Dehnung,
- Grad 2: Zerrung, Teilruptur,
- Grad 3: Ruptur.

Das mediale Seitenband des Kniegelenkes besteht aus Bündeln von kollagenen Fasern und ist, wie jedes intakte kollagene Band bis zu ca. 5% reversibel dehnbar [11]. Im Rahmen unserer Untersuchungsserie wurden Patienten mit erstgradigen Distorsionen des medialen Seitenbandes mit einer Dehnung des LCM (Ligamentum collaterale mediale) untersucht.

Der mediale Kapselbandkomplex am Kniegelenk ist aus mehreren Schichten aufgebaut und hat bei der Bewegung des Kniegelenkes und der Kniescheibe im Patellagleitlager eine enorme biomechanische Bedeutung. Das LCM entspringt am medialen Oberschenkelkondylus, überquert den medialen Gelenkspalt und setzt breitflächig distal des medialen Schienbeinkopfes an. Der von den Kniechirurgen als „tiefes Blatt" bezeichnete Anteil des LCM ist das eigentliche meniskofemorale und meniskotibiale Band. Diese beiden Bänder sind mit der Basis des medialen Meniskus verwachsen. Das Lig. femorotibiale besteht aus Faserbündeln, die am Meniskus vorbeiziehen. Der medialste Teil des inneren Bandkomplexes wird vom Retinaculum patellae longitudinale mediale gebildet. Dieses eher derbe Band stellt die Fortsetzung des M. vastus medialis dar und setzt am medialen Tibiakopf an (Abb. 1).

Da das Getriebe des Kniegelenkes dem einer überschlagenen Viergelenkskette entspricht [6], müssen die Ansätze und Ursprünge jeder einzelnen Faser des LCM auf korrespondierenden Stellen der Burmester-Kurve liegen. Dadurch wird gewährleistet, daß die Fasern des LCM in weiten Bereichen des Bewegungsumfanges des Kniegelenkes gespannt sind. In Streckstellung werden die einzelnen Fasern des medialen Seitenbandes im Rahmen der Schlußrotation des Unterschenkels stark angespannt. Dies ergibt die bekannte Stabilität des gestreckten Kniegelenkes. Andererseits sind zwischen 25°- und 45°-Flexion vor allem die in der Mitte des LCM gelegenen Fasern geringgradig erschlafft, was einerseits die

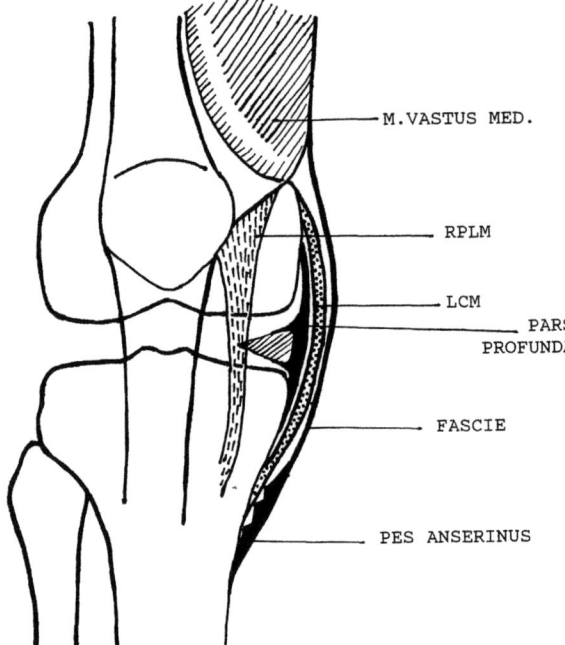

Abb. 1. Medialer Kapselbandapparat des Kniegelenkes. [Nach 9]

bekannte Seitenbandlockerung in diesem Flexionsbereich ergibt und andererseits die Rotation des Unterschenkels im vollen Ausmaß ermöglicht. Je schneller eine äußere Kraft im Sinne eines Valgus-Außenrotationstraumas auf das Kniegelenk einwirkt, desto eher sind knöcherne Bandausrisse oder glatte Rupturen zu finden. Eine langsame Deformation hingegen führt zu Banddehnungen mit Kaskadenrupturen im Inneren der Bandstruktur [6, 7].

Methodik

Es wurden 14 Patienten (6 Frauen, 8 Männer) mit erstgradigen Distorsionen des inneren Kollateralbandes im Rahmen dieser Untersuchungsserie einer Quadrizepskraftmessung unterzogen. Das Durchschnittsalter der Patienten betrug 23 Jahre (11-51). Voraussetzung für die Erfassung der Patienten in die Untersuchungsgruppe waren folgende Bedingungen:

- frisches Trauma,
- typische Anamnese - Außenrotations-/Valgusstreß,
- Seitenband fest in 0° und 30°,
- kein Kniegelenkerguß,
- keine Kreuzbandinstabilität.

Alle Unfälle geschahen während einer Sportausübung oder während einer Freizeittätigkeit. Nach der klinischen und röntgenologischen Untersuchung wurde die dynamometrische Streckkraftmessung durchgeführt.

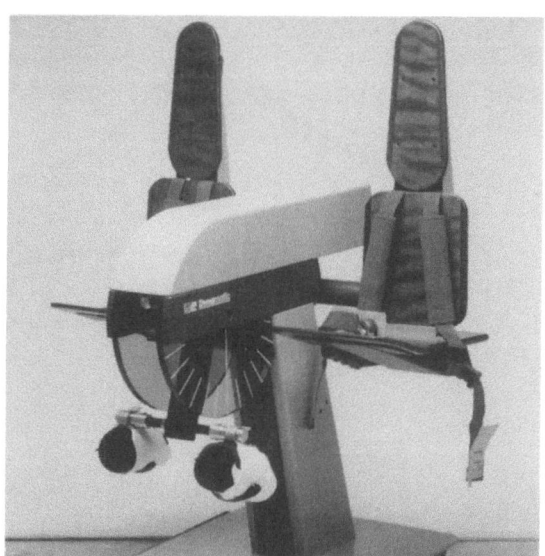

Abb. 2. Isokinematischer Dynamometer „Dynamatic"

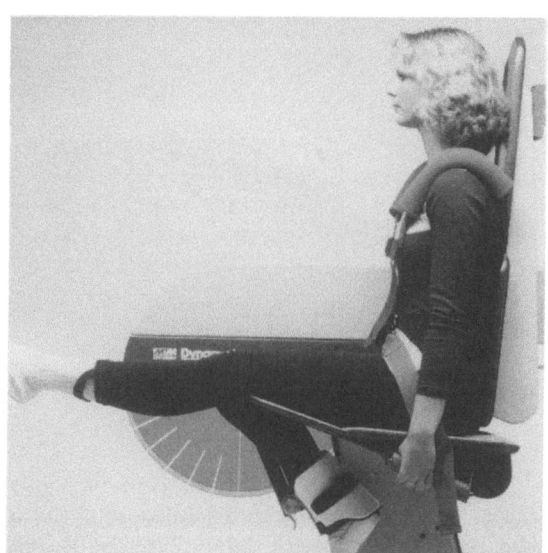

Abb. 3. Untersuchung mit dem isokinematischen Dynamometer „Dynamatic"

Die isokinematische Dynamometrie erfolgte am Institut für Physikalische Medizin der Universität Wien. Am isokinematischen Dynamometer „Dynamatik" (Fa. Wintersteiger, Österreich) wurde die objektive Kraft der Streckermuskulatur des Oberschenkels bestimmt [1, 4, 8, 10, 12] (Abb. 2 und 3).

Bei der Messung auf dem Dynamometer „Dynamatik" ist eine konstante Bewegungsgeschwindigkeit vorgegeben. Die zu messende Extremität kann nur mit dieser Geschwindigkeit bewegt werden, wobei das erbrachte Drehmoment bei einem definierten Flexionswinkel bestimmt wird. Die Messung der Extensionsdrehmo-

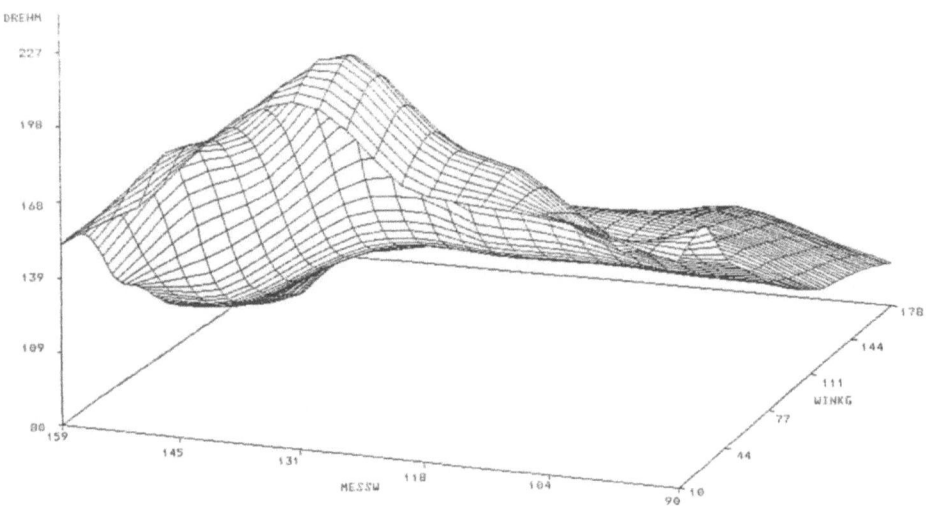

Abb. 4. Kraft-Winkel-Geschwindigkeits-Beziehung (dreidimensional). Dynamatic 1986, Inst. Phys. Med. Univ. Wien/Österreich. *Rechts:* Extension-Kontraktion

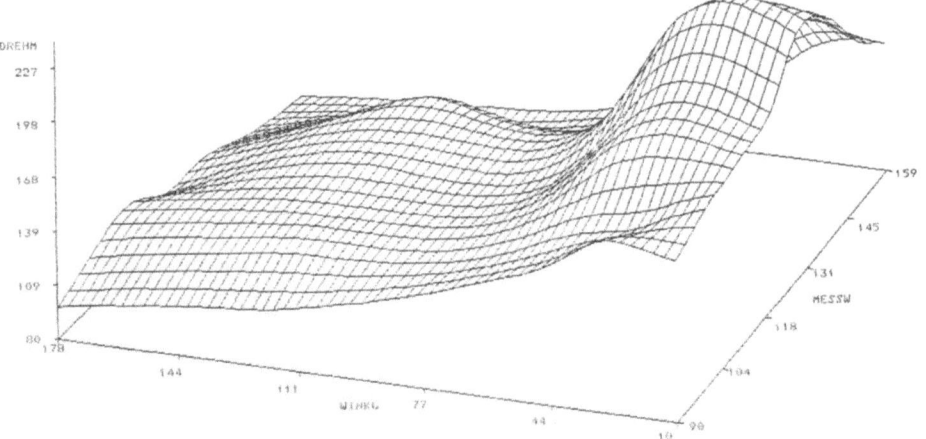

Abb. 5. Kraft-Geschwindigkeit-Winkelbeziehung (dreidimensional). Dynamatic 1986, Inst. Phys. Med. Univ. Wien/Österreich. *Rechts:* Extension-Kontraktion

mente erfolgt im Seitenvergleich im Flexionsbereich von 20° bis 90° bei einer konstanten Winkelgeschwindigkeit von 10°/s bis 180°/s. Derzeit werden die Drehmomente in die Extension bei 10, 30, 45, 60, 120 und 180° bestimmt und mit Hilfe eines Personal-Computers ausgewertet. Die Extensionsdrehmomente bei Flexionswinkeln zwischen 20° und 90° bei konstanten Winkelgeschwindigkeiten zwischen 10° und 180°/s bilden eine dreidimensionale Kraft-Winkel- bzw. Kraft-Geschwindigkeitsbeziehung (Abb. 4 und 5). In der derzeitigen routinemäßigen Versuchsanordnung wird die Streckkraft zunächst bei einer konstanten Winkelgeschwindigkeit von 10°/s gemessen. Anschließend wird bei jenem Beugewinkel, bei dem die größten Drehmomente entfaltet wurden, die Streckkraft bei Bewegungsgeschwindigkeiten von 10° bis 180° bestimmt. Dadurch werden die Patienten nicht durch zahllose Messungen belastet, und die Ergebnise lassen dennoch exakte Aussagen zu.

Die jeweilige Streckung erfolgt mit einer isometrisch vorgedehnten Muskulatur, um physiologisch konstante Bedingungen zu erreichen. Zwischen den einzelnen Streckungen, die jeweils 0,5-2 s andauern, besteht eine Pause von 20-30 s. Die Messung erfolgt in einer sitzenden Position, wobei der Patient mit einem 4-Punkt-Gurtesystem am Untersuchungssitz befestigt ist, und sich zusätzlich aktiv an Griffen fixiert. Ein Hydrauliksystem ermöglicht eine isokinematische Bewegungsform, das Drehmoment der Kniebewegung wird über ein Dehnungsmeßstreifensystem, welches auf die Verbiegung des Meßhebels reagiert, registriert und zugleich mit dem Meßsignal eines Potentiometers, das die jeweilige Winkelstellung anzeigt, digital umgewandelt und verarbeitet. So kann nun eine Beziehung Kraft zu Winkel zu Winkelgeschwindigkeit hergestellt werden. Bei Wiederholungsmessungen erfolgt die Einstellung von Sitzfläche und Lehne des Untersuchungsstuhls so, daß der Bewegungsbereich des Kniegelenkes und die Beugeachse des Meßhebels reproduzierbar zueinander im Verhältnis stehen. Es wird versucht, die Motivationslage, die einen wesentlichen Faktor der Untersuchungsbedingungen darstellt, konstant zu halten.

Nach Messung der Extensionsdrehmomente im Seitenvergleich wurden die Patienten im Verlauf des medialen Seitenbandes – vorwiegend im Bereich der druckdolenten Stellen – mit einem Lokalanästhetikum (Lidocain 2%) infiltriert. Dabei wurden pro Patient 3-5mal Lokalanästhetikum verbraucht. Nach einer Wartezeit von ca. 20 min und Schmerzfreiheit im Verlauf des medialen Seitenbandapparates wurde die isokinematische Kraftmessung auf der verletzten Seite wiederholt.

Fallbeispiele

1) *V.P.*, 15jährige Schülerin (169 cm, 50 kg). Sturz beim Schifahren am 5.4. 1987, Eispackungen. Dynamometrie am 8.4. 1987 (Abb. 6 und 7). – Die Kraft-Winkel-Beziehung zeigt einen regelrechten Kurvenverlauf beider Beine. Das höchste Drehmoment der gesunden Seite beträgt 120 Nm bei 60°-Flexion. Normale Kurvenform der verletzten Seite mit einer schmerzbedingten Kraftverminderung von ca. 40%. Nach Infiltration des LCM ist die Patientin im Verlauf des medialen Seitenbandes schmerzfrei. In der Kontrollmessung zeigt sie eine deutlich bessere Kraftentfaltung, die jedoch immer noch um ca. 15% geringer ist als auf der gesunden Seite. In der Kraft-Geschwindigkeits-Beziehung fällt der Seitenunterschied vor allem bei schnellen Bewegungsgeschwindigkeiten auf, wobei die Kraftdifferenz bei allen Winkelgeschwindigkeiten auch nach Infiltration bestehen bleibt.

2) *Z.A.*, 26jährige Hausfrau (159 cm, 54 kg). Sturz beim Schifahren am 5.4. 1987. Behandlung mit lokalem Antiphlogistikum und elastischer Binde. Dynamometrie am 15.4. 1987 (Abb. 8 und 9). – Bei dieser Patientin zeigt sich um eine bis zu 40% verminderte Kraftentfaltung auf der verletzten Seite. Die größten Seitenunterschiede treten im sog. kräftigsten Winkelbereich zwischen 50- und 60° und bei langsamen Bewegungsgeschwindigkeiten auf. Nach Infiltration mit 3 ml Lidocain 2% zeigt sich eine Steigerung der Drehmomente über dem gesamten Flexionsbereich des Kniegelenkes und vor allem bei langsamen Winkelgeschwindigkeiten. Interessanterweise treten seitenglei-

38 A. Schultz et al.

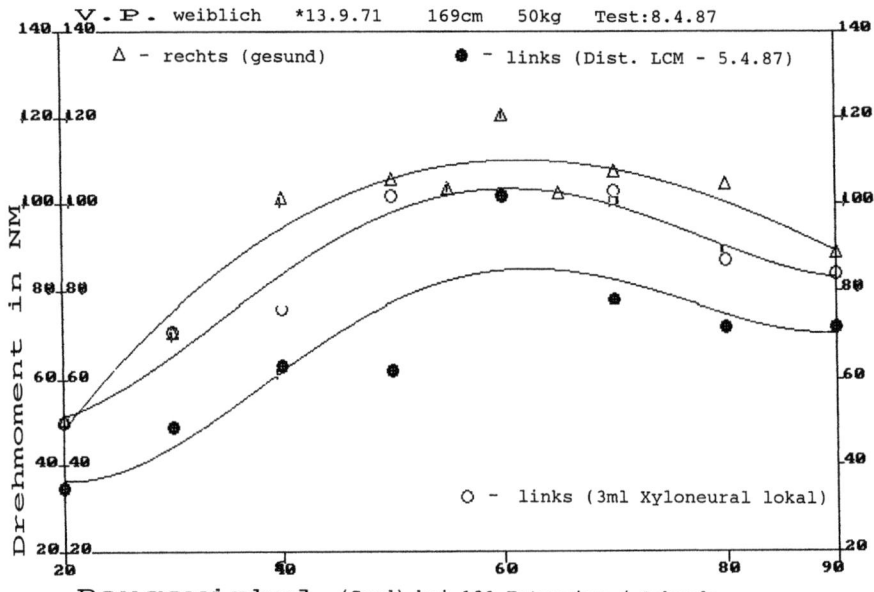

Abb. 6. Kraft-Winkel-Beziehung

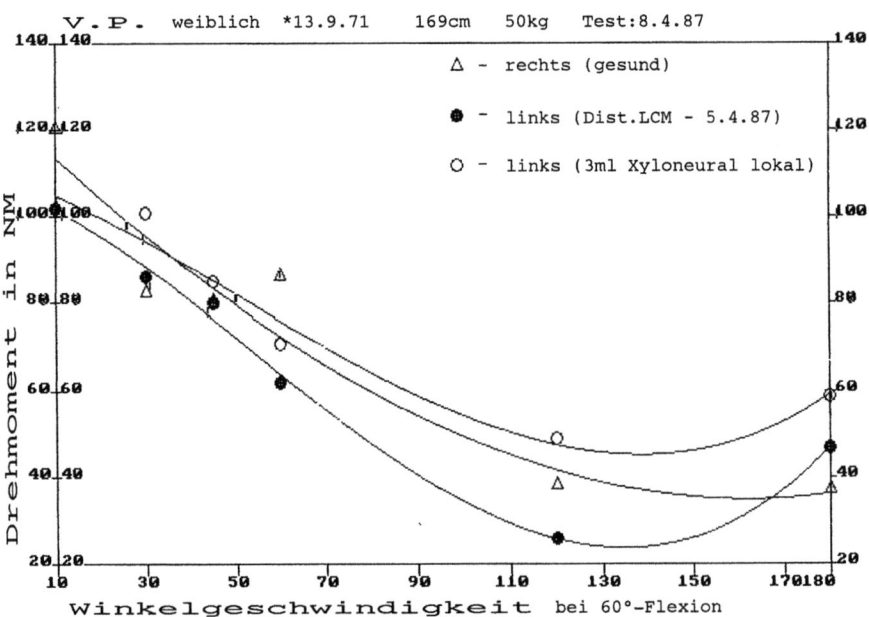

Abb. 7. Kraft-Geschwindigkeits-Beziehung

Isokinematisch-dynamometrische Beurteilung der Distorsion 39

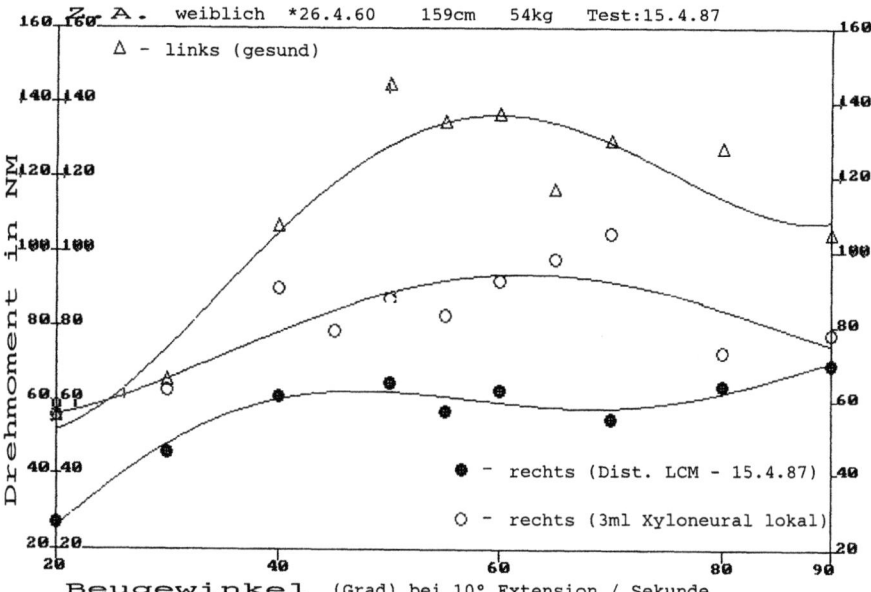

Abb. 8. Kraft-Winkel-Beziehung

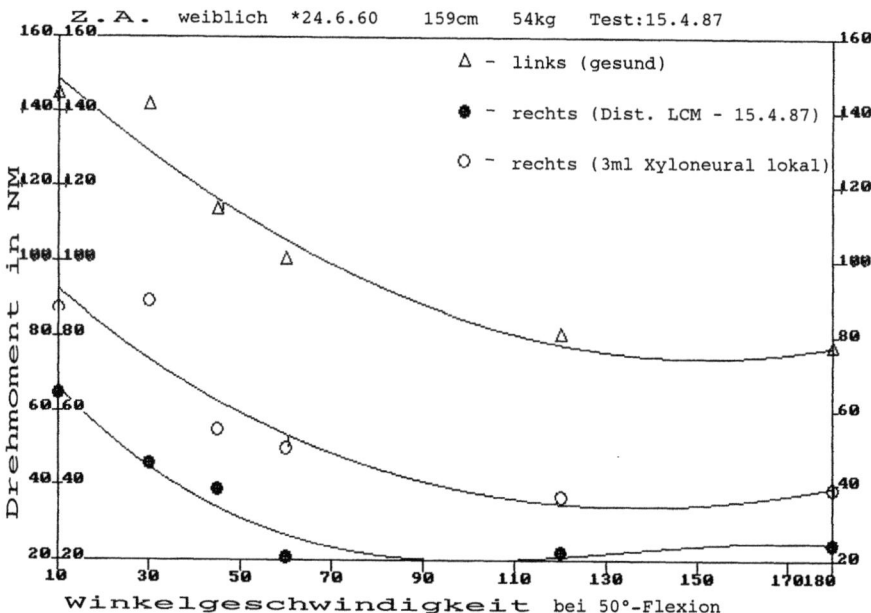

Abb. 9. Kraft-Geschwindigkeits-Beziehung

che Drehmomente nur bei Streckung aus 20°-Flexion auf. Das zeigt deutlich, daß die Patientin nach der lokalen Schmerzausschaltung gerade im Bereich der größten Spannungen des medialen Seitenbandes schmerzfrei war.

3) *M. G.*, 27jähriger Student (187 cm, 72 kg). Motorradsturz am 8.5. 1987. Kryotherapie und Sportverbot. Dynamometrie am 14.5. 1987 (Abb. 10 und 11). – Dieser Patient weist einen sehr guten Muskelstatus der Extensoren des Oberschenkels mit einer Kraftentfaltung von 280 Nm bei Streckung aus 50°-Flexion auf. In der Kraft-Winkel-Beziehung treten schmerzbedingte Kraftdifferenzen bis zu 35% auf. Dieser Kraftverlust ist bei Streckungen aus 20- und 60°-Beugung am größten und verringert sich auf annähernd seitengleiche Werte bei Extensionen aus rechtwinkliger Beugestellung des Kniegelenkes. Die Schmerzausschaltung im Verlauf des medialen Seitenbandes bewirkt eine deutliche Anhebung der Kraftwerte auf der verletzten Seite, wobei eine Kraftdifferenz zu Ungunsten des verletzten Kniegelenkes nur noch zwischen 40- und 60° vorliegt. Die Kraft-Geschwindigkeits-Beziehung zeigt drei annähernd parallele Kurvenbilder. Die größten Kraftverluste kommen bei langsamen und sehr schnellen Geschwindigkeiten vor. Auch hier zeigt sich die Erhöhung der Drehmomente nach der Infiltration bei allen Winkelgeschwindigkeiten. Seitengleiche Werte können jedoch nicht erreicht werden.

4) *V. F.*, 30jähriger Spengler (180 cm, 81 kg). Verletzt sich beim Fußballspiel am 6.4. 1987. Ruhigstellung in der Oberschenkelgipshülse. Dynamometrie am 15.4. 1987 (Abb. 12 und 13). – Die isokinematische Kraftmessung zeigt eine über 50%ige Kraftdifferenz im gesamten Funktionsbereich des Kniegelenkes. Schnelle Bewegungen mit Winkelgeschwindigkeiten über 120°/s können schmerzbedingt nicht mehr ausgeführt werden. Nach Infiltration werden die Streckleistungen des Patienten wesentlich besser. Die Kraftdifferenz beträgt nur noch 20%. Nur bei Streckungen aus 70–90°-Flexion bestehen noch Kraftunterschiede von bis zu 40%. Schnelle Bewegungen können mit geringer Kraft durchgeführt werden.

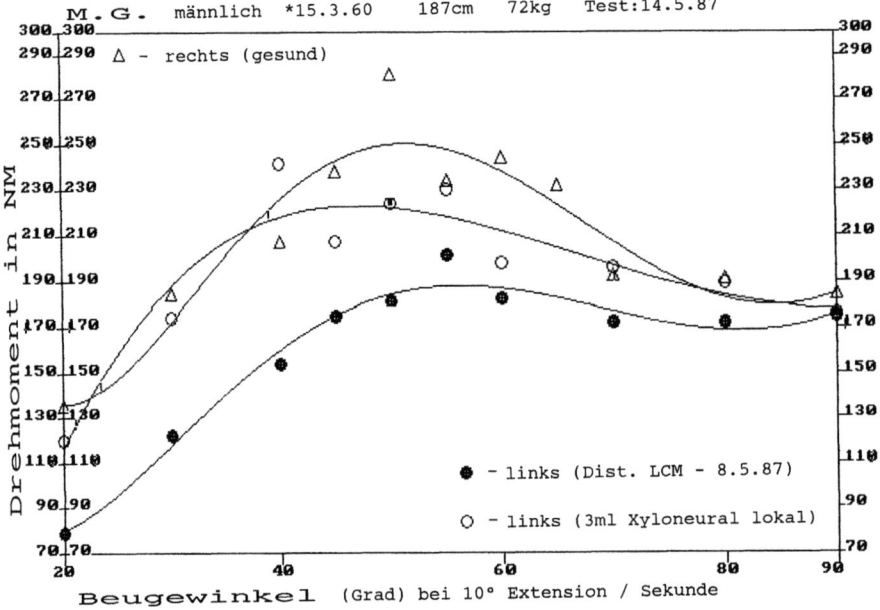

Abb. 10. Kraft-Winkel-Beziehung

Isokinematisch-dynamometrische Beurteilung der Distorsion

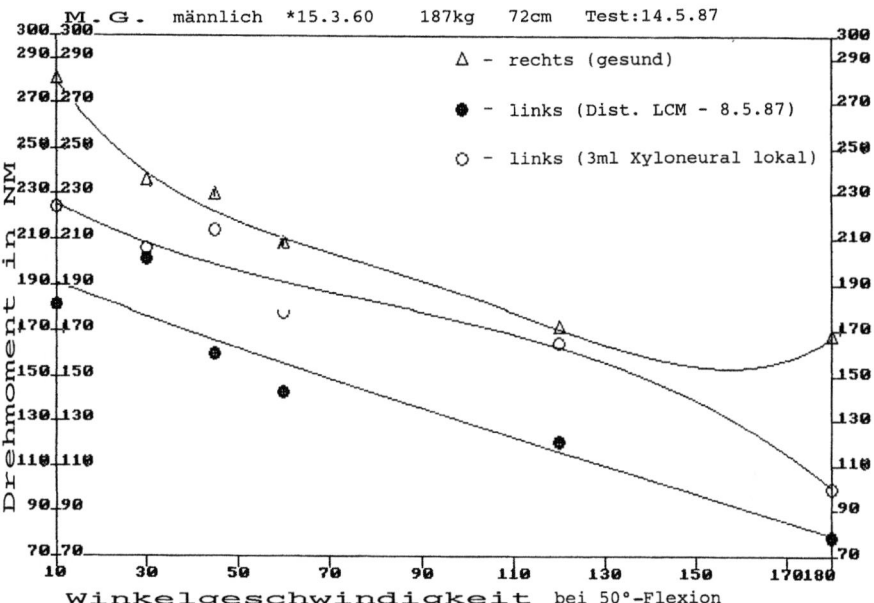

Abb. 11. Kraft-Geschwindigkeits-Beziehung

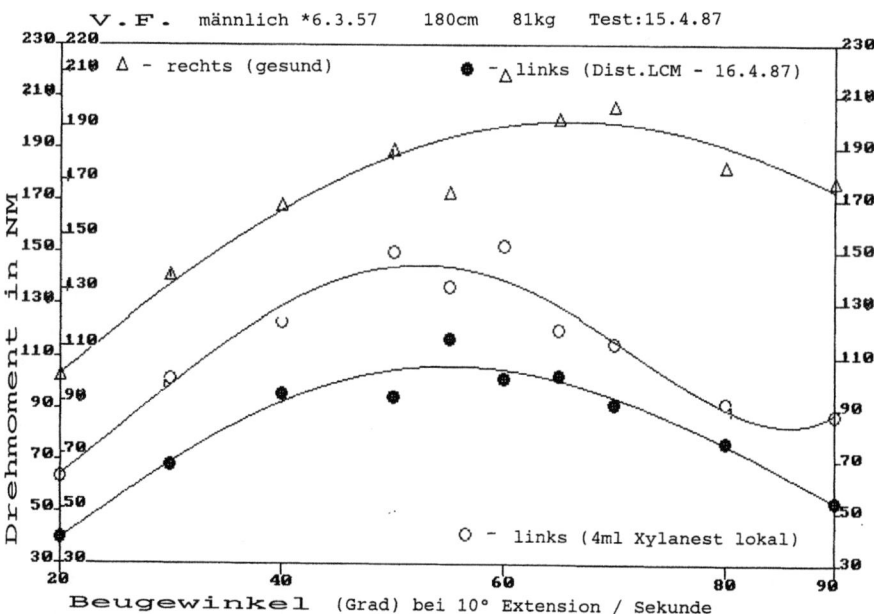

Abb. 12. Kraft-Winkel-Beziehung

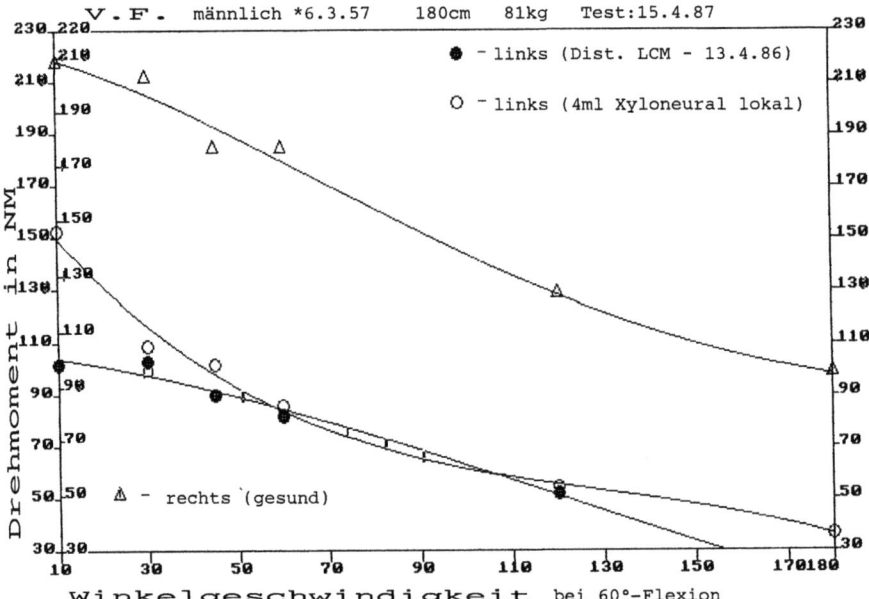

Abb. 13. Kraft-Geschwindigkeits-Beziehung

Diskussion

1) Mit Hilfe der isokinematischen Kraftmessung am Institut für Physikalische Medizin der Universität Wien konnte der schmerzbedingte Kraftverlust nach Distorsionen des medialen Seitenbandes objektiv festgestellt werden. Bei allen Patienten wurden deutliche Kraftdifferenzen zu Ungunsten der verletzten Seite gemessen. Die schmerzbedingte Kraftverminderung trat bei allen Patienten über dem gesamten Funktionsbereich des Kniegelenkes, und bei allen registrierten Winkelgeschwindigkeiten auf. Die Kurvenbilder waren bei allen Patienten regelrecht, häufig sogar zumindest über weite Flexionsbereiche parallel und nur um die jeweilige Kraftverminderung herabgesetzt. Dies beträgt die klinische Diagnose der Dehnung des LCM bei sonst intaktem, stabilem Kniegelenk.

2) Nach lokaler Schmerzausschaltung im Verlauf des medialen Seitenbandes mit Lidocain 2% wurden Kontrollmessungen bei Schmerzfreiheit im Bereich des LCM durchgeführt. Alle Patienten zeigten eine Kraftvermehrung nach der Infiltration. Bei keinem Patienten konnten seitengleiche Drehmomente festgestellt werden. Nur ein Patient erbracht bei Streckungen aus 20–40° bzw. aus 60–90° annähernd seitengleiche Drehmomente. Auch hier wurden jedoch im kräftigsten Bewegungssegment zwischen 40- und 60° deutliche Seitenunterschiede festgestellt.

3) Alle Patienten gaben nach Infiltration des medialen Seitenbandes einen bis dahin nicht verspürten peripatellaren Schmerz an. Sie lokalisierten ihre Schmerzen vorwiegend über dem medialen Gelenkspalt und im Bereich des

medialen Retinakulums. Es bestand keine Druckdolenz an diesen Stellen. Auch das mediale Seitenband war nicht mehr schmerzempfindlich. Forcierte Valgisierung im Kniegelenk wurde beschwerdefrei toleriert. Dieser von den Patienten beschriebene peripatellare Schmerz wurde nur bei Streckungen des Kniegelenkes verspürt.
4) Die forcierte Außenrotation und Valgisierung des Kniegelenkes führt scheinbar nicht nur zu einer simplen Dehnung des LCM. Unter Berücksichtigung unserer Meßergebnisse muß eine verletzungsbedingte Überdehnung bzw. Schädigung weiterer medialer Kapselbandanteile angenommen werden. Freeman [2] hat die Innervation des Kniegelenkes an Katzen untersucht und drei Nerven – den „posterior articular nerve" (PAN), den „medial articular nerve" (MAN) und den „lateral articular nerve" (LAN) gefunden. Diese Nerven entspringen dem N. tibialis (PAN), dem N. saphenus und obturatorius (MAN) und dem N. peronaeus (LAN). Freie Nervenendigungen wurden sowohl in den Bandstrukturen des Kniegelenkes als auch in der Synovia gefunden. Verletzungsbedingt kommt es scheinbar auch zu einer Dehnung der gesamten medialen Kapselbandstrukturen, wobei freie Nervenendigungen an den Sehnen ansetzen und in der Synovia gereizt werden. Der Hauptschmerz im Verlauf des LCM überdeckt scheinbar die von den anderen Anteilen des Kapselbandapparates ausgehenden Schmerzen. Erst nach Ausschaltung des Hauptschmerzes registriert der Patient den bis dahin nicht wahrgenommenen Belastungsschmerz der tiefen medialen Strukturen [3, 5].
5) *Klinische Folgerungen:* Das lokale „Gesundspritzen" von Leistungssportlern mit Distorsionsverletzungen scheint unsinnig zu sein, da nicht nur die oberflächlichen Bandstrukturen infolge der Überdehnung schmerzhaft sind. Für die Behandlung erstgradiger Distorsionsverletzungen empfiehlt sich jedoch die lokale Schmerzausschaltung. Unter weitgehender Schmerzfreiheit kann der Patient in der Frühphase der Verletzung neben Kryotherapie auch aktive heilgymnastische Übungen durchführen. Dadurch entfällt eine längere Ruhigstellung der verletzten Extremität, und die besonders bei Sportlern gefürchtete Inaktivitätsatrophie kann verhindert werden.

Zusammenfassung

Die Distorsion des medialen Seitenbandes am Kniegelenk ist die häufigste und gleichzeitig auch „banalste" Knieverletzung. Forcierte Außenrotation und Valgusstreß führen bei zahlreichen Sportarten zu diesen Überdehnungen. Die herkömmlichen Therapie schwankt zwischen Ruhigstellung, Kryotherapie und gezielter frühfunktioneller Bewegungstherapie.

Ziel unserer Untersuchungen war es, die schmerzbedingte Hemmung der Streckkraft nach Distorsionstraumen des medialen Seitenbandes zu untersuchen. Es wurden 14 Patienten mit erstgradigen Distorsionen des medialen Kollateralbandes, knapp nachdem sie den Unfall erlitten hatten, erfaßt. Vorbedingung war, daß diese Patienten bei der klinischen Untersuchung der Seitenbänder in 0° und 30° bandfest waren, keinen Kniegelenkerguß aufwiesen und eine Läsion der Kreuzbänder klinisch ausgeschlossen werden konnte.

Die objektive Streckkraftmessung der Quadrizepsmuskulatur erfolgte mit dem neu entwickelten Dynamometer „Dynamatic" (Fa. Wintersteiger, Österreich) am Institut für Physikalische Medizin der Universität Wien. Dabei wurden bei jedem Patienten je zwei Messungen im Seitenvergleich durchgeführt und die Extensionsdrehmomente bestimmt. Vor der zweiten Messung wurde der Patient im Bereich der druckdolenten Stellen im Verlauf des medialen Seitenbandes mit einem Lokalanästhetikum (Lidocain 2%) infiltriert.

Die dynamometrische Messung ergab bei allen Patienten eine deutliche Verminderung der Drehmomente auf der verletzten Seite über dem gesamten Flexionsbereich und bei allen gemessenen Bewegungsgeschwindigkeiten. Nach Infiltration des medialen Kollateralbandes wurde die Messung der Quadrizepskraft wiederholt. Die Patienten verspürten keinerlei Schmerzen mehr im Verlauf des medialen Seitenbandes. Trotz dieser optimalen Analgesie wurden keine seitengleichen Extensionsdrehmomente erreicht. Zwar zeigte sich in den meisten Fällen eine Verbesserung der Streckkraft, doch gaben die Patienten gleichzeitig Schmerzen im Bereich der Kniescheibe, des medialen und des lateralen Retinakulums an, die sie vorher niemals vespürt hatten. Nach Auswertung der dynamometrischen Messungen mußte festgestellt werden, daß bei der Distorsion des medialen Seitenbandes am Kniegelenk außer dem LCM weitere mediale Strukturen in Mitleidenschaft gezogen werden. Die lokale Schmerzsymptomatik im Verlauf des Kollateralbandes überdeckt den in seiner Ursache noch ungeklärten, peripatellaren Schmerz.

Die Ergebnisse dieser Untersuchung zeigen, daß die lokale Schmerzausschaltung im Verlauf des medialen Seitenbandes beim Sportler nicht die sofortige volle Leistungsfähigkeit wiederherstellen kann. Durch die Schmerzlinderung wird die frühfunktionelle physikalische Therapie erleichtert.

Literatur

1. Bochdansky T, Lechner H (1986) Neue Möglichkeiten der Statuserhebung der Oberschenkelmuskulatur durch das isokinematische Dynamometer. Medizintechn Med Inform 34: 271-274
2. Freeman MAR, Wyke B (1967) The innervation of the knee joint: An anatomical and histological study in the ca. J Anat 101: 505-532
3. Gardner E (1944) The distribution and termination of nerves in the knee joint of the cat. J Comp Neurol 80: 11-32
4. Hislop HJ, Perrine JJ (1967) The isokinetic concept of exercise. Phys Ther 47: 114-117
5. Kennedy JC, Alexander IJ, Hayes KC (1982) Nerve supply of the human knee and its functional importance. Am J Sportsmed 10: 329-335
6. Menschik A (1974) Mechanik des Kniegelenkes, Teil 1. Z Orthop 112: 481-495
7. Menschik A (1975) Mechanik des Kniegelenkes, Teil 2. Z Orthop 113: 388-400
8. Moffroid M, Wipple R, Hofkosh J, Lowman E, Thistle H (1969) A study of isokinetic exercise. Phys Ther 49: 735-746
9. Müller W (1982) Das Knie. Springer, Berlin Heidelberg New York
10. Nordgren B, Nordesjö LO, Rauschning W (1983) Isokinetic knee extension strength and pain before and after advancement osteotomy of the tibial tuberosity. Arch Orthop Trauma Surg 102: 95-101
11. Noyes FR, Torvik BJ, Hyde WB, Delucas JL (1974) Biomechanics of ligament failure II. An analysis of immobilization in primates. J Bone Joint Surg [Am] 56: 1406-1418
12. Schultz A, Kroitzsch U, Bochdansky T, Lechner H, Gaudernak T (1986) Klinische Anwendung der isokinematischen Kraftmessung am Kniegelenk. Medizintechn Med Inform 34: 267-270

Überlastungsschmerz im Bereich des subakromialen Raumes als Folge wiederholter Bewegungsabläufe spezieller Sportarten

U. Kroitzsch, E. Egkher und A. Schultz

Einleitung

Anatomie des subakromialen Raumes

Unter dem Begriff des subakromialen Raumes versteht man die enge Nachbarschaft des Humeruskopfes, der Sehnenhaube der Rotatorenmanschette und dem Dach des Schultergelenkes – gebildet aus dem Akromion, dem Lig. coracoacromiale, dem Processus coracoideus und dem Akromioklavikulargelenk (Abb. 1 und 2). Die Rotatorenmanschette ist die gemeinsame Sehnenplatte, die durch die Einstrahlung der Sehnen des M. supraspinatus, des M. infraspinatus, des M. teres minor und des M. subscapularis gebildet wird. Diese Sehnenplatte setzt breitflächig an der Dorsalseite und der oberen Facette des Tuberculum majus, an dem den Sulkus der langen Bizepssehne überspannenden Sehnenbogen und am Tuberculum minus des Oberarmkopfes an.

Zwischen der Rotatorenmanschette und der Unterseite des Schultergelenkdaches befindet sich als Gleitlager die Bursa subacromialis. Die Sehne des Caput longum des M. biceps brachii entspringt am Tuberculum supraglenoidalis und verläuft, von Synovialis überzogen, über den Kopf des Humerus. Am kranialen Ende

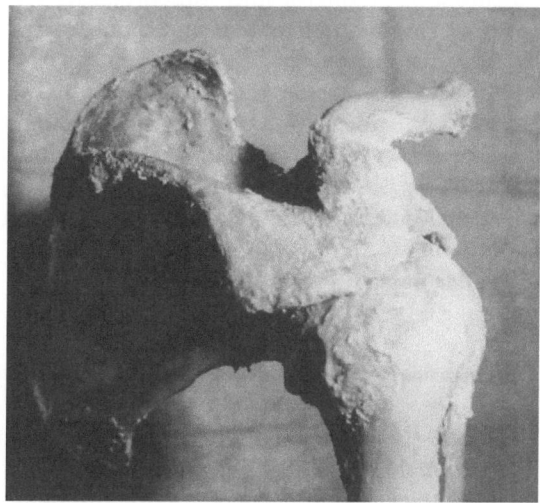

Abb. 1. Schultergelenk von dorsal

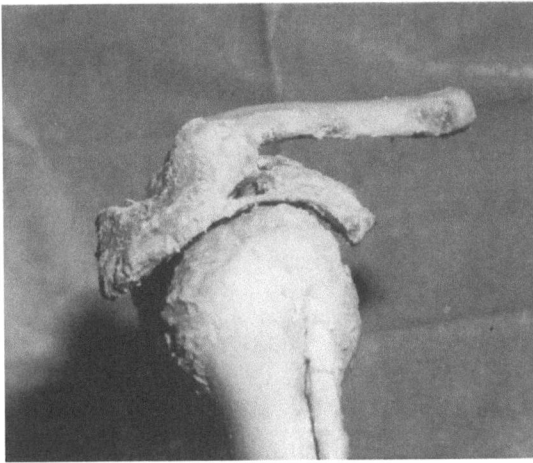

Abb. 2. Schultergelenk von lateral

des Sulcus intertubercularis überspannt das Lig. transversum humeri die lange Bizepssehne.

Die Blutversorgung der Supraspinatussehne wurde von mehreren Autoren untersucht [7, 11, 14, 15]. Der distale Teil der Supraspinatussehne - knapp proximal des Ansatzes am Tuberculum majus - wird von allen Autoren als minderdurchblutete, weil gefäßarme Zone betrachtet. Gerade in diesem Anteil treten die degenerativen Veränderungen am häufigsten auf.

Das Schultergelenk ist von einer kräftigen Muskelkappe umgeben. Der M. deltoideus entspringt vom lateraleralen Drittel der Klavikula (Pars clavicularis), dem Akromion (Pars acromialis) und den lateralen zwei Dritteln der Spina scapulae (Pars spinalis). Er setzt an der Tuberositas deltoidea humeri an. Der M. deltoideus ist der Hauptmuskel des Schultergelenkes. Seine wichtigste Funktion ist die Abduktion, er wirkt jedoch mit seinem akromialen und spinalen Anteil auch als Innenrotator, Adduktor und Außenrotator.

Bei der Abduktionsbewegung kommt es bei hängendem Arm zur Aktivierung der Pars acromialis, die für die Abduktionsbewegung bis ca. 30° alleine verantwortlich ist, da die beiden anderen Anteile in diesem Winkelbereich noch als Adduktoren wirken. Für die geordnete Abduktionsbewegung ist die Zentrierung des Oberarmkopfes in der Pfanne des Schultergelenkes wichtig. Dies erfolgt durch Kontraktion des M. supraspinatus. Ähnliche Funktionen nehmen die M. infraspinatus und subscapularis bei der Innen- und Außenrotation des Armes ein. Die Hauptaufgabe der Rotatorenmanschette ist also die Zentrierung des Oberarmkopfes in der flachen Fossa glenoidalis.

Pathomechanismen der Läsion

Ursachen für schmerzhafte Zustände im subakromialen Raum werden in der internationalen Literatur verschieden bewertet. Macnab [7, 14] führt die zunehmende Degeneration der Rotatorenmanschette im höheren Alter auf die kritische

Tabelle 1. Rotatorenmanschettenrupturen bei Autopsien. [Nach 15]

- Alter bis 50 Jahre	4 von 12
- Alter bis 60 Jahre	14 von 18
- Alter bis 70 Jahre	30 von 30

Tabelle 2. Sportarten aus unserer Sportambulanz

170 Patienten mit subakromialen Beschwerden	
Schifahren und Langlauf	56
Tennis	12
Volleyball, Basketball, Handball	6
Speerwerfen	2
Krafttraining	3
Kampfsportarten	2
Andere	3
„Sportverletzungen"	84
Durchschnittsalter der „Sportverletzungen"	40,5 Jahre
Durchschnittsalter gesamt	49,7 Jahre

Durchblutungssituation im distalen Anteil des Cuffs zurück. Neer [12] hingegen schuldigt chronische Mikrotraumatisierung im Sinne des „Overuse" an [3]. Laut Neer führen Makrotraumen wie Schulterluxationen, Oberarmkopfbrüche und schwere Kontusionen nur dann zu einer (zumeist massiven) Ruptur der Rotatorenmanschette, wenn vorbestehende Degenerationen der Sehnenplatte durch chronische Mikrotraumen stattgefunden haben.

Die Ruptur der Rotatorenmanschette ist ein „physiologisches" Erscheinungsbild des älteren Menschen. Im Laufe von mehreren Jahrzehnten wird die Sehnenplatte häufig im Rahmen von Overuse-Syndromen mikrotraumatisiert, wobei die ungünstige Durchblutungssituation im distalen Bereich des Cuffs eine optimale Restitution der Sehne verhindert. So werden bei Autopsien häufig Rotatorenmanschettenrupturen gefunden (Tabelle 1).

Dadurch entstandene Degenerationen der Sehne sind der Ausgangspunkt der häufig beobachteten Ruptur beim älteren Menschen.

In unserem Krankengut traten subakromiale Beschwerden bei Patienten unter 50 Jahren vorwiegend nach Sportunfällen bzw. intensiver sportlicher Betätigung auf (Tabelle 2).

Bei der Betrachtung der Sportarten fielen uns zwei Bewegungsmechanismen, die zu subakromialen Beschwerden führten, auf. Erstens: Sportarten wie alpiner und nordischer Schilauf, bei denen chronisches „Impingement" - rezidivierende Schläge auf die Supraspinatussehne - beim oft stundenlang wiederholten Stockeinsatz sowie Stürze auf den Arm zur rezidivierenden Mikrotraumatisierung und Ermüdung der Supraspinatussehne führen. Dieses Overuse ist besonders beim Doppelstockeinsatz, wie er z.B. beim Siitonen-Schritt erforderlich ist, häufig zu beobachten. Die Adduktion des Armes führt zu einer Drucksteigerung in der distalen Supraspinatussehne, die die Durchblutung in diesem Bereich verhindert.

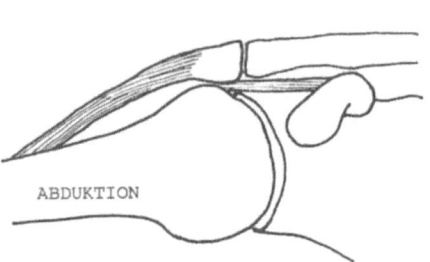 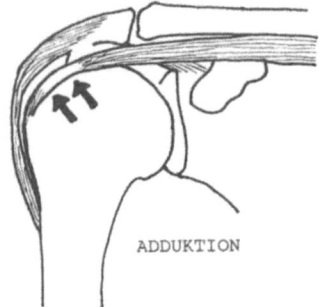

Abb. 3. Auswringmechanismus. [Nach 12, 13]

(Auswinden der distalen Supraspinatussehne, [nach 7] Abb. 3) Zweitens: Überkopfsportarten wie Volleyball, Tennis, Delphin- und Kraulschwimmen. Bei diesen kommt es in Abduktion zur Annäherung der Rotatorenmanschette an das Dach des Schultergelenkes. Je nach der für die spezielle Sportart erforderlichen Innen-, Neutral- oder Außenrotation des Armes in der Abduktion und Elevation wird entweder vorwiegend der vordere (Subskapularissehne), der mittlere (Supraspinatussehne) oder der hintere (Infraspinatussehne) Anteil des Cuffs unter Kompression gesetzt. Aus dieser, für die Rotatorenmanschette prekären Situation heraus sollen Kraftleistungen wie Aufschlag oder Smash bzw. Abblocken am Netz erbracht werden, die zu Läsionen des Cuffs führen können.

Auch die lange Bizepssehne kann im Rahmen eines Impingementsyndroms degenerieren und schließlich rupturieren. Die Ruptur wird vom Patienten häufig als Erleichterung nach einer längeren schmerzhaften Episode empfunden.

Einteilung der Läsionen

Nach Neer [12], werden nun drei Stadien des Impingement-Syndroms unterschieden (Tabelle 3):

Tabelle 3. Stadien des Impingement-Syndroms

	Prognose	Behandlung	Alter (Jahre)
Stadium I: Ödem und Einblutung	Reversibel	Konservativ	bis 25
Stadium II: Fibrose und Tendinitis	Rezidiv. Schmerzen	Konservativ evtl. operativ	25–40
Stadium III: Knochensporne und Sehnenruptur	Progressiv	Operativ	über 40

In das Stadium II einzureihen sind auch die als Tendinitis calcarea bekannten röntgenologischen Veränderungen. Nach Mcnab [7] stellen sie den Regenerationsprozeß auf Degenerationsareale der Rotatorenmanschette dar. Diese Heilungsprozesse sind nur dann möglich, wenn eine Mindestdurchblutung gewährleistet ist und werden daher mit höherem Lebensalter immer seltener vorgefunden. Gschwend untersuchte den Verlauf solcher Kalziumdepots in der distalen Supraspinatussehne [2] und beschreibt eine günstige Prognose der Tendinitis calcarea. Die Kalziumdepots können Monate oder Jahre beschwerdefrei in der Supraspinatussehne eingebettet ruhen. Sie zeichnen sich in diesem Zustand durch homogene, dichte, scharf begrenzte Konturen aus. Sie sind knapp medial des Tuberculum majus lokalisiert. Kommt es durch ein Trauma, ein Ödem, oder eine Einblutung zu einer weiteren Mikroruptur der Manschette, so treten durch die alkalische Reaktion des Kalziumdepots entzündliche Reaktionen mit entsprechenden Beschwerden auf. Zumeist kommt es nun zu einer Entleerung des Kalziumdepots in die Bursa subacromialis und zur narbigen Ausheilung der Manschettenläsion. (Eine Entleerung in das Schultergelenk ist natürlich auch möglich, jedoch infolge des Auswringmechanismus seltener.) An unserer Klinik wurde eine modifizierte Einteilung nach Neer zur Klassifizierung der Läsionen des subakromialen Raumes verwendet. Von den 170 in unserer Schulterambulanz behandelten Patienten mit subakromialen Beschwerden klassifizierten wir folgende Läsionen (Tabelle 4):

Tabelle 4. Einteilung der Läsionen

	Gesamt	(Sport bedingt)
Impingement-Syndrom: (Neer: Stadium I und II)	72	(27)
Rotatorenmanschettenrupturen (Neer: Stadium III)	66	(16)
Lange Bizepssehnenrupturen	15	(2)
Ausrisse des Tuberculum majus	17	(5)

Der Anteil der Sportler ist bei den Rupturen der langen Bizepssehne am niedrigsten, bei den Ausrissen des Tuberculum majus am höchsten. Die Patienten mit einer Ruptur der Rotatorenmanschette oder der langen Bizepssehne wiesen ein wesentlich höheres Durchschnittsalter (40,6–56,5 J.) bzw. (48,2–54,1 J.) als jene mit Impingement der Stadien I und II nach Neer (36,8–37,6 J.) auf. (Die jeweils ersten Zahlen bezeichnen das Alter bei Sportverletzungen.)

Diagnostik

Die klinischen Zeichen der Schulterschmerzen bedürfen einer differenzierten Betrachtung, denn Schmerzen in dieser Region können durch eine Vielzahl von Erkrankungen verursacht werden. Mumenthaler [18] analysierte die sog. Schulter-Arm-Schmerzen anhand eines Kollektives von 4900 Patienten (Tabelle 5):

Tabelle 5. Differentialdiagnose des Schulter-Arm-Schmerzes (in %) (nach Mumenthaler, 4900 Patienten)

Degenerative Veränderungen der HWS	19
Kompressionssyndrome des oberen Thorax	7
Karpaltunnelsyndrom	48
Neuralgiforme Schmerzen	4
Echte subakromiale Schmerzen	9
Seltene Ursachen	13

Von der Halswirbelsäule ausgehende neurologische Beschwerden müssen ebenso ausgeschlossen werden wie die eines Karpaltunnelsyndroms, wenngleich der Anteil von 48% in unserem Kollektiv nicht gefunden werden konnte. In der Aufstellung nicht erwähnt sind:

Posttraumatische Beschwerden

1) Vom Akromioklavikulargelenk ausgehend: Bei Stürzen auf den ausgestreckten Arm kommt es zur Läsion des Bandapparates im AC-Gelenk in unterschiedlicher Ausdehnung [16]. Zur Quantifizierung der Läsion werden Aufnahmen der Schultergelenke unter Belastung im Seitenvergleich durchgeführt. An unserer Klinik werden Patienten mit den Graden I und II nach Tossy einer konservativen Behandlung unterzogen, bei kompletter Luxation des AC-Gelenks (Tossy III) wird, sofern der Patient körperlich arbeitet oder sportlich aktiv ist, die Operation vorgeschlagen. Verletzungen des AC-Gelenkes führen zu Verspannungen der Muskulatur des Schultergürtels und zu chronischen Schmerzen im Bereich des M. trapezius. Außerdem ist eine Arthrose des AC-Gelenkes zu erwarten, die nach einem beschwerdefreien Intervall von mehreren Jahren zu ebensolchen Beschwerden Anlaß geben kann.

2) Knöcherne Ausrisse des Tuberculum majus: Diese entsprechen in ihrem funktionellen Ausfall der Ruptur der Supraspinatussehne. Die Symptome sind Schmerzen und Druckschmerz über dem Tuberculum majus in Ruhe sowie beim Abduktionsversuch und zumeist die Unfähigkeit, den Arm aktiv zu abduzieren. Ein Hochtreten des Tuberkulumfragmentes durch Kontraktion des M. supraspinatus kann zur Einklemmung desselben im subakromialen Raum führen. Dislozierte Ausrisse des Tuberculum majus stellen damit eine Operationsindikation dar.

3) Folgezustände nach einer Schulterluxation: Abgesehen von Subluxationen des Schultergelenkes, die der Patient bei entsprechenden, ihm zumeist bekannten Provokationsbewegungen (z. B. Außenrotation am abduzierten Arm nach der typischen Luxatio subcoracoidea) verspürt, sind Folgezustände zu befürchten:

a) Reluxation in der Folge einer nicht verheilten Limbusläsion,
b) Zahnradphänomen wegen einer mechanisch wirksamen Hill-Sachs-Läsion,
c) Läsion des N. axillaris.

Die klinischen Ausfälle haben eine gewisse Ähnlichkeit zum Beschwerdebild einer Rotatorenmanschettenläsion. Auch hier besteht eine Unfähigkeit den Arm zu abduzieren und zu elevieren. Bei längerem Bestehen der Läsion ist eine Atrophie des M. deltoideus feststellbar. Diese entsteht jedoch auch bei einem länger bestehenden Inpingement-Syndrom und aus einer Vielzahl anderer Ursachen. Bei einem kompletten Ausfall des N. axillaris ist eine Hypästhesie im autonomen Bereich des Nerven an der Außenseite des Schultergelenkes zu erwarten.

Beschwerden des subakromialen Raumes

Häufige klinische Symptome von Beschwerden des subakromialen Raumes sind:

- Schmerzen und Druckschmerz unter dem Akromion,
- Schmerzen im Bereich der langen Bizepssehne,
- Nachtschmerz,
- „Painful arc" zwischen 30° und 80°,
- „Drop arm",
- Pseudoparalyse,
- positiver Impingementtest nach Neer.

Nach einer genauen Anamnese und klinischen Untersuchung werden bei Vorliegen der typischen Schmerzsymptome des subakromialen Raumes Röntgenaufnahmen der Schulter in zwei Ebenen unter folgenden Kriterien angefertigt:

- Enge des subakromialen Raumes,
- Hochstand des Humeruskopfes (bei ausgedehnter Ruptur des Cuffs),
- Sklerosierung an der Unterseite des Akromions,
- (Ausbildung von Osteophyten),
- Zystenbildung im Bereich des Tuberculum majus,
- Kalziumeinlagerungen in die Supraspinatussehne,
- Knöcherne Ausrisse des Tuberculum majus.

Zur weiteren Abklärung bietet sich der Impingementtest nach Neer [12] an. Hierbei wird der Arm vom Untersucher kraftvoll in leichter Außenrotation nach vorne eleviert und solcherart ein Impingement des Tuberculum majus am Akromion provoziert. Um andere Ursachen (DD: Arthrose, Subluxation, Kapselschrumpfung) auszuschließen, wird nun ein Lokalanästhetikum in den subakromialen Raum infiltriert. Nur im Falle eines Impingementsyndroms kommt es zur Erleichterung der Beschwerden.

Der Begriff des Impingementsyndroms umfaßt alle Grade der Läsion der Rotatorenmanschette. Die klinische Symptomatik ist zwar typisch für Läsionen des subakromialen Raumes, läßt jedoch keine sichere Zuordnung der Schweregrade des Impingementsyndroms zu. Drittgradige Läsionen nach Neer mit Rupturen im Cuff können mittels Ultraschall [6], der Arthrographie [8, 9] und in speziellen Fällen auch der Arthroskopie verifiziert werden.

Die Arthrographie ermöglicht die Diagnose einer kompletten aber auch einer partiellen Rotatorenmanschettenruptur (bei gelenkwärts gelegener Ruptur), einer Capsulitis adhaesiva sowie einer Ruptur der langen Bizepssehne (Abb. 4 und 5).

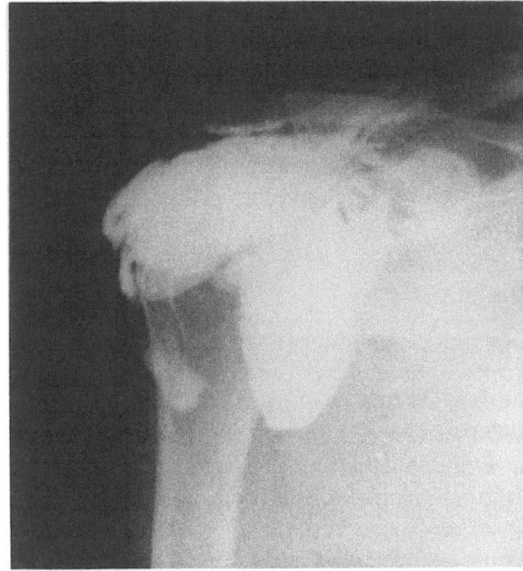

Abb. 4. Arthrographie bei kompletter Rotatorenmanschettenruptur (axial)

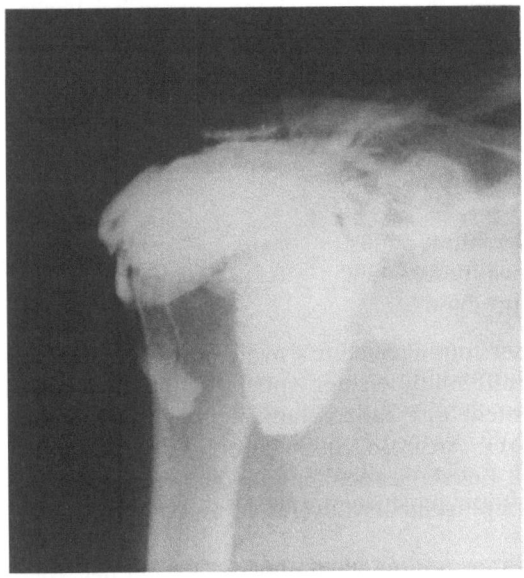

Abb. 5. Arthrographie bei kompletter Rotatorenmanschettenruptur (a. p.)

Bei der kompletten Ruptur tritt das in das Schultergelenk injizierte Kontrastmittel in die Bursa subacromialis aus. Der sonographische Nachweis dieser Läsionen gelingt durch direkte Darstellung der Rupturstelle der Rotatorenmanschette, dem Nachweis von Degenerationszeichen oder komplettem Fehlen der langen Bizepssehne in ihrem Sulkus, der Abbildung von Kalziumeinlagerungen oder eines Hämatoms (Abb. 6). Der Vorteil der Sonographie ist der einer nichtinvasiven

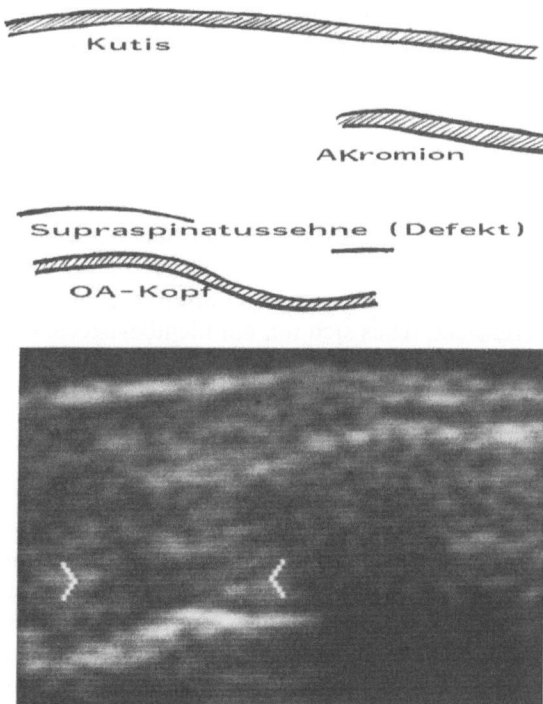

Abb. 6. Sonographie einer Rotatorenmanschettenruptur mit Flüssigkeitsansammlung in der Rupturstelle

Untersuchung, allerdings wird eine große Erfahrung benötigt, um sichere Aussagen machen zu können. Die Arthroskopie wird im Rahmen von Läsionen der Rotatorenmanschette nur selten durchgeführt. Dabei empfiehlt es sich den hinteren Zugang zum Schultergelenk zu wählen. Moderne Winkel- oder Weitwinkeloptiken vereinfachen die Beurteilung des Cuffs. Die Beurteilung kann unter Sicht und unter Zuhilfenahme eines Tasthäkchens erfolgen. Kleinere operative Eingriffe sind unter arthroskopischer Sicht möglich.

Therapie

Schäden des Akromioklavikulargelenkes

Schäden des Akromioklavikulargelenkes können aus mehreren Gründen Anlaß für Beschwerden sein. Die Instabilität kann Schmerzen verursachen und chronische Verspannungen der Muskulatur des Schultergürtels zur Folge haben. Beim Sportler führen wir daher bei der kompletten Luxation eine Versorgung des Bandapparates und eine temporäre Stabilisierung des AC-Gelenkes durch eine Zuggurtung und eine Stellschraube nach Bosworth [1] durch. Veraltete Läsionen werden mit einer homologen coracoklavikularen Bandplastik versorgt. Chronische Schäden des AC-Gelenkes führen zur Arthrose. Diese kann per se Schmerzen verursachen oder aber durch die Ausbildung von Osteophyten zur Einengung des subakromialen Raumes führen. In diesen Fällen wird empfohlen, die Unterseite des AC-Gelenkes zur Erweiterung des subakromialen Raumes zu resezieren [12, 13, 17].

Schäden der Articulatio humeri

Luxationen und Subluxationen benötigen eine spezielle operative Therapie, auf die in diesem Rahmen nicht näher eingegangen werden soll. Chronische Schädigung kann zur Omarthrose führen, die jedoch in der Regel geringe Beschwerden verursacht, da es sich um ein nichtbelastetes Gelenk handelt.

Beschwerden des subakromialen Raumes

In der akuten Phase des Symptomenkreises der subakromialen Beschwerden kann durch die klinische und röntgenologische Diagnostik zumeist keine sichere Aussage über den Grad der Schädigung der Rotatorenmanschette gemacht werden. Ein starker Hochstand des Humerus ist als einziger sicherer Hinweis auf eine komplette Ruptur des Cuffs zu werten. Kalziumherde in der Supraspinatussehne im Sinne einer Tendinitis calcarea können eine Ruptur der Manschette weder ausschließen noch beweisen, sind aber in der Regel als günstiges Zeichen zu bewerten, da Reparationsvorgänge ablaufen. Je nach Struktur und Begrenzung der Kalziumherde und ihrer Lokalisation in der Supraspinatussehne oder beim Abfließen in der Bursa subacromialis und Bursa subdeltoidea kranial der Supraspinatussehne, kann der Herd entweder als ruhend oder als abheilend eingestuft werden.

„Needling" – ein Anstechen der Kalziumdepots zur Erleichterung des Abflusses zur Beschleunigung der Selbstheilung – hat sich bei uns nicht durchgesetzt. Bei allen drei Stadien des Impingements nach Neer wird vor Durchführung weiterer diagnostischer Maßnahmen zuerst abgewartet, ob sich die mit oder ohne Trauma entstandenen Beschwerden auf konservative Therapie bessern. Falls es nach 2 Wochen zu keiner Verminderung der Schmerzen kommt, muß weiter abgeklärt werden, um eine komplette Ruptur der Supraspinatussehne auszuschließen oder zu bestätigen, da die komplette Ruptur in der Regel eine absolute Operationsindikation darstellt. In der akuten Phase wird der Arm bei stärkeren Beschwerden zuerst im Dreiecktuch ruhiggestellt, eine antiphlogistische und analgetische Therapie erfolgt peroral. Kryotherapie erweist sich in der ersten Phase als sinnvoll. Die lokale oder intraartikuläre Applikation von Steroiden wird von uns abgelehnt. Infiltrationen mit Orgotein werden in besonderen Fällen durchgeführt. Nach Abklingen der akuten Schmerzphase – der Patient klagt zumeist noch über Nachtschmerzen und weist eine deutliche aktive Bewegungseinschränkung zwischen 30° und 80° in der Frontalebene auf – wird eine intensive physikalische Therapie begonnen:

- passive und aktive Bewegungsübungen (zur Verhinderung einer Kapselschrumpfung),
- Iontophorese mit antiphlogistischen Substanzen,

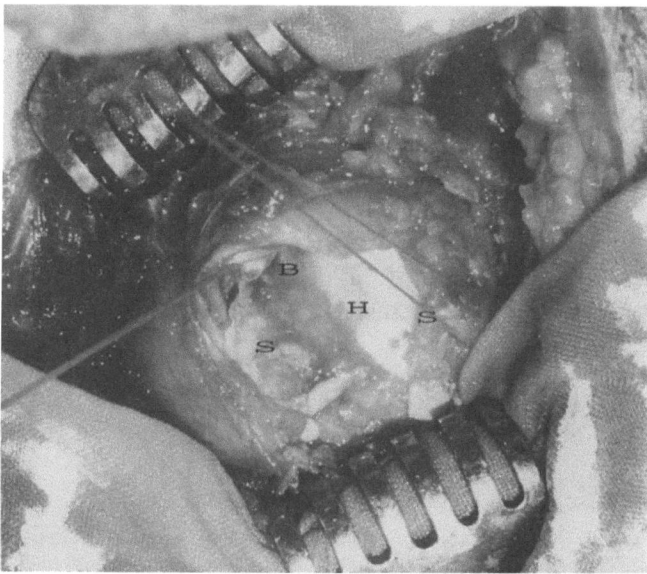

Abb. 7. Komplette Rotatorenmanschettenruptur mit Ruptur der langen Bizepssehne. *S* Ränder der Supraspinatussehne, *B* proximales Ende der langen Bizepssehne, *H* Humeruskopfglatze

- Neodynatorbehandlung,
- PNF (propriozeptive neuromuskuläre Fazilitation).

Die weitere Abklärung erfolgt bei Anhalten der Beschwerden mittels Sonographie oder Arthrographie. Bei Vorliegen einer kompletten Ruptur wird dem Patienten die *Operation* vorgeschlagen. Wir verwenden besonders bei Verdacht auf Vorliegen einer großen Ruptur den transakromialen Zugang nach Kessel [4]. Der Hautschnitt wird in der Frontalebene angelegt, das Akromion darunter ebenfalls in der Frontalebene gespalten (Abb. 7). Der M. deltoideus wird, im Gegensatz zum Säbelhiebschnitt, nicht von seinem akromialen Ansatz desinseriert, sondern kann ebenso wie der M. trapezius in Faserrichtung auseinandergedrängt werden. Außerdem erlaubt dieser Zugang eine gute Mobilisierung des M. supraspinatus weit nach medial, falls größere Defekte zu verschließen sind. Im Gegensatz zu anderen Autoren, die alleine die Erweiterung des Défilés für notwendig halten [5], glauben wir, daß die Rekonstruktion der Rotatorenmanschette für die Funktion des Gelenkes aus den oben erwähnten Gründen wichtig ist. Nach der Versorgung der Rotatorenmanschette muß nun die Erweiterung des subakromialen Raumes durch eine vordere Akromioplastik erfolgen (Resektion der unteren Hälfte des Acromions und des Lig. coracoacromiale, Abb. 8 [13]). Die Osteotomie wird mit transossären resorbierbaren Nähten verschlossen. 31 der 66 Patienten mit einer nachgewiesenen Ruptur der Rotatorenmanschette wurden operiert. Bei 30 fand sich eine Ruptur der Sehne des M. supraspinatus, in 3 Fällen kombiniert mit der des M. infraspinatus. Einmal trat eine isolierte Ruptur der Infraspinatussehne auf. Drei der Patienten wiesen zusätzlich einen Abriß der langen Bizepssehne auf. Bei den 31 Patienten konnte die Sehne in 22 Fällen direkt genäht werden, 8mal wurde sie am

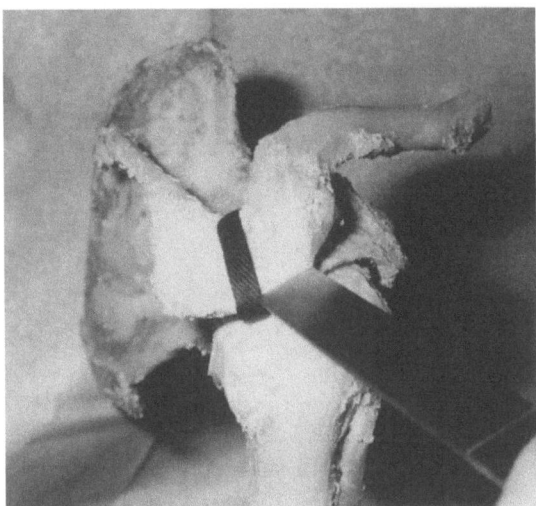

Abb. 8. Ventrale Akromioplastik (Markierung zeigt den Verlauf der Akromionosteotomie beim Zugang zur Rotatorenmanschette)

Tuberculum majus reinseriert. In einem Fall war die direkte Naht infolge einer Retraktion der Sehne nicht mehr möglich. Bei Rupturen der langen Bizepssehne wird diese im Bereich des Humeruskopfes reseziert und eine Schlüssellochtenodese angelegt. Postoperativ legen wir bis zur Nahtentfernung einen Desault-Verband an. Lediglich bei 3 Patienten, bei denen die Naht nur unter Spannung möglich war, wurde ein Thoraxabduktionsgips verwendet. Nach der Nahtentfernung wird mit Pendelübungen und vorsichtiger passiver Durchbewegung des Schultergelenkes begonnen, ab der 4. Woche erfolgen die ersten vorsichtigen aktiven Übungen.

Falls eine Ruptur des Cuffs ausgeschlossen werden konnte, ist ein längerdauernder konservativer Behandlungsversuch gerechtfertigt. Falls nach längstens 6 Monaten keine Besserung eingetreten ist, schlagen wir dem Patienten die Operation vor. Die Versorgung entspricht dem oben beschriebenem Vorgehen. Die Rotatorenmanschette wird revidiert und der subakromiale Raum erweitert. Postoperativ kann nach der Nahtentfernung voll mit aktiven Bewegungsübungen begonnen werden.

Ergebnisse

26 unserer 31 Patienten mit kompletter Ruptur der Rotatorenmanschette erschienen nach durchschnittlich 5 Jahren zu einer Nachuntersuchung. 5 Patienten hatten noch Nachtschmerzen, jedoch deutlich schwächer als vor der Operation, bei 3 Patienten wurde keine wesentliche Besserung der Beschwerden erzielt. Alle übrigen hatten subjektiv keine Schmerzen, wiesen jedoch eine Verminderung der Abduktion auf durchschnittlich 95°, der Außenrotation (Ø23°) und der Anteversion (Ø85°) auf. Die Patienten, die ohne Ruptur der Rotatorenmanschette wegen

eines länger andauernden subakromialen Schmerzes einer vorderen Akromioplastik unterzogen wurden (13 Pat.) hatten durchwegs einen seitengleichen Bewegungsumfang. Ihre Beschwerden konnten durch die Operation bei allen deutlich gebessert werden, lediglich 3 klagten noch über wetterabhängige Nachtschmerzen und 2 über Schmerzen im Bereich des Akromioklavikulargelenkes.

Der Überlastungsschmerz als Folge wiederholter Bewegungsabläufe spezieller Sportarten wirft nicht nur beim Leistungssportler Probleme auf. Beim jungen Leistungssportler kommt es zwar infolge des Impingements der Rotatorenmanschette auch zur chronischen Schädigung, jedoch hat der Jugendliche nicht zuletzt auf Grund der besseren Durchblutungssituation eine deutlich bessere Regenerationstendenz. Deswegen findet man die Tendinitis calcarea häufig beim Jugendlichen, die Ruptur der Rotatorenmanschette in einer Altersklasse um 50 Jahre. Die Degenerationen und die damit verbundenen entzündlichen Prozesse bewirken eine relative oder absolute Einengung des subakromialen Raumes, die zu einer weiteren Verschlechterung der Situation und zu einer Verstärkung der Schmerzsymptomatik führt. Dieser Kreis endet beim älteren Menschen häufig in einer Ruptur der Rotatorenmanschette. Die Erweiterung des Défilés ist zur Durchbrechung dieser Abfolge daher von entscheidender Wichtigkeit.

Zusammenfassung

Degenerative Prozesse der Rotatorenmanschette sind im Senium normal, verlaufen jedoch zumeist symptomlos. Beim jungen Menschen stellen Degenerationen im subakromialen Raum eine Rarität dar. Leistungssportler zeigen bei bestimmten Sportarten infolge chronischer Überlastung der Rotatorenmanschette schon wesentlich früher schmerzhafte Abnützungserscheinungen im subakromialen Raum.

Gewisse Sportarten wie z.B. alpiner und nordischer Schilauf, Tennis und Volleyball prädisponieren zu rezidivierenden Mikrotraumen der Rotatorenmanschette. Ursache für diese Abnützungserscheinungen sind häufige Schläge des Oberarmkopfes auf die Rotatorenmanschette bzw. chronische Überbelastung der Supraspinatussehne. Bei Überkopfsportarten wird durch maximale Elevation des Armes in Außenrotation die Supraspinatussehne im engen subakromialen Raum häufig gequetscht. Dies kann einerseits die Blutversorgung der Sehne vermindern und andererseits eine direkte Druckschädigung der Sehne hervorrufen.

Es wird über die Erfahrungen mit dem Patientengut aus der Spezialambulanz für Schulterverletzungen an der II. Univ.-Klinik für Unfallchirurgie Wien aus den Jahren 1978-1986 berichtet. In diesem Zeitraum wurden 170 Patienten mit Beschwerden des subakromialen Raumes behandelt.

Literatur

1. Bosworth BM (1941) Acromioclavicular seperation. New method of repair. Surg Gynecol Obstet 73: 866
2. Gschwend N, Scherer M, Löhr J (1981) Die Tendinitis calcarea des Schultergelenks. Orthopäde 10: 196-205
3. Jobe FW, Jobe CM (1983) Painful athletic injuries of the shoulder. Clin Orthop 173: 117-124
4. Kessel L (1982) The transacromial approach for rotator cuff rupture. Shoulder Surgery. Springer, Berlin Heidelberg New York, pp 39-44
5. Koechlin P, Apoil A (1981) Die Resektion und Erweiterung des Défilés. Orthopäde 10: 216-218
6. Kujat R, Wippermann BW, Gebel M (1986) Schultersonographie bei Rotatorendefekten. Technik und Aussagen. Unfallchirurg 89: 398-401
7. Macnab I (1981) Die pathologische Grundlage der sogenannten Rotatorenmanschetten-Tendinitis. Orthopäde 10: 191
8. Martinek H, Egkher E, Kroitzsch U (1981) Verletzungen der Rotatorenmanschette der Schulter - diagnostische und therapeutische Erfahrungen. Unfallchirurgie 7: 156-161
9. Martinek H, Egkher E (1978) Die Bedeutung der Schultergelenksarthrographie für die Diagnose posttraumatischer Funktionsstörungen. Unfallchirurgie 4: 215-220
10. Martinek H, Kroitzsch U (1984) Der subacromiale Schmerz: Pathologie, Differentialdiagnose und Therapie. In: Hefte zur Unfallheilkunde, Bd 163. Springer, Berlin Heidelberg New York Tokyo, S 212-213
11. Moseley HF, Goldie I (1963) The arterial pattern of the rotator cuff of the shoulder. J Bone Joint Surg [Br] 45: 780
12. Neer CS (1983) Impingement lesions. Clin Orthop 173: 71-77
13. Neer CS (1983) Anterior acromioplasty for the chronic impingement syndrome in the shoulder. J Bone Joint Surg [Am] 54: 41-50
14. Rathbun JB, Macnab I (1970) The microvascular pattern of the rotator cuff. J Bone Joint Surg [Br] 52: 540
15. Rothman RH, Parke W (1965) The vascular anatomy of the rotator cuff. Clin Orthop 41: 176
16. Tossy JD, Sigmond HM (1963) Acromioclavicular seperations: Useful and practical classification for treatment. Clin Orthop 28: 111
17. Wirth CJ, Buschle KD (1983) Resektion des akromialen Klavikulaendes bei Schultergelenksarthrose. In: Hefte zur Unfallheilkunde, Bd 170. Springer, Berlin Heidelberg New York Tokyo, S 87-90
18. Mummenthaler M (1982) Der Schulter-Arm-Schmerz. Huber, Bern. Stuttgart - Wien

Der Patellaschmerz beim jugendlichen Leistungssportler – taktisches Vorgehen hinsichtlich therapeutischer Maßnahmen

E. Egkher, T. Bochdansky, U. Kroitzsch und A. Schultz

Einleitung

Ursachen, die zu Schmerzen im Bereich der Kniescheibe beim jugendlichen Sportler führen, sind mannigfaltig und bei weitem nicht voll abgeklärt. Vor allem wann und unter welchen Voraussetzungen Beschwerden auftreten, ist unklar. So bleibt z. B. ein retropatellarer Knorpelschaden oft über lange Zeit symptomlos und zeigt sich erst, meist überraschend, als Zusatzbefund im Rahmen anderer Kniegelenkoperationen [1, 14]. Im Gegensatz dazu klagen oft Patienten mit morphologisch kaum faßbaren Knorpelveränderungen der Kniescheibe über beträchtliche Schmerzen, die nicht selten zu einer ausgeprägten Muskelatrophie mit all ihren negativen Auswirkungen auf die Grundkrankheit führen. So ist ebenso das Auftreten von Schmerzen bei sog. Tendinosen und Insertionstendopathien im Bereich der Kniescheibe nicht leicht zu erklären. Liegen zusätzlich noch andere, vorher bereits bestehende Erkrankungen des Kniegelenkes vor, wird der komplexe Formenkreis des Patellaschmerzes hinsichtlich der diagnostischen und therapeutischen Möglichkeiten völlig verwischt.

Mögliche Aufschlüsse über die Pathophysiologie des Patellaschmerzes sind durch die Vertiefung der Kenntnisse der Kinematik des Kniegelenkes zu erwarten. Die Kniescheibe überträgt nicht nur die Streckkräfte des Oberschenkelmuskels auf den Unterschenkel, sondern bildet auch mit den übrigen Strukturen des Kniegelenkes eine diffizile Funktionseinheit. Bandzüge, die am Ansatzpunkt des inneren Seitenbandes an der Tibia entspringen, strahlen einerseits in die Patella, andererseits ziehen Fasern davon auch zur Quadrizepsmuskulatur hinauf. Die Funktion dieser Faserzüge besteht darin, die Kniescheibe bei Beugung und Streckung im Patellagleitlager des Femurs zu führen, die Streckung zu unterstützen (Reservestreckapparat) und das Seitenband als aktive Stabilisatoren gegen Verletzungen zu schützen. Diese Funktionsmuster werden in Abhängigkeit vom Bewegungszustand des Kniegelenkes reflektorisch aktiviert oder ausgeschaltet. Störungen in diesem komplizierten Bewegungsspiel führen vor allem an den Insertionsstellen der Sehnen zu Überlastungen, Mikrotraumen; degenerative Vorgänge und chronische Schmerzzustände sind die Folge. Ähnliche Strukturen finden sich auch im lateralen Bereich des Kniegelenkes [12].

Eine wichtige Funktion im komplexen Bewegungsspiel der Kniescheibe kommt also dem Vastus medialis des M. quadriceps femoris zu. Durch die Valgusabweichung des Streckapparates (Q-Winkel) wird die Kniescheibe aus ihrer Führung bei Anspannung der Streckmuskulatur nach außen gezogen [3, 9]. Der Vastus medialis, vor allem die distal gelegenen Fasern, verhindern reflektorisch unter

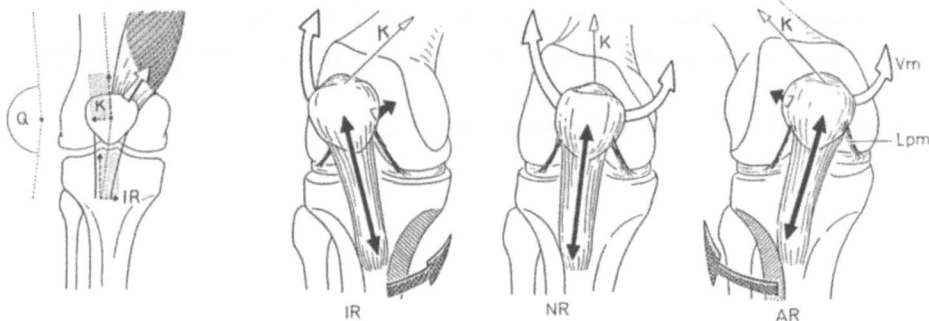

Abb. 1 *(links)*. Darstellung der Achsenabweichung des Kniestreckapparates (Q-Winkel), die dadurch auftretenden resultierenden Kräfte an der Kniescheibe und an der Tuberositas tibiae (Kniescheibe wird nach außen gezogen, Unterschenkel nach innen rotiert) und des neutralisierenden Effektes des Vastus medialis des M. quadriceps femoris. [Aus 12]

Abb. 2 *(rechts)*. Funktionseinheit des Streckapparates des Kniegelenkes und die reflektorisch eingeleiteten Stabilisierungsmaßnahmen des Vastus medialis und lateralis bei Außen- oder Innenrotationsstreß

physiologischen Bedingungen die Subluxation der Kniescheibe nach außen (Abb. 1). Trifft auf das Kniegelenk ein Valgus- oder Außenrotationsstreß auf, wird ebenfalls reflektorisch der Vastus medialis aktiviert, bei passiver Innenrotation und Varusstreß der Vastus lateralis (Abb. 2) [10]. Außerdem besitzen der Vastus medialis und der Vastus lateralis des M. quadriceps femoris geringe innen- und außenrotatorische Komponenten über die Kniescheibe auf den Unterschenkel. Diese Wirkungsmechanismen sind bei gewissen Sportarten (Gewichtheben, Läufer) besonders stark ausgebildet.

Treten Störungen in diesem komplexen Bewegungsspiel auf, ist die exakte Führung der Kniescheibe im femoralen Gleitlager nicht gewährleistet. Teile des Kniescheibenknorpels werden über- oder minderbelastet, was zu Knorpelschäden führen muß. Ein weiterer Faktor, der zu retropatellaren Knorpelirritationen führt, ist darin zu suchen, daß die Kniescheibe nicht immer gleichmäßig am Femur aufliegt (Abb. 3). So wird bei Streckung der Knorpel der Kniescheibe im kaudalen Anteil belastet, bei zunehmender Beugung im Kniegelenk gleitet die retropatellare Belastungsfläche nach oben und verlagert sich schließlich bei voller Beugung des Kniegelenkes an die Kniescheibenfacetten, da jetzt die Kniescheibe zwischen die Femurkondylen zu liegen kommt. Es erscheint wichtig, in diesem Zusammenhang zu erwähnen, daß Knorpelveränderungen gehäuft an den beiden Rändern der Kniescheibe, und hier wieder an der Innenseite vermehrt, auftreten [5, 6, 8]. Die retropatellaren Knorpelveränderungen treten beim sportlich aktiven Jugendlichen vermehrt auf und sind bei Individuen jenseits des 30. Lebensjahres in schwerer Form bei Sportlern in 35% der Fälle [15], in leichter Form jedoch prinzipiell zu finden [16, 17].

Ein weiterer bedeutender Faktor des Patellaschmerzes beim Jugendlichen ist die leider allzuoft fehlinterpretierte oder überhaupt nicht erkannte Kniescheibenluxation oder Subluxation. Auf Grund des physiologischen valgischen Zuges des

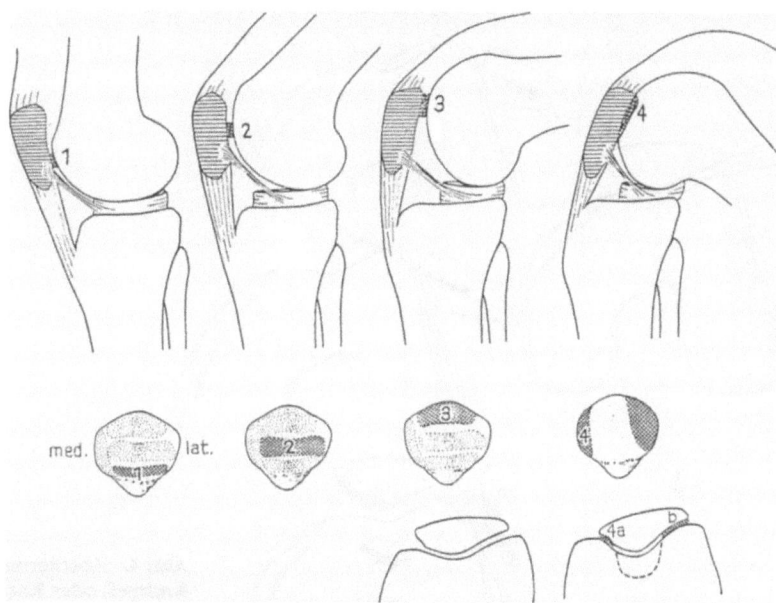

Abb. 3. Auflageflächen des Patellaknorpels bei unterschiedlicher Beugung im Kniegelenk

Kniestreckapparates (Q-Winkel) zwischen 10 und 15° wird die Kniescheibe in der Streckphase nach lateral gezogen. Dem entgegen wirken die Retinaculae patellae und der Vastus medialis (Abb. 1). Eine Verstärkung der Verlagerung der Kniescheibe nach außen tritt aber auch durch den unphysiologisch vermehrten Zug des Vastus lateralis auf. Eine exakte Führung der Kniescheibe ist daher nur dann gewährleistet, wenn diese Funktionseinheit während des Beuge- und Streckvorganges einwandfrei funktioniert. Liegen Erkrankungen vor oder wird dieses dynamische Zusammenspiel durch äußere Faktoren gestört (Innen- oder Außen-, Valgus- oder Varusstreß in der Streckphase des Kniegelenkes), gleitet die Kniescheibe in der Streckphase des Kniegelenkes bei 20° über den Sulcus terminalis nach außen. Die Reposition erfolgt meist spontan, wobei nicht selten erst jetzt Abscherfrakturen der Patella und des Femurs auftreten [7, 13]. Reluxationen und chronische Schmerzzustände im Bereich der Kniescheibe sind die Folge (Abb. 4).

Die einzelnen Faktoren, die zum Syndrom des Patellaschmerzes führen, sind nachfolgend nochmals zusammengefaßt.

Ursachen:

- frische Verletzung,
- chronische Überlastung,
- zu rascher Trainingsaufbau,
- ungewohntes Training (Belastung),
- einseitige Belastung (typische Sportarten),
- Muskeldysfunktionen (erworbene, angeborene),

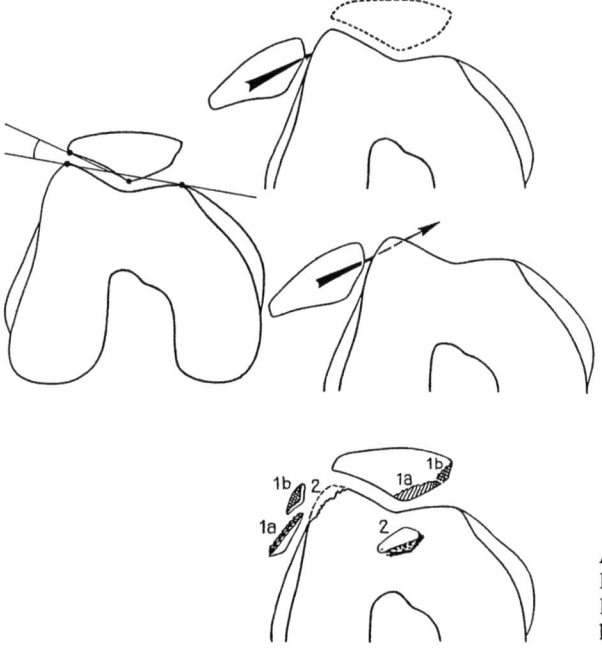

Abb. 4. Abschermechanismus von Knorpel- oder Knorpel-Knochen-Fragmenten bei der Kniescheibenluxation

- Patellaluxation oder -subluxation,
- prädisponierende Faktoren,
- vorbestehende Verletzungen (Instabilität, Knorpel- oder Meniskusschaden).

Gerade beim jugendlichen Sportler ist es aber wichtig, die Diagnostik rasch voranzutreiben und ohne allzu invasive Maßnahmen zu einem Ergebnis zu kommen und durch sofortige gezielte Beratung und der entsprechenden Therapie einerseits den Trainingsverlust in Grenzen zu halten, andererseits durch die sofortige Erkennung von schweren Knorpel- und Bandveränderungen Spätschäden zu verhindern.

Bereits aus der exakten Erhebung der anamnestischen Daten (Sportart, Trainingsmöglichkeiten, Trainingsaufbau, Beschaffenheit der Sportstätten, akute oder chronische Überlastungen und Verletzungsmuster) sind oft wesentliche Rückschlüsse auf die schmerzauslösenden Veränderungen an der Kniescheibe zu ziehen. Unerläßlich ist die genaue klinische Untersuchung und die Röntgenaufnahme des Kniegelenkes zumindest in zwei Ebenen. Die Computertomographie, die Kernspintomographie, und die Arthroskopie sind meist aus organisatorischen Gründen bei einfachen Kniescheibenschmerzen nicht durchführbar und bleiben als erweiterte diagnostische Maßnahmen ausgewählten Fällen vorbehalten.

Da wir bei anderen Schäden des Kniegelenkes mit Hilfe der einfach durchzuführenden und nicht belastenden isokinematischen Dynamometrie in bezug auf Diagnostik und Therapieerfolge gute Ergebnisse erzielen konnten, haben wir diese Technik auch zur Abklärung und zur Unterstützung der Effizienz der therapeutischen Maßnahmen beim Patellaschmerz einzusetzen versucht:

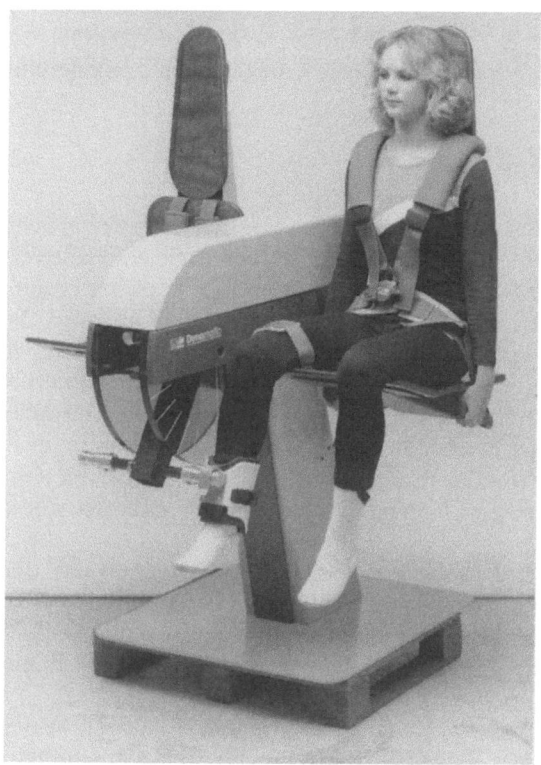

Abb. 5. Apparatur zur isokinematischen dynamometrischen Meßmethodik

Diagnostik:

- Anamnese,
- Klinik,
- Röntgen,
- isokinematische Dynamometrie,
- Computertomographie,
- Kernspintomographie,
- Arthroskopie.

Methodik

Zur isokinematischen Dynamometrie verwenden wir ein Gerät der Firma Wintersteiner/Österreich (Abb. 5). Der Patient muß das Kniegelenk gegen einen Meßhebel strecken, der mit einer vorgegebenen Winkelgeschwindigkeit von der Apparatur bewegt wird. Das vom Patienten erzeugte Drehmoment während der Kniestreckung (entspricht der Streckkraft des M. quadriceps) wird über Dehnungsmeßstreifen abgenommen. Die Registrierung kann über den gesamten Bewegungsablauf und aus jeder Beugestellung des Kniegelenkes erfolgen. Die

Winkelgeschwindigkeit des isokinematischen Dynamometers kann zwischen 10 und 180° pro Sekunde variiert werden. Die Untersuchungen wurden immer vergleichend an beiden Kniegelenken durchgeführt.

Ergebnisse

Bei den von uns mit Hilfe der isokinematischen Dynamometrie durchgetesteten 160 Patienten mit verschiedensten Kniegelenkerkrankungen hat sich gezeigt, daß die Streckkraft des M. quadriceps in bezug auf den Bewegungszustand des Kniegelenkes (Ausmaß der Streckung) und die Winkelgeschwindigkeit typische, gut reproduzierbare Kurvenverläufe auch beim Patellaschmerz aufweist. So zeigen z. B. Tendinosen und Insertionstendopathien im streckungsnahen Bereich schlechte Kraftwerte zur Gegenseite, retropatellare Chondropathien haben bei gebeugtem Kniegelenk ein Kraftminimum, in Extensionsnähe nimmt dagegen die Streckkraft zu. Anhand von zwei typischen Kurvenverläufen sollen die Ergebnisse unserer Untersuchung nochmals erläutert werden:

1. Patellaspitzenschmerz (Abb. 6): Aus der Beugung des Kniegelenkes von 90° kann das kranke Gelenk mit nahezu der gleichen Kraft wie das gesunde Knie gestreckt werden. Die Streckkraft nimmt mit vermehrter Extension kontinuierlich ab und geht knapp vor voller Kniegelenkstreckung nahezu gegen Null.

2. Retropatellare Chondropathie (Abb. 7): Wesentlich anders ist dagegen der Kurvenverlauf bei der isokinematisch-dynamometrischen Messung einer Chondropathie der Kniescheibe. Die Kraftreduktion ist beim Streckvorgang des kranken Kniegelenkes aus der Beugung stark reduziert, bleibt während der Streckphase um einen nahezu identischen Wert reduziert, das kranke Kniegelenk erreicht jedoch gegen Ende der Extensionsphase fast die gleiche Streckkraft wie das gesunde Kniegelenk.

Therapie

Primär wählen wir zur Ausheilung der Erkrankungen, die zum Patellaschmerz führen, ein konservatives Vorgehen. Begonnen wird mit der exakten Anamnese-Erhebung der Sportart, des Trainingsumfanges, der Trainingsart und der Trainingsbedingungen, denen der Patient ausgesetzt ist. Weiters wird versucht, abzuklären, wann und unter welchen Voraussetzungen die Beschwerden auftreten. Sind in der sportlichen Betätigung oder im Trainingsprogramm direkte Ursachen für die Beschwerden zu finden, wird durch Rücksprache mit dem Trainer versucht, eine Trainingsumstellung zu erzielen. Zusätzlich wird unter heilgymnastischer Aufsicht – einerseits durch direkte Kräftigung einzelner Muskelpartien des Beuge- und Streckapparates des Kniegelenkes, andererseits durch PNF (propriozeptive neuromuskuläre Fazilitation) – reflektorisch bedingte falsche Bewegungsmuster zu eliminieren versucht [11], um dadurch die Belastungsverhältnisse an der Kniescheibe während des Bewegungsablaufes zu normalisieren. Zur Unterstüt-

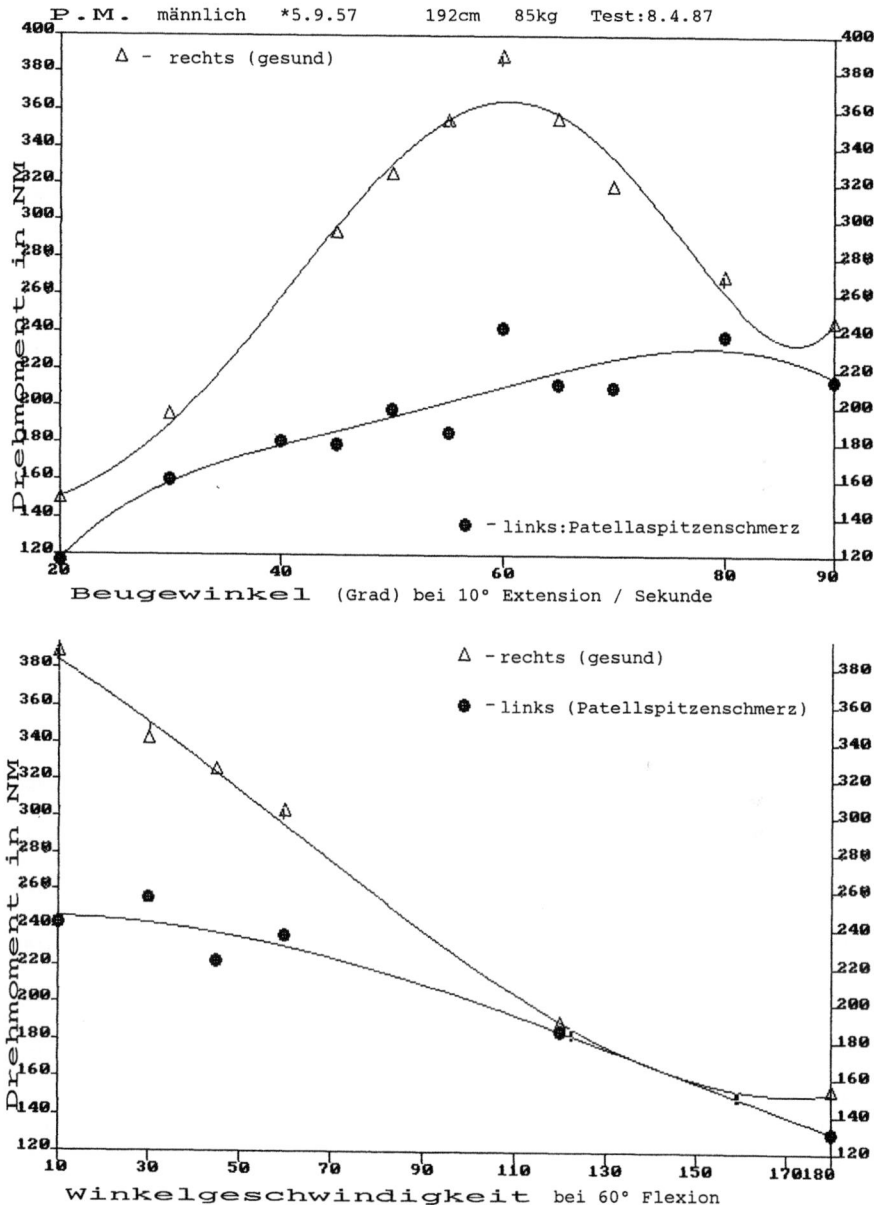

Abb. 6. Typischer Kurvenverlauf einer Insertionstendopathie (Patellaspitzenschmerz) bei der isokinematischen dynamometrischen Meßmethode

zung ziehen wir physikalische Maßnahmen, wie diadynamische Ströme, Kryotherapie und Galvanisation heran. Als günstig erweist sich auch die antiphlogistische Therapie und die direkte lokale Schmerzausschaltung. Dadurch gelingt oft ein wesentlich rascherer muskulärer Aufbau, die Ausschaltung schmerzbedingter ungünstiger Reflexe und die volle Durchbewegung des Kniegelenkes wird mög-

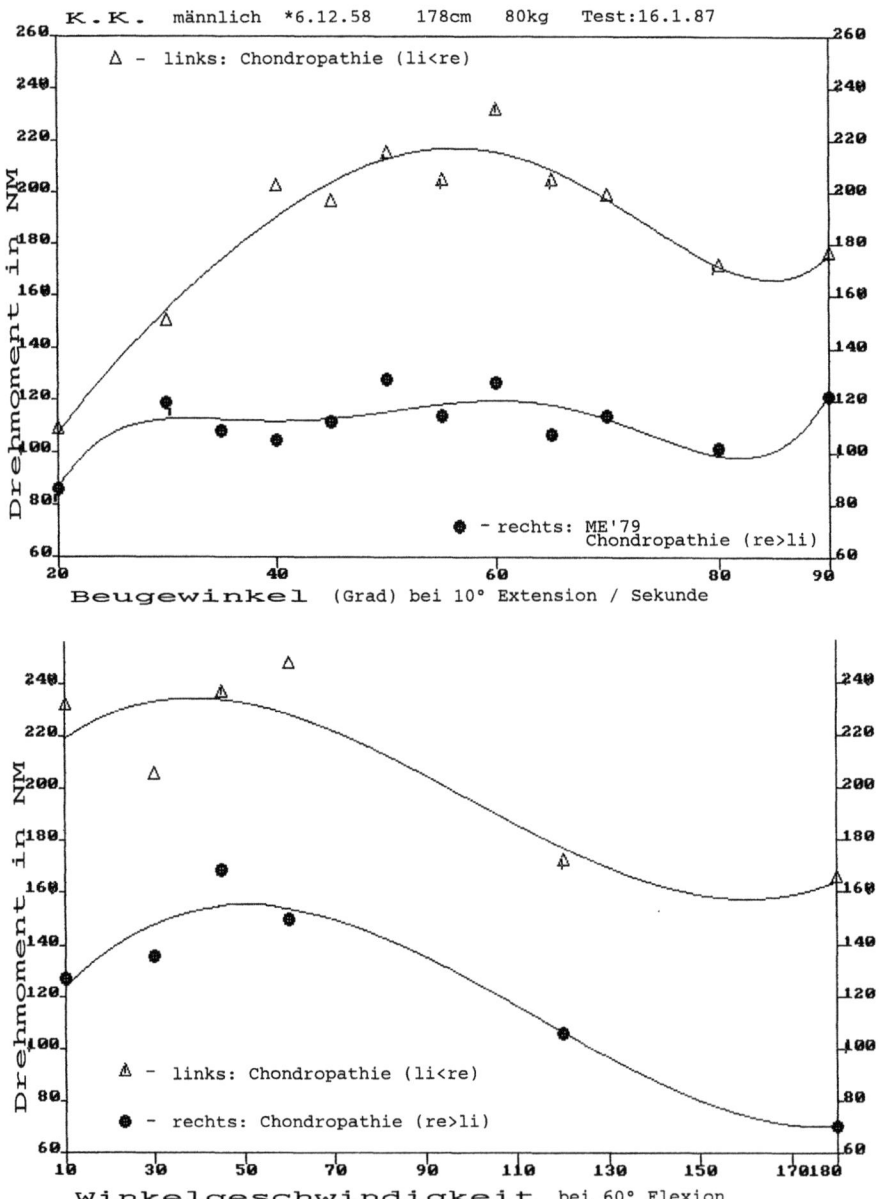

Abb. 7. Typischer Kurvenverlauf einer Chondropathia patellae bei der isokinematischen dynamometrischen Meßmethode

lich. Liegen einfache Überlastungen des Knorpel- und Bandapparates der Kniescheibe vor, ist die Reduzierung der sportlichen Tätigkeit oder des Trainingsumfanges erforderlich, wobei durchaus auch die kurzfristige Ruhigstellung des Kniegelenkes in Betracht gezogen werden soll, um ein rasches Abklingen der Beschwerden zu erzielen (10 Tage).

Operative Eingriffe sind beim jugendlichen Sportler nur nach Ausschöpfung aller konservativen Heilungsversuche und schweren morphologischen Veränderungen an der Kniescheibe angezeigt. Sie reichen bei schweren Insertionstendopathien und Chondropathien von der einfachen Retinakulaspaltung über die Vorverlagerung bis zur Medialisierung und Vorverlagerung der Tuberositas tibiae [1, 2]. Wir bevorzugen aufgrund der Kinematik des Kniegelenkes mit ausgezeichnetem Erfolg bei der schweren Chondromalazie und der rezidivierenden Kniescheibenluxation die Medialisierung und Vorverlagerung der Tuberositas tibiae nach der von Blauth [2] angegebenen Methode [4].

Auflistung der therapeutischen Maßnahmen:

- Physiotherapie (diadynamische Ströme, Kryotherapie, Galvanisation),
- Schmerzausschaltung (allgemein, lokal),
- Ruhigstellung (Sportverbot),
- Änderung des Trainingsablaufes,
- Ausschaltung von Überlastungen,
- Heilgymnastik (Bewegungstherapie, Muskelaufbau, propriozeptive neuromuskuläre Fazilitation),
- Sanierung vorbestehender Gelenkerkrankungen,
- operative Maßnahmen.

Zur Überwachung der Effizienz der oben beschriebenen therapeutischen Maßnahmen beim Patellaschmerz haben wir versucht, die isokinematische Dynamometrie einzusetzen.

Diskussion

Gerade jugendliche Leistungssportler haben oft mit rezidivierenden Kniescheibenschmerzen zu kämpfen. Der Sportarzt, Unfallchirurg oder Orthopäde ist in solchen Fällen vor die schwierige Aufgabe gestellt, möglichst rasch, ohne größere invasive Maßnahmen, eine Diagnose zu erstellen und entsprechende therapeutische Maßnahmen zu setzen, um eine Linderung der Beschwerden zu erzielen. Schmerz bedeutet Trainingseinschränkung, raschen Muskelabbau und beim Spitzensportler eine beträchtliche Leistungseinbuße. Trotz der heute zur Verfügung stehenden diagnostischen Hilfsmittel ist es nicht immer möglich, schwere morphologische Veränderungen der Kniescheibe zu erkennen. Letztlich bleibt dann doch nur die arthroskopische Einschau als Ultima ratio übrig.

Aufgrund der bis jetzt gewonnenen Erfahrungen auf dem Gebiete der isokinematischen Dynamometrie können wir sagen, daß diese Methode nicht nur bei schweren Erkrankungen des Kniegelenkes, sondern auch bei Veränderungen an der Kniescheibe wie Tendinosen und Chondropathien als differentialdiagnostisches Hilfsmittel eingesetzt werden kann. Es gelingt, den komplexen Bewegungsablauf und das komplizierte Zusammenspiel der Muskeln und Bänder des Kniegelenkes in einzelne Teile zu zerlegen und dadurch transparenter zu machen. Unterschiedliche Schmerzlokalisationen an der Kniescheibe sind die Ursache, aber auch die Folge von Fehlfunktionen des Kniestreckapparates. Aus diesen

Erkenntnissen heraus können mit Hilfe der isokinematischen Dynamometrie Rückschlüsse auf die erkrankten Teile des Kniegelenkes und der Kniescheibe gezogen werden. Pathologische Kurvenverläufe bei starker Beugung des Kniegelenkes erlauben die Aussage, daß im Bereich der Patellaflanken Knorpelveränderungen vorhanden sein müssen. Bei dieser Beugestellung liegt ja die Kniescheibe zwischen den Femurkondylen nur an den Seiten mit ihrer Knorpelfläche auf (Abb.3). Bei mittlerer Beugung liegt die Kniescheibe im oberen und zentralen Teil im Patellagleitlager auf. Pathologische Kurvenverläufe bei der Dynamometrie treten bei Knorpelschäden im zentralen Teil der Kniescheibe bei Streckversuchen aus mittlerer Beugung auf. Sind pathologische Veränderungen an der Patellaspitze vorhanden, zeigen die gemessenen Werte Abweichungen zum Normalwert bei Streckversuchen aus geringer Beugung des Kniegelenkes heraus.

Ein weiterer Faktor unserer Untersuchungen stellt die Möglichkeit des Einsatzes der isokinematischen Dynamometrie zur Überwachung und Kontrolle der Effizienz der gesetzten therapeutischen Maßnahmen der Kniegelenkerkrankungen dar. Da die Untersuchungen vergleichsweise an beiden Kniegelenken und in kurzen Abständen durchgeführt werden, können auf pathologische Abweichungen der Meßdaten rasch und einfach reagiert, therapeutische Fehler ausgeschaltet, aber auch Heilungsfortschritte festgestellt werden.

Bei entsprechend intensiver Betreuung und optimaler Kooperation von seiten des Patienten glauben wir, daß in den meisten Fällen die Erkrankungen, die zum Patellaschmerz beim jugendlichen Leistungssportler führen, bei Einhaltung des oben angeführten taktischen Vorgehens auch ohne Operationen sanierbar sind.

Zusammenfassung

Der komplexe Formenkreis der Erkrankungen im Bereich der Kniescheibe, die zu Schmerzen führen, ist bei weitem noch nicht voll abgeklärt. Der retropatellare Knorpelschaden z.B. wird nicht selten als Zusatzbefund im Rahmen anderer Kniegelenkoperationen diagnostiziert und war präoperativ meist völlig symptomlos. Im Gegensatz dazu klagen oft Patienten mit lediglich minimalen Knorpelveränderungen über beträchtliche Schmerzen, was nicht selten zu einer Inaktivitätsatrophie der Muskulatur mit allen Begleiterscheinungen führt. Zusätzlich werden diese Erkrankungsbilder durch das Auftreten von sog. Tendinosen und Insertionstendopathien völlig verwischt.

Letztlich ist es aber doch wichtig, vor allem beim Leistungssportler zu einer Diagnose ohne aufwendige und invasive Maßnahmen zu kommen, um durch entsprechende Beratung (Änderung des Trainings und der Bewegungsabläufe oder sogar Sportverbot) Spätschäden in Grenzen zu halten.

Da wir bei anderen Schäden des Kniegelenkes mit Hilfe der isokinematischen Dynamometrie hinsichtlich der Diagnostik und der Therapieerfolge gute Ergebnisse erzielen konnten, haben wir diese Technik auch zur Abklärung des Patellaschmerzes eingesetzt. Zur isokinematischen Dynamometrie verwenden wir ein Gerät der Fa.Wintersteiner (Österreich). Der Patient muß das Kniegelenk gegen einen Meßhebel strecken, der mit einer vorgegebenen Winkelgeschwindigkeit bewegt wird. Das erzeugte Drehmoment während der Extension des Kniegelenkes (entsprechend der Streckkraft des M. quadrizeps) wird über Dehnungsmeßtreifen abgenommen. Die Registrierung kann über den gesamten Bewegungsablauf erfolgen. Das Ausmaß der Winkelgeschwindigkeit kann zwischen 10° und 180°/s variiert werden. Bei dieser Untersuchung hat sich nun gezeigt, daß bei verschiedenen Kniegelenkerkrankungen die Streckkraft des M. quadrizeps in bezug auf den Bewegungszustand des Kniegelenkes (Ausmaß der Streckung) und der Winkelgeschwindigkeit typische, gut reproduzierbare Kurvenverläufe auftreten. So zeigen z. B. Tendinosen und Insertionstendopathien im streckungsnahen Bereich schlechte Kraftwerte zur Gegenseite; retropatellare Chondropathien haben bei Beugung des Kniegelenkes ein Kraftminimum, in Extensionsnähe nimmt die Kraft zu.

Ebenso erwies sich der Einsatz dieses Gerätes als wertvoll zur Kontrolle der Effizienz der gesetzten therapeutischen Maßnahmen, da wir primär fast ausschließlich beim Patellaschmerz des Jugendlichen ein konservatives Vorgehen wählen. Begonnen wird mit der exakten Anamneseerhebung des Trainingsumfanges, der Trainingsart und der Trainingsbedingungen. Weiters wird abgeklärt, wann und unter welchen Voraussetzungen die Beschwerden auftreten. Sind im Trainingsprogramm direkte Ursachen für diese Beschwerden zu finden, wird durch Rücksprache mit dem Trainer versucht, eine Trainingsumstellung zu erzielen. Ferner werden unter heilgymnastischer Aufsicht einerseits durch direkte Kräftigung einzelner Muskelpartien des Beuge- und Streckapparates des Kniegelenkes andererseits durch PNF (propriozeptive neuromuskuläre Fazilitation) die Belastungsverhältnisse an der Kniescheibe während des Bewegungsablaufes des Kniegelenkes zu ändern versucht.

Bei entsprechend intensiver Betreuung und optimaler Kooperation von seiten des Patienten glauben wir, daß in den meisten Fällen die Erkrankungen, die zum Patellaschmerz beim jugendlichen Leistungssportler führen, bei Einhaltung des oben angeführten taktischen Vorgehens auch ohne operative Eingriffe sanierbar sind.

Literatur

1. Bandi W (1972) Chondromalacia patellae und femoro-patellare Arthrose. Helv Chir Acta 11: 1
2. Blauth W, Mann M (1977) Medialversetzung der Tuberositas tibiae und gleichzeitige Vorverlagerung. Z Orthop 115: 252
3. Dejour H (1972) Physiopathologie des laxités chroniques du genou. Rev Chir Orthop 58: 61
4. Egkher E, Bader B (1984) Behandlung der habituellen Kniescheibenluxation durch Medialverlagerung der Tuberositas tibiae. In: Hefte zur Unfallheilkunde, Bd 163. Springer, Berlin Heidelberg New York Tokyo, S 163
5. Goodfellow J, Hungerford DS, Zindel M (1976) Patello-femoral joint mechanics and pathology. 1. Functional anatomy of the patello-femoral joint. J Bone Joint Surg [Br] 58: 287
6. Goodfellow J, Hungerford DS, Woods C (1976) - Patello-femoral joint mechanics and pathology. 2. Chondromalacia patellae. J Bone Joint Surg [Br] 58: 291
7. Hammerle CP, Jakob RP (1980) Chondral and osteochondral fractures after luxation of the patella and their treatment. Arch Orthop Traumatol Surg 97: 207
8. Henche HR, Künzi HU, Morscher E (1981) The areas of contact pressure in the patello-femoral joint. Int Orthop 4: 279
9. Insall J, Falvo KA, Wise DW (1976) Chondromalacia patellae. J Bone Joint Surg [Am] 58: 1

10. Kapandji IA (1970) The physiology of the joints. Vol II. Churchill Livingstone, Edingburgh
11. Klein-Vogelbach S (1976) Funktionelle Bewegungslehre. Springer, Berlin Heidelberg New York
12. Müller W (1982) Das Knie. Springer, Berlin Heidelberg New York
13. Morscher E (1979) Traumatische Knorpelläsionen am Kniegelenk. Chirurg 50: 599
14. Ségal P, Lallement JJ, Raquet M, Jacob M, Gérard Y (1980) Les lésions osteó-cartilagineuses de la laxité antero-interne de genou. Rev Chir Orthop 66: 357
15. Silverskjöld N (1938) Chondromalacia of the patella. Acta Orthop Scand 9: 214
16. Wiberg G (1941) Roentgenographic and anatomic studies on the femoropatellar joint. With special reference to chondromalacia patellae. Acta Orthop Scand 12: 319
17. Wiles P, Andrews PS, Devas MB (1956) Chondromalacia of the patella. J Bone Joint Surg [Br] 38: 95

Einsatzmöglichkeiten der Extensionstherapie bei Coxalgien und Meniskopathien

B. Schwarz und G. Feuerstake

Vorbemerkung

Berichte über eine *Extensionsbehandlung* der Wirbelsäule sind seit Jahrhunderten bekannt. So zeigen bereits alte Stiche die therapeutische Anwendung der Extension insbesondere der Wirbelsäule im Griechenland des Hippokrates (Abb. 1), aber auch in der arabischen Medizin im 8. und 9. Jahrhundert, beispielsweise bei Avizena sowie die Berichte von Ärzten des Mittelalters und der Aufklärung.

Erfahrungsberichte über die *Extensionsbehandlung der Wirbelsäule* wurden vor allen Dingen in den 50er Jahren von Erlacher u. Mitarb. gegeben [1]. Ausführlich setzt sich Krämer in seiner Monographie „Bandscheibenbedingte Erkrankung" (1986) mit der Extensionstherapie der Wirbelsäule auseinander und berichtet über die vielfältigen Wirkungsmechanismen.

Entsprechende Erfahrungsberichte aus unserer Klinik, insbesondere bei im CT- und Myelogramm nachgewiesenen Vorfällen und deren Behandlung durch *inverse*

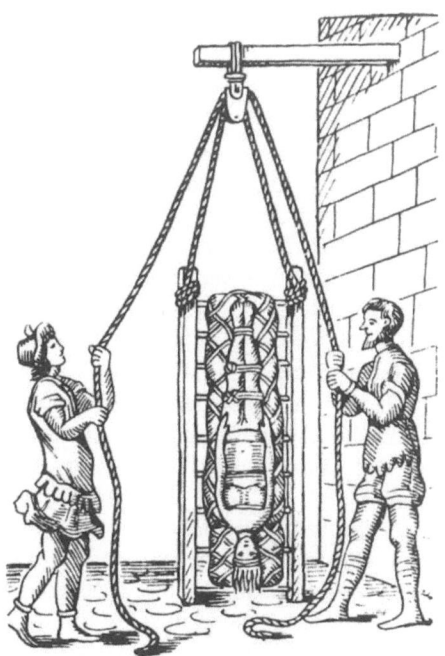

Abb. 1. Historische Darstellung einer Patientenextension im Zeitalter des Hippokrates

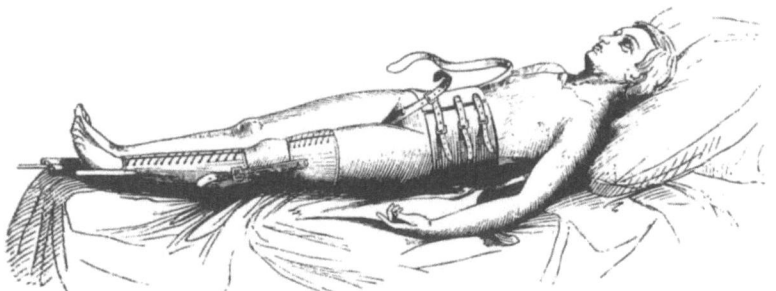

Abb. 2. Historische Darstellung einer Traktionsbehandlung der Hüfte. [Aus 2]

vertikale Extension sowie über die Erfahrungen eines von Feuerstake entwickelten Mehrzweck-Extensionsgerät wurden in der Vergangenheit publiziert [5, 8, 9, 10].

Historische Darstellungen über die *Längstraktion* des Hüftgelenkes bzw. auch des Kniegelenkes als therapeutische Maßnahmen bei Hüft- bzw. Kniegelenkbeschwerden sind vereinzelt bekannt (Abb. 2) und werden insbesondere auch als intermittierende Traktion beispielsweise in der Krankengymnastik, in der Manualtherapie u.a. benutzt. Bertram [3] stellt in seiner Arbeit über „Physiotherapeutische Maßnahmen zur Schmerzbekämpfung am Bewegungsapparat" die Wirkungsmechanismen bei einer derartigen Traktionsmobilisierung dar. Vor allem durch die *intermittierende Druckentlastung* des Gelenkes soll es zu einer Schmerzreduktion kommen.

Bernau [2] berichtet über seine Erfahrung mit intermittierender Traktion des Hüftgelenkes bei Coxarthrose in seiner Praxis und teilt mit, daß es über die Traktionsbehandlung des Hüftgelenkes, insbesondere die intermittierende Traktion, wenige Angaben in der Literatur gibt.

Aus seinen Erfahrungen teilt Bernau [2] mit, daß er durch die in seiner Praxis durchgeführte *intermittierende Extension des Hüftgelenkes* in einer Gruppe von 61 Patienten bei 3 Patienten eine Beschwerdefreiheit erzielte, 26 gaben eine wesentliche Besserung an, 19 eine geringfügige Besserung, bei 7 war das Ergebnis unverändert und bei 6 war das Ergebnis nicht bekannt.

Dabei wurden Zugkräfte zwischen 26 kp, seltener von 40 kp angegeben.

Die *Indikation zur Traktionsbehandlung* stellte Bernau [2] bei Coxarthrosen, sofern *keine Operationsindikationen* vorlagen, aber behandlungsbedürftige Beschwerden, die nicht mit einfachen Maßnahmen zur Ruhe kamen [7]. Eine Altersbegrenzung sah er dabei nicht. Die Behandlungsdauer mit Extension betrug in seiner Studie 15–20 min.

Hess [4] hat angegeben, daß er durch *Selbstversuche* und durch dokumentierte klinische Erfahrungen die Wirksamkeit der Extensionsbehandlung insbesondere an der Lendenwirbelsäule, aber auch an den Hüft- und Kniegelenken gesehen hätte.

Neben einer *vorübergehenden Entlastung des Hüftgelenkes* durch die Traktion bzw. durch die intermittierende Traktion werden auch andere Mechanismen diskutiert, die für die Schmerzerleichterung verantwortlich sind.

So konnte O. Schmitt [6] aus unserer Klinik nachweisen, daß nach einer Extensionsbehandlung der Wirbelsäule *die Aktivität der Rückenstreckmuskulatur* im

EMG deutlich geringer ist als vor der Behandlung, d.h. daß hier eine Relaxation stattgefunden hat.

Ähnliche Mechanismen werden auch in der Glutealmuskulatur des Hüftgelenkes vermutet.

Wirkungsweise bei Meniskopathien

Meniskusschäden entstehen einerseits durch Traumen mit extremer Verschiebung und Zerrung des Meniskus, wobei es teils zu Basisabrissen, teils zu Zerreißungen innerhalb des Meniskusgewebes selbst kommen kann.

Andererseits entstehen Meniskusschäden oft aus degenerativer Ursache, wobei es sich teils um metabolische Schäden an der *längsverlaufenden zentralen Zone handelt,* welche von der diffusen Ernährung am weitesten entfernt liegt („metabolische Degenerationszone" nach Mittelmeier), teils um übermäßige Druckwirkung bei kondylärem Knorpelverschleiß, welcher zur Verschmälerung und damit zur Einengung des „Lebensraumes" des Meniskus führt, insbesondere auch durch zusätzliche knöcherne Randwülste (Raumnot-Syndrom nach Mittelmeier).

Auf die Therapie von traumatischen Meniskusschäden soll an dieser Stelle nicht eingegangen werden.

Als symptomatische Maßnahmen bei degenerativen Meniskopathien werden ebenfalls insbesondere die in der Krankengymnastik und der Manualtherapie erfolgreiche intermittierende Traktion oder Dauertraktionen angewendet.

Durch die geringfügige Aufdehnung des Gelenkspaltes kann es zur kurzfristigen Beseitigung des „Raummangel-Syndroms" kommen und dadurch zu einer Schmerzreduktion.

Im folgenden wird ein *Extensionsgerät* vorgestellt, das von Feuerstake in unserer Klinik entwickelt wurde und seit 10 Jahren vor allen Dingen bei Wirbelsäulenbeschwerden (Myalgien, Lumbalgien, Lumbo-Ischialgien, Bandscheibenprotrusionen und -vorfällen, Blockierungen der gesamten Wirbelsäule u.a.) eingesetzt wird.

Weitere Einsatzmöglichkeiten ergaben sich auch bei *Affektionen der Hüft- und Kniegelenke.*

Aufbau des Extensionsgerätes

Das *transportable Standgerät* besteht aus einem kunststoffbeschichteten Stahlrohrgerüst, an dessen oberen Querverstrebungen der Rollenzug zur Extension befestigt ist. Zusätzlich hängt am Rollenzug eine Aufhängeschiene, die ein Rotieren um die seitliche Achse erlaubt. Dadurch wird die Möglichkeit gegeben, während der Extension *Torsionsbewegungen* durchzuführen. Im Unterschied zur klassischen Glisson-Schlinge ermöglicht die Aufhängeschiene eine variable Auslenkung der Gliedmaßen mit verschiedenen Abduktionsstellungen.

In erster Linie ist das Gerät für eine Extension der Gliedmaßen gedacht, wobei die *Schwerkraft des Körpers* als Gegenzug wirkt. Je nach Umfang der Extension ist dabei eine beliebig abstufbare Extensionskraft anwendbar, je nach dem wie *groß die verbliebene Auflagefläche des Körpers ist.* Diese Auflagefläche kann vom Patienten bzw. vom beaufsichtigenden Therapeuten beliebig eingestellt werden. *Ein freies Hängen sollte jedoch in jedem Falle vermieden werden.*

Die größte Bedeutung kommt bei dem vorgestellten Gerät der vertikalen inversen Extension (mit aufgehängten Füßen) zu. Diese erfolgt mittels Spezialschuhen, die aus Kunststoff gefertigt sind und eine Innenpolsterung aufweisen, um Druckstellen zu verhindern. Mit zwei Verschlüssen kann der Schuh rasch an den Füßen befestigt werden. Dabei ist darauf zu achten, daß der Patient beim Anlegen dieser Schuhe aus *hygienischen Gründen Einmalüberziehschuhe* über den Füßen trägt. Zur Fixierung des Schuhes an der Extensionsschiene sind an der Sohle Stahlringe angebracht, an denen die Aufhängung mittels Karabinerhaken erfolgt. Das Aufhängen an der Extensionsschiene kann mit verschiedenen Abständen vom Mittelpunkt her erfolgen. Somit besteht die Möglichkeit, die Gliedmaßen asymmetrisch verschieden stark zu extendieren.

Arbeitsweise des Extensionsgerätes bei Beschwerden der Hüften (Abb. 3)

Die Beine werden in 40°-Abduktionsstellung an der Extensionsschiene fixiert, und der Patient soll nur leichte Rotationsbewegungen ausführen. Es sollte eine Extension bis zur Schulterauflage erfolgen, bei älteren Patienten reicht auch eine geringere Extension völlig aus.

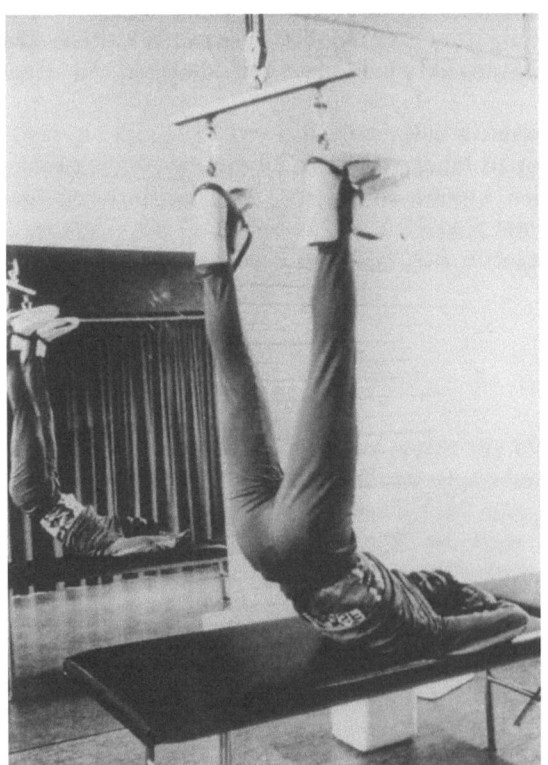

Abb. 3. Arbeitsweise des Extensionsgerätes bei Erkrankungen des Hüftgelenkes. Dabei werden die Beine in 40°-Abduktionsstellung an der Extensionsschiene fixiert, und der Patient soll nur leichte Rotationsbewegungen ausführen. Zusätzlich kann diese Behandlung mit Interferenzströmen kombiniert werden

Kontraindikationen sind massiver Hypertonus sowie sonstige behandlungsbedürftige Herz-Kreislauf-Krankheiten sowie neurologische Störungen des zentralen Nervensystems.

Zur Anwendung kommen sollten vor allem *nicht operationswürdige Befunde,* also Erkrankungen die einer konservativen Behandlung durchaus zugängig sind.

Eine *Indikation* ist diesbezüglich vor allen Dingen bei erwachsenen Patienten bei leichteren Hüftdysplasien, Coxa vara, Coxa valga mit reaktiven Verspannungen insbesondere der Glutealmuskulatur bei den sog. Coxalgien und den Insertionstendopathien zu stellen.

Natürlich muß vor der Behandlung eine *genaueste, möglichst fachärztliche* Abklärung des Beschwerdebildes erfolgen.

Die Extensionstherapie kann mit anderen zusätzlichen Maßnahmen kombiniert werden, beispielsweise Interferenzströmen sowie Wärmeapplikationen durch Pakkungen, Kurzwellen u.a.

Nach *Abschluß einer Behandlungsserie,* in der Regel 6mal, sollte der Patient dann zu einer abschließenden Untersuchung dem überweisenden rezeptierenden Arzt vorgestellt werden. Bei Therapieresistenz und Anwendung anderer konservativer Therapieverfahren bzw. bei Zunahme der Beschwerden ist die Indikation zur konservativen bzw. operativen Behandlung kritisch zu prüfen.

Bei *Meniskopathien und Arthrosen der Kniegelenke* wird der Patient so extendiert, daß noch Schulterkontakt auf der Auflage besteht. Bei Meniskopathien sowie der einseitigen Kniearthrose wird die befallene Extremität zum Mittelpunkt der Schiene gebracht und der Schuh der zu behandelnden Extremität fixiert. Die nichtbefallene Extremität bleibt in Abduktionsstellung. Bei leichteren Kniegelenkarthrosen beidseits wird der Patient in Normalstellung, d.h. mit geschlossenen Beinen extendiert. Die Dauer der Extension liegt zwischen 6 und 8 min, kann aber auch über längere Zeit durchgeführt werden (Abb. 4).

Auch hier sollten die Patienten vor der Extension vom Facharzt bzw. vom Allgemeinarzt aufgeklärt werden. Eine Indikation ergibt sich vor allen Dingen bei *nicht operationswürdigen Meniskopathien* und *leichteren Arthrosen* der Kniegelenke. Eindeutige Meniskusrupturen, ob frisch oder veraltet, sollten gleich einer operativen Revision zugeführt werden.

Begleitend kann die konservative Extensionsbehandlung bei Meniskopathien auch mit Interferenzströmen, lokalen Infiltrationen und Spezialsalbenverbänden kombiniert werden. Die Spezialsalbenverbände können insbesondere in einer Behandlungspause, beispielsweise über das Wochenende, angelegt werden (Tabelle 1).

Tabelle 1. Behandlungsschema bei Meniskopathien und Coxalgien

1) Inverse vertikale Extension
2) Interferenzstrom (Glutealmuskulatur oder med. + lat. Gelenkspalt des Kniegelenkes)
3) Bei größeren Behandlungsintervallen (Wochenende)
    Ichtolan-Salbenverband bei Meniskopathien

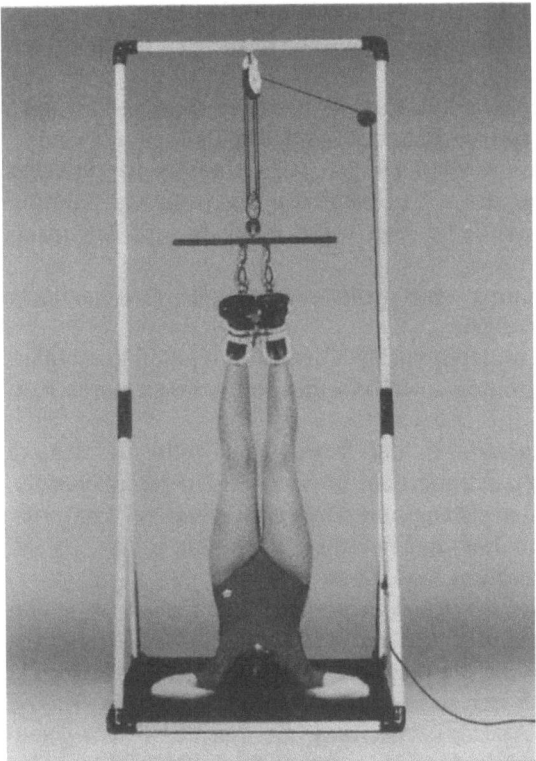

Abb. 4. Arbeitsweise bei Meniskopathien und Arthrose der Kniegelenke. In inverser Vertikalextension wird der Patient so extendiert, daß noch Schulterkontakt auf der Auflage besteht. Bei den Meniskopathien sowie der einseitigen Kniegelenkarthrose wird die befallene Extremität zum Mittelpunkt der Schiene gebracht und der Schuh der zu behandelnden Extremität fixiert. Die nichtbefallene Extremität bleibt in Abduktionsstellung. Bei Kniegelenkarthrosen beiderseits wird der Patient in Normalstellung, d. h. mit geschlossenen Beinen extendiert. Die Dauer der Extension liegt zwischen 6 und 8 min, kann aber auch über längere Zeit durchgeführt werden

Eigene Erfahrungen

Das vorgestellte Extensionsgerät nach Feuerstake wird in der Abteilung für Physikalische Therapie der Orthopädischen Universitätsklinik Homburg/Saar seit etwa 10 Jahren vorzugsweise bei Affektionen der Wirbelsäule, insbesondere der LWS erfolgreich therapeutisch angewendet.

In Einzelfällen erfolgte auch eine Behandlung von „*Kniepatienten*" bzw. von „*Hüftpatienten*". Die Zuweisung erfolgte entweder nach fachärztlicher Untersuchung in unserer Poliklinik oder aber von niedergelassenen Kollegen. Im Vergleich zu den Extensionen der Wirbelsäule sind Extensionen von Knie und Hüften wesentlich seltener, da wie eingangs dargelegt, diese Therapieform mit mannigfachen anderen Therapiemethoden, insbesondere beim niedergelassenen Orthopäden zu konkurrieren hat (intraartikuläre Injektionen, Elektrotherapie, Wärmeanwendungen u.a.).

Einsatzmöglichkeiten der Extensionstherapie bei Coxalgien und Meniskopathien   77

Tabelle 2. Anamnestische Angaben

Studiendauer:	1.1. 1985–31.12. 1986	
„Kniepatienten"		35
– männlich	24	
– weiblich	11	
„Hüftpatienten"		29
– männlich	12	
– weiblich	17	

Tabelle 3. Alters- und Geschlechtsverteilung der „Hüftpatienten" (n = 29)

Bis Jahre	Männlich	Weiblich	Zusammen
10	0	0	0
20	0	0	0
30	1	6	7
40	1	0	1
50	3	8	11
60	4	3	7
70	3	0	3
	12	17	29

Tabelle 4. Alters- und Geschlechtsverteilung der „Kniepatienten" (n = 35)

Bis Jahre	Männlich	Weiblich	Zusammen
10	0	0	0
20	2	0	2
30	8	3	11
40	12	2	14
50	0	4	4
60	2	2	4
70	0	8	0
	24	11	35

Dennoch konnten wir im Zeitraum von 2 Jahren (1.1. 1985 bis 31.12. 1986) insgesamt 35 „Kniepatienten", 24 männliche und 11 weibliche Patienten sowie 29 „Hüftpatienten", 12 männliche und 17 weibliche, in unserer Abteilung für physikalische Therapie behandeln (Tabelle 2). Es handelt sich dabei, wie eingangs beschrieben, in erster Linie um Patienten, bei denen nach fachärztlicher Abklärung bzw. durch den Allgemeinarzt in der Regel eine konservativ-orthopädische Therapie sinnvoll erschien und bei denen keine operationswürdigen Befunde vorlagen. Bei den „Hüftpatienten" überwogen Patienten im 5. und 6. Lebensjahrzehnt. Dabei waren weibliche Patienten häufiger betroffen als männliche (Tabelle 3).

Bei den „Kniepatienten" waren vor allen Dingen Patienten im 3. und 4. Lebensjahrzehnt, vorzugsweise Männer, zu finden (Tabelle 4).

Tabelle 5. Behandlungsdiagnosen bei den „Hüftpatienten" (n = 29)	
Leichte Hüftdysplasie	7
Coxa valga	6
Coxa vara	2
Coxarthrose	5
Coxalgie	4
Glutealgie	5
Durchschnittliche Beschwerdedauer: 68,5 Tage (10 Tage bis 1 Jahr)	

Tabelle 6. Behandlungsdiagnosen bei den „Kniepatienten„ (n = 35)	
Isolierte mediale Meniskopathie	19
Isolierte laterale Meniskopathie	3
Leichte medial betone Gonarthrose mit Meniskopathie	12
Leichte lateral betonte Gonarthrose mit Meniskopathie	1
Durchschnittliche Beschwerdedauer: 35,2 Tage (4 Tage-½ Jahr)	

Als *Behandlungsdiagnosen* wurden bei den „Hüftpatienten" vor allen Dingen leichte Hüftdysplasien beim Erwachsenen, röntgenologisch nachgewiesene Coxa vara bzw. valga mit reaktiven Myalgien, leichtere nicht operationsbedürftige Coxarthrosen sowie Coxalgien und Glutealgien festgestellt (Tabelle 5). Als Behandlungsdiagnosen wurden dabei die Angaben benutzt, die entweder auf einem Verordnungsschein der Abteilung für physikalische Therapie vorlagen (also Patienten, die aus unserer Ambulanz überwiesen wurden), bzw. Angaben, die auf dem Rezept des überweisenden auswärtigen Kollegen standen. Die Beschwerdedauer vor der Therapie variierte von etwa 10 Tagen bis 1 Jahr (Tabelle 4).

Bei den „Kniepatienten" wurden *an Behandlungsdiagnosen* vor allen Dingen isolierte mediale Meniskopathien sowie leichte medial betonte Gonarthrosen mit entsprechender Meniskopathie festgestellt (Tabelle 6). Dabei variierte die Beschwerdendauer zwischen 4 Tagen und einem halben Jahr.

Hinsichtlich des *therapeutischen Vorgehens* wurde sowohl bei Meniskopathien als auch bei Hüftgelenkerkrankungen die inverse vertikale Extension in der beschriebenen Form meistens mit *Interferenzstromanwendung auf dem Ansatz der Glutealmuskulatur* bzw. auf den *medialen bzw. lateralen Gelenkspalt des Kniegelenkes* kombiniert. Bei *größeren Behandlungsintervallen,* beispielsweise am Wochenende, wurde den Patienten bei Meniskopathien ein *Ichtolan-Salbenverband* angelegt.

Ergebnisse der Extensionsbehandlung

Bei den „Hüftpatienten" waren nach Abschluß einer 6maligen Anwendung der Extension 20 Patienten beschwerdefrei, 5 gaben eine deutliche, 3 gaben eine leichte, 1 Patient gab keine Besserung an. Er wollte sich auf eigenen Wunsch dann einer Operation (Varisierungsosteotomie) unterziehen (Tabelle 7).

Bei den „Kniepatienten" wurde von den 35 behandelten und dokumentierten Fällen von 30 eine Beschwerdefreiheit angegeben, eine deutliche Besserung gaben 2 an, keine Besserung 1 Patient. Nicht gebessert verließen 2 Patienten die Behandlung. Sie unterzogen sich mittlerweile einer Operation (mediale Meniskusentfernung) (Tabelle 8).

Tabelle 7. Ergebnisse der Extensionsbehandlung der „Hüftpatienten" (n = 29)

Beschwerdefrei	20
Deutlich gebessert	5
Etwas gebessert	3
Nicht gebessert (OP-Indikation)	1

Tabelle 8. Ergebnisse der Extensionsbehandlung der „Kniepatienten" (n = 35)

Beschwerdefrei	30
Deutlich gebessert	2
Etwas gebessert	1
Nicht gebessert (OP mittlerweile durchgeführt)	2

Diskussion

Publikationen über die Extensionsbehandlung der Wirbelsäule sind relativ häufig, wohingegen nach Bernau [2] Berichte über Erfahrungen der Hüftgelenkextension doch relativ selten sind.

Insbesondere sind auch die Literaturangaben über mögliche Wirkmechanismen der Hüftgelenkextension bzw. der des Kniegelenkes oft nur von empirischen Erfahrungen geleitet, die Angaben über die wirklichen Wirkmechanismen sind meist Denkmodelle, die zwar verständlich erscheinen, jedoch meist naturwissenschaftlich nicht exakt belegt sind.

Trotzdem konnten namhafte Autoren, beispielsweise Bernau [2], mit einer Extensionstherapie beim eigenen Krankengut durchaus beachtenswerte Erfolge erzielen.

Unsere Erfahrungen mit der vorgestellten Extensionstherapie sind bei Hüft- und Kniegelenken relativ begrenzt, da mit diesem vorgestellten Behandlungskonzept auch andere konkurrieren, beispielsweise intraartikuläre Spritzen, Elektrotherapie, Spezialsalbenverbände u. a., die oft dann auch beim niedergelassenen Arzt durchgeführt werden.

In der vorgestellten Kasuistik sind in der Regel Patienten erfaßt, bei denen eine anfängliche konservative Therapie durchaus sinnvoll erschien und sich bei Einzelfällen erst im Laufe der Therapie – vor allen Dingen bei Therapieresistenz – der Wille des Patienten zur Operation „herausschälte". Die Erstuntersuchung erfolgte in unserer Poliklinik oder bei Allgemeinärzten.

Vor allen Dingen muskuläre Beschwerden im Bereich der Hüfte, die aufgrund einer Fehlstellung (Coxa vara, Coxa valga), einer Hüftdysplasie bzw. aufgrund einer leichten Coxarthrose zustandekommen, scheinen unter Extensionstherapie gut anzusprechen, aber auch bei Meniskopathien, insbesondere dann, wenn kein wesentlicher Achsenfehler im Bereich der unteren Extremität vorliegt. Natürlich kann nicht erwartet werden, daß alle behandelten Patienten beschwerdefrei wurden. In vielen Fällen war doch schon eine gewisse Vorschädigung der zu behandelnden Hüfte bzw. des zu behandelnden Kniegelenkes gegeben, so daß sich daraus sicherlich im Laufe der Jahre bei weiterer konservativer Therapieresistenz eine Operationsindikation ergibt.

Unsere Erfahrungen beruhen vorwiegend auf empirisch-klinischer Basis. Unsererseits kann jedoch gesagt werden [6], daß durch eine Extensionsbehandlung nach Abschluß derselben sich im EMG eine deutliche Relaxation der extendierten Muskulatur nachweisen läßt. Daraus kann zumindest am Hüftgelenk ein Teil der Beschwerdebesserung erklärt werden.

Zusammenfassend kann gesagt werden, daß die vorgestellte Therapiemethode sicherlich eine Bereicherung der konservativen orthopädischen Behandlungspalette darstellt, das vorgestellte Gerät wegen seiner Handhabung und leichten Transportierbarkeit auch beispielsweise auf Sportfesten u. a. eingesetzt werden kann.

Literatur

1. Baumgartner H (1978) Die Bedeutung von Massage-Extension und manueller Therapie in der orthopädischen Praxis. Orthopäde 7: 221–230
2. Bernau A (1985) Intermittierende Traktion des Hüftgelenkes bei Coxarthrose. Orthop Prax 21: 633–637
3. Bertram AM (1984) Physiotherapeutische Maßnahmen zur Schmerzbekämpfung am Bewegungsapparat. Orthopäde 13: 226–235
4. Hess H. Mehrzwecktherapiegerät zur Extensionsbehandlung (Firmenprospekt). o.J.
5. Mittelmeier H, Feuerstake G (1981) Ein neues Gerät zur vertikalen Patientenextension. MOT 101: 183–184
6. Schmitt O (1987) Elektromyographische Untersuchungen bei inverser vertikaler Extension (im Druck)
7. Schwarz B, Feuerstake G (1987) Indikation zur Extensionsbehandlung der Wirbelsäule. Orthop Prax (im Druck)
8. Schwarz B, Heisel J, Feuerstake G (1986) Einsatzmöglichkeiten von vertikaler und invers vertikaler Extension beim Sportler. Deutscher Sportärztekongreß, Kiel 1986
9. Schwarz B, Heisel J, Feuerstake G (1987) Primärbehandlungsergebnisse von nachgewiesenen Bandscheibenvorfällen durch invers-vertikale Extension. MMW 129: 134–135
10. Schwarz B, Steyns H, Feuerstake G (1986) Inverse Extension bei Lumbalgien. Z Allgemeinmed 62: 930–932

Diagnostik und Therapie der sogenannten Beschäftigungsneuritiden

W. Steinbrecher

Als nicht nur ästhetisch ansprechendes, sondern auch vielsagendes Symbol von Sport und Schmerz wurde der olympische Speerwerfer gewählt und dem Programm vorangestellt. Wir werden ihn im Verlaufe meines Beitrages noch mehrfach vor das geistige Auge stellen, um uns die Vielfalt der Möglichkeiten mechanischer Reizung von peripheren Nerven gerade bei schlanken, sportlichen, jungen Menschen klarzumachen.

Der Terminus „Beschäftigungsneuritis" hat eigentlich nur noch historische Bedeutung. Dennoch hat er sich bis heute im klinisch-neurologischen Sprachgebrauch erhalten, obwohl natürlich längst bekannt ist, daß es sich bei den damit bezeichneten Störungen peripherer Nerven nicht um Entzündungen (auf die ja die Endung „-itis" an sich hinweist) handelt, sondern um rein mechanische Schäden durch Druck, Zerrung, Dehnung, Quetschung, und zwar ganz überwiegend solche chronisch-rezidivierender Einwirkung.

Der Zusammenhang mit einer bestimmten „Beschäftigung" besteht zweifellos, doch nennt man solche häufig wiederkehrende Beschäftigung heute besser „Tätigkeit", vor allem, wenn sie professionell betrieben wird, während der Begriff des Sich-Beschäftigens heute eher auf Freizeitaktivitäten mehr spielerischer Art Anwendung zu finden pflegt. So daß letztlich die Bezeichnung „Tätigkeitsneuropathie" der Sache, die hier beschrieben werden soll, gerechter würde. Eine Wortwahl hinwiederum, die den entscheidenden Nachteil hätte, daß man unverstanden bliebe, weil man diesen Begriff in der deutschen neurologischen Diagnosenklassifikation vergeblich suchte. Wir wollen uns aber nicht im letztlich doch unergiebigen Definitorisch-Terminologischen verlieren, sondern bei der altehrwürdigen Bezeichnung Beschäftigungsneuritis bleiben, nachdem wir die Schiefheiten, die der Terminus in sich birgt, beim Namen nannten. Ist das primum movens die Tätigkeit, so wird man als secundum comparationis die bestimmte Topographie eines Nervenverlaufs für die Gesamtpathogenese der schließlich eintretenden Läsion zu nennen haben. Beides muß zusammenkommen. Meist sind es superfiziale und dadurch für mechanische Einflüsse besonders exponierte Teilstücke peripherer Nerven, in anderen, selteneren Fällen Engpässe in Muskel-, Sehnen- oder Knochenlogen, die im Zusammenwirken mit bestimmten stereotypen Druck-, Dehnungs- oder Zerrungseinflüssen die Ursache für die Funktionseinbuße abgeben.

Dieses Zusammenwirken einer besonders ungünstigen Topographie individueller oder auch genereller Art mit immer wiederkehrenden Positionen und Motilitäten im Sinne von Tätigkeiten, seien diese nun beruflicher oder sportlicher Art, oder ggf. auch kombiniert professionell-sportiver Natur, macht die wesentlichen

Merkmale der Ätiologie der hier gemeinten Krankheitsgruppe aus. Dabei sehen wir ab von jenen familiär gehäuft auftretenden Drucklähmungen, bei denen evtl. schon ein 10minütiges Übereinanderschlagen der Beine beim scheinbar bequemen Sitz im Fauteuil infolge einer hereditär verankerten pathologischen Druckvulnerabilität eine irreversible Fußheberparese durch irreparable Leitungsunterbrechung im N. peronaeus resultiert. Tönnis jr. und Mitarb. haben solche Fälle aus dem reichhaltigen Krankengut des Oskar-Helene-Heims in Berlin-Dahlem in den 60er Jahren mitgeteilt. Vielmehr ist bei ganz normaler Druckempfindlichkeit peripherer Nerven immer dann die Möglichkeit zu mehr oder weniger schweren mechanischen Nervenleitungsschäden gegeben, wenn die genannten Tätigkeits- und Topographiefaktoren zusammentreffen – und nur damit wollen wir uns beschäftigen. Schon um die Jahrhundertwende und in den ersten zwei Dezennien des 20. Jahrhunderts sind „Beschäftigungsneuritiden" wie die der Rübenzieherneuritis beschrieben worden. Ich könnte mir denken, daß so mancher junge Mensch sich heute nichts unter der Tätigkeit eines Rübenziehers vorstellen kann. Letztlich kommt es auch gar nicht so sehr auf das Rübenziehen an, bei dem es sich um die Vereinzelung der in Reihen gesäten und nach Monaten zu ganzen Pflanzenbüscheln herangewachsenen Formationen handelt, sondern auf das dabei notwendige (jedenfalls früher notwendige) ständige stundenlange Hocken, bei dem der am Fibulaköpfchen lateral und unmittelbar subkutan verlaufende N. fibularis (den wir Kliniker trotz aller Reform der Anatomietermini noch immer gern N. peronaeus nennen, und zwar in diesem Fall den N. peronaeus superficialis) zum einen überdehnt, zum anderen gedrückt und gescheuert wird.

Klar, daß auch nach Beendigung der Rübenzieherära (durch maschinelle Vereinzelung) weiterhin Möglichkeiten solcher Läsionen vorhanden waren und wohl auch in Zukunft gegeben sein werden. Wir selbst haben das Syndrom bei professionellen Krakowiaktänzern ebenso gesehen, wie bei murmelspiel-besessenen Kindern und bei allzu ausgiebig geübtem „Entengang", einer anscheinend unausrottbaren Rekrutenübung, bei der unter extremer Hüft- und Kniegelenkbeugung entenhaft gewatschelt wird, offenbar, um dem gedachten Gegner das Zielen auf den um gut 50 cm geschrumpften Musketier zu erschweren. Ähnliche Beanspruchung finden wir auch beim Rugbyknie.

„Das Fräulein vom Amt" gibt es nicht mehr – oder nur noch in einigen dünn besiedelten Regionen –, allenthalben hat ja die automatische elektronisch gesteuerte Vermittlung Einzug gehalten. Sehen wir als Neurologen deshalb nicht mehr die sog. Telefonistenlähmung, die ja nichts weiter ist, als eine chronische Druckschädigung des N. ulnaris im Bereich des allbekannten „Musikantenknöchels"? Bewahre! Denn es blieben genug und bildeten sich neue Tätigkeiten aus, bei denen ein Dauerdruck auf eben jene exponierte Stelle des N. ulnaris an der Ellbogenspitze ausgeübt werden kann und wird. Schon eine Fahrt von München nach Hamburg im PKW mit lässig aufgelegtem linken Ellbogen auf schlecht gepolsterter Innentürleiste genügte in manchen Fällen. Der Taxi- oder LKW-Fahrer wird sich entsprechend zu schützen haben. Auch Dauertelefonate mit unzweckmäßig häufigem immobilen und längerdauernden Ellbogenaufstützen können die Telefonistenlähmung bewirken, man muß nicht einmal das Fräulein vom Amt sein. Am häufigsten aber sehen wir sog. arthrogene Ulnarisspätschäden nach oft Jahre zurückliegenden Frakturen oder Verrenkungen des Ellbogengelenkes sowie Ulnarisbeteiligung beim sog. Tennisarm. Auf eine besondere Form der Ulnarisdruckläsion haben unlängst Wainapel et al. von der Boston Medical School hingewiesen: es handelt sich um heterotope Verknöcherungen des Ellbogens nach Schädelverletzungen mit nachfolgender ulnarer Neuropathie, die sich einige Monate nach dem SHT entwickelt hatte. Die Elektrodiagnostik bestätigte das Vorliegen einer schweren Ulnarnervendruckläsion, die durch operative Transposition des Nerven beseitigt werden konnte.

Die Rucksacklähmung, vor Jahrzehnten noch eine Art von Berufskrankheit der Bergführer, wenn sie jahrelang schwere Lasten an schmalen Riemen bei ihren Führungen zu Berge trugen, sind erheblich zurückgegangen, seitdem man diesen Zusammenhang erkannt und die modernen Rucksäcke mit weitaus bequemeren, weil breiteren und besser gepolsterten Trageriemen ausgestattet hat. Doch sind alte Gebräuche nicht so leicht auszurotten und so ein echt guter vom Dorfsattler handgefertigter Rucksack hält seine 100 Jahre. So hat mir erst kürzlich ein als Landarzt in Oberbayern praktizierender alter Schulfreund einen typischen Fall einer so zustandegekommenen Rucksacklähmung überwiesen. Sie ist durch eine chronische progrediente und deshalb nicht sofort erkennbare N.-axillaris-Läsion und dadurch bedingte M.-deltoideus-Lähmung gekennzeichnet. Sensibel findet sich lediglich ein handtellergroßer hypästhetischer Bezirk an der Außenseite des Oberarms, der wegen seiner örtlichen Übereinstimmung mit der Anbringung des Krim-Kämpfer-Ordens des 2. Weltkrieges manchem Kriegsteilnehmer noch als Krimschild-Taubheit bekannt ist. Man muß in der Untersuchung danach fahnden, weil diese Region selten spontan als hypästhetisch empfunden wird und wegen Überlappung der Versorgungsbereiche selten eine Anästhesie entsteht.

Eine weitaus größere Bedeutung haben heutzutage jene Nervenwurzeldruckerscheinungen bekommen, deren Ursache erst seit der Mitte der 40er Jahre bekannt ist – heute jedem unter der Rubrik Bandscheibenschäden geläufig. Sie haben mit den Beschäftigungsneuritiden gemein, daß sie wie diese durch mechanischen Druck auf periphere Nervensubstanz, die Nervenwurzeln nämlich, entstehen, und daß bestimmte stereotype Tätigkeiten sicher zumindest eine auslösende, wenn auch nicht die entscheidende Rolle wie bei jenen spielen. Sie unterscheiden sich eindeutig von der Beschäftigungsneuritis dadurch, daß der Druck quasi nicht von außen, sondern durch körpereigenes, allerdings degenerativ entartetes Gewebe, den Kern des Bandscheibengewebes, ausgeübt wird, so daß sie trotz ihrer enormen Häufigkeit hier zunächst nur kurz Erwähnung finden sollen. Daß bestimmte Sportarten den Bandscheibenverschleiß fördern, ich denke hier vor allem an die noch sehr jungen weiblichen Geräte- und Bodenturnerinnen, steht wohl außer Zweifel.

Das Karpaltunnelsyndrom (KTS) hieß früher die Kartoffelschälerkrankheit. Aber obwohl so gut wie alle Großküchen ihre Erdäpfel maschinell von der unerwünschten, wenn auch besonders vitaminreichen Schale befreien lassen, sehen wir es heute eher häufiger als früher. Geblieben ist das deutliche Überwiegen des weiblichen Geschlechtes. Da sich dies aber trotz der vollzogenen Gleichberechtigung der Geschlechter, der Emanzipation der Frau und des damit verbundenen Ausbruchs aus der Enge der drei „K", also auch aus der Küche als Daueraufenthalt feststellen läßt und niemand mehr behaupten wird, das Schälen riesiger Kartoffelberge sei eine typische weibliche Tätigkeit, müssen wir uns die Verhältniszahl von 70:30% weiblich zu männlich beim KTS anders deuten. Wahrscheinlich müssen wir von einer zu hohen Bewertung der mechanischen Komponente Abschied nehmen, wenngleich sie in Einzelfällen schon eine belangvolle Rolle spielen kann. Immerhin habe ich bei 60% unserer eigenen KTS-Patienten mehr als durchschnittliche Beanspruchung der befallenen Hand durch häufigen und besonders festen Faustschluß, z. B. durch Squash, Tennis oder Rudern, nachgewiesen. Auch kann eine Fraktur des Os scaphoideum noch jahrelang später das Medianus-Spätsyndrom im Sinne des KTS hervorrufen. Schon daraus erhellt, wie wichtig in allen solchen Fällen unklarer peripherer Nervenläsionen eine sorgfältige Anamnese, weit genug zurückreichend, ist. Es werden aber auch endokrine Störungen angeschuldigt, wie Schwangerschaft und Wochenbett (die wiederum das Überwiegen des weiblichen Geschlechtes beim KTS erklären könnten), aber auch Hypothyreose, Gicht, rheumatoide Arthritis, Krankheiten also, die beide Geschlechter gleich häufig befallen. Und gelegentlich sind - analog der arthrogenen Ulnarisspätschädigung nach Ellenbogenverletzungen - die Entstehungen von KTS monate- bis jahrelang nach Radius- oder Handgelenkfrakturen oder -luxationen beschrieben worden. Sowohl die genannten Stoffwechselanomalien als auch diese mechanischen Traumafaktoren sind es offenbar, die maßgeblich an dem häufigen Befund einer Verdickung des Lig. carpi transversum mit Druckausübung auf den N. medianus beteiligt sind. Die therapeutischen Konsequenzen liegen buchstäblich auf der Hand.

Beim medialen Tarsaltunnelsyndrom dagegen ist die Hauptpathogenese in der Kompression des N. tibialis oder einer seiner Äste durch chronische Überbeanspruchung am Lig. laciniatum oberhalb des Malleolus internus zu sehen, am häufigsten in Verbindung mit chronischen Fußdeformitäten.

Ähnliches gilt für häufige Dehnung des N. femoralis in der Leistenlakune, ein Vorgang, der auch fürs Hürdenlaufen Bedeutung haben kann und im Zweifelsfalle beim Entwickeln einer individuellen Technik Beachtung zu finden hat. Leichte Schäden dieser Art kündigen sich oft durch das Syndrom von Bernhard-Roth, der Parästhesie im Bereich des N. cutaneus femoris lateralis oder anterior an, nach denen ggf. zu fahnden ist.

Machen wir uns aber nach dieser kurzen Übersicht über einige besonders häufige und gut bekannte periphere Nervendrucksymptome mit den Funktionen des peripheren Nerven vertraut, die durch solche Leitungsbeeinträchtigung ganz oder teilweise gestört werden. Periphere Nerven sind gemischte Nerven. Das heißt, sie üben im wesentlichen drei verschiedene Funktionen aus: 1. motorische Impulse zum Skelettmuskel; 2. sensible Impulse von der Haut und den Unterhautzellbereichen, aber auch aus periostalen Zonen zu den zentralnervösen Bahnen des Rückenmarks, wozu auch bestimmte Formen der Schmerzreizübermittlung gehören; 3. vegetative Ernährungsimpulse und sensorische vegetative zentripetale Impulse, zu denen wiederum bestimmte Formen der Organschmerzleitung gehören.

Aus diesen physiologischen Funktionsaufgaben ergeben sich logischerweise die Störungen und Ausfälle durch chronische (aber auch akute) mechanische Einwirkungen der mehrfach genannten Art: a) motorische Paresen mit und ohne Muskelatrophie (deren Eintritt einmal von der Dauer des Bestehens einer mechanischen Leitungsbehinderung, zum anderen natürlich von deren Intensität abhängt); b) quantitative sensible Störungen in dem entsprechenden Versorgungsbereich von der Hyp- bis zur Anästhesie, qualitative Empfindungsveränderungen, die seltener bei Spinalnervenstörungen, häufiger bei stärkerer Beteiligung vegetativer Nervenfasern in Erscheinung treten und dann auch als Kausalgien und nutritive Veränderungen vom Typ des sog. Weichteil-Sudeck oder des „echten" Knochen-Sudeck mit röntgenologisch nachweisbaren Entkalkungszeichen des Knochengebälks auftreten.

Schließlich sind natürlich in schweren und schwersten Fällen Kombinationen vieler oder gar alles dieser Funktionsausfälle möglich, so daß z. B. im Falle einer oberen oder unteren kompletten Armplexusläsion der betreffende Arm sowohl paralytisch als auch anästhetisch, dennoch aber hochgradig schmerzhaft, z. B. kausalgisch brennend und hyperpathisch sein kann, ferner bis zur Skelettierung atrophisch.

Im übrigen gehören auffallenderweise Schmerzen nicht zu den führenden Symptomen einer Beschäftigungsneuritis oder jedenfalls doch nur in bestimmten Phasen, nämlich ganz zu Beginn (in mäßigem Grade) und dann wieder in kausalgischvegetativer Form in ganz fortgeschrittenen Schädigungsgraden. Bezüglich der Schmerzentwicklung ist es auch nicht gleichgültig, welcher Nerv befallen ist. Je mehr vegetative Fasern einem peripheren Spinalnerven beigemischt sind, desto stärker wird die Schmerzkomponente (meist dann vom „burning type") sein, etwa beim N. medianus mit der bekannten Paraesthesia nocturna.

In allen Fällen, die Zweifel am Stellenwert des neurogenen Faktors bei der Pathogenese eines chronischen Syndroms des Typs „Beschäftigungsneuritis" aufkommen lassen, sei ausdrücklich dem Einsatz elektromyographischer und bei der Verfolgung von regenerativen oder degenerativen Verläufen auch der Anwendung neurographischer Methoden, d. h. Messung der Nervenleitgeschwindigkeit und der Latenz, das Wort geredet.

Die *Therapie* kann in drei Hauptgruppen aufgeteilt werden:

a) medikamentöse Maßnahmen, peroral oder parenteral verabfolgt;
b) Physiotherapie, einschließlich Elektrotherapie, Bäder, Krankengymnastik, Massagen, Packungen und dergl.;
c) operative Maßnahmen.

Es wird verständlich sein, wenn es mir schon aus Zeitgründen unmöglich ist, für jeden Einzelfall hier ein bestimmtes Behandlungsmuster als therapia magna zu postulieren. Auch aus sachlichen Gründen ist dies unmöglich. Man wird tatsächlich in jedem Einzelfall und in jeder Phase des Einzelfallverlaufes immer wieder neu die Frage nach der optimalen Behandlung zu stellen und zu beantworten haben. Dazu abschließend nur einige Streiflichter aus der eigenen klinischen Erfahrung der letzten Jahre:

Während wir bezüglich medikamentöser Behandlung jahrzehntelang allein auf Vitamin-B-Präparate setzten, von deren tatsächlicher Wirksamkeit wir immer weniger überzeugt waren, so daß es schließlich schwer wurde, sie noch als kassenüblich „durchzubringen", hat sich die α-Liponsäure in der Form der Thioctsäure (Thioctacid) zumindest in noch nicht zur Axonotmesis oder gar Neurotmesis geführt habenden Entwicklungsstadien der mechanischen Leitungsbeeinträchtigung recht gut bewährt. Gegen kausalgische und nutritive Störungen wirkt in vielen Fällen intravenös appliziertes Causat, eine Mischung von Procain, Phenobarbital, Atropin und Nikotinsäure. Haben sich bereits Atrophien der Skelettmuskeln eingestellt, unterstützen wir die notwendige Physiotherapie durch häufigere intravenöse Biocarninjektionen. Es handelt sich um die linksdrehende Aminosäure Carnitin, ein für den Muskelstoffwechsel und Fibrillenaufbau unerläßlicher Baustein. Das Präparat hat nur den einen Nachteil, recht teuer zu sein. Mit Analgetika herkömmlicher Provenienz sind wir im Falle aller Beschäftigungsneuritiden grundsätzlich sehr zurückhaltend. Der Schmerz beruht ja sehr häufig auf der erst sekundär eintretenden unphysiologischen Muskelhartspannentwicklung und spricht schon deshalb besser auf Muskelrelaxanzien vom Typ des Diazepams, wie z. B. Muskeltrancopal, an.

Klar zu diagnostizierende und mit typischer Ligamentverdickung einhergehende Karpaltunnelsyndrome lassen wir grundsätzlich vom Neurochirurgen operieren. Die Patienten sind sofort anschließend ihre Schmerzen los. Cave: differentialdiagnostische Unklarheit gegenüber einem zervikalen C7-8-Syndrom, bei dem der Eingriff natürlich erfolglos bliebe. Sorgfältige vorherige elektromyographische Untersuchungen, insbesondere antidrome Reizung der sensiblen Medianusäste, schützen vor solchem folgenschweren Irrtum.

Freizügig lassen wir den Neurochirurgen auch dann wirken, wenn es darum geht, einem fortdauernden knöchernen Druck auf den Ulnarnerven durch Transposition ein Ende zu bereiten. Im Falle bereits eingetretener Neurotmesis mit elektrographisch nachweisbarer vollständiger Leitungsunterbrechung wird auch eine Exzision mit nachfolgendem möglichst homologen Transplantat indiziert sein, wozu sich insbesondere der N. suralis eignet. Die funktionellen Heilchancen liegen in solchen Fällen bei ca. 50:50, ohne Operation sind sie gleich Null.

Moderne elektrische Schmerzbehandlung

J.-U. Krainick und U. Thoden

Historische Entwicklung

Die moderne elektrische Schmerzbehandlung ist ein Ergebnis neurophysiologischer Forschung. Melzack u. Wall publizierten 1965 ihre „Gate Control Theory" des Schmerzes [18]. Diese Theorie weist dem Hinterhorn des Rückenmarks in der Modulation sensibler Übertragung eine entscheidende Rolle zu. Der Kern der Theorie sagt, daß Aktivität in den dicken, myelinisierten A-δ-Fasern, die Berührung und Vibration übermitteln, die Weiterleitung der Signale in den dünnen, nichtmyelinisierten C-Fasern, die Schmerz übermitteln, hemmt. Manche Aspekte dieser Theorie wurden später modifiziert oder widerlegt [34, 36], aber ungeachtet dessen, wurde diese Theorie zum Schlüssel für ein neues Verständnis des Schmerzes sowohl klinisch, elektrophysiologisch als auch psychologisch.

Diese moderne Theorie hat einen historischen Vorgänger schon in der sokratischen Ära. Auch auf ägyptischen Reliefs finden wir Darstellungen von Torpedofischen, die wahrscheinlich in der elektrischen Schmerzbehandlung angewandt wurden. Die erste schriftliche Überlieferung stammt von Scribonius Largus 47 n. Chr. [22], der den Torpedofisch bei Kopfschmerzen und Arthritis empfiehlt. Durch das gesamte Mittelalter ziehen sich Empfehlungen zur Anwendung elektrischer Fische bei verschiedenen schmerzhaften Krankheiten. Mit der Entwicklung von elektrostatischen Generatoren wurde die Applikation elektrischen Stromes einfacher und weiter verbreitet. Um die Jahrhundertwende, mit Entdeckung analgetischer Pharmaka, geriet die elektrische Schmerzbehandlung mehr und mehr in Vergessenheit. Die Publikation der „Gate Control Theory" und gleichzeitig der Bau kleiner batteriebetriebener transistorisierter Reizgeräte brachte die alte Methode wieder zum Leben. 1967 berichteten Wall u. Sweet [33] die erste Schmerzlinderung durch elektrische Stimulation peripherer Nerven am Menschen. Shealy et al. [24] implantierten die erste Elektrode via Laminektomie an das Rückenmark, ebenfalls 1967. Aus dieser Zeit stammen auch die ersten TENS-Geräte (=transkutane elektrische Nervenstimulation), die Abfallprodukt der Rückenmarkreizung waren. Es wurde damals empfohlen, vor Implantation eines Rückenmarkreizsystems, welches dem Träger kribbelartige Sensationen vermittelt, diese Sensationen vorher als Test zu applizieren. Dies geschah mit auf die Haut gelegten Elektroden. Bald stellte man jedoch fest, daß alleine schon diese Stromapplikation, richtig plaziert, akuten und chronischen Schmerz mindern kann. Die Weiterentwicklung und gleichsam aufsteigende Entwicklung in der elektrischen Schmerzbehandlung endete in der Implantation von Elektroden in tiefe Hirnstrukturen [1]. Allen diesen Techniken ist gemein, daß ein beim Menschen eingebauter neurophysiologischer Kontrollmechanismus benutzt wird, um physiologisch Schmerz zu mindern.

Methoden und Techniken

Man geht davon aus, daß das Wechselspiel zwischen C-Fasern und A-δ-Fasern im Hinterhorn des Rückenmarks segmental stattfindet. So sollte auch die Reizung der schnelleitenden Afferenzen in dem Segment erfolgen, in welchem auch der Schmerz lokalisiert wird. Im Gegensatz hierzu stehen andere Methoden der „counter irritation", die polysegmental ansetzen und wesentlich höhere Intensitäten benötigen oder die Akupunktur, welche extrasegmental mit schmerzhaften Stimuli wirkt.

Die modernen TENS-Geräte sind heute kleine batteriegetriebene Reizgeräte mit verschiedenartigen Impulsformen, die bei manchen Geräten auch variiert werden können. Die Intensität von 0-50 mA wird vom Patienten so gesteuert, daß die Reize gut spürbar, aber nicht schmerzhaft sind. Die Frequenz rangiert von 1-100 Hz wobei Frequenzen von 85 am wirksamsten sind. Die Impulsbreite reicht von 0,1-0,5 ms. Der ideale Stimulator sollte klein aber nicht zu klein sein, so daß er auch von älteren Leuten noch gut bedient werden kann. Er sollte möglichst über mehr als 1 Elektrodenpaar und wieder aufladbare Batterien verfügen. Die heute gebräuchlichsten Elektroden sind gummierte Graphitelektroden, die flexibel sind und sich den Körperkonturen anpassen. Nachteil ist, daß sie mit einem Pflaster oder ähnlichem fixiert werden müssen, was gelegentlich zu allergischen Reaktionen führt. Auch selbsthaftende Elektroden sind auf dem Markt, jedoch erheblich teurer. Die Größe der Elektroden (ca. 5 auf 3 cm), kann den Erfordernissen angepaßt werden. So empfiehlt es sich z. B. bei Gesichtsschmerzen die Elektroden zu verkleinern, wobei 4 cm^2 nicht unterschritten werden sollten, um Hautschäden durch allzu hohe Stromdichte zu vermeiden. Die Impedanz zwischen Elektrode und Haut wird durch ein Elektrolytgel reduziert. Die Dauer der Stimulation variiert von Patient zu Patient, manche benötigen eine ununterbrochene Stimulation, andere nur für kurze Dauer. Manche Patienten berichten eine analgetische Wirkung nur unter der Stimulation, während andere auch nach der Stimulation noch lange Zeit schmerzfrei sind.

Die einzige absolute Kontraindikation für die Anwendung von TENS besteht bei Patienten mit Demand-Herzschrittmachern oder anderen implantierten elektrischen Geräten, deren elektrisches Feld durch den Stimulator gestört werden kann.

Die elektrische Reizung des Rückenmarks (spinal cord stimulation = SCS)

Die Geräte zur Reizung des Rückenmarks bestehen aus 2 Teilen: ein interner Teil mit Elektrode und Empfänger und ein externer Teil mit Transmitter und Antenne. Energie und Reizparameter werden induktiv auf das unter der Haut liegende System übertragen. Auch bei diesen Geräten kann der Patient Intensität und Frequenz selbst einstellen, wieder mit dem Ziel, einen gut spürbaren und nicht schmerzhaften Reiz in den vom Schmerz betroffenen Körperpartien zu empfinden. Anfänglich wurden uni- oder bipolare Elektroden implantiert, heute bevorzugen wir 4polige Elektroden, die verschieden kombiniert werden können, so daß insgesamt 12 sinnvolle Möglichkeiten bestehen. Diese Änderung der Kombination kann durch die Haut, auch bei definitiv implantiertem System, erfolgen. Daneben wurden auch voll implantierbare Systeme entwickelt, also mit unter der Haut liegender Energiequelle, die durch einen Magneten an- und abgeschaltet werden können und sich bei älteren Menschen oder manuell Behinderten anbieten.

Die ersten Implantationen erforderten eine Laminektomie mit Eröffnen der Dura und Plazieren der Elektrode auf das Rückenmark. Die Elektrode wurde innen an der Dura befestigt. Häufig resultierten hieraus Liquorfisteln, mechanische Irritationen der hinteren Wurzeln und arachnitische Reaktionen. So haben wir zusammen mit Burton 1975 [2, 11] vorgeschlagen, die Elektroden in 2 Schichten der Dura zu fixieren, ohne Eröffnen des Liquorraumes.

Die ersten Erfahrungen zeigten, daß manche Patienten die applizierten Parästhesien als unangenehmer empfanden als den Schmerz, so daß eine präoperative Testung notwendig wurde. Diese wurde in Lokalanästhesie durch direkte Punktion des Rückenmarkes oder über temporär in den Spinalraum eingeführte Elektroden erreicht. Trotzdem konnten die Erfolge nicht befriedigen, da häufig das oben erwähnte Ziel, nämlich Überlagerung von Schmerz und induzierten Reizparästhesien, nicht erreicht wurde. Da auch epidural liegende Elektroden effektiv waren, wurde die Technik der perkutanen Implantation entwickelt, die heute allgemein üblich ist:

Die Implantation von Rückenmarkreizelektroden muß unter hoch sterilen Bedingungen stattfinden, da sie eine Fremdkörperimplantation ist. In Bauchlage wird eine Thouy-Kanüle unter Röntgenkontrolle in den Epiduralraum punktiert. Durch diese Kanüle wird eine 4polige Elektrode nach kranial vorgeschoben. Der Weg von der Haut bis zum Epiduralraum sollte möglichst kurz und der Weg im Epiduralraum möglichst lang sein, um Dislokationen der Elektrode zu vermeiden. Bei der intraoperativen Reizung sollten die induzierten Parästhesien möglichst im betroffenen schmerzenden Bereich empfunden werden. Gegebenenfalls muß die Lage der Elektrode mehrfach korrigiert werden. Nach Erreichen des genannten Zieles wird die Thouy-Nadel entfernt und nach einer Hautinzision die Elektrode an der Faszie der Rückenstrecker fixiert. Es erfolgt eine Untertunnelung mit seitlichem Herausleiten feiner Drähte, die mit der Elektrode verbunden sind. Der Implantation schließt sich eine ca. 10tägige Testung an, in der der Patient selbst entscheiden muß, ob diese Technik günstig auf seine Schmerzen wirkt. Danach wird in einem zweiten Schritt die Elektrode wieder freigelegt und mit einem Kabel, welches zum Empfänger führt, verbunden. Dieser wird in der Flanke in eine subkutane Tasche eingelegt. Hiernach ist der Patient in der Lage, das unter der Haut liegende System selbst induktiv anzusteuern.

Ein wesentlicher Vorteil dieser Technik gegenüber anderen schmerzchirurgischen Eingriffen besteht darin, daß das System ohne Schaden zu hinterlassen wieder entfernt werden kann, die Implantation selbst ist praktisch komplikationslos, die Methode ist augmentativ und nicht destruktiv.

Die Reizung peripherer Nerven mit implantierten Systemen (peripheral electrical nerve stimulation = PENS)

Die Technik folgt dem Prinzip der elektrischen Rückenmarkreizung. Auch hier bestehen die Geräte aus 2 Teilen, dem implantierten und dem extern getragenen. Auch hier verwenden wir 4polige Elektroden, wie sie für die Rückenmarkreizung in Gebrauch sind. Die Plazierung der Elektroden muß so erfolgen, daß die induzierten Reizparästhesien im schmerzenden Bereich empfunden werden.

Implantationen von Elektroden in tiefe Hirnstrukturen (deep brain stimulation = DBS)

Von Anbeginn der stereotaktischen Neurochirurgie Ende der 40iger Jahre wurden tiefe Hirnstrukturen elektrisch gereizt. Damals hatten diese Reizungen zum Ziel, die exakte Lokalisation der Ausschaltung zu sichern. Gleichzeitig konnten durch diese Reizungen grundlegende Erkenntnisse über die Neurophysiologie der Hirnstrukturen gewonnen werden. Die elektrische Stimulation mit implantierbaren Systemen zur Schmerzkontrolle in den frühen 70er Jahren war einerseits sehr erfolgreich, andererseits sehr enttäuschend. Seit den ersten Publikationen wurden Hunderte von Patienten mit Hirnelektroden versehen. Vielen Patienten mit chronischen, unstillbaren Schmerzen konnte exzellent geholfen werden, auch über längere Zeit. Es konnte jedoch keine standardisierte Technik entwickelt werden, die einen reproduzierbaren Erfolg bei definierten Schmerzsyndromen versprach. Manche Neurochirurgen haben überhaupt keine guten Resultate erzielt, andere wieder exzellente, wobei beide Gruppen ähnliche Methoden bei ähnlichen Patientengruppen benutzten [1, 7, 9, 17, 29].

Wie bei der Rückenmarkreizung und bei der Reizung peripherer Nerven mit implantierbaren Systemen ist auch die Reizung tiefer Hirnstrukturen eine „Two-step"-Methode, bei der zunächst mit Hilfe eines stereotaktischen Zielapparates eine Elektrode in das Gehirn eingeführt wird. Zielpunkte sind spezifische thalamische Kerne oder das periventrikuläre Grau. Die Kerne im Thalamus entsprechen den Endigungen der Hinterstrangbahnen und schließen sich an das Konzept der Rückenmarkreizung an, während die Zielpunkte im periventrikulären Grau mehr auf die Ausschüttung endogener Morphine spekulieren. Nach Plazieren der Elektrode wird der Patient über eine Testphase unterschiedlicher Dauer direkt gereizt und im positiven Fall ein Stimulator anschließend implantiert. Die Komplikationen und Probleme sind naturgemäß höher als bei Implantation am peripheren Nerven oder am Rückenmark. Vor allen Dingen weiß der Patient, daß dies die letzte Möglichkeit eines schmerzstillenden Eingriffs ist und daß bei negativem Ergebnis keine weitere mehr besteht. Hirnblutungen im Verlauf der Operation kommen vor, postoperative Krampfanfälle sind bei der notwendigen Läsion der Hirnrinde nicht auszuschließen.

Patientenselektion

Wie bei allen chirurgischen Eingriffen, die nicht unbedingt zur Lebenserhaltung sein müssen, ist die Patientenselektion von größter Bedeutung:

1) Konservative, weniger aufwendige Methoden sollten voll ausgeschöpft sein.
2) Der Leidensdruck des Patienten bzw. die Beeinträchtigung seiner Lebensqualität durch die Schmerzen sollte derart stark sein, daß ein solcher Eingriff gerechtfertigt ist.
3) Der Schmerz sollte im Vordergrund stehen, nicht Angst, Ärger oder Verlust von

Funktionen, d. h. der Patient muß darüber aufgeklärt sein, daß lediglich der Schmerz gemindert wird und andere Aspekte seines Leidens nicht geändert werden.
4) Schwere psychologische Probleme sollten vorher behandelt werden.
5) Bei Analgetikaabhängigen sollte ein Entzug vorher durchgeführt werden.

Nach Klärung der genannten Punkte führen wir präoperative Reizungen und anästhetische Blocks durch, beide mit dem Ziel eine adäquate Schmerzminderung zu erreichen. Dies gibt uns gleichzeitig Aufschluß über die richtige Lokalisation der Schmerzursache und gestattet eine Prognose für den geplanten Eingriff.

Ergebnisse

Mit der transkutanen elektrischen Nervenstimulation können beim akuten Schmerz, also postoperativem Wundschmerz, posttraumatischem Schmerz, günstige Ergebnisse bis zu 80% erzielt werden [23, 26, 31]. Beim chronischen Schmerz fallen die Frühergebnisse von 50-68% je nach Untersucher auf 12-30% nach ca. 2 Jahren ab [5, 6, 8, 10, 13, 16, 30].

Langzeitergebnisse von ca. 30% klingen prima vista recht dürftig. Es weiß jedoch jeder, der sich mit der Behandlung chronischer Schmerzpatienten beschäftigt, daß auch Ergebnisse von 20-30% mit einer solchen nichtinvasiven und risikofreien Methode durchaus beachtenswert sind.

Durch die Implantation von Elektroden um den peripheren Nerven lassen sich günstige Ergebnisse in ca. 60% erreichen, wie aus der Literatur über insgesamt 153 Patienten zu erfahren ist [4, 15, 20, 21, 32].

Die größten Erfahrungen und längsten Beobachtungen gibt es für die Reizung des Rückenmarkes. Eine Sammelstatistik aus mehreren europäischen und amerikanischen Zentren über insgesamt 726 Patienten ergab günstige Frühergebnisse in 56%, welche nach etwa 5 Jahren auf 34% abfielen [3, 12, 14, 19, 24, 27, 28, 35].

Die Ergebnisse der Implantation von Elektroden in tiefe Hirnstrukturen schwanken von 50-100%. Postamputationsschmerzen sollen günstig ansprechen, während Patienten mit thalamischem Schmerzsyndrom hiermit nicht geholfen werden kann. Offensichtlich erfordert die Methode ein intaktes Gehirn [7].

Indikationen

Die Anwendung von TENS ist indiziert bei lokalisierbarem und definierbarem Schmerz, wenn es gelingt, den schmerzenden Bereich mit den applizierten Reizparästhesien zu überdecken. Da die Methode praktisch ungefährlich ist, sollte sie als Einstieg in die elektrische Schmerzminderung versucht werden. Die elektrische Reizung des Rückenmarks zeigt gute Ergebnisse beim Postamputationsschmerz, wobei Phantom- und Stumpfschmerzen in gleicher Weise beeinflußt werden. Sie ist weiterhin indiziert bei epiduraler Fibrose nach Bandscheibenoperationen, bei kausalen nicht behandelbaren Schmerzen nach Verletzung großer Nerven, bei Algoneurodystrophien [13] und anderen Schmerzen, die mit verminderter Extremitätendurchblutung kombiniert sind [14], sowie mit Einschränkungen zur Beeinflussung spastischer Bewegungsstörungen [25].

Für die Reizung tiefer Hirnstrukturen bestehen in unserem Zentrum keine Indikationen. Bei Schmerzsyndromen, die auf Rückenmarkreizung nicht ansprechen, wie postherpetische Neuralgie, Schmerzen nach Querschnittläsion und Schmerzen nach Ausriß zervikaler Wurzeln führen wir die mikrochirurgische Koagulation der Eintrittszone der hinteren Wurzeln nach Nashold [19] durch.

Wirkungsmechanismen

Wie eingangs erwähnt, gibt es viele Theorien über den Wirkungsmechanismus der elektrischen Reizung. So kann z. B. die „counter irritation", also einfach die Applikation einer konkurrierenden Sensation, wirksam sein. Auch die Theorie der begrenzten Kanalkapazität, d. h. daß nur eine begrenzte Menge von Signalen pro Sekunde zum Gehirn gelangen und dort verarbeitet werden kann, mag als Erklärung dienen. Am wahrscheinlichsten ist jedoch ein Kontrollmechanismus im Sinne der ursprünglichen von Melzack u. Wall [18] publizierten Theorie, in der Weise, daß durch die Reizung absteigende Hemmungen aktiviert werden und nach zentral strebende Schmerzsignale stoppen. Sicher spielen auch körpereigene Morphine oder Enkephaline eine Rolle, deren Ausschüttung durch die Stimulation angeregt wird, wie durch Tierversuche und auch durch Untersuchung beim Menschen nachgewiesen werden konnte.

Kosten?

Abschließend noch ein Wort zu den Kosten, die durch die elektrische Schmerzbehandlung entstehen. Ein TENS-Gerät kostet ca. 1000,- DM, die Anwendung erfordert keinen stationären Aufenthalt, während die Implantation von Rückenmarkreizgeräten, Hirnstimulatoren und peripheren Nervenstimulatoren dies erfordern. Die Geräte selbst kosten ca. 10000,- DM. Es ergibt sich also bei einem Aufenthalt von ca. 20 Tagen eine Summe von 16000,- DM pro Patient. Es ist klar, daß dieser hohe Aufwand nur dann gerechtfertigt ist, wenn die Erfolgsquote so hoch wie möglich liegt. Wenn wir jedoch mit diesen Techniken erfolgreich sind, haben wir eine endlose kostenintensive und konservative Behandlung gestoppt.

Literatur

1. Adams JE, Hosobuchi Y, Fields HL (1974) Stimulation of internal capsule for relief of chronic pain. J Neurosurg 41: 740–744
2. Burton C (1975) Dorsal column stimulation: Optimization of application. Surg Neurol 4: 171–176
3. Burton C (1977) Safety and clinical efficacy of spinal cord stimulation. Neurosurg 1: 214–215
4. Campbell JN, Long DM (1976) Peripheral nerve stimulation in the treatment of intractable pain. J Neurosurg 45: 692–699
5. Cauthen JC, Renner EJ (1975) Transcutaneous and peripheral nerve stimulation for chronic pain states. Surg Neurol 4: 102–104
6. Davis R, Lentini R (1975) Transcutaneous nerve stimulation for treatment of pain in patients with spinal cord injury. Surg Neurol 4: 100–101
7. Dieckmann G, Krainick JU (1979) Pain relief by chronic mediothalamic stimulation in man.

In: Marguth F et al. (eds) Advances in Neurosurgery, Vol 7. Springer, Berlin Heidelberg New York, pp 172-179
8. Ebersold MJ, Laws ER jr, Stonnington HH, Stillwell G (1975) Transcutaneous electrical stimulation for treatment of chronic pain: A preliminary report. Surg Neurol 4: 96-99
9. Hosobuchi Y, Adams JE, Rutkin B (1973) Chronic thalamic stimulation for the control of facial anaesthesia dolorosa. Arch Neurol 29: 158-161
10. Klingler D, Kepplinger B (1981) Transkutane elektrische Nervenstimulation. Nervenarzt 52: 477-480
11. Krainick JU, Thoden U, Riechert T (1975) Spinal cord stimulation in postamputation pain. Surg Neurol 4: 167-170
12. Krainick JU, Thoden U, Riechert T (1980) Pain reduction in amputees by long-term spinal cord stimulation. J Neurosurg 52: 346-350
13. Krainick JU, Biehl G, Fischer D, Loew F (1980) Die Behandlung des Sudeck-Syndroms durch Neurostimulation. Dtsch Med Wochenschr 105: 1637-1638
14. Krainick JU, Thoden U (1984) Dorsal column stimulation. In: Wall PD, Melzack R (eds) Textbook of pain. Livingstone, Edinburgh, pp 701-705
15. Law JD, Swett J, Kirsch WM (1980) Retrospective analysis of 22 patients with chronic pain treated by peripheral nerve stimulation. J Neurosurg 52: 482-485
16. Loeser JD, Black RG, Christman A (1975) Relief of pain by transcutaneous stimulation. J Neurosurg 42: 308-314
17. Long DM, Hagfors N (1975) Electrical stimulation in the nervous system: The current status of electrical stimulation of the nervous system for relief of pain. Pain 1: 109-123
18. Melzack R, Wall PD (1965) Pain mechanisme: A new theory. Science 150: 971-979
19. Nashold BS (1975) Dorsal column stimulation for control of pain: A three-year follow-up. Surg Neurol 4: 146-147
20. Nashold BS jr, Goldner JL, Mullen JB, Brigt DS (1982) Long-term pain control by direct peripheral nerve stimulation. J Bone Joint Surg [Am] 64: 1-10
21. Picaza JA, Cannon BW, Hunter SE (1975) Pain suppression by peripheral nerve stimulation. Part II. Observations with implanted devices. Surg Neurol 4: 115-126
22. Scribonius Largus: De compositione medicamentorum liber CLXII
23. Shealy CN (1979) Management of acute pain in trauma. Compr Ther 5: 8-15
24. Shealy CN, Mortimer JT, Hagfors NR (1970) Dorsal column electroanalgesie. J Neurosurg 32: 344-347
25. Siegfried J, Krainick JU, Haas H, Adorjani C, Meyer M, Thoden U (1978) Electrical spinal cord stimulation for spastic movement disorders. Appl Neurophysiol 41: 134-141
26. Strassburg HM, Krainick JU, Thoden U (1977) Influence of transcutaneous nerve stimulation (TNS) on acute pain. J Neurol 217: 1-10
27. Sweet WH, Wepsic JG (1975) Stimulation of the posterior columns of the spinal cord for pain control. Indications technics and results. Clin Neurosurg 21: 278-310
28. Sweet WH, Wepsic JG (1975) Stimulation of the posterior columns of the spinal cord for pain control. Surg Neurol 4: 133
29. Thoden U, Doerr M, Dieckmann G, Krainick JU (1979) Medial thalamic permanent electrodes for pain control in man - an electrophysiological and clinical study. Electroencephalogr Clin Neurophysiol 47: 582-591
30. Thoden U, Gruber RP, Krainick JU, Huber-Mueck L (1979) Langzeitergebnisse transkutaner Nervenstimulation bei chronisch neurogenen Schmerzzuständen. Nervenarzt 50: 179-184
31. Thoden U (1982) Die transkutane Nervenstimulation. Schmerz 2: 76-80
32. Waisbrod H, Panhans CH, Hansen D, Gerbershagen HU (1985) Direct nerve stimulation for painful peripheral neuropathies. J Bone Joint Surg [Br] 67: 470-472
33. Wall PD, Sweet WH (1967) Temporary abolition of pain in man. Science 155: 108-109
34. Wall PD (1978) The gate-control theory of pain mechanisme. A re-examination and restatement. Brain 101: 1-18
35. Winkelmuller W (1981) Experience with control of low-back pain by the dorsal column stimulation (DCS) system and by the peridural electrode system (PISCES). In: Hosobuchi Y, Corbin T (eds) Indications for spinal cord stimulation. Excerpta Medica, Amsterdam, pp 34-40
36. Zimmermann M (1976) Neurophysiology of nociception. In: Porter R (ed) Neurophysiology II. Int Rev Physiol, Vol 10. University Park Press, Baltimore, pp 179-221

Technik der Neuro-Programmstimulation zur Behandlung akuter und chronischer Schmerzen

M. Mohadjer, E. Milios, H. Neumüller und F. Mundinger

Einleitung

Die Behandlung der chronischen neurogenen und lokalisierbaren Schmerzen wirft nach wie vor therapeutische Probleme auf. Dabei sollte in der Regel zuerst nicht so sehr die Schmerzheftigkeit, sondern vielmehr das ständige Vorhandensein der Schmerzen von therapeutischem Interesse sein, denn ein Dauerschmerzzustand kann eine erhebliche psychische und physische Beeinträchtigung verursachen.

In solchen Fällen bestimmt ganz entscheidend der Grad der Schmerzlinderung die Lebensqualität. Die Anwendung von Analgetika kann, besonders bei akuten Schmerzzuständen, primär eine Erleichterung für den Patienten bedeuten; deren weitere Verabreichung über längere Zeit ist jedoch umstritten. Die Gefahr von Nebenwirkungen steigt mit zunehmender Behandlungsdauer an.

Deshalb wird bei chronischen neurogenen sowie traumatischen Schädigungen peripherer Nerven oder Nervenwurzeln eine risiko- und nebenwirkungsarme Therapieform bevorzugt. So ist zu erklären, daß in den letzten Jahren die destruktive Schmerzchirurgie, wie Exhairese der peripheren Nerven, Rhizotomie, Chordotomie und zentrale stereotaktische Hochfrequenzausschaltung im Thalamus und Pulvinar thalami, in den Hintergrund geraten ist [4, 5, 7].

An Aktualität gewonnen hat die nichtinvasive funktionelle Stimulation, wie die transkutane (TNS), die epidurale (DCS) sowie die „deep brain stimulation" (DBS) [4, 6].

Die Behandlung der chronischen Schmerzen sollte entsprechend der Vielfalt der Probleme, die besonders durch Dauersymptome hinzukommen, kombiniert durchgeführt werden. Hier bietet sich die Anwendung der Neuroprogrammstimulation als nichtinvasive Alternative an. Sie zeigt keine Nebenwirkungen und kann, falls es notwendig erscheint, mit anderen Therapieformen kombiniert werden.

Eine exakte Kenntnis über die Schmerzgenese und präzise Lokalisation der schmerzauslösenden Nervenläsion ist Voraussetzung für eine wirkungsvolle Applikation der Neuro-Programmstimulation. Durch Erregung von Nervenbahnen mittels elektrischer Reizimpulse entstehen in den Nervenfasern zusätzliche Aktionspotentiale, die ungestört dem Zentrum zugeführt werden.

Wenn wir davon ausgehen, daß bei der Läsion peripherer Nervenfasern bzw. Nervenwurzeln sich die Kodierung der afferenten Aktionspotentiale verändert [9], so müßte durch zusätzlich induzierte Aktionspotentiale das schmerzspezifische neurale Impulsmuster zu verändern sein. So wird dem Zentrum eine andersartige, unspezifische Information zugeführt. Daraus resultiert die Notwendigkeit einer anatomisch exakten Lokalisation der Elektrode proximal der Nervenläsion und

Technik der Neuro-Programmstimulation 95

Applikation eines symptomspezifischen Reizmusters, welches derart flexibel ist, daß es der individuellen Schmerzqualität jeweils angepaßt werden kann.

Material und Methode

Für die Verwirklichung einer optimalen Programmstimulation war die Entwicklung einer Reiz- und Kontrolleinheit notwendig. Mit Hilfe einer derartigen Reiz- und Meßeinheit sind wir in der Lage, mit vier veränderbaren Parametern das für den Patienten wirksamste Reiz- und Therapiemuster festzulegen. Diese Einheit ist während der gesamten Untersuchung über ein Meßkabel mit dem Stimulator verbunden und kann die eingestellten Parameter digital anzeigen (Abb. 1).

Ein typisches Reizspektrum (Abb. 2) hat zunächst eine relativ hochfrequente Impulsfolge von mindestens 150 Hz (P1), eine kompensatorische Pause (P2), die nach jeder applizierten Impulszahl (P3) dem Gewebe eine Regenerationspause ermöglicht. Derartige Impulspausen liegen im Millisekundenbereich. Darüber hinaus können die Impulsbreite (P4) sowie die spannungskonstant gehaltene Amplitude ein gewünschtes Aktionspotential verursachen und eine Beeinflussung der Schmerzleitung hervorrufen [3].

Bereits bei der ersten Untersuchung der Patienten mit der Programmstimulation wird versucht, durch Änderung dieser Parameter ein schmerzphysiologisches, effizientes Reiz- und Therapiemuster, angepaßt an die jeweilige Fragestellung und individuelle Besonderheiten der Patienten, festzulegen.

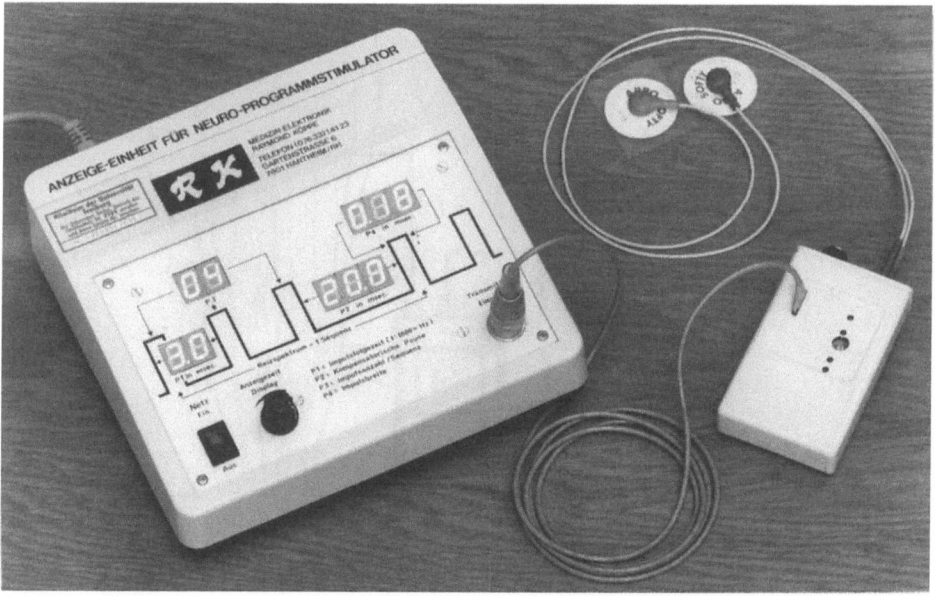

Abb. 1. Stimulator und Anzeigeeinheit. *Rechts* im Bild ist ein Neuro-Programmstimulator TNS zu sehen, der über ein Meßkabel mit der Anzeigeeinheit links im Bild verbunden ist. Dadurch werden während den Reizungen die eingestellten Parameter digital angezeigt

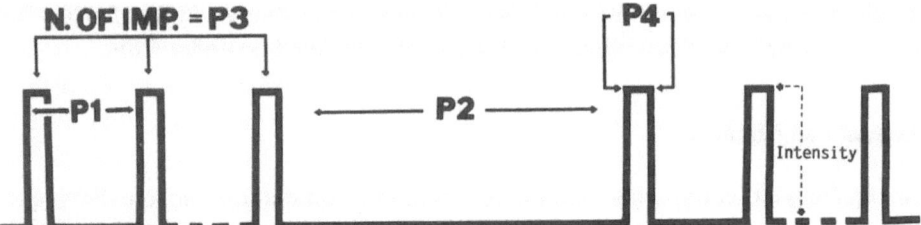

Abb. 2. Schematische Darstellung des Reizspektrums mit den vier veränderlichen Parametern P1 (Impulsabstand in ms), P2 (kompensatorische Pause in ms), P3 (applizierte Impulsanzahl pro Sequenz) und P4 (Impulsbreite in ms)

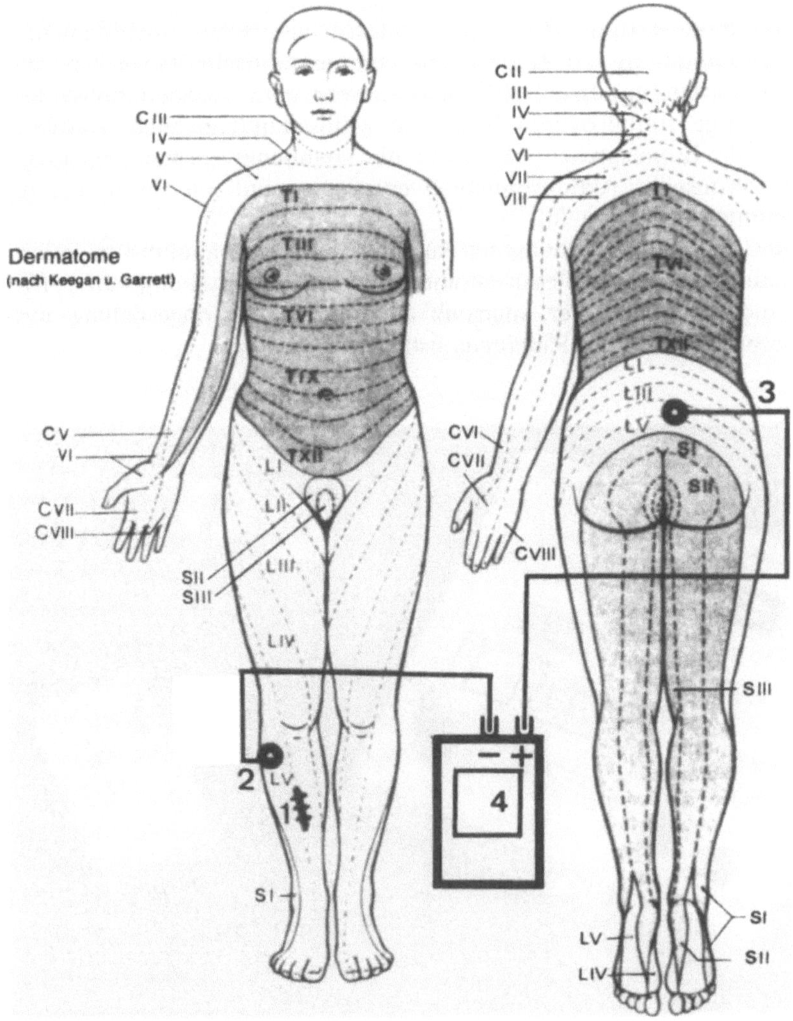

Abb. 3. Darstellung einer typischen Elektrodenanordnung zur transkutanen Neuro-Programmstimulation, wobei die negative Elektrode proximal der schmerzgenerierenden Läsion und die positive auf entsprechender Segmenthöhe paravertebral angeordnet ist

Technik der Neuro-Programmstimulation 97

Als erster Schritt der Untersuchungsreihe kommt nach Ausschluß einer kausalen Therapiemöglichkeit die transkutane Nervenstimulation (TNS) in Frage. Dazu wird proximal zur schmerzgenerierenden Läsion in der Regel die negative Elektrode angebracht. Erfahrungsgemäß ist dabei die positive Elektrode gangliennah, speziell beim TNS-System, paravertebral in der entsprechenden Segmenthöhe anzubringen (Abb. 3). Ist die Schmerzqualität für transkutan applizierte Reizimpulse nicht ansprechbar, so kann der nächste Schritt in Form einer postganglionären Stimulation des ersten Neurons mittels eines entsprechenden epiduralen Implantats eingeleitet werden.

Bei dieser Art der Stimulation wird die Nervenwurzel durch eine epidural positionierte negative Elektrode angesprochen (Abb. 4). Die positive Elektrode wird wiederum wie zuvor paravertebral implantiert. Wenn auch diese Form der Stimulation nicht zur gewünschten Schmerzlinderung bzw. Schmerzfreiheit führt, kommt dann als nächste Stufe eine Reizung der tiefgelegenen Hirnareale (Thalamus, Pulvinar thalami etc.) [1, 2, 8] in Frage. Diese Form der Reizung bedarf der stereotaktischen Operationstechnik und einer für diesen Zweck entwickelten Hirnelektrode [4, 5].

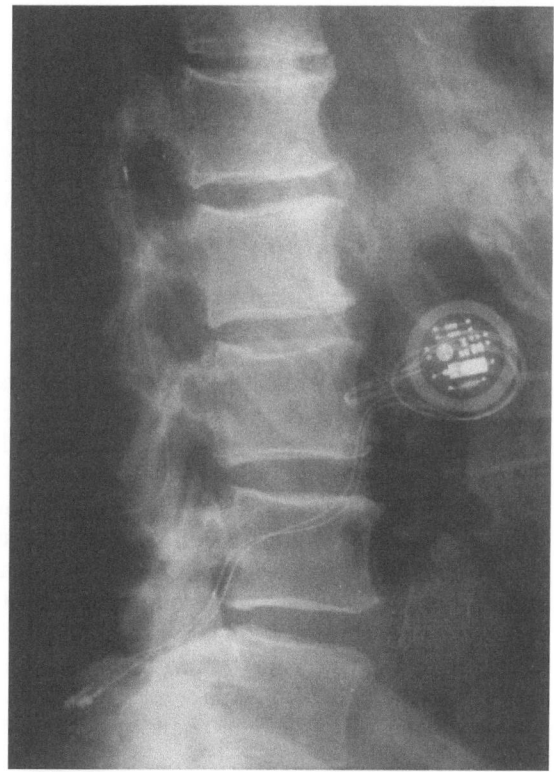

Abb. 4. Laterale Röntgenaufnahme einer epidural positionierten unipolaren Elektrode zur präganglionären Stimulation des ersten Neurons. Rechts in der Bildmitte ist der subkutan implantierte Empfänger zu sehen, der mit einer nicht sichtbaren paravertebral angeordneten positiven, ebenfalls subkutan liegenden und der epiduralen negativen Elektrode verbunden ist

Tabelle 1. Angewandte Methode und Bereich der wirkungsvollen Stimulationsparameter

Klinische Indikation bei TNS und SNS	Impulsfolgezeit P1 in ms	Kompensat. Pause P2 in ms	Impulse/ Sequenz P3 = Anzahl	Impulsbreite P4 in ms
Posttraumatische Gesichtsschmerzen	2,5-4,0	8-25	4-6	0,1 -0,3
Anaesthesia dolorosa	2,5-3,5	6-30	4-6	0,05-0,2
Postherpetische Schmerzen	2,5-3,5	10-20	4-10	0,2 -0,8
Chronische Narbenschmerzen	3,0-6,0	10-50	2-16	0,1 -0,3
HWS-Syndrom	3,0-5,0	10-80	2-8	0,1 -0,3
Präganglionäre Plexusläsion	2,5-4,0	10-30	2-4	0,1 -0,3
Phantomschmerzen	2,0-6,0	10-80	2-6	0,15-0,3
Stumpfschmerzen	3,0-4,5	10-25	2-6	0,15-0,3
Klinische Indikation für epidurale/transkutane Implantation				
Schmerzen nach Bandscheiben-OP	3,0-4,5	15-35	3-5	0,15-0,4
Schmerzen nach Läsion des ersten Neurons bei Applikationsproblem für TNS und SNS	2,5-4,0	15-40	3-5	0,1 -0,25
Klinische Indikation für DBS				
Schmerzen nach Wurzelausriß	2,5-4,0	8-30	3-5	0,05-0,25
Anaesthesia dolorosa	2,5-3,5	4-20	2-5	0,05-0,2
Trigeminusneuralgie	2,0-3,0	4-20	2-4	0,05-0,25
Phantomschmerzen der oberen Extremität	3,0-5,0	10-30	2-8	0,1 -0,3
Thalamussyndrom (begrenzte Indikation)	4,0-6,0	15-80	2-4	0,05-0,15

Hier wird der negative Elektrodenpol intrakraniell implantiert. Dabei sind wir von der anfänglichen Verwendung von monopolaren Elektroden nach und nach abgekommen und bevorzugen z. Zt. wegen eindeutig günstigerem Therapieerfolg die bipolaren Hirnelektroden.

Nach Festlegung der günstigsten Reizparameter werden die Patienten einige Tage mit anliegenden Elektroden im Zielpunkt stationär intermittierend extern stimuliert und der Stimulationseffekt, die Nachhaltedauer und evtl. Nebenwirkungen beobachtet (Tabelle 1). Während dieser Beobachtungszeit werden die Parameter, falls es notwendig wird, entsprechend geändert und in ihrer Wirkungsweise optimiert und dann das System endgültig subkutan implantiert. Während der Operation werden nochmals kurz vor dem Abschluß des Eingriffs diese Parameter überprüft und das Ergebnis wieder kontrolliert. Nach Abschluß der Operation werden die ermittelten einzelnen Parameter am Reizgerät, an dem versenkt angeordneten Drehregler eingestellt und auf maximal vertragbaren Reizstrom limitiert (Abb. 5).

Ergebnisse

Seit 1980 haben wir bei insgesamt 309 Patienten mit unterschiedlicher Schmerzsymptomatik und Schmerzintensität die oben beschriebene Methode angewendet. Bereits bei der ersten Untersuchung zeigte sich, daß 152 Patienten für die Anwendung der Programmstimulation nicht geeignet waren. Bei diesen Fällen handelte es sich z. B. um Schmerzen bei Bandscheibenvorfällen, intrakraniellen Raumforderungen, chronischen Entzündungen. Die übrigen 157 Patienten konnten wir zwischen 6 Monate bis 6 Jahre ambulant betreuen und die Behandlungsergebnisse beobachten (Tabelle 2).

Eine Schmerzreduktion unter 30% wurde bei uns von vornherein als nicht geeignet für die Programmstimulation angesehen. 32 Patienten zeigten eine

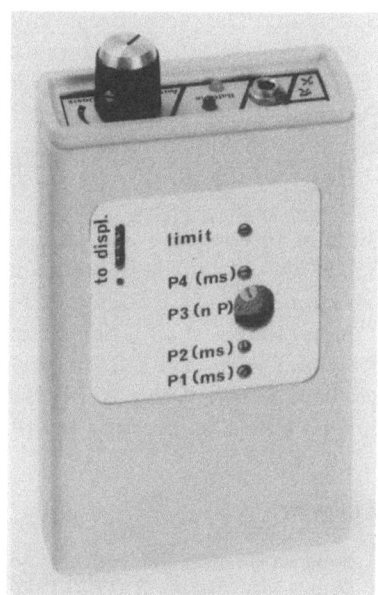

Abb. 5. Stimulationsgerät mit den versenkt angeordneten Reglern zur Einstellung der Parameter P1, P2, P4 und der Sicherheitsschaltung „limit", dem Stufenschalter für P3 und der Steckleiste „to display" zum Anschluß der Anzeigeeinheit

Tabelle 2. Ergebnisse der Neuro-Programmstimulation bei der Behandlung chronischer Schmerzen

Stimulationsmethode	Anzahl der Fälle	Schmerzreduktion in %			
		30	30–50	50–70	70–90
Transkutan	248	136	19	78	15
Subkutan	23	16	2	3	2
Epidural bipolar	5	0	5	0	0
Epidural/subkutan	6	0	1	3	2
Deep brain unipolar	3	0	1	2	0
Deep brain bipolar	24	0	4	16	4
	309	152	32	102	23

Schmerzreduktion zwischen 30-50%, 102 Patienten zwischen 50-70% und 23 gaben eine 70-90%ige Schmerzreduktion an.

Diese Ergebnisse haben wir bei einigen Patienten erst nach 2- oder 3maliger Revision und erneuter Anpassung der Reizparameter erreichen können.

So haben wir z. B. bei 3 Schmerzfällen, die wir über 5 Jahre beobachtet haben, probehalber die über diesen Zeitraum wirksamen Reizparameter im Zuge der neuen Anordnung über Anwendbarkeit elektrischer Medizingeräte geringfügig verändert. Bei allen Fällen mußten wir wegen Nachlassen der Wirksamkeit die ursprünglichen Parameter wieder einstellen.

Zusammenfassung

Nachdem die invasive Schmerztherapie durch nichtinvasive Behandlungen zurückgedrängt wird, gewinnt die elektrische Neurostimulation zunehmend an Bedeutung. Die Neuroprogrammstimulation zeichnet sich gegenüber den anderen Stimulationsverfahren dadurch aus, daß durch freie Wahl von 4 reizphysiologischen relevanten Parametern ein gezieltes, den besonderen Gegebenheiten des Patienten angepaßtes Reizspektrum erreicht werden kann. Die Patienten selbst können eine Änderung der Parameter nicht vornehmen.

Unsere Erfahrungen an 157 Patienten über einen Beobachtungszeitraum von 6 Monaten bis 6 Jahren zeigen, daß bei 23 Patienten eine 70-90%ige Schmerzreduktion zu erreichen war, in den meisten der Fälle, d. h. bei 102 Patienten (65%), haben wir eine zufriedenstellende Reduktion der Beschwerden von 50-70% erzielen können. Diese Resultate haben wir über Jahre beobachten können.

Kontraindiziert sind Schmerzen durch maligne Tumoren und Metastasen (sog. Karzinomschmerzen), Schmerzen durch infektiöse Irritation sowie kausal therapierbare Schmerzen, z. B. bei Bandscheibenvorfällen, intrakraniellen Raumforderungen oder Kompression peripherer Nerven.

Literatur

1. Bowsher D (1978) Pain pathways and mechanism. Anaesthesia 33: 935-944
2. Dennis SG, Melzack R (1977) Pain - signalling system in the dorsal and ventral spinal cord. Pain 4: 98-132
3. Kahle W, Leonhard H, Platzer W (1978) Nervensystem und Sinnesorgane. In: Atlas der Anatomie, Bd 3. Thieme, Stuttgart
4. Mundinger F, Neumüller H (1981) Programmed transcutaneous (TNS) and central (DBS) stimulation for control of phantom limb pain ALS causalgia: A new method for treatment. In: Siegfried J, Zimmermann M (Hrsg) Phantom and limb pain. Springer, Berlin Heidelberg New York, pp 167-178
5. Mundinger F, Neumüller H (1982) Programmed stimulation for control of chronic pain and motor diseases. Appl Neurophysiol 45: 101-111
6. Ray CT (1975) Control of pain by electrical stimulation. A clinical value of dorsal column stimulation (DCS). Adv Neurosurg 3: 216-224
7. Siegfried J (1983) Long-term results of electrical stimulation in the treatment of pain by means of implanted electrodes (epidural spinal cord and deep brain stimulation). In: Rizzi R, Visentin M (eds) Pain therapy. Elsevier, Amsterdam, p 463
8. Struppler A (1978) Neurophysiologische Grundlagen des Schmerzes. Pharmakotherapie 1: 1-6
9. Zimmermann M (1975) Neurophysiological models for nociception, pain and pain therapy. Adv Neurosurg 3: 199-205

Nichtinvasive und nichtpharmakologische Schmerztherapie mittels physiologisch getriggerter transkutaner Elektronervenstimulation – Erste klinische Erfahrungen am Sportkrankenhaus Hellersen

R. Spintge, B. B. Halpaap und R. Droh

Einleitung

Die transkutane elektrische Nervenstimulation TENS hat sich im Rahmen schmerztherapeutischer Reflextherapie [vgl. u.a. 23] als zumeist additive Methode bei der Behandlung akuter und vor allem chronischer Schmerzzustände unterschiedlichster Genese bewährt [7, 8, 11, 14, 22, 23]. Je nach verwendetem Gerätetyp lassen sich verschiedene elektrische Stimulationsparameter durch den Arzt oder den Patienten verändern. Dazu zählen die verwendete Stromstärke, die Frequenz der applizierten Impulse, die Art des Impulses (Rechteck- oder Nadelimpuls), die Impulsfolge (stochastisch als Burst-Stimulation), die Impulsbreite, die Stimulationsdauer und die Amplitudenmodulation. Die verwendeten Stromstärken bewegen sich im Milliampere-Bereich. Die Frequenz wird häufig im Bereich 80–100 Hz gewählt.

Wir selbst haben Geräte verschiedener Hersteller bei mehreren hundert Patienten vor allem mit chronischen Schmerzen mit guten Erfolgen eingesetzt und in rund 50 ausgesuchten Fällen nach entsprechender 6wöchiger Erprobungsphase auf Dauer verordnet. Wenngleich nach unserer Erfahrung diejenigen Geräte, welche die genannten Möglichkeiten zur Variation der Stimulationsparameter bieten, anderen Geräten, die weniger Möglichkeiten zur Veränderung dieser Parameter zulassen, in der Wirkung überlegen sind, so ist doch nicht zu übersehen, daß dieses noch keine physiologische Art der Stimulation darstellt. So liegen u.a. die eingesetzten Stromstärken noch etwa um den Faktor 1000 über den im Nervenaxon meßbaren physiologischen Werten.

In der Beurteilung der Effektivität der TENS sind wir auf die subjektiven Angaben der Patienten angewiesen. Allenfalls läßt sich indirekt über einen eingeschränkten Medikamentenverbrauch, eine bessere Gebrauchsfähigkeit einer betroffenen Extremität sowie über die Verwendung von Schmerzskalen und Schmerzfragebögen die Effektivität der TENS-Therapie einschätzen.

Hier nun setzt eine neue Methode physiologisch-getriggerter TENS mit den Stimulationsgeräten Acuscope und Myopulse an (Keller Medizintechnik Düsseldorf). Diese Geräte ermöglichen sozusagen eine „intelligente" Form der TENS. Es handelt sich um eine Stimulationsmethode, die mit Hilfe von Input-Output-Feedback-Schleifen die jeweilige Stimulation an die elektrophysiologischen Gegebenheiten des zu stimulierenden Gewebeareales (Nervengewebe, Muskelgewebe, Bindegewebe) anpaßt. Nachdem uns bekannt geworden war, daß eine Reihe von amerikanischen Athleten bei den Olympischen Sommerspielen in Los Angeles mit Hilfe dieser Stimulationsgeräte schmerzbedingte Leistungseinschränkungen während der Wettkämpfe erfolgreich bekämpfen konnten [2], bemühten wir uns, ein solches Gerät zu Erprobungszwecken zu erhalten. Dies ist uns Ende 1986 gelungen. Die ersten Ergebnisse unserer klinischen Erfahrungen werden nachfolgend vorgestellt.

Technisches Wirkungsprinzip

Zunächst einige Erläuterungen zur Technik dieser Art „intelligenter" transkutaner Elektronervenstimulation. Es handelt sich um eine mikroprozessorgesteuerte Feedback-Stimulation [vgl. 15]. Die elektrophysiologischen Eigenschaften des zu stimulierenden Gewebes werden zunächst über die Antwort auf einen Probeimpuls hin hinsichtlich Induktivität, Kapazität, Widerstand, Potential und Leitfähigkeit erfaßt. Die elektrische Antwort wird mit gespeicherten Normwerten verglichen. Entsprechend dem Ergebnis dieses Vergleiches wird ein Behandlungsimpuls mit jeweils individueller Intensität im Mikroampere-Bereich, individueller Frequenz und Zeitdauer in das Gewebe abgegeben. Dieser Prozeß wiederholt sich im Abstand von Millisekunden, bis die vom Gerät gemessenen elektrophysiologischen Daten des stimulierten Gewebes mit den vorgegebenen Normwerten „gesunden Gewebes" übereinstimmen. Die Normwerte „gesunden Gewebes" leiten sich aus entsprechenden elektrophysiologischen Untersuchungen insbesondere an Nervenaxonen und Muskelzellen ab [5, 6, 10, 12, 13, 17, 19, 21]. Durch die mittels spezieller mathematischer Algorithmen vorgenommene Anpassung an diese Normwerte [aufbauend u. a. auf den Arbeiten von: 9, 16, 18, 20] soll es weder zu einer Unter- noch zu einer Überstimulation des Gewebes kommen. Als Erklärung für die Wirkungsweise des Elektro-Acuscopes und des Myopulses wird vom Hersteller eine Beeinflussung des ATP-Gehaltes der Zelle und damit eine Beeinflussung energieverbrauchender Prozesse wie z.B. des Elektrolyttransportes an Membranen postuliert [1, 3, 15].

Arbeitsweise des Acuscopes und Myopulses

Acuscope: Feedback-gesteuerter Neurostimulator.
Myopulse: Feedback-gesteuerter Muskel- und Bindegewebsstimulator.

1) Abgabe eines Probeimpulses von ca. 1 Mikroampere in das zu stimulierende Gewebe.
2) Erfassen der elektrischen Gewebsantwort.
3) Vergleich mit Referenzwerten und Abspeicherung des Vergleichswertes.
4) Wenn die Gewebsantwort identisch mit dem vorgegebenen Meßwert für „gesunde Gewebe" ist, wird die Energieabgabe des nächsten Stimulationsimpulses reduziert und die zurückkommende Gewebsantwort erneut analysiert.
Wenn die Gewebsantwort nicht dem vorgegebenen Wert entspricht, wird die Energieabgabe für den nächsten Impuls proportional zur Differenz zwischen vorgegebenem Wert und Gewebsantwort festgesetzt.
(Der vorgegebene Wert für „gesunde Gewebe" ist anhand elektrophysiologischer Gewebsuntersuchungen festgelegt worden.)

5) Der modifizierte Impuls wird gesendet.
6) Die Gewebsantwort wird neu erfaßt.
7) Der Vergleichwert wird wiederum errechnet und gespeichert.
8) Erfaßt das Gerät nun ein Equilibrium zwischen Gewebsantwort und vorgegebenem Wert, so wird die Energieabgabe auf 0 gesetzt.
   Differiert die Gewebsantwort vom vorgegebenen Wert, so wird die Höhe der Energieabgabe des nächsten Impulses modifiziert, in Abhängigkeit von den zuvor erfaßten Verhältniszahlen zwischen vorgegebenem Wert und Gewebsantwort.
9) Der so modifizierte Impuls wird appliziert.
10) Fortführen der Stimulation mit gleichartiger Feedback-Anpassung wie oben geschildert.

Technische Daten

Acuscope

Funktion 1:
- Behandlungsdauer 4 Sekunden bis 15 Minuten oder kontinuierlich,
- Frequenz 0,5-320 Hz,
- Intensität 25-500 Mikroampere,
- Stimulus: komplexe Welle, modulierte rechteckige Hüllkurve, frequenzmodulierte Impulsfolge mit Polaritätswechsel alle 1,5 Sekunden.

Funktion 2:
- Frequenz variabel 1-20 Hz,
- Pulsbreite bei Gleichstrom variabel 50-200 Mikrosekunden,
- Intensität und Spannung variabel, max. 150 Volt, bei 500 Ohm,
- Belastung maximal 28 Volt und 50 Milliampere.

Elektroden-Elektrolyt

Acuscope-Elektrolyt enthält Aminosäuren und Enzyme. Diese quasi „physiologische" Lösung imitiert das elektrische Verhalten des Serums und dient der Überwindung des Hautwiderstandes.

Myopulse

- Behandlungsdauer 6-30 Sekunden und kontinuierlich,
- Frequenz 0,3-40 Hz,
- Intensität 50-600 Mikroampere,
- Stimulus komplexe Welle bei Wechselstrom bzw. Gleichspannungsimpulsfolge bei positiver oder negativer Einstellung,

- Pulsbreite: bei Wechselstromeinstellung modulierte Hüllkurve bis zu 4 Sekunden mit einer Anstiegs- und Abfallzeit von bis zu 300 Millisekunden,
- Pulsbreite: bei Gleichstromeinstellung Gleichstromhüllkurve bis zu 2 Sekunden mit einer Anstiegs- und Abfallzeit von bis zu 300 Millisekunden,

Indikationen

Acuscope

- Posttraumatischer Schmerz,
- Distorsion,
- Dystrophien,
- Gewebsödeme,
- Bewegungseinschränkungen,
- chronische Schmerzen bei degenerativen Erkrankungen (Arthrose, Arthritis),
- entzündliche Gewebsreaktionen,
- Neuralgien, Neuritiden, Nervenkompressionssyndrome, Phantomschmerzen,
- Narbenverhärtungen, Myogelosen.

Myopulse

- Verletzungen von Weichteilen, Stütz- und Bewegungsapparat,
- Muskeltraining zur Vergrößerung des Bewegungsumfanges und Verminderung von Dystrophien, Steigerung der Muskelkraft,
- entzündungsbedingte Schmerzen bei z.B. Tendovaginitis, Arthritis, Bursitis.

Kontraindikationen

- Herzschrittmacher,
- Metallimplantate im zu stimulierenden Gebiet,
- akute Entzündung.

Methodik

Stimuliert werden:
- die Hauptschmerzpunkte,
- muskuloskeletale Triggerpunkte,
- Myogelosen,
- Punkte, die sich Reflexbahnen zuordnen lassen (z.B. Triggerpunkte am Kopf und entlang der Wirbelsäule),
- Stimulation dystrophischer Muskelbezirke im Sinne eines Auftrainierens,
- α-Entspannung mittels Kopfelektroden, u.a. zur Besserung des Schlafverhaltens.

Seit Oktober 1986 wurden 60 Patienten aus den genannten Indikationsbereichen mit physiologisch-getriggerter TENS behandelt (Stand 05/87). Mit Ausnahme eines Falles, bei dem eine Knochenspornbildung nach Trochanter-Abmeißelung aufgetreten war, konnte bei allen Patienten mindestens eine deutliche Schmerzreduktion mit konsekutiv vermindertem bzw. beendetem Schmerzmittelbedarf erreicht werden. Bei all diesen Patienten handelte es sich um Fälle, die mittels umfassender orthopädisch-neurologischer und physikotherapeutischer Maßnahmen zuvor nicht zufriedenstellend therapiert werden konnten. Vier klinische Fallbeispiele sollen hier angeführt werden.

Fallbeispiele

Wir stellen im folgenden 4 Patienten mit verschiedenen Schmerzsyndromen des Stütz- und Bewegungsapparates vor. Neben einer intensiven physiotherapeutischen Behandlung, die alleine nicht den gewünschten therapeutischen Erfolg erbracht hatte, wurden diese Patienten mit der physiologisch getriggerten TENS-Therapie mittels Acuscope und Myopulse behandelt.

1) 52jähriger männlicher Patient, Lehrer, litt seit ca. 10 Jahren an einer Spondylose C3/C4 mit Schmerzausstrahlung in beide Kopfhälften bis in die Stirn bzw. über die Augen, rechts betont. Es bestanden ein erheblicher Leidensdruck durch erschwerte Ausübung seines Berufes als Lehrer, Ein- und Durchschlafstörungen mit verstärkten Schmerzen am nächsten Morgen, sowie eine reduzierte Beteiligung am gesellschaftlichen Leben, da Konzert- und Theaterbesuche nicht mehr möglich waren.
  Vorbehandlungen bei Fachärzten der Allgemeinmedizin, der Inneren Medizin, der Neurologie, Radiologie und der Zahnheilkunde. Medikamentöse Behandlungen, Kuren, Massagen, Packungen, Narbenumspritzungen und Quaddelbehandlungen führten nicht zu einer Besserung der Schmerzen. Am 6.4.1987 begannen wir mit der physiologisch getriggerten TENS-Therapie. Anzahl der Behandlungen bisher (31.5.1987) 14, zum Schluß 1mal pro Woche. Vor Behandlungsbeginn beidseits paravertebral bei C3, C4, C5 Verspannungen und Myogelosen; keine neurologischen Ausfälle. Bereits nach der 3. Behandlung konnte der Patient von einer Besserung seines Schmerzzustandes berichten, nach der 5. weitere Reduktion von Schmerzen und Schmerzausstrahlung. Nach der 7. Behandlung wieder Freude an Konzert- und Theaterbesuchen. Körperliche Arbeit in Form von Holzfällen wieder ohne Schmerzen möglich. Keine Medikamente mehr, keine Schlafstörungen mehr. Die Schmerzen würden nur noch unterschwellig bestehen. Erheblicher Rückgang der Myogelosen. Eine Fortführung der ambulanten Behandlung 1mal pro Woche ist bis auf weiteres vorgesehen, dann Vergrößern der Behandlungsabstände.

2) 47jährige weibliche Patientin, berentet. Seit 1979 konstant schweres lumboischialgieformes Syndrom mit Pseudarthrosenbildung, Morbus Baastrup im unteren BWS-Bereich. Deshalb 6fache Voroperation der Wirbelsäule, u.a. mit dorsaler und ventraler Spondylodese (L2 bis S1 und L4/L5, L5/S1). Nach wiederholten Konsultationen von Ärzten der Allgemeinmedizin, der Anästhesie, der Neurologie, der Orthopädie und der Psychiatrie sowie medikamentöser Therapie (Januar 1987 36 Dolomo pro Woche, vorher Dominal forte, Atosil, Fortral), keine Erleichterung. Nach mangelnder Effektivität von Krankengymnastik, Bädern, Packungen, TENS, autogenem Training, Akupunktur, Lokalanästhesie und Narbenumspritzungen galt sie als therapieresistent. Einzige Linderung des Schmerzbildes durch Applikation einer Sakralanästhesie.
  Im Januar dieses Jahres stellte sie sich uns vor mit fast unerträglichen Schmerzen im Lumbalbereich mit Ausstrahlung in den rechten Oberschenkel, entsprechend dem Ischiadikusverlauf. Der Schmerzcharakter war ziehend, klopfend, brennend, reißend. Der Nachtschlaf, vor allem das Einschlafen, seit Jahren gestört, Schmerzhöhepunkte nach dem Aufstehen, sowie nach längerer Belastung. Gehen nur noch mit Gehhilfen möglich. Vor Therapiebeginn skoliotische Fehlhaltung der

Wirbelsäule mit Verspannungen und Atrophien der Muskulatur. Erheblich verzogene Narben über der unteren BWS und der LWS. PSR beidseits mittellebhaft, ASR beidseits nicht auslösbar. Keine Sensibilitätsstörungen. Finger-Boden-Abstand 40 cm, Laségue beidseits negativ, rechts endgradig schmerzhaft.

Seit dem 26. Januar des Jahres 3mal wöchentlich Therapie mit Acuscope und Myopulse sowie lokalen Carbostesin-0,5%-Injektionen. Seit dem 14. 4. 1987 2mal wöchentlich. Anzahl der Behandlungen bisher 44.

Bis Ende *Februar* Zunahme der Schmerzen, teilweise unerträglich. *Anfang März* war sie ohne Tabletteneinnahme zum ersten Mal 12 h schmerzfrei, konnte zum ersten Male seit Jahren wieder durchschlafen. *Mitte* März war erstmalig freies Gehen in der Wohnung wieder möglich. Während der Schmerzen aufgetretenes Schwitzen war deutlich vermindert. Während der Therapie war es ihr möglich, 1½ h frei zu stehen und dabei das Bein kräftig durchzudrücken. Die Narben sind jetzt weniger fibrosiert. Während *einer* Behandlung im April konnte der FBA von 29 cm auf 16 cm verbessert werden. Die Einnahme von Analgetika konnte auf 2 bis maximal 3 Dolomo/Tag reduziert werden. Episodenweise ist die Patientin für je etwa 2 Tage fast vollkommen schmerzfrei. Es ist vorgesehen, die Behandlung bis auf weiteres 2mal die Woche fortzusetzen, ebenso die lokalen Injektionen. Auch wenn der Behandlungsverlauf immer wieder von passageren Rückschlägen gekennzeichnet ist, so sind sowohl wir als auch die Patientin mit der Entwicklung zufrieden.

3) 27jähriger männlicher Patient, Polizeibeamter mit postoperativen Belastungsbeschwerden im rechten OSG seit 12/85 mit mäßiggradiger Restinstabilität nach Berufsunfall 1983. Zustand nach mehrfachen bandplastischen Maßnahmen, Dysästhesien und Parästhesien im Narbenbereich als Ausdruck eines neuralgieformen Schmerzsyndroms im Bereich des N. cutaneus dorsi pedis fibularis rechts. Der Patient litt an vor allem belastungsabhängigen, reißenden Schmerzen im Bereich der Sehne des M. peronaeus brevis.

Vor Behandlungsbeginn mit Acuscope und Myopulse stellte er sich vor mit einer bläulich lividen Verfärbung im Bereich des Malleolus lateralis sowie der Narben. Es bestanden Verwachsungen dieser Narben sowie ausgeprägte Hyper- und Parästhesien distal der Narbe. Es wurde eine intensive konservative stationäre Therapie eingeleitet mit Krankengymnastik, Lymphdrainagen, Magnetodyn-Anwendung, Hochvolttherapie mit Dyn 38, Bewegungsbad, Iontophorese mit Novocain, Infiltration des Bezirks mit Carbostesin. Da Therapieresistenz gegeben war, wurde eine neurochirurgische Revision ins Auge gefaßt. Zunächst jedoch begannen wir am 26.2. 1987 eine Behandlung mit Acuscope und Myopulse. Sie wurde mit einer Ausnahme bis zur Entlassung am 3.4. 1987 täglich durchgeführt. Anzahl der Behandlungen insgesamt 25.

Nach kurzer Behandlungsdauer Rückgang der Hämatome, Narbe selbst nahezu reizlos. Bis zur 20. Behandlung nur leichte Beeinflussung der Hyperästhesien, von da an täglich Verbesserung der Schmerzsymptomatik auch im Sehnenverlauf. Bei der Entlassung war ein Berühren des vorher hyperästhetischen Bezirkes möglich, auch mit leichtem Druck. Das belastungsabhängige Reißen in der Sehne ist zwar noch vorhanden, aber stark vermindert und damit erträglich geworden. Insgesamt Verbesserung des Gangbildes.

Bei der Wiedervorstellung nach 4wöchiger Therapiepause berichtete der Patient von einer leichten, aber durchaus erträglichen Zunahme der Schmerzen. Eine neurochirurgische Revision sei nun nicht mehr vorgesehen.

4) 29jähriger männlicher Patient, Maschinenbau-Ingenieur mit rezidivierenden Belastungsbeschwerden und Bewegungseinschränkung im linken OSG nach konservativer Behandlung einer Band-Kapsel-Läsion nach Sportunfall in 9/86. Morbus Bernard-Soulier (seltene vererbliche Riesenzellthrombozytopathie). Nach der Verletzung bestanden im Bereich des gesamten linken Unterschenkels massive Schwellungen und Hämatome, so daß von einer operativen Versorgung Abstand genommen wurde. Nach Gipsabnahme Fixierung des Fußes in Spitzfußstellung. Umschriebener spitzer Schmerz am Innenknöchel. Physikalische Maßnahmen in Form von Lymphdrainagen, Bewegungstherapie und Wechselbädern, insgesamt mehr als 30 Behandlungen, brachten keine Besserung der Situation. Sportliche Betätigung war nicht mehr möglich, jeder Schritt war so schmerzhaft, daß er nur nach Einnahme von Analgetika möglich wurde und deshalb genauestens vorher geplant wurde. In dieser Zeit Gewichtsverlust von 19 kg.

Uns stellte sich der Patient am 9.3. 1987 zum ersten Mal vor. Es bestand eine eingeschränkte Dorsalflexion des linken Fußes, ca. 10°. Schlechtes Gangbild. Schwellung im Bereich des Innen-

und Außenknöchels, Verwachsungen der Achillessehne und des Retinaculums. Schon die erste Behandlung mit dem Acuscope erbrachte eine Verbesserung der Beweglichkeit des Fußes, die durch intensive körperliche Bewegung aufrechterhalten werden konnte. Anzahl der Behandlungen bisher 35, während des stationären Aufenthaltes kombiniert mit Krankengymnastik zur Verbesserung von Beweglichkeit und Kraft, Bewegungsbad, Iontophorese mit Novacain, Diadynamik, Magnetodyn, Lymphdrainage und Ultraschall (vor Diagnosestellung des Morbus Bernard-Soulier!).

Unter ambulanter Fortführung der TENS-Therapie hat der Patient keine Schmerzen mehr in dem betroffenen Gelenk, die schmerzhafte Bewegungseinschränkung und die peritendinösen Verwachsungen/Verklebungen der Achillessehne sind aufgehoben. Weiterhin verdicktes Retinakulum. Zur Zeit stabilisiert die Kombination der getriggerten TENS-Therapie 1- bis 2mal wöchentlich mit dosierter körperlicher Belastung, hauptsächlich Fahrradfahren, die schmerzfreie Beweglichkeit des OSG. Im Hinblick auf die neu diagnostizierte Thrombozytenfunktionsstörung wurde der Patient darauf hingewiesen, *extreme* körperliche Belastungen zu meiden bzw. das Risiko von Verletzungen auf ein Minimum zu reduzieren. Physiotherapeutische Maßnahmen sind inzwischen ebenso kontraindiziert. Die getriggerte TENS-Therapie hat bisher keine Nebenwirkungen gezeigt.

Die vier vorgestellten Fallbeispiele zeigen eine positive Beeinflussung der Schmerzsymptome sowie anderer vegetativer Zeichen wie Schlafstörungen und Schwitzen durch die physiologisch getriggerte TENS-Therapie mit Acuscope und Myopulse. Bewegungseinschränkungen konnten aufgehoben werden. Ebenso konnte der Bedarf an Analgetika gesenkt sowie die Ausübung des Berufes und die Teilnahme am gesellschaftlichen Leben wieder ermöglicht werden.

Es kann festgehalten werden, daß durch den kombinierten Einsatz der getriggerten TENS-Therapie mit physiotherapeutischen Maßnahmen eine erhebliche Verbesserung der Schmerzsymptomatik bei zuvor therapieresistenten Beschwerdebildern erzielt werden konnte.

Angesichts dieser empirisch ermittelten Therapieerfolge mit der getriggerten TENS-Therapie ist eine klinisch kontrollierte Studie vorgesehen.

Literatur

1. Biedebach MC (1987) Effects of electro-acuscope-myopulse therapy on accelerated tissue repair. Institute of Bio-Molecular Education and Research, Westminster, Cal.
2. Callahan T (1984) A dress rehearsle for Lewis et al. - Time Magazine 124/1: 72-73
3. Cheng B (1982) The effects of electric currents on ATP generation, proteine synthesis, and membrane transport in rat skin. Clin Orthop 171: 264-271
4. Cole KS (1968) Membranes, ions and impulses. University of California Press, Berkeley
5. Cole KS, Li CL, Bak AF (1969) Electrical analogies for tissue. Exp Neurol 24: 457-473
6. De Fries HA (1968) Efficiency of electrical activity as a physiological measure of the functional state of muscle tissue. Am J Phys Med 47: 10-22
7. Eriksson MBE (1983) Trancutaneous nerve stimulation and chronic pain. Liber Förlag, Malmö
8. Eriksson MBE, Sjölund BH (1979) Transcutane Nervenstimulierung für Schmerzlinderung. Verlag für Medizin Dr. Ewald Fischer, Heidelberg
9. Fricke H (1931) The electric conductivity and capacity of disperse systems. Physics 1: 106-115
10. Hogan NJ (1976) Myoelectric prothesis control: Optimal estimation applied to EMG and the cybernetic considerations for its use in a man-machine interface. PHD Disseration, Massachusetts Institute of Technology, Cambridge
11. Jenkner FL (1983) Nervenblockaden auf pharmakologischem und elektrischen Weg, 4. Aufl. Springer, Wien New York
12. Kuroda E, Klissouras V, Milsum JH (1970) Electrical and metabolic activities and fatigue in human isometric contractions. J Appl Physiol 29: 359-367

13. Magora A, Gonen B, Eimeri D, Magora F (1976) Electro-physiological manifestations of isometric contraction sustained to maximal fatigue in healthy humans. Electromyogr Clin Neurophysiol 16: 309-334
14. Mannheimer JS, Lampe GN (1984) Clinical transcutaneous electrical nerve stimulation. Davis, Philadelphia
15. Meyer FP, Nebrenski A (1983) Doppelblindstudie zum Vergleich von Mikro-Stimulation und Placebo-Effekt in der Kurzzeitbehandlung von Patienten mit chronischen Rückenschmerzen. Calif Health Rev 2: 1
16. Nebrenski T (1987) The neurological considerations of the electro-acuscope. (Persönlich überlassenes Manuskript.) Biomedical Design Instruments, Burbank, Cal.
17. Pilla AA (1974) Electrochemical information transfer at living cell membranes. Ann NY Acad Sci 238: 149-170
18. Plonsy R, Clark J (1968) The extra cellular potential field of the single active nerve fiber in a volume conductor. Biophys 8: 842-846
19. Roesler H (1974) Statistical analysis and evaluation of myoelectric signals for proportional control. In: Herberts P, Magnusson R, Karderfors R, Petersen I (eds) The control of upper-extremity protheses and orthosis. Thomas, Springfield, Ill.
20. Royal FF (1984) Cybernetics and electro-medicine: Computerassisted electro-therapy. J Ultramol Med 2: 41-44
21. Stulen FB, De Luca ĊJ (1981) Frequency parameters of the myoelectric signal as a measure of muscle conduction velocity. Battelle Columbus Laboratories, Columbus, Ohio
22. Stux G, Mannheimer JS (1982) Therapie-Atlas Tenzcare. 3M Deutschland, Neuss
23. Tilscher H, Eder M (1986) Lehrbuch der Reflextherapie. Hippokrates, Stuttgart

Die Therapie der akuten und chronischen Epicondylitis humeri lateralis (Tennisarm) mit Akupunktur

A. Molsberger, K. P. Schulitz und E. Hille

Einleitung

Die Epicondylitis humeri lateralis gehört zu den häufigen sportinduzierten Krankheitsbildern. Immer wieder neigt sie zu einem chronischen Krankheitsverlauf. Viele Patienten klagen jahrelang über starke Schmerzen, und unterschiedlichste Behandlungsversuche bleiben oft unbefriedigend [5, 12, 13] (Abb. 1). Die chronische Epicondylitis humeri lateralis ist somit gerade für den Sportarzt ein typisches Krankheitsbild, bei dem es geboten scheint, immer wieder nach neuen - auch unorthodoxen - Therapiemöglichkeiten zu suchen. Ins Blickfeld rückt hier die Akupunktur. Denn

- durch die neurophysiologische Grundlagenforschung sind in den letzten 10 Jahren wichtige analgetische Wirkungsmechanismen der Akupunktur nachgewiesen worden [2, 4, 7, 8, 9, 11, 15, 19-27, 29],
- mehrere Studien konnten die klinische Relevanz der Akupunktur bei der Behandlung des Tennisarmes aufzeigen [3, 17, 18].

So ist es verständlich, daß die Erkrankung des Tennisarmes in die Akupunktur-Indikationsliste der WHO aufgenommen worden ist und die Akupunktur gerade in den USA bei der Behandlung des Tennisarmes immer häufiger angewendet wird [28].

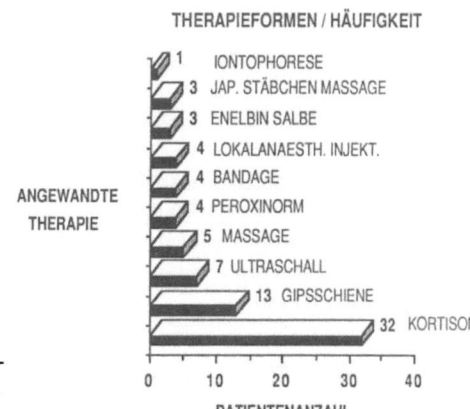

Abb. 1. Art und Häufigkeit der erfolglos unternommenen Therapieversuche bei Patienten mit chronischem Tennisarm

Wissenschaftliche Ergebnisse

Akupunkturgrundlagenforschung

Heute darf man konstatieren, daß vor allem die analgetische Wirkungsweise der Akupunktur zu einem Teil neurophysiologisch experimentell überprüft und nachgewiesen ist. Die Ergebnisse einer Vielzahl von tierexperimentellen Studien lassen sich im wesentlichen wie folgt zusammenfassen: Die Nadelung eines Akupunkturpunktes mit anschließender manueller oder elektrischer Stimulation der Nadel

- führt über die Reizung von Nozizeptoren und Propriozeptoren zur Erregung von A1-sensiblen Afferenzen (A-β-, A-δ-, C-Fasern) [6]. Impulse werden über diese Afferenzen zu Nervenzellen, die in der Nähe der Hinterhornneurone gelegen sind (wahrscheinlich Zellen innerhalb der Substantia gelatinosa), weitergeleitet [16]. Dies führt über eine Potentialverschiebung zu einer Hemmung der Reizantwort der Hinterhornneurone auf periphere Schmerzreize und mithin zu einer Verminderung der Schmerzimpulsweiterleitung via Tractus spinothalamicus zum Kortex. Damit wirkt die Akupunktur auf spinaler Ebene hemmend auf die Perzeption von peripheren Schmerzreizen, welches vor allem die direkt nach der Akupunkturpunktstimulation auftretende frühe Analgesie erklärt. Es konnte gezeigt werden, daß die Analgesie nicht nur innerhalb von Head-Zonen auftritt [20, 22, 29],
- führt zu einer signifikanten Erhöhung von β-Endorphinen im Liquor cerebrospinalis, die vor allem in der Hypophyse, dem zentralen (periaquäduktalen und periventrikulären) Grau, dem Nucleus caudatus und dem Corpus striatum ausgeschüttet werden [4, 7, 9, 15, 21-29],
- führt zu einem signifikanten Anstieg der zentralen Serotoninkonzentration. Diese humorale Wirkung der Akupunktur erklärt vor allem diejenige analgetische Wirkung, die mit einer Latenzzeit von einigen Minuten auftritt und die die Therapie selbst um lange Zeit überdauert [6].

Klinische Studien zur Behandlung des Tennisarms mit Akupunktur

Die sofortanalgetische Wirkung der Akupunktur beim Tennisarm

In einer doppelblind-kontrollierten randomisierten Studie zeigten sofort nach Akupunkturbehandlung 79,2% der Patienten eine mindestens 50%ige Linderung der druck- oder belastungsabhängigen Schmerzen beim Tennisarm. Die Dauer der analgetischen Wirkung hielt durchschnittlich 20,2 h an. In der Kontrollgruppe wurde nach Plazeboakupunktur nur bei 25% der Patienten eine 50%ige Schmerzlinderung beobachtet, wobei hier die durchschnittliche Dauer der analgetischen Wirkung 1,4 h betrug. Die Ergebnisse sind statistisch signifikant (Abb. 2 und 3). Die Untersuchung zeigt, daß die klinisch relevante analgetische Wirkung einer nach chinesischen Regeln durchgeführten Akupunktur sofort nach Behandlung beginnt und deutlich über einen alleinigen Suggestiveffekt hinausgeht [17, 18].

Die Therapie der akuten und chronischen Epicondylitis humeri lateralis   111

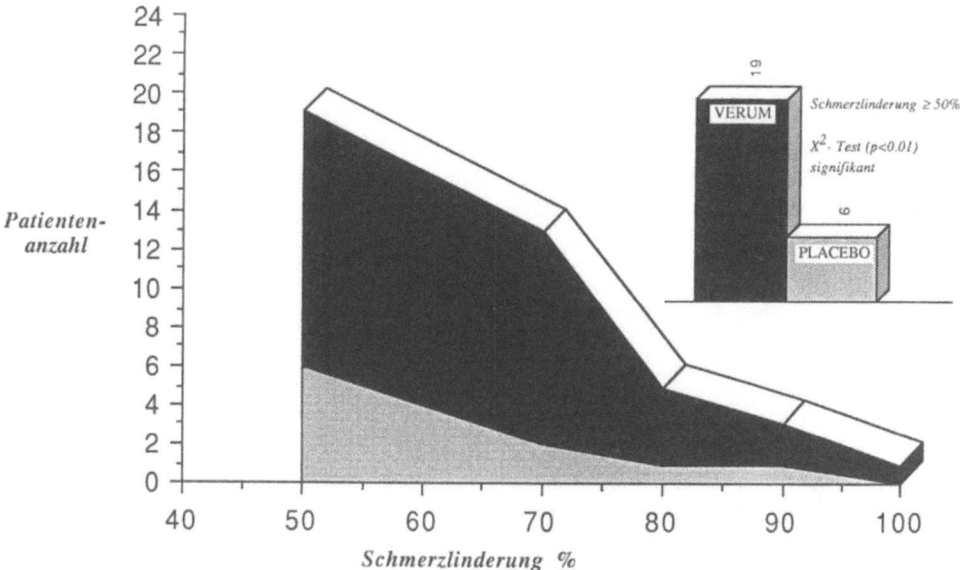

Abb. 2. Kumulative Rate der Schmerzlinderung. Als Erfolgskriterium wurde eine Schmerzlinderung von mindestens 50% definiert. 19 von 24 Patienten der Verumgruppe und 6 von 24 Patienten der Plazebogruppe gaben eine Schmerzlinderung von mindestens 50% an. Die Ergebnisse sind statistisch signifikant (X^2-Test)

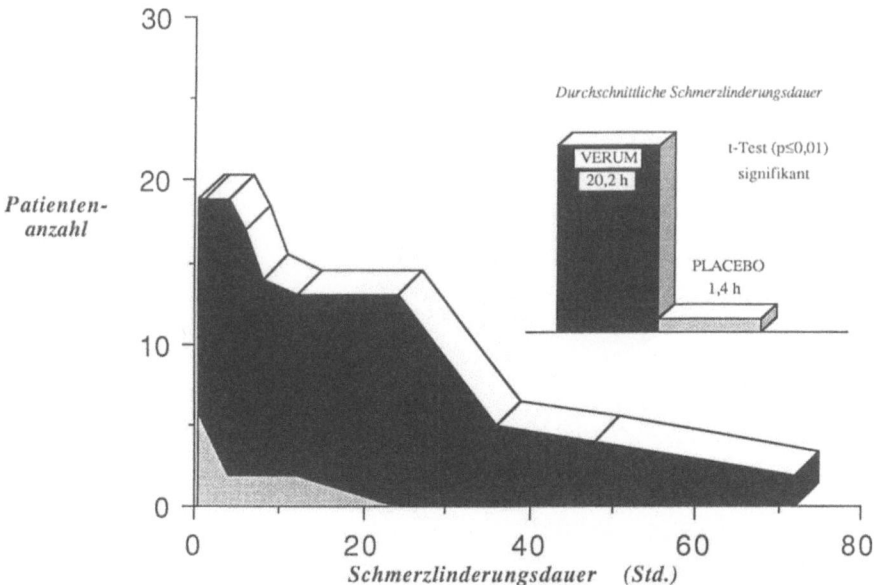

Abb. 3. Kumulative Rate der Schmerzlinderungsdauer beim chronischen Tennisarm nach Akupunkturbehandlung. Die durchschnittliche Dauer der Schmerzlinderung beträgt in der Verumgruppe 20,2 h und in der Plazebogruppe 1,4 h. Die Ergebnisse sind statistisch signifikant (t-Test, $p < 0,01$)

A. Molsberger et al.

Behandlung des chronischen Tennisarmes mit Akupunktur

In einer aus ethischen Gründen nicht kontrollierten Therapiestudie wurde an 27 Patienten mit chronischer Epicondylitis humeri lateralis die Langzeittherapie mit Akupunktur geprüft. Nach durchschnittlich 12 Akupunktursitzungen je Patient zeigten 22 Patienten (81%) eine deutliche Besserung ihrer Beschwerden (Nachkontrollen bis 9 Monate). Im einzelnen wurden folgende Therapieergebnisse erzielt (Abb. 4).

Therapieerfolg = 4
Vollständige Schmerz- und Beschwerdefreiheit 4 von 27 Patienten (14,81%)

Therapieerfolg = 3
Sehr viel besser („nur noch bei stärkster Belastung hin und wieder leichte, jedoch nicht anhaltende Beschwerden") 13 von 27 Patienten (48,15%)

Therapieerfolg = 2
Deutliche Besserung („Viele Bewegungen, die vorher schmerzhaft waren, sind jetzt schmerzfrei möglich") 5 von 27 Patienten (18,51%)

Therapieerfolg = 1
Geringe Besserung 0 von 27 Patienten (0,00%)

Therapieerfolg = 0
Keine Besserung, Beschwerdebild unverändert 5 von 27 Patienten (18,51%)

11 der mit Erfolg behandelten Patienten waren Tennisspieler. Ausnahmslos konnten diese nach der Behandlung das Tennisspiel wieder aufnehmen. Diejenigen Patienten, bei denen nur ein Therapieerfolg von „2" oder „3" erzielt worden war, berichteten übereinstimmend, daß beim Tennisspiel, besonders beim Rückhandschlag, die Beschwerden geringer als vor der Therapie seien. Auch klängen Beschwerden, die während des Spiels auftreten, nach dem Spiel innerhalb kurzer

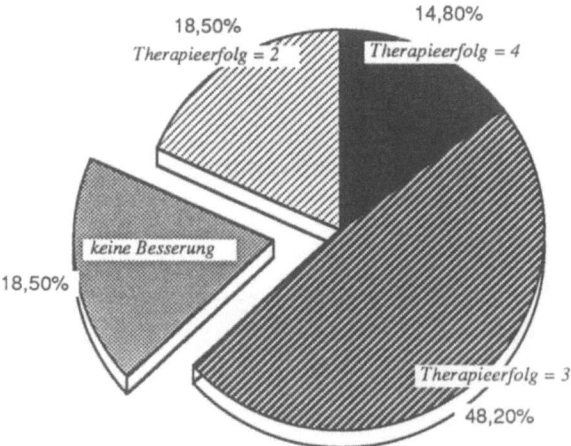

Abb. 4. Therapieergebnisse bei chronischem Tennisarm nach Langzeittherapie mit Akupunktur. Die Ergebnisse beziehen sich auf 27 Patienten, durchschnittliche Erkrankungsdauer 14,7 Monate, durchschnittliche Therapieanzahl: 12 Sitzungen

Zeit wieder ab und steigerten sich nicht, wie vor der Therapie, von Spiel zu Spiel [17, 18].

Das in dieser Studie erzielte vergleichsweise gute Therapieergebnis von 81% deutliche Besserung bei einem Patientenkollektiv, bei dem die durchschnittliche Erkrankungsdauer des Tennisarmes 14,7 Monate betrug, Patienten also, die schon die unterschiedlichsten Therapieerfahrungen bisher erfolglos angewandt hatten, dieses vergleichsweise gute Ergebnis steht u. a. im Einklang mit den Untersuchungen von Haug u. Robben, die bei Beschwerden im Bewegungsapparat bei 80% der mit Akupunktur behandelten Patienten einen guten bis mäßigen Therapieerfolg verzeichneten [10].

Vergleich: Akupunkturtherapie und Steroidtherapie

Brattberg verglich bei Patienten, die an Tennisellbogen litten, die Akupunkturtherapie mit der herkömmlichen Steroidtherapie. Von 29 Patienten, die mehr als 6 Monate an einem Tennisellbogen litten, zeigten 18 (62%) eine befriedigende bis sehr gute Besserung nach Akupunktur. In den mit Kortisoninjektionen behandelten Vergleichskollektiv zeigte sich eine Besserung der Beschwerden bei 2 von 11 Patienten (18%). Hierbei wurde im Durchschnitt jeder Patient nur 6mal mit Akupunktur innerhalb von 4 Wochen behandelt [3].

Unter Berücksichtigung aller Arbeiten darf man mit Brattberg schließen, daß die Akupunktur eine wirkungsvolle Behandlungsmethode, gerade für die Beschwerden des akuten und chronischen Tennisarmes, darstellt.

Therapie des Tennisarms mit Akupunktur [1, 13, 27]

Die Therapie des Tennisarmes besteht aus 2 Teilen.
1) Nadelung von Akupunkturpunkten am betroffenen Arm
   (Therapiedauer: 20 min).
2) Nadelung mit ausgeprägter Stimulation von Akupunkturpunkten am homolateralen Unterschenkel
   (Therapiedauer: 5 min).

Akupunkturpunkte, Lokalisation und Stichtechnik

Direkt in der Nähe des Epicondylus radialis verlaufen nach traditionellen chinesischen Vorstellungen zwei Akupunkturmeridiane: Dickdarmmeridian und Sanjiaomeridian. Punkte dieser beiden Meridiane sind für die Therapie am betroffenen Arm von ausschlaggebender Bedeutung, wobei je nach individueller Ausprägung des Krankheitsbildes drei Akupunkturregeln, die die Auswahl der jeweiligen Punktekombination bestimmen, angewendet werden.

Ah-shi-Punkte

Bei allen exakt lokalisierbaren, an der Körperoberfläche befindlichen Beschwerden werden sog. Ah-shi-Punkte gestochen. Unter diesen Punkten versteht man Lokalpunkte, die über dem Ort des größten Schmerzes liegen, also „Locus-dolendi"-Punkte.

So wird beim Tennisarm eine Nadel exakt in das Zentrum des Schmerzes und 4 Nadeln sternförmig um diese Nadel herum gestochen. Die Stichtiefe ist so zu wählen, daß mit der Nadel der Sehnenansatz durchdrungen und das Periost erreicht wird.

Bei korrekter Stichtiefe breitet sich um die Einstichstellen ein dumpfes Schweregefühl aus, welches im Chinesischen als „De-Qi"-Empfindung bezeichnet wird und für den Erfolg der Akupunkturbehandlung entscheidend ist.

Nahpunkte

Zusätzlich zu den 5 Ah-shi- oder Locus-dolendi-Punkten werden sog. Nahpunkte gestochen. Dies sind in der Nähe des Ellbogengelenkes und am Unterarm gelegene Meridianpunkte,, die aus Meridianen gewählt werden, welche durch das Schmerzgebiet ziehen. Im Falle der Erkrankung des Tennisarms wählt man die Punkte: *sanjiao 10, Dickdarm 4, Dickdarm 10, Dickdarm 11*.

Fernpunkte

Nach bestimmten traditionellen chinesischen Akupunkturregeln (Auswahl der Punkte von Meridianachsen mit jeweiliger gleicher Yin-Yang-Modalität) (Dickdarm-Magen = Yang-Ming-Achse, sanjiao-Gallenblase = Shao-Yang-Achse) werden Punkte am homolateralen Bein ausgewählt: *Gallenblase 34, Magen 36, Neupunkt 135*.

Lokalisation der Punkte

Sanjiao 10: bei rechtwinklig gebeugtem Ellbogengelenk in der Vertiefung hinter dem Olecranon, über dem Sehnenansatz des M. trizeps brachii (Segment C7, C8).

Dickdarm 4: bei adduziertem Daumen genau an der höchsten Stelle des M. adductor pollicis (Segment C6).

Dickdarm 10: auf einer geraden Verbindungslinie zwischen Dickdarm 11 und Dickdarm 4 (2 Cun[1] distal von Dickdarm 11), über dem M. brachii radialis (Segment C6).

Dickdarm 11: bei rechtwinklig gebeugtem Ellbogengelenk genau am lateralen Ende der Beugefalte des Ellbogengelenks (Segment C6, C7).

---

[1] 1 Cun entspricht der Breite des Endgliedes des Daumens des zu behandelnden Patienten. Das Cun ist ein relatives, vom jeweiligen Patienten abhängiges Maß und wird zur Lokalisation von Akupunkturpunkten gebraucht.

Gallenblase 34: 1 Querfinger distal und ventral des Fibulaköpfchens in der dort zu tastenden Vertiefung (Segment L5).

Magen 36: Am distalen Ende der Tuberositas tibia, ein Querfinger lateral der Tibiakante über dem M. tibialis anterior (Segment L5).

Neupunkt 135: 1 Querfinger unterhalb und dorsal des Fibulaköpfchens (Segment L5).

Stichtechnik

Am Punkt *Sanjiao 10* wird die Nadel bis in den sehnigen Ansatz des M. trizeps brachii gestochen (0,5 cm). In den Punkten *Dickdarm 11, Dickdarm 10, Dickdarm 4* wird die Nadel 1-2 cm tief eingestochen, so daß die Nadel mit Sicherheit das jeweilige Muskelgewebe penetriert. Die Nadeln werden 20 min belassen; während dieser Zeit soll der Patient den Arm in einer entspannten Position halten. Etwa alle 5 min werden die Nadeln manuell stimuliert, so daß während der gesamten Therapiezeit sich das De-Qi-Gefühl im Ellbogen und im Unterarm, besonders über dem M. brachio radialis aufbauen kann.

Die Fernpunkte *Gallenblase 34, Magen 36 und Neupunkt 135* werden vor oder nach der Therapie mit Lokal- und Nahpunkten gestochen. Die Fernpunkte müssen besonders stark manuell stimuliert werden, so daß sich ein ausgeprägtes De-Qi-Gefühl im Knie und Unterschenkelbereich ausbreitet. Während dieses De-Qi-Gefühl entsteht, wird der Patient aufgefordert, das erkrankte Ellbogengelenk zu massieren und Bewegungen auszuführen, die normalerweise die typischen schmerzhaften Beschwerden beim Tennisarm provozieren.

Wird diese Therapie korrekt durchgeführt, so geben 79,2% der Patienten noch während der Therapie - meistens 1-2 min nach dem provozierten De-Qi-Gefühl am Bein - eine spontane, ca. 70%ige Schmerzlinderung an, so daß Bewegungen, die vorher äußerst schmerzhaft waren, wie z.B. das Halten eines Gewichts mit ausgestrecktem Arm, jetzt schmerzfrei möglich sind. Nach 5 min manueller Stimulation der Fernpunkte werden die Nadeln gezogen. Die analgetische Wirkung hält im Mittel 20,2 h an (s. oben) [17, 18].

Prognose

Die Anzahl der einzelnen Akupunktursitzungen sowie die Prognose der Erkrankung nach Akupunkturtherapie wird wesentlich durch die schon bestehende Dauer der Erkrankung bestimmt. Auch für die Akupunktur gilt: je chronischer eine Erkrankung, desto ausdauernder muß sie therapiert werden. Beim akuten Tennisarm reichen häufig nur 6 Behandlungen, wobei sich das Krankheitsbild vor allem durch die Therapie mit den Fernpunkten von Sitzung zu Sitzung stufenförmig bessern sollte.

Um beim chronischen Tennisarm einen dauerhaften Therapieerfolg zu erzielen, müssen mindestens 6 Sitzungen, im Durchschnitt etwa 12 Akupunktursitzungen angewendet werden. Im Einzelfall können bis zu 15-20 Sitzungen notwendig werden, darüber hinaus ist jedoch mit keiner weiteren Besserung der Erkrankung zu rechnen.

Eine besonders günstige Prognose des Tennisarmes besteht, wenn der Patient noch im Vorstadium der eigentlichen Erkrankung therapiert werden kann. Bevor der typische Epikondylitisschmerz auftritt, bemerken die meisten Patienten eine einige Tage währende Muskelverspannung der Extensorengruppe mit muskelkaterartigen Schmerzen im proximalen Unterarm, wobei das Maximum der Beschwerden im Bereich des Punktes *Dickdarm 10* lokalisiert wird. Beginnt man zu diesem Zeitpunkt mit der Akupunkturtherapie, genügen 1-2 Behandlungen, um die Beschwerden und damit auch die Gefahr eines drohenden Tennisarmes zu beseitigen.

Das Tennisspielen kann etwa 2 Wochen nach abgeschlossener Therapie wieder aufgenommen werden.

Nach eigenen Erfahrungen wirken sich die beim chronischen Tennisarm häufig vorangegangenen Therapieversuche mit Steroidinjektionen in den Sehnenansatz der Extensoren am Epicondylus radialis (bei aller Problematik dieser Therapie) auf das Behandlungsergebnis mit Akupunktur prognostisch nicht aus. Wohl aber scheinen Tennisarme, die an beiden Ellbogengelenken gleichzeitig auftreten, mit der oben beschriebenen Akupunkturtherapie nicht behandelbar zu sein. Da gerade bei bilateralen Epikondylitiden die ätiologische Bedeutung einer degenerativen HWS-Veränderung evtl. mehr ins Gewicht fällt als ein etwaiges sportinduziertes Überlastungstrauma, soll die Akupunkturtherapie von bilateral auftretenden Epikondylitiden in diesem Rahmen nicht beschrieben werden.

Zusammenfassung

Der Tennisarm ist eine Erkrankung, die mit ihrer Neigung zur Chronizität den Sportarzt oft vor schwierige therapeutische Probleme stellt. Deshalb scheint es geboten auch eine noch unkonventionelle Therapiemethode, wie in diesem Fall die Akupunktur, als therapeutische Maßnahme zu erwägen. Bei 81% der Patienten, die mit einer durchschnittlichen Erkrankungsdauer von 1,4 Jahren an einem chronischen Tennisarm leiden, lassen sich die Beschwerden durch Akupunktur deutlich bessern. Unterschiedlichste therapeutische Maßnahmen waren bei diesen Patienten bisher erfolglos. Die erforderliche Anzahl der Akupunktursitzungen beläuft sich auf 6 beim akuten Tennisarm, bis zu 20 Sitzungen beim chronischen Tennisarm (durchschnittlich 12 Sitzungen).

Therapiert man Patienten im Prodrominalstadium des Tennisarmes (Muskelverspannungen der Extensoren am Unterarm), so reichen meist 1-2 Sitzungen. Allerdings muß hervorgehoben werden, daß - um unnötige Mißerfolge zu vermeiden - die Therapie ausschließlich von Ärzten durchgeführt werden sollte, die über ein fundiertes Wissen über und ausreichende Erfahrung mit der Methode Akupunktur verfügen.

Sind diese Voraussetzungen erfüllt, so zeigen die vorliegenden klinischen Studien, daß sowohl der akute Tennisarm als auch der chronische Tennisarm, auch und gerade nach erfolgloser konventioneller Therapie - eingeschlossen erfolgloser Therapie mit Steroidinjektionen -, mit Akupunktur gut zu behandeln sind.

Literatur

1. Beijing College of Chinese Medicine: Essentials of Chinese Medicine, Foreign Languages Press Beijing
2. Bragin EO, Vasilenko GF, Durinjan RA (1983) The study of the central grey matter in mechanism of different kinds of analgesia. Pain 16: 33-40
3. Brattberg G (1983) Acupuncture therapy of tennis ellbow. Pain 16: 285-288
4. Clement-Jones V, Mc Loughlin L, Tomlin S et al. (1980) Increased β-enorphin but not metenkephalin levels. Lancet I: 946-948
5. Cyriax JH (1936) The pathology and treatment of tennis elbow. J Bone Joint Surg 18: 921
6. Han JS, Terenius L (1982) Neurochemical basis of acupuncture analgesia. Am Rev Pharmacol Toxicol 22: 193-220
7. Han JS, Zhou Z, Xuan Y (1983) Acupunctur has an analgetic effect in rabbits. Pain 15: 83-91
8. Han Ji-Sheng, Xuan Yu-Ting (1986) A mesolimbic neuronal loop of analgesia. Intern J Neurosci 29: 109-117
9. Han Sheng-Ji, Xie Guo-Xi (1984) Dynorphin: Important mediator for electroacupuncture analgesia. Pain 18: 367-376
10. Haug HU, Robben H (1986) Die Akupunktur als Objekt allgemeinmedizinischer Forschung. Z Allg Med 62: 607-612
11. He L, Lu R, Zhuang S, Zhang X (1985) Possible involvement of opioid peptides of caudate nucleus. Pain 23: 83-93
12. Horvath F, Kery L, Sillar P (1983) Insertionstendopathie im Ellbogengelenk als geriatrisches Krankheitsbild. Aktuel Gerontol 13: 5-9
13. Kivi P (1982) The etiology and conservative treatment of humeral epicondylitis. Scand J Rehab Med 15: 37-41
14. König D, Wancura F (1978) Die Akupunkturbehandlung bei Erkrankungen des Bewegungsapparates. Haug, Freiburg
15. Mayer DJ, Price DD, Rafii A (1977) Antagonism of acupuncture analgesia in man by the narcotic antagonist naloxone. Brain Res 121: 368-372
16. Melzack R (1976) Akupunktur und Schmerzbeeinflussung. Anaesthesist 25: 204-207
17. Molsberger A (1986) Die sofort-analgetische Wirkung der Akupunktur bei der Epicondylitis humerus lateralis und der Langzeittherapie der EHL mit Akupunktur. Med. Diss., Universität Düsseldorf
18. Molsberger A (1986) The analgesic effect of acupuncture in the treatment of tennis elbow. Br J Acup 9: 2
19. National Symposion of Acupunctur Beijing (1984) Advances of acupuncture and acupuncture anaesthesia. The People's Medical Publishing House 1984
20. Pauser G (1980) Neurophysiologische und neuropharmakologische Untersuchungen über mögliche Mechanismen der peripheren Nervenstimulation. Wien Klin Wochenschr 92/14 [Suppl]
21. Pomeranz B (1977) Brain's opiates at work in acupuncture. New Sci 6: 12
22. Pomeranz B, Cheng R, Law P (1977) Acupuncture reduces electrophysiological and behavioral responses to noxious stimuli. Exp Neurol 54: 172-178
23. Pomeranz B, Peets JM (1978) CXBK mice deficient in opiate receptors show poor electroacupuncture analgesia. Nature 273: 675-676
24. Sjölund B, Eriksson M (1976) Electro-acupuncture and endogenous morphines. Lancet 13: 1085
25. Sjölund BH, Eriksson MBE (1979) The influence of naloxone on analgesia produced by peripheral conditioned stimulation. Brain Res 173: 295-301
26. Sjölund B, Terenius L, Erikson M (1977) Increased cerebrospinal fluid levels of endorphins after electro-acupuncture. Acta Phys Scand 100: 382-384
27. Stux G, Stiller N, Pothmann R (1985) Akupunktur. Lehrbuch und Atlas, 2. Aufl. Springer, Berlin Heidelberg New York Tokyo
28. WHO Liste (1980) WHO Indikationsliste zur Akupunktur. Ärztl Prax 11: 1
29. Xiang L, Zhu B, Zhang S (1986) Relationship between electroacupuncture analgesy and descending pain. Inhibitory mechanism of acupuncture. Pain 24: 383-396

Clinical and Experimental Studies on Patellar Tendon Enthesopathy in Athletes Using Acupunctural Treatment

Shudong Zhang, Guoping Li, and Fengsu Li

Introduction

Patellar tendon enthesopathy (jumper's knee) is an overuse syndrome frequently found in athletes who engage in repetitive sports activities, such as volleyball, basketball, high-jump and dancing, which stress the extensor mechanism. Conservative treatment (rest, physical therapy, massage and antiinflammatory drugs) is usually sufficient to allow the symptoms to disappear. However, the athletes usually stop their sports activities when they have conservative treatment. The purpose of this study was to investigate the effect of acupunctural treatment on patellar tendon enthesopathy clinically and experimentally while the athletes and animals continued to have their physical exercises.

Materials and Methods

A total of 156 patients with the enthesopathy of the inferior pole of the patellar tendon, 61 males and 95 females, were treated in the clinical study. They included 43 ball players, 38 dancers, 30 martial artists, 21 cyclers, and 24 track and field athletes.

In the experimental study, 14 Chinese male rabbits of the same species were used. An electric cage with high voltage and low current was used to make the rabbits jump and run in the cage every 20 s for 1 h each day. After 1 month of such experimental exercise training, both of each rabbit's knees were treated. An additional 5 rabbits served as blank controls in the experimental study. At the end of the experimental all the animals were killed at the same time. Histological specimens were taken from the patella and patellar tendon and fixed in 10% formalin for pathological examination.

Both the patients and rabbits were divided into three groups and treated separately by (a) regular acupuncture with moxibustion, (b) microwave through acupuncture needles, and (c) Hene laser beam on the acupuncture points. In all the treatment groups, the patellar tendon terminal, Xiyan (Extra 32) and Futu (St 32) points of the affected knees were chosen for the treatment. A total of 10 treatments were given to each of the three groups in the study. During the period of this study, the patients and animals continued their sports activities.

Results and Discussion

In this study 156 patients with patellar tendon enthesopathy were treated separately by acupuncture-moxibustion, microwave needling, and laser irradiation. The clinical results are indicated at Table 1. The overall effective rate was 92.9%. The 85 cases treated by acupuncture-moxibustion showed a total effective rate of 97.6%, the highest of the three groups.

It was also noted that the results were especially satisfactory in mild and moderate cases with a disease history of less than 20 years when the acupuncture-moxibustion was done 6-10 times (Table 2).

In the control group of the experiment (10 knees of 5 rabbits), the walls of the blood vessels were thicker with proliferation and hypertrophy of the smooth muscles. The wave-like bends in the fibrous connective tissue disappeared, the fibers coalesced, the nuclei reduced in number or disappeared, showing hyaline degeneration at the insertion of the patellar tendon. Near the tidemark in the tendon there was a proliferation of cartilage cells, and cartilage islands formed. Tidemarks in the inferior part of the patella were blurred, broken and shifted outwards, accompanied by neovascularization and ossification. In the intermediate zone of the patella, massive chondrocytic proliferation was seen in the area connecting the patellar cartilage. Fibroplastic changes occurred in the fat pad and the synovial membrane. Arterial walls in the fat pad showed marked thickening and smooth muscle proliferation.

In the acupuncture and moxibustion group (10 knees of 5 rabbits), all 10 patellar tendons showed markedly milder pathological changes than in the control

Table 1. Comparison of curative effect in the three groups

Group	No. of cases	Cured n (%)	Markedly effective n (%)	Improved n (%)	No response n (%)
Acupuncture-moxibustion	85	54 (63.5)	14 (16.5)	15 (17.6)	2 (2.4)
Microwave	38	16 (42.1)	6 (15.8)	12 (31.6)	4 (10.5)
Laser	33	16 (48.5)	6 (18.2)	6 (18.2)	5 (15.1)
Total	156	86 (55.1)	26 (16.7)	33 (21.1)	11 (7.1)

Table 2. Relation of curative effect to duration of disease and number of treatment in the acupuncture group

		No. of cases	Cured n (%)	Markedly effective n (%)	Improved n (%)	No response n (%)
Total cases		85	54	14	15	2
Duration (in years)	≤5	58	39 (67.2)	10 (17.2)	9 (15.5)	0
	6-20	19	11 (57.9)	4 (21.1)	4 (21.1)	0
	>20	8	4 (50.0)	0	2 (25.0)	2 (25.0)
No. of treatments	≤5	34	16 (47.1)	4 (11.8)	12 (35.3)	2 (5.9)
	≥6	51	38 (74.5)	10 (19.6)	3 (5.9)	0

group. This was especially clearly shown by their more distinct, unbroken tidemarks with less stratification and out-shifting, by a milder chondrocytic proliferation without formation of cartilage islands and a more regular layer of calcification. Changes in the patellar tendon of the laser irradiation group (10 knees of 5 rabbits) were basically the same as those found in the acupuncture-moxibustion group. Pathological examination of the microwave needling group revealed results somewhat inferior to those of the other two groups.

It has been proved that acupuncture is benefical to reduce pain, remit muscular spasm and requite arterial diastolic function. The present study showed that acupuncture is an effective treatment in patellar tendon enthesopathy in athletes.

Laser Therapy in Chronic Pain Syndromes

J. D. Bryant, J. M. Pernak, and A. M. Klamer

Our clinic in Delft is a pain clinic, and as such, almost all our patients suffer from chronic pain; however, we have a small number of acute traumatic conditions that we have treated with laser.

First of all for the benefit of anybody who knows less than we do about laser theory, a few words about that. Laser actually means light amplification by stimulated emission of radiation. As we all remember, an atom of any material consists of a central mass around which tiny particles, electrons, travel in orbit. The electrons can only occupy certain orbits and corresponding to these is a definite energy of the atom. When the electrons are maximally close to the nucleus, the atom possesses the least possible amount of energy and is said to be in the ground state; when they occupy a greater radius, the atom is said to be in an excited state.

To use this energy involves the application of a source of other energy (electricity) to excite atoms from their normal ground state to their excited state. Once in an excited state, the atom has a tendency to return to its ground state by the emission of some part of its energy, which is given out in this case as light energy. The energy involved in these transitions is in finite bundles or packets called quanta, the quantum of light energy being termed a photon. There are various ways in which the emission process can occur, but the one that interests us at the moment is that, if an atom in an excited state is bombarded by a photon or a wavelength of energy content corresponding to a difference in energy levels appropriate to the bombarded atom, the atom may emit a photon and reduce its energy to the appropriate lower energy level.

The original photon continues on its original path and the emitted photon joint it. This process is repeated at each collision and the emitted photons join together giving an intensified or amplified beam of photons, all of which have their wave forms in phase with each other. The beam of light is said to be coherent and the emission is termed stimulated emission.

The characteristics of laser light are:
1) Monochromicity: the electromagnetic radiations making up the luminous ray are all of the same wavelength and thus of the same colour.
2) Coherence in time and space: the electromagnetic waves are almost parallel and therefore they convey a very large quantity of electromagnetic radiation.
3) Direction, with only the slightest divergence of angle.
4) Brilliance: a photometric measure combining the power of the emission with the direction of the source of electromagnetic radiation.

Table 1. Classification of medical lasers

Type	Typical laserable material	Uses
Power lasers	CO_2/argon	Surgical procedures
Midlasers	Infrared	Tissue penetration up to 3 cm
Soft lasers	Helium/neon	Superficial layers of dermis only

Lasers can be classified in various ways, but since we are only interested at the moment in medical lasers, we have prepared a clinical classification of medical lasers (Table 1). For our purposes, we can immediately disregard the power lasers which are used for surgical procedures and cause tissue damage. The penetration ability of the soft laser is in general not useful in the treatment of pain as the penetration is too insufficient. The midlaser, however, which is derived from the helium/neon laser with the addition of infrared diodes, is particularly useful and has a penetration of 20-30 mm.

There are several theories of how the midlaser produces its effect on the tissues in the treatment:

1) Vasodilatation of the arterioles and capillaries increases vascularity of the treated tissues, which in turn will be partly responsible in increasing the cell metabolism.
2) Modification of the hydrostatic and intercapillary pressures results in a reduction of oedema locally, i.e. reduction of inflammation.
3) An elevation of the pain threshold has been shown experimentally in double-blind trials (on humans).
4) Mester (1974) and later Mosklik (1979) both showed experimentally that there was a stimulation of the conversion of ADP to ATP.
5) Apparently there is an alteration in the cell-membrane permeability to electrolytes, which of course alters the electrical potentials across the membrane towards normalization of the cell, and thus stimulation of cell metabolism. Also this mechanism is suggested to have a direct effect on peripheral nociceptive stimulation.
6) Goldman (1980) found that the midlaser causes a modification of both the immunosuppression and immunostimulation mechanism, when he observed amongst other things the circulating immune complexes measured by platelet aggregation after lasing. As is known there are a group of chronic painful syndromes, which have their pathological basis in this mechanism.
7) Mester (1977) demonstrated the acceleration of cell partition and collagen formation experimentally after lasing, i.e. stimulation of healing.
8) Apparently various chemical transmitters such as acetylcholine are released and probably also endorphins. Walker (1983) showed that the urinary secretion of 5-hydroxy-indolacetic acid is increased, which is a serotonin derivative known to be associated with some forms of chronic pain.

The list appears very vague, but all these activities have been observed and apparently confirmed by various workers mainly in animal studies - there is a very good review of these findings by Professor Palmieri of the University of Modena (Italy) (1985).

It should be mentioned that some workers believe that the alteration of cell-wall permeability to electrocytes can, by increasing the conduction in the nerve fibres, activate the so-called gate control mechanism as with TENS (transcutaneous electrical nerve stimulation). In addition, many workers use the midlaser for chronic pain treatment, not by local application but to the acupuncture points – apparently with much success.

We have two midlasers in use in Delft at present, both are helium/neon and infrared lasers. One is the space laser I.R. CEB and the other is the biotronical laser type C. We find uses for both, but especially useful in many cases is the possibility for direct manual control, which is only available with the I.R. CEB probe.

Incidentally, strict safety controls must be observed, especially with regard to the eyes. Dark glasses should be worn by both the patient and the operator of the laser, care should be taken not to direct the light towards the eyes, and ideally treatment should be carried out in a separate room with a notice on the door stating that laser treatment is in progress.

In Delft we exclude the following groups of patients:
1) pregnant women,
2) patients with endocrine disease,
3) epileptics,
4) patients with pacemakers,
5) children.

Our indications for the use of the laser in Delft are not very specific because we believe in a multistep approach to the treatment of chronic pain. In 1986 approximately 6500 patients were seen and/or treated by us in the Pain Clinic, including new patients and patients coming for repeated treatments and follow-up.

Our treatment regime is as follows:
1) physiotherapy,
2) psychotherapy (pharmacological),
3) TENS,
4) nerve blocks,
5) nerve stimulation,
6) epidural injections +/− corticosteroids,
7) percutaneous radiofrequency thermolesion techniques,
8) laser therapy.

All of these patients have already been seen by their own doctor and all except for the patients with acute herpes zoster have first of all been referred by their doctor to a specialist for investigation of their complaints, and most have already been treated for many years with various physical methods, psychological and psychiatric treatments, as well as in some cases, surgical procedures (usually orthopaedic or neurosurgical). The point of all this background is to show that we can consider that almost any chronic pain syndrome excluding pain in the region of the face or head may be an indication for laser treatment, including: arthroses, arthritis, back pain, postoperative scar pain, "painful joints," stump pain, etc.

We will of course start treatment where possible, based on a diagnosis either of the previous investigating doctor or on our diagnosis; in other words, we attempt to treat our patients specifically, which usually means the use of a needly in some way or other. However, now we come to our particular indications for midlaser treatment of pain, and for us at present there are essentially three:

1) Patients who we consider to be in such a poor general state that an invasive treatment may be dangerous.
2) Patients in whom we have attempted other more specific treatments, but without success.
3) Acute traumatic injuries; only 10 patients so far, but with excellent results.

In the past 3 years in our pain clinic in Delft we have treated with the midlaser 77 patients who required treatment of 88 separate syndromes. Treatments were usually carried out three times a week for between 2 and 8 min, depending on the particular area and the syndrome.

When you initially look at Tables 2 and 3, you may immediately think, what awful results, let's not bother with the laser. But when you consider that nearly all these patients had had chronic pain for years – the longest was 17 years – and nearly all had had a multiplicity of other treatments without success, then we think that you will agree that the results are not so unimpressive at all. In fact, we would say that they are extremely good.

It is interesting to note that some conditions had no response, while others had a very good response. We are of the opinion that when the condition was origi-

Table 2. Results of laser treatment (Delft)

	n	%
Patients treated	77	
Male	28	
Female	49	
Treatments	81	
Patients with significant pain relief	22	27
Patients with some pain relief	20	25
Patients with no significant pain relief	39	18

Table 3. Results of laser treatment at the pain clinic in Delft (n)

Syndrome treated	+	±	−
Low back pain	2	5	13
Neck/shoulder	2	5	7
Knee	7	2	4
Hip	1	2	3
Thorax	1	2	2
Elbow	4	0	0
Ankle	1	0	2
Others	4	3	8

Table 4. Results of laser treatment of painful chronic arthritic conditions at the University of Vienna using a mix (mid and soft) laser

	n	%
Patients treated	78	
Improvement	50	64
No improvement	28	36

Table 5. Laser therapy results of patients with chronic pain syndromes, by Professor Meissner et al., Stuttgart

	n	%
Patients treated	302	
Male	104	
Female	198	
Satisfactory results following laser therapy alone	25	10
Satisfactory results following laser + other therapies	108	32
Improvement following combined therapy	98	35
No improvement	71	23

nally a soft tissue disease or injury, the response to treatment tended to be better, thus the less chronic the condition, the more favourable the outcome.

Let us now consider the results of some other pain clinics, which have had quite a lot of experience with laser treatment (Tables 4 and 5). The University of Vienna has more impressive results than we do, but the patient selection method was different; even so their comments are worth noting.

The approach in the Vienna clinic is also different in that they tend to use many treatments simultaneously. However, they do not use the radiofrequency thermolesion technique, which we consider to be our most successful treatment for suitable patients, especially where there is an element of reflex sympathetic dystrophy, which is often the case.

We have heard that the same arguments as for laser therapy can be put forward for different physical treatments, which have been introduced over the years. Of course this in part may well be true, but it is not to be denied that laser can reduce the pain of a significant number of chronically ill patients, and therefore in our opinion, it is worth using.

References

1. Mester H (1974) Radiobiol Radiother (Berl) 15 (6): 767–769
2. Moskalik U (1979) Dokl Akad Nauk SSR 244 (2): 206–208
3. Goldman F (1980) Laser therapy of rheumatoid arthritis. Lasers Surg Med 1: 93–101
4. Walker F (1983) Relief from chronic pain by low power laser irradiation. Neurosci Lett 43: 339
5. Palmirie A (1985) Mid laser action, mechanisms, facts, hypotheses. Mid Laser Report 2

Perioperative Schmerztherapie in der Orthopädie (Sporttraumatologie)

G. Rothmann

Im folgenden geht es aus der Perspektive täglicher Praxis um die Behandlung akuter Schmerzen nach größeren Sportverletzungen, die operativ versorgt werden müssen. Das ist der Bereich pharmakologischer, also medikamentöser Einflußnahme auf Schmerzen vor und nach orthopädisch-traumatologischen Operationen.

Unfälle sind glücklicherweise nur eine relativ kleine, aber eben traurige und sehr leidvolle Facette des Sports. In einem diesbezüglich speziell ausgerichteten Behandlungszentrum wie unserem Haus wird man damit allerdings ganz intensiv konfrontiert.

Es handelt sich dabei z. B. um Distorsionen und Bandzerreißungen von den Fingern angefangen, über die Schultern bis zu den Sprunggelenken, um Muskelrisse, um Sehnenein- und -durchrisse, um Knorpel- und Bänderschäden der Gelenke und nicht zuletzt um Frakturen jeglicher Lokalisation. Und alle Sportarten sind mehr oder weniger beteiligt: von der rhythmischen Gymnastik über die Leichtathletik, alle Ballsportdisziplinen, das Reiten und Fallschirmspringen bis zum Winter- und Motorsport.

Diese Verletzungen betreffen den wettkampfaktiven, jungen, trainierten, gesunden Sportler genauso wie den vereinsmäßig eifrigen Freizeitsportler, aber auch den nichtorganisierten, aus seiner Bewegungsarmut gelockten prämorbiden Trimmtraber und den tatsächlich kranken Menschen in der Koronargruppe.

Das soll heißen, man hat es in der Behandlung nicht allein mit organisch gut belastbaren jungen Leuten zu tun, sondern begegnet viel häufiger mehr oder weniger nur begrenzt beanspruchbaren Patienten; man denke z. B. an die große Zahl der Hypertoniker, Raucher und Übergewichtigen mit ihren Folgeproblemen unter den in irgendeiner Form Sporttreibenden.

Es reicht also nicht, die Schmerzbehandlung ausschließlich unter dem psychologischen Blickwinkel der Schmerzlinderung, der Angstlösung, des Vertrauenschaffens zu sehen bzw. sie unter den humanitär-ethischen Aspekt des ärztlichen Helfenwollens und des Vermeidens schmerzbedingter psychischer Krisen zu stellen.

Vielmehr sind vor allem die drohenden pathophysiologischen Schmerzantwortmechanismen zu berücksichtigen, wenn unzureichende, ängstliche Analgesie betrieben wird. Denn von großer klinischer Bedeutung ist die Tatsache, daß diese bei anhaltenden Schmerzen zum eigentlichen schädlichen Faktor werden können. Im Sinne eines positiven Rückkopplungsmechanismus wird ein Circulus vitiosus in Gang gesetzt, der seinerseits auf die Nozizeptoren zurückwirkt: die motorische und sympathische Aktivierung führt zu Muskelverspannung und zu Vasokonstriktion, die ihrerseits als schmerzauslösende Faktoren wirken [6]. Damit drohen Reflexdystrophien jeglicher Konvenienz, Inaktivierung, Gelenksteifen und chronifizierende Schmerzzustände.

Die Sympatikusaktivierung bewirkt einen vermehrten Sauerstoffverbrauch und eine Belastung des kardiovaskulären Systems, im Extrem bis zur Dekompensation eines Koronarkranken oder Hypertonikers. Die intensive Aktivierung der hypophysär-adrenokortikalen Achse kann zur Entgleisung eines Diabetikers oder Hyperthyreotikers führen.

Das gilt in gleicher Weise und in vollem Umfang natürlich auch für den operativ verursachten Schmerz sowie die postoperative Situation. Und im Gegensatz zu noch gängigen Ansichten und Einstellungen hierzulande können orthopädische Operationen an Sehnen, Periost und Gelenken starke, dumpfe und quälende Schmerzen auslösen, die bis zu 24 h nach dem Eingriff unvermindert anhalten [6]. Der angloamerikanische Raum sieht das wohl realistischer: „Meniscectomy is a commonly performed, relatively minor procedure, yet one which may be followed by severe pain, exacerbated by reflexly induced quadriceps spasm" [9].

Im Unterschied zu allen anderen Schmerzzuständen kommt dem postoperativen Schmerz in der Regel aber weder eine alarmierende noch protektive Funktion zu. Die adäquate prä- und postoperative Schmerzbehandlung ist damit fast ebenso bedeutsam wie die intraoperative Anästhesie und nichts weniger als eine objektive Bedingung, wenn operativ-orthopädische Behandlungskonzepte erfolgreich sein sollen.

Die Therapie akuter muskuloskeletaler Schmerzen, wie in unserem Gebiet durch Verletzung oder Operation bedingt, kann auf 3 Ebenen mit 3 Substanzklassen ansetzen. Das entspricht tradiertem empirischen Wissen und konnte durch die neuere Schmerzforschung auf fundiertere Grundlagen gestellt werden.

Mit dem Einsatz peripher wirksamer Analgetika läßt sich bereits im Bereich der Läsion, am Ort der Schmerzentstehung eingreifen. Dazu gehören die Pyrazolon-, die Salizylat- und p-Aminophenolderivate. Als Zyklooxygenasehemmer reduzieren sie die Synthese von Prostaglandinen aus freien ungesättigten C-20-Fettsäuren, wie z. B. der Arachidonsäure. Diese Mediatorsubstanzen sensibilisieren die Schmerzrezeptoren im Gewebe und interagieren bei Entzündungsreaktionen und Fieber.

So bewirkt eine Hemmung der Zyklooxygenase eine geringere Schmerzempfindlichkeit, eine Fiebersenkung und auch einen abgemilderten Entzündungsvorgang. Allerdings ist das Wirkungsspektrum der Substanzen aus dieser Gruppe in bezug auf Analgesie, antipyretische Wirkung und antientzündlichen Effekt von Substanz zu Substanz sehr verschieden, ebenso die Nebenwirkungen, die auf denselben Mechanismus zurückgeführt werden. Die Erklärung hierfür ergibt sich aus einer unterschiedlichen Affinität der Substanzen zu den gewebsspezifischen Isoenzymen der Zyklooxygenase [6].

Die Bezeichnung „schwache Analgetika", wie sie für diese Gruppe auch gebraucht wird, ist insoweit unzutreffend, als bei genügender Dosierung eine den Opioiden gleichwertige analgetische Wirkung erzielt werden kann. So fand man eine vergleichbare Wirkungsintensität von 2,5 g Metamizol und 100 mg Pethidin bei postoperativen Schmerzen, nach z. B. gynäkologischen Operationen [10]. Das Metamizol ist wegen seiner zuverlässigen analgetischen Wirkung in der operativen

Medizin besonders bei Patienten mit Drogenanamnese ein sehr wertvolles Pharmakon.

Die Diskussion um sein Nebenwirkungspotential geht an den Bedürfnissen der operativen Medizin vorbei. Sie bezieht sich auf extrem seltene Ereignisse, die wegen der Verwendung des Metamizols als Bestandteil bis vor kurzem nicht rezeptpflichtiger, chronisch mißbrauchter Mischpräparate von Bedeutung sind. Bei Operationsschmerzen erweist es sich als nebenwirkungsarmes, im Vergleich zu anderen Vertretern der peripher wirksamen Analgetika auch als gerinnungsneutrales Mittel [5].

Auf nächsthöherem Niveau können die Schmerzsignale während ihres Weges von den Rezeptoren zu den Zentren in den peripheren und rückenmarksnahen Nervenbahnen durch die Leitungs- bzw. Lokalanästhetika blockiert werden.

Die wichtigste Eigenschaft dieser Substanzen ist darin zu sehen, daß sie eine Depolarisation der Nervenmenbran verhindern, indem sie die Membran stabilisieren. Diese Eigenschaft des Lokalanästhetikums beruht wahrscheinlich darauf, daß die Lipidphase der Nervenmembran durch den lipophilen Teil des Anästhetikums besetzt wird, während der positiv geladene Molekülanteil in der wäßrigen Phase verbleibt. Die Erhöhung der Anzahl positiver Festladungen an der Membran des Nerven erschwert die Kalium- und Natriumbewegung ganz entscheidend.

Dieser Zustand der Blockierung einer Fortleitung des Aktionspotentials über die Nervenfasern führt nicht nur zur Ausschaltung der Schmerzrezeption, sondern beeinträchtigt ebenso die efferente Funktion der motorischen sowie postganglionären sympathischen Fasern. Da dünne Nervenfasern schneller als dicke ausgeschaltet werden, verschwinden die Empfindungen bei der Blockade eines sensiblen Nerven in der Reihenfolge Schmerz, Kälte bzw. Wärme, Berührung und Druck [3].

Den dritten Angriffspunkt zur Hemmung oder Modulation besonders von starken und sehr quälenden Schmerzen stellt das ZNS mit Hirn und Rückenmark dar.

Verwendet werden hier, wie es der Name schon sagt, die zentral oder stark wirksamen Analgetika, also die Gruppe der Opioide. Die Schmerzforschung hat auf diesem Sektor in den letzten 15 Jahren zwei bedeutende Entdeckungen gemacht. Es sind dies einmal die Identifizierung von spezifischen Rezeptoren, an denen die verabreichten Opioide sich anlagern, und zum anderen das Auffinden der Endorphine, der körpereigenen korrespondierenden Liganden dieser Rezeptoren.

Der Wirkmechanismus der Endorphine und Opioide scheint identisch zu sein. Es kommt zu einer Hemmung der schmerzleitenden Neurone, indem der exzitatorische Natriumionenfluß gebremst wird. An den Synapsen wird dadurch weniger Neurotransmitter in den Spalt abgegeben, wodurch die nachgeschalteten Bahnen weniger Impulse führen. Besonders konzentriert findet man diese Opioidrezeptoren in der Substantia gelatinosa des Rückenmarkhinterhorns und in den medialen Abschnitten des Hirnstammes, d.h. in den Schaltstellen der Schmerzleitung und Schmerzmodulation [3].

Inzwischen wurden auch Opioidrezeptorsubtypen ermittelt, und es stellte sich heraus, daß die „intrinsic activity" des Rezeptor-Ligand-Komplexes je nach Opioid unterschiedlich ausfällt. Daraus resultiert die Einteilung der Opioide in Agonisten (z.B. Morphin), Antagonisten (z.B. Naloxon) und Agonist-Antagonisten (z.B. Buprenorphin, Pentazocin), je nach Wirkbild.

Weil die Opioide an spezifischen Rezeptoren angreifen, ist eine Wirkungsverstärkung bezüglich Schmerzunterdrückung durch Dosiserhöhung dann nicht mehr möglich, wenn die Mehrzahl der Rezeptoren bereits mit dem Opioid besetzt ist. Diese Begrenzung der Wirkungsintensität durch die Anzahl der vorhandenen Rezeptoren wird als „Ceiling-Effekt" bezeichnet. Übersättigung der Rezeptoren erzeugt dann allenfalls eine Steigerung der Nebenwirkungen. Diese rangieren von Übelkeit und Erbrechen über Motilitätshemmung der glatten Muskulatur und Stimmungsänderung bis zur dosisabhängigen Atemdepression.

Daraus läßt sich folgern, daß bei Wirkungslosigkeit hoher Dosen eines Opioids eine weitere Dosissteigerung nicht sinnvoll ist, sondern daß man auf eine andere Methode der Analgesie, sei es mit Hilfe peripher angreifender Analgetika oder auf Regionalanästhesieverfahren ausweichen muß [5].

Die konventionelle Therapie perioperativer Schmerzen in der Orthopädie sieht nach mutmaßlicher oder augenscheinlicher Stärke der Beschwerden den stufenweisen Einsatz peripher- und zentralwirksamer Präparate vor und erreicht damit in vielen Fällen eine zufriedenstellende Analgesie. Dabei muß berücksichtigt werden, daß ca. 30% der Frischoperierten praktisch keine behandlungsbedürftigen Schmerzen haben [4]. Die Medikamente werden gelegentlich rektal, meistens intramuskulär oder subkutan und später auch oral oder sublingual vom Stationspersonal verabreicht.

Für sehr starke Schmerzen ist diese herkömmliche Verfahrensweise allerdings mehrfach insuffizient. Manchmal reichen die Medikamente, selbst wenn sie kombiniert und gleichzeitig gegeben werden, schon nicht zur Schmerzkoupierung aus. Häufiger wird die Analgesiequalität durch ein rigide praktiziertes Schema in Dosis- und Applikationsintervallen jedoch zusätzlich beeinträchtigt. Dahinter verbirgt sich ein Mangel an differenzierten Kenntnissen in der Schmerztherapie und die nicht unbegründete Sorge vor dosisabhängigen Nebenwirkungen. Es kommt hinzu, daß durch Personalknappheit oft nur verzögert auf eine Schmerzmittelanforderung reagiert werden kann und dann noch einmal ca. 20 min vergehen, bis das Präparat wirksam wird. Und nur unzulänglich wird in aller Regel die bekannte Tagesrhythmik der Schmerzintensität mit Maximum in den Abend- bis frühen Nachtstunden aufgefangen.

Diese Schwierigkeiten können durch moderne Konzepte und Techniken in der Schmerztherapie abgemildert werden. Weil Schmerz ein exquisit subjektives Erleben ist und unter klinischen Bedingungen objektiv nicht gemessen werden kann, man sich bestenfalls umständlich und näherungsweise mit Analogskalen behelfen muß, war es folgerichtig, die Entwicklung der patientenkontrollierten Analgesie (PCA) zu forcieren [7].

Über einen i.v.-Zugang – und damit sofort wirksam – steuert der Patient mit Hilfe eines mikroelektronischen Dosiergerätes seine Schmerztherapie selbst. Unter Berücksichtigung der Faktoren Alter, Gewicht, Zusatzerkrankungen, aber auch Anästhesietechnik, Art und Dauer des Eingriffes, lassen sich in einen Kleinrechner für bestimmte Zeitabschnitte Maximaldosen und nicht unterschreitbare Repetitionsintervalle einprogrammieren. Innerhalb dieser Vorgaben ruft der Patient ganz nach individuellem Erfordernis über einen Handdruckknopf das Schmerzmittel in kleinen Dosen ab und erhält so die für ihn effektiven Serumspiegel aufrecht. Das therapeutische Prinzip der PCA beruht also auf einem geschlossenen Regelkreis, in dem der Patient sowohl Fühler als auch gleichzeitig Stellglied ist.

Vergleichsuntersuchungen kommen regelmäßig zu dem Ergebnis, daß die Patienten das PCA-Konzept früher erlebten konventionellen Schmerztherapieformen vorziehen [8]. Natürlich ist die Akzeptanz eng mit der Wirksamkeit und Nebenwirkungshäufigkeit der verwendeten Präparate verbunden. Eine hohe positive Einstufung erfährt das Buprenorphin in der Patientenwertung gegenüber Substanzen wie Pentazocin oder Pethidin oder gar Tramadol.

Nicht bestätigt hat sich die anfänglich geäußerte Befürchtung vor einer Atemdepression unter intravenöser Selbstapplikation von Opioiden. Diese Nebenwirkung ist nicht häufiger als bei einer konventionellen Schmerztherapie festzustellen [8].

Wenn man die Patienten darüber befinden läßt, entscheiden sie sich für das PCA-Gerät gegenüber konventioneller Schmerzmittelgabe in den ersten 24-72 h nach einer Operation. Der kumulative Schmerzmittelverbrauch ist dabei gleich groß oder eher größer als bei herkömmlicher i.m. Verabfolgung, bei geringerem Sedierungsgrad und besserer Kooperationsfähigkeit in der frühen postoperativen Rekonvaleszensphase.

Die Registriermöglichkeiten aufwendigerer Geräte ermöglichen obendrein neue und unverhoffte Einblicke in die enorme biologische Variabilität der Behandlung akuter Schmerzen.

Es liegt hier in der Schmerztherapie der seltene Fall vor, daß trotz geringerer Inanspruchnahme von Pflegepersonal und Ärzten die Patienten doch besser behandelt sind und sich zufrieden zeigen. Nur der hohe Anschaffungspreis dieser Geräte steht einer breiteren Realisierung des neuen Therapieprinzips noch entgegen.

Wurde die Operation in Katheterperiduralanästhesie durchgeführt, wie es sich in der Orthopädie häufig anbietet, ist es sinnvoll, den Katheter postoperativ zu belassen und für die Schmerztherapie auf spinal-segmentalem Niveau zu nutzen. Ohne erneute Punktion können weiter Lokalanästhetika, Opioide oder eine Kombination von beidem bei Bedarf injiziert werden.

Statt Opioide systemisch zu verabfolgen, selbst wenn es wie eben dargestellt, elegant über ein PCA-System geschieht, ist es effektiver, sie topisch am Ort des Schmerzeinstromes an die Opioidrezeptoren des Rückenmarkhinterhorns heranzubringen. Mit kleineren Dosen erzielt man lokal eine höhere Liquorkonzentration und damit bessere und länger wirksame Analgesie bzw. genauer Hypalgesie bei geringeren Nebenwirkungen, verglichen mit systemischer Opioidanwendung [2].

Diese Hypalgesie betrifft vornehmlich die dumpfe, diffuse Schmerzempfindung, den quälenden Hintergrundschmerz, der über die C-Fasern vermittelt wird, während der helle, spitze, akute Schmerz der A-Fasern weiter wahrnehmbar bleibt. Ebenso sind Motorik und Sympathikusinnervation unbeeinträchtigt [1].

Als sicherste und zweckmäßigste Verfahrensweise, um das Risiko der Atemdepression durch bolusbedingte Liquorspitzenwerte so gering wie möglich zu halten, hat sich die kontinuierliche Zufuhr sehr niedriger Opioiddosen in sehr kleinen Volumina mit tragbaren Spritzenpumpen erwiesen, die nur alle 24-48 h nachgefüllt werden müssen [2].

Ein Sonderproblem in der Orthopädie stellt die postoperative passive Frühmobilisation von Gelenken dar, speziell des Kniegelenks. Es handelt sich dabei um ein unmittelbar nach Operationsende einsetzendes Behandlungskonzept im Gefolge von großen Eingriffen wie gelenknahen Frakturen, Arthrolysen oder Synovektomien, um sonst allfälligen Einsteifungen vorzubeugen.

Solche Maßnahmen erfordern eine Analgesie auf dem Niveau chirurgischer Toleranz für einen Zeitraum von durchschnittlich 6 Tagen. Die bisher besprochenen Mittel und Methoden der Schmerzbehandlung erweisen sich hier als Versager; die Analgesie des klinischen Alltags wird hier als lediglich mehr oder minder ausgeprägte Hypalgesie, um die es sich ja sensu strictu handelt, demaskiert.

In diesen Fällen müssen deshalb über einen längeren Zeitraum repetitiv Lokalanästhetika eingesetzt werden, für die unteren Extremitäten über einen Periduralkatheter, für die oberen Extremitäten über einen axillären Plexuskatheter.

Neben dem Ausfall der gesamten Sensorik distal der Leitungsunterbrechung muß man aber die Blockade von Motorik und Sympathikus mit entsprechenden Auswirkungen auf Mobilität, Kreislauf, Miktion und Defäkation in Kauf nehmen.

Das Ausmaß der unerwünschten Nebenwirkungen läßt sich durch entsprechende Präparatewahl – Bupivacain z. B. hat bei guter Ausschaltung der Sensorik geringere Effekte auf die Motorik –, Verwendung der niedrigsten analgesie-effektiven Konzentration und Lateralisierung des Peridural-Katheters auf die betroffene Extremitätenseite in erträglichen Grenzen halten.

Bessere Mobilisationsergebnisse unter geringerem Lokalanästhetikaeinsatz erzielt man unerwarteterweise durch diskontinuierliche Bolusgaben im Gegensatz zur kontinuierlichen Infusionsmethode.

Die analgesieschwachen Intervalle gewähren dem Patienten zudem eine Kontrolle über die Körperperipherie, so daß den gelegentlich drohenden Druckulzera oder Nervenschäden frühzeitig entgegengewirkt werden kann; bzw. man läßt die Betäubung im späteren Verlauf der Rekonvaleszenz so weit abklingen, daß dem Patienten zwischen den Beübungsphasen seines Gelenks auch ein gewisser Aktionsradius außerhalb des Bettes eingeräumt wird zum Waschen, zu Toilettenverrichtungen oder gar kleinen Spaziergängen.

In ganz schwierigen Fällen wird die Dauerhypalgesie durch kontinuierliche peridurale Opioidapplikation mit periduralen Lokalanästhetikainjektionen kombiniert. Ein noch nicht näher geklärter Synergismus bewirkt längere Analgesiezeiten bei niedrigerer Dosierung beider Substanzgruppen und damit Reduktion der dosisabhängigen Nebenwirkungen.

Perioperative Schmerztherapie in der Orthopädie bzw. Sporttraumatologie muß also sehr differenziert gehandhabt werden. Sie kann sehr zeit- und personalaufwendig sein. Unter Berücksichtigung der Nebenwirkungen sollte sie die individuelle Suffizienzschwelle nie unterschreiten, sonst stellt sie lediglich ein Alibi dar, hinter dem sich die Therapeuten vor den schwierigen Ansprüchen des Patienten verschanzen. Subjektiv und objektiv gleichermaßen notwendig kann erst Schmerztherapie, die ihrem Namen gerecht wird, als integraler Bestandteil orthopädischer Behandlungskonzepte betrachtet werden.

Literatur

1. Behar M, Magora F, Olshwang D, Davidson JT (1979) Epidural morphine in treatment of pain. Lancet I: 527
2. Chrubasik J, Wiemers K (1985) Continous-plus-on-demand epidural infusion of morphine for postoperative pain relief by means of a small, externally worn infusion device. Anesthesiology 62: 263
3. Dudziak R (1980) Lehrbuch der Anästhesiologie. Schattauer, Stuttgart
4. Grabow L, Thiel W, Hendrikx B, Hein A, Schilling E (1986) Alternativen für die postoperative Schmerzbehandlung. Dtsch Ärztebl 83: 1361
5. Hempel V, Kieninger G (1983) Postoperative Schmerzbehandlung in der Chirurgie. Chirurg 54: 769
6. Hempel V, May R (1986) Postoperative Schmerztherapie. Urban & Schwarzenberg, München
7. Lehmann KA (1983) On-Demand-Analgesie - Ein neuer Ansatz zur Optimierung der Schmerztherapie. Dtsch Med Wochenschr 108: 647
8. Lehmann KA (1984) Schmerzempfindung - Ursachen und Beeinflussungsmöglichkeiten, Kurzbericht. Diagn Intensivmed 9: 32
9. Loach A (1983) Anaesthesia for orthopaedic patients. Arnold, London
10. Patel CV, Koppikar MG, Patel MS, Parulkar GB, Pinto Pereira LM (1980) Management of pain after abdominal surgery: Dipyrone compared with pethidin. Br J Clin Pharmacol 10 [Suppl 2]: 315

Die Behandlung von chronischen Schmerzzuständen durch i.v. Applikation von lokalanästhetikumhaltigen Infusionen

G. Sehhati-Chafai

Die i.v. Gabe eines Lokalanästhetikums beeinflußt die Enterorezeptoren des gesamten vegetativen Nervensystems, peripher und zentral. Die i.v. Injektion eines Lokalanästhetikums ist in all den Fällen angezeigt, in denen außer der peripheren auch zentrale Funktionsstufen in die neurovegetative Irritation miteinbezogen sind.

Die therapeutische Wirkung von Lokalanästhetika bei der Behandlung von ventrikulären Arrhythmien und Tachykardien sowie des Herzinfarktes ist bekannt. Durch eine stabilisierende Wirkung auf erregbare Membranen unterdrücken sie die Entstehung lokaler Herde durch schnelle De- und Repolarisationsprozesse, und sie verhindern vor allem eine Fortbildung von Reizen.

Jedes in den Kreislauf gebrachte Lokalanästhetikum hat einen Einfluß auf die innere Sensibilität, wie es Zipf (1953) an verschiedenen Organen nachweisen konnte. Anscheinend reagiert dabei die in ihrer Erregbarkeit veränderte Nervenphase, ebenso wie das ganze System, in einer Rückkehr zur Norm.

Die i.v. Gabe eines Lokalanästhetikums beeinflußt die Enterorezeptoren des gesamten vegetativen Nervensystems peripher und zentral.

Die lokalanästhetische Qualität läßt sich auch an inneren, sensibleren Rezeptoren und an anderen Strukturen nachweisen. Befinden sich Lokalanästhetika im Blut, so gelangen sie über endovasale Transportwege zu inneren und äußeren Organen und Geweberezeptoren und bewirken an ihnen durch Desensibilisierung einen Zustand, den man als Endoanästhesie bezeichnet. In der Gefäßperipherie haben Lokalanästhetika eine erweiternde Wirkung auf die Arteriolen und bewirken damit eine verbesserte Durchblutung.

Kontraindikationen

Kontraindiziert für die intravenöse Gabe von Lokalanästhetika sind: kardiogener Schock (mit Blutdruckabfall), AV-Block II. und III. Grades, andere schwere Formen von Überleitungsstörungen, Bradykardien, Überempfindlichkeit gegen Lokalanästhetika (selten). Vorsicht ist geboten bei Leberschäden und Niereninsuffizienz.

Indikationen für die i.v. Gabe von Lokalanästhetika

Folgende Indikationen sind in der Literatur beschrieben:

1. Indikationsgebiet

Kardiale Irregularität, Lungenembolie, Behandlung von Asthma bronchiale, Singultus, Tetanie und *chronischen Schmerzzuständen*. Bei Lungenembolien und vermutlich vegetativ ausgelösten Rhythmusstörungen des Herzens sind der Schmerzzustand und die Fehlsteuerung oft eindrucksvoll besserungsfähig.

Die intravenöse Gabe von einigen Kubikmillimetern 1%igen Novocains wird gern bei Kopfschmerzen unklarer Genese und Störungen, die man als Ausdrucksform vegetativer vasaler Fehlsteuerung bezeichnen könnte, angewandt. Insbesondere bei vermutlich vasomotorisch bedingten Kopfschmerzen ist gelegentlich ein überraschender und befriedigender Dauererfolg erzielbar. Aber auch spastische Zustände an den inneren Organen und rheumatische Beschwerden unterschiedlicher, auch entzündlicher Genese können befristet oder für einen längeren Zeitabschnitt mit Novocain gemindert oder behoben werden.

2. Indikationsgebiet

Weiterhin ist die Injektion von Lokalanästhetika in eine Vene einer blutleeren Extremität bekannt (intravenöse Regionalanästhesie).

Im Jahre 1886 bemerkte Alms-Naurich als erster, daß die intravasale Injektion einer schwachkonzentrierten Kokainlösung am Tier zu einer regionalen Analgesie bzw. Anästhesie führte. August Bier beschrieb 1908 die Injektion von Lokalanästhetika in eine Vene einer blutleeren Extremität zur Erzielung einer Anästhesie [2].

Der Wirkungsmodus der intravenösen Regionalanästhesie ist abhängig von der *Unterbrechung* des arteriellen Zuflusses in der zu anästhesierenden Extremität, der venösen Blutleere sowie *hypoxischen* und *metabolischen* Veränderungen. Das intravenös verabreichte Lokalanästhetikum diffundiert in wenigen Minuten aus den Gefäßen in das Gewebe, wo es die peripheren sensiblen Nervenendigungen und arteriell die motorischen Endplatten blockiert. Das Ausmaß der Diffusion und das Verbleiben im Gewebe hängt u.a. entscheidend vom pH-Wert des Gewebes ab. Die Gefäßpermeabilität nimmt infolge Hypoxie und metabolischer Azidose zu. Der Wirkungseintritt der intravenösen Regionalanästhesie wird beschleunigt, wenn der Gewebe-pH-Wert im sauren Bereich liegt.

3. Indikationsgebiet

Was aber wenig publiziert wurde, ist die Wirkung der intravenösen Applikation von lokalanästhetikumhaltigen Infusionen in verschiedenen Basislösungen bei chronischen Schmerzzuständen.

Bonica berichtet über mehr als 1200 Fälle intravenöser Injektion von Tetracain bei Schmerzen und Juckreiz [3]. Er weist auf die längere Wirkungszeit dieses Lokalanästhetikums, auch bei intravenöser Gabe, hin und empfiehlt eine 2- bis 3stündige Infusion einer 0,05%igen Tetracainlösung (bis zu 3 mg pro kg Körpergewicht).

Es sollten nun lokalanästhetikumhaltige Infusionslösungen bei chronischen Schmerzzuständen eingesetzt werden mit der Fragestellung: Wie reagieren die Schmerzpatienten auf diese verhältnismäßig kleinere Dosis intravenös verabreichter Lokalanästhetika bezüglich der schmerzlindernden und sonstigen Eigenschaften dieser Mittel?

Um dieses Verfahren in der Klinik einsetzen zu können und um zerebrale und kardiovaskuläre toxische Reaktionen auszuschließen, wurde zunächst eine Studie in zwei Teilen geplant und wie folgt durchgeführt:

Methodik des 1. Abschnitts

Im ersten Teil der Studie wurde 40 freiwilligen Probanden eine lokalanästhetikumhaltige Infusion mit einer Dosierung von 20-40 mg in 100 ml Lösung i.v. verabreicht. (Hierbei kamen vasokonstriktorfreie Lokalanästhetika zur Anwendung: Bupivacain/Carbostesin, Scandicain und Xylonest.)

Es wurden folgende Parameter vor und nach der Infusion untersucht: Blutspiegel, Kreislaufparameter (permanente Registrierung des EKG, Blutdruck- und Pulskontrolle), Anfertigung eines neurologischen Status, Registrierung eines EEG, Kontrolle des Säure-Basen-Haushaltes sowie von pO_2, pCO_2 und Sauerstoffsättigung, Kontrolle des Elektrolythaushaltes, des Blutzuckerspiegels sowie die Hormonspiegeluntersuchungen (SCTH- und Kortisolspiegel).

Darüber hinaus standen die klinischen Beobachtungen der Patienten bezüglich des psychischen und des Allgemeinzustandes sowie die Registrierung der vom Patienten angegebenen Eindrücke und evtl. Nebenwirkungen im Vordergrund. Weiterhin wurde die Gangsicherheit und die Verkehrstüchtigkeit nach der Therapie geprüft.

Die Ergebnisse und Befunde der gesamten Parameter zeigten im Vergleich zu den Ausgangswerten keine pathologischen Veränderungen. (Bei 3 Probanden wurde eine leichte metabolische Azidose und bei 5 weiteren ein Anstieg der Sauerstoffsättigung beobachtet.)

Nachdem der erste Teil der Studie bezüglich der Dosierung, der Basislösung und vor allem der Toxizität der Lokalanästhetika keine von der Norm abweichenden Werte zeigte, wurde der zweite Teil der Studie wie folgt durchgeführt:

Methodik des 2. Abschnitts

Bei 1600 Patienten im Alter von 14-75 Jahren mit chronischen Schmerzzuständen, bei denen alle anderen Verfahren keinen zufriedenstellenden Erfolg zeigten, wurden mehr als 12000 lokalanästhetikumhaltige Infusionen mit einer Dosierung von 0,2-0,4 mg pro kg Körpergewicht (eines vasokonstriktorfreien Lokalanästhetikums) in 100 ml Infusionslösung intravenös verabreicht. Als Basislösung wurde i.allg. 10%ige Glukoselösung gewählt, bei Diabetikern dagegen Ringer- bzw. L5-Lösung vorgezogen. Vor, während und nach der Infusionstherapie wurden die Kreislaufverhältnisse (Blutdruck und Puls) sowie der Allgemeinzustand der Patienten registriert. Die Infusionszeiten betrugen mindestens 30 min.

Vor dem Beginn der Infusionstherapie wurden sämtliche Medikamente, bis auf das Nötigste (Herz- und Kreislaufmittel), abgesetzt, um die effektive Wirkung der Infusionstherapie nicht zu verfälschen. Diese Therapie wurde zu Beginn 1- bis 2mal wöchentlich, nach 3 Wochen alle 14 Tage und dann langsam ausschleichend durchgeführt.

Spätestens alle 3 Monate wurde im Rahmen der sog. Quartalsbesprechung ein Fragebogen an die Schmerzpatienten verteilt, auf dem sie über ihre bisherigen Behandlungsergebnisse und ihre Eindrücke von den verschiedenen schmerztherapeutischen Verfahren berichteten.

Nach Analysierung der Fragebögen, der Gespräche mit den Patienten und den klinischen Beobachtungen kamen wir zu folgenden Resultaten:

Resultate

1) Von 56% der Patienten wurde eine schmerzlindernde Wirkung und eine Erleichterung angegeben. Diese beruht auf einer Beeinflussung vegetativer Zentren und vermutlich auch auf zentralanalgetischen Effekten der Lokalanästhetika.
2) Beseitigung der vaskulären Spasmen infolge vasodilatatorischer Eigenschaften der Lokalanästhetika auf die Arteriolen und demzufolge eine verbesserte Durchblutung (21% Hauttemperaturmessung).
3) Unter dieser Therapie kam es zu einer maximalen Reduktion der verschiedenen Schmerzmitteleinnahmen und dem Ausbleiben von Krampfanfällen bei der Entzugstherapie infolge antikonvulsiver Wirkung der Lokalanästhetika (18% der Patienten benötigten keine Schmerzmittel mehr).
4) Entspannung und Beruhigung des psychischen und des Allgemeinzustandes, vermutlich durch die sedativen Qualitäten des Lokalanästhetikums, Regulation des Ein- und Durchschlafens sowie Erwachen, ohne ein Schmerzerlebnis gehabt zu haben.
5) 5% der Patienten gaben nach der Infusionstherapie, vor allem zu Beginn der Behandlung, Müdigkeit und kurzfristige Übelkeit an.

Zusammenfassung

Diese Studie hat gezeigt, daß durch den Einsatz intravenös verabreichter lokalanästhetikumhaltiger Infusionen eine Schmerzlinderung, eine verbesserte Durchblutung, eine Reduktion der Schmerzmittel, eine Beruhigung des allgemeinen und des psychischen Zustandes, die Beseitigung von Schlafstörungen und bei einem gewissen Prozentsatz der Patienten eine völlige Befreiung von Schmerzattacken erzielt werden konnte.

Eine Gruppe von niedergelassenen Kollegen sowie auch Klinikärzte der verschiedenen Krankenhäuser in Bremen und dem Umland haben inzwischen das Rezept der Dosierung und die Handhabung der Infusionstherapie in der Praxis übernommen und berichten über ähnliche Erfahrungen.

Nachdem wir in den letzten 6 Jahren mehr als 20000 lokalanästhetikumhaltige Infusionen bei verschiedenen Schmerzzuständen eingesetzt und keine nennenswerten Komplikationen mit der genannten Dosierung und dem Vorgehen erlebt haben, und auch verschiedene klinische Studien und Doktorarbeiten die praktische Handhabung bestätigt haben, berechtigt uns dies zu folgender Schlußfolgerung:

Schlußfolgerung

Die von uns verwendeten Lokalanästhetika haben nicht nur einen festen Platz bei der Durchführung der *Regionalanästhesie, Heilanästhesie* oder *Neuraltherapie* sowie deren Einsatz bei *kardialer Irregularität* oder der *Blockadetherapie,* sondern es handelt sich hierbei außerdem um ein erheblich unterstützendes Therapieverfahren bei der Bekämpfung der *verschiedenen chronischen Schmerzzustände.*

Dieses Verfahren ermöglicht es nicht nur, *Schmerzen zu lindern,* sondern *analgetikaabhängige* Patienten, für die die Schmerzmittelabhängigkeit eine noch größere Gefahr darstellt, als die eigentliche Erkrankung, vor einer Unzahl von Schmerzmedikamenten zu schützen und sie u. U. davon zu befreien.

Literatur

1. Bell HM, Slater EM, Harris WH (1963) Regional anesthesia with intravenous lidocain. JAMA 186: 544
2. Bier A (1908) Über einen neuen Weg, Lokalanästhesie an den Gliedmaßen zu erzeugen. Langenbecks Arch Klin Chir 86: 1007
3. Bonica JJ (1950) Regional anesthesia with tetracain. Anesthesiology 11: 606–622, 716–729
4. Bonica JJ, Akamatsu TJ, Brena S (1968) The anesthesiologist and nerve blocks: Contribution to the management of pain. Z Prakt Anästh Wiederbeleb 3: 40–51
5. Eriksson E (1969) The effects of intravenous local anesthetic agents on the central nervous system. Acta Anaesthesiol Scand [Suppl] 36: 79
6. Gerbershagen HU (1973) Behandlung chronischer Schmerzzustände. In: Killian H (Hrsg) Lokalanästhesie und Lokalanästhetika. Thieme, Stuttgart, S 760–792
7. Gross D (1979) Therapeutische Lokalanästhesie, 2. Aufl. Hippokrates, Stuttgart
8. Killian H (1973) Geschichte der Lokalanästhesie. In: Killian H (Hrsg) Lokalanästhesie und Lokalanästhetika. Thieme, Stuttgart, S 3–15
9. Merrifield AJ, Carter SJ (1965) Intravenous regional analgesia: Lidocain blood levels. Anaesthesia 20: 287
10. Moore DC (1982) Precipitation of local anesthetic drugs in cerebrospinal fluid. Anesthesiology 57: 134–138
11. Pfaffenrath V, Sjaastad O, Desmond-Carroll J (1985) Migräne und Betablockade. Werk-Verlag, Dr. Edmund Banaschewski, München-Gräfelfing
12. Sehhati-Chafai G (1984) Effects of application of i.v. with local anaesthesia on chron. pain syndromes, esp. headaches and migraine. IVth World Congress on Pain of the International Association For the Study of Pain, Seattle, Washington, USA, 31. August–5. September 1984
13. Sehhati-Chafai G (1986) Die Auswirkung von intravenös verabreichten lokalanästhetikumhaltigen Infusionen bei der Behandlung von chronischen Schmerzzuständen. Fortbildung zur Migräneprophylaxe, Astra-Chemicals GmbH (1986)
14. Sehhati-Chafai G (1986) Erfahrungen mit lokalanästhetikumhaltigen Infusionen bei der Behandlung von chronischen Kreuzschmerzen. Vortrag auf der 18. Fortbildungsveranstaltung des Schmerzzentrums RKK Bremen, 7./8. Juni 1986

15. Sehhati-Chafai G (1986) Einsatz von lokalanästhetikumhaltigen Infusionen bei der Behandlung von nichtmigränischen Kopfschmerzen. Symposium „Der nichtmigränische Kopfschmerz", Wien, 6.-8. November 1986
16. Sehhati-Chafai G (1987) Die Behandlung von chronischen Schmerzzuständen durch i.v. Applikation von lokalanästhetikumhaltigen Infusionen. „Schmerz und Sport", I. Internationales interdisziplinäres Schmerzsymposion, Lüdenscheid, 30.-31. Mai 1987
17. Sehhati-Chafai G (1987) Application of infusion containing local anesthetics in the treatment of chronic headache. Third International Congress Florence Headache 87, Florenz, Italien, 22.-25. September 1987
18. Sehhati-Chafai G (1987) Application of infusion containing local anesthetics in the treatment of chronic cephalgia. Vth World Congress on Pain of the International Association For the Study of Pain, Hamburg, 2.-7. August 1987
19. Sehhati-Chafai G (1987) Die Behandlung von chronischem Schmerz mit lokalanästhetikumhaltigen Infusionen. „Internationales Symposion" anläßlich des 25jährigen Bestehens des Institutes für Anästhesiologie am Klinikum Mainz, 3.-4. April 1987
20. Sehhati-Chafai G, Pape A (1987) Erfahrungen mit lokalanästhetikumhaltigen Infusionen bei der Migränetherapie. Symposium „Migräne - Entstehung, Symptomatik, therapeutische Möglichkeiten", Bruchsal, 15.-17. Mai 1987
21. Sehhati-Chafai G, Sarvestani M (1975) Die intravenöse Regionalanästhesie. In: Traumatologie, Bd 5. Thieme, Stuttgart, S 61-66

Topical Therapy of Localized Inflammation in Musicians: A Clinical Evaluation of Aspercreme vs Placebo

F. H. Hochberg, P. Lavin, R. Portney, D. Roberts, C. Tinney, K. Hottleman, F. Wanger, J. Newmark, M. Cavanaugh, and M. Noonan

Introduction

An increasing volume of literature has identified medical illnesses unique to musicians. These medical difficulties are the subject of multispecialty clinics in at least ten institutions in the United States. At the Massachusetts General Hospital, a team composed of a neurologist, psychiatrist, orthopaedic surgeon, clinical neurophysiologist, as well as a physician's assistant, and physical and occupational therapists has seen over 1000 musicians with upper extremity problems.

Musicians represented a previously underappreciated group of "super athletes". Their practice habits (4-6 h each day) involve highly repetitive structures of "muscle memory" over many decades. Professional demands on music teachers and performers dwarf those of football or baseball players. Not uncommon are concert demands in excess of 100 performances a year in addition to recording sessions and teaching, spanning careers that may quadruple those of other athletes.

For this patient population, the vast majority of complaints are of pain in a single site with weakness, uncontrolled movements, and "technical difficulties" noted less commonly (Table 1). Less common are structural difficulties or the direct effect of physical or psychologic trauma. The examining physician is often asked to identify and treat inflammatory disorders involving the hand, epicondyles or shoulder. These localized involvements of tendon, joint capsule or nerve are invariably heralded by pain. They are often the initial manifestation of more complicated problems, such as compression of the neurovascular bundle in the thoracic outlet, laxity of major tendons or entrapment of peripheral nerves.

Fully 90% of musicians with pain have focal inflammation without systemic predisposition. The inflammation follows a stereotyped course. Increasing demands of new recitals, recording sessions or competitions increase the demand on the upper extremity. Symptomatic progression of difficulties initially ascribed to "a problem with my technique" soon produces alterations of playing schedule, repertoire and the techniques used. Playing time diminishes or ceases.

The localized nature of these inflammatory difficulties reflects the instrument played by the musicians. Thus, pianists experience flexor tenosynovitis in the fourth finger of the right hand (metacarpal-phalangeal joint) more commonly than any other site, while violinists are prone to involvement of the extensor surface of the left fourth and fifth fingers. The localized inflammatory difficulties reflect:

1) High frequency repetitions or percussion involving one digit. Thus, the right fourth finger is commonly used for pianists' trills, while the left fourth finger receives the brunt of the vibrato techniques for string players.

Table 1. Primary Presenting complaint experienced by musicians seen at the Musical Medicine clinic at the Massachusetts General Hospital ($n=100$)

	%
Inflammatory	31
Tendonitis, tenosynovitis	28
Collagen-vascular	3
Neurologic	32
Motor control (dystonia)	14
Peripheral nerve entrapped	11
Median nerve	4
Ulnar nerve	4
Posterior interosseus	<1
Anterior interosseus	<1
Polyneuritis	<1
Thoracic outlet syndrome	7
Structural (joint, bone)	21
Laxity, deformity limited range	9
Posttraumatic deformity	5
Gamekeeper's thumb	4
Cervical Spondylosis	1
Shoulder (sublux or scapular winging)	1
Neuroma	1
Sympathetic dystrophy	<1
Back pain	<1
Muscular	11
Cocontraction	6
"Out of shape"	3
"Overuse syndrome"	2
Muscle hypertrophy	<1
Miscellaneous	5
Psychiatric	4
Technical	<1
Brain or systemic cancer	<1
Post mastectomy	<1
Total	100

Unphysiologic postures. Musicians with small hand size accommodate to demands for unusual stretches by playing in the extremes of ulnar deviation – a posture that is associated with weakened extension of the fourth and fifth fingers.

2) Reliance on intrinsic hand musculature. The interossei and lumbricals provide the base for complex piano figures (broken octaves and arpeggios). When these muscles fatigue the performer activates the flexor musculature to aid in finger abduction and adduction. As a result, the use of synergic muscles to abduct fingers may necessitate simultaneous flexion.

3) The difference between hands. The very hand structure which would appear to provide the greatest ease of playing (long tapering fingers) is also that of least stability. The joint laxity when present, is associated with unusual tendon displacement.

The physician asked to evaluate a performer with localized pain easily identifies the tendon or synovial effusion that accompanies inflammation. The sharp borders of the tendon sheath are replaced by boggy, indistinct margins. Fluid within the sheath can often be balloted from the skin surface. The surface itself may be reddened and warm to the touch and light palpation reproduces symptoms. Although clinical diagnosis depends on these simple evaluations, many physicians avail themselves of serologic studies (erythrocyte sedimentation rate, white blood cell count, serum protein, uric acid, antinuclear antibody complement determinations) to exclude underlying systemic disorders. Rarely obtained are X-rays of the joints (to exclude fracture or calcific deposits). Additional examinations add little to physical examination and many (thermography, bone-seeking radionucliide imaging, polytomography, magnetic resonance imaging) are either imprecise, unproven, or limited to the rare patient whose symptoms defy therapy.

Rationale for the Study

Traditionally, therapy involves the systemic or percutaneous administration of steroidal or nonsteroidal antiinflammatory agents, cessation or diminution of playing followed by intense physical therapy rehabilitation. The majority of patients have less pain within 2 weeks and return to playing within 1 month. Amongst patients, concern exists regarding appropriate therapy. The efficacy of parenteral nonsteroidal antiinflammatory agents has been proven by common use but has not been subjected to testing in this patient population. The localized nature of inflammation in musicians and the proximity of inflammation to the skin surface argues for the topical administration of antiinflammatory medication. With this in mind we have evaluated the efficacy of a topically applied salicylate cream (Aspercreme) in relieving symptomatic pain in our patients.

Material and Methods

This double-blind clinical trial was designed to evaluate the degree of pain relief and increase in playing time among musicians with moderate or severe localized pain in wrists, hands and fingers. Musicians were professionals, teachers and students of local conservatories. Eligible patients were randomized between Aspercreme (10% trolamine salicylate) and placebocreme. The randomization included stratification for age (under 35 years vs at least 35 years of age) and site to be treated (extensor surface distal to wrist, flexor surface distal to wrist, extensor surface at wrist, lateral epicondyles extensor forearm, medial epicondyles flexor forearm, shoulder/upper arm). Following 1 day of observation, each subject applied the study medication to the involved area for 3 days, and was then given the choice of continuing or switching therapy for another 3 days following 1 day off medication. The study design is shown in schema in Fig. 1; subjects were instructed to apply the contents of an unlabelled tube (½ ounce) to the affected area over a 6-h period. Each Aspercreme tube (½ ounce) contained salicylate 500 mg. The subjects were asked to provide prestudy determinations of their daily playing time and their pain. A formal pain score was used (see Table 4).

142   F. H. Hochberg et al.

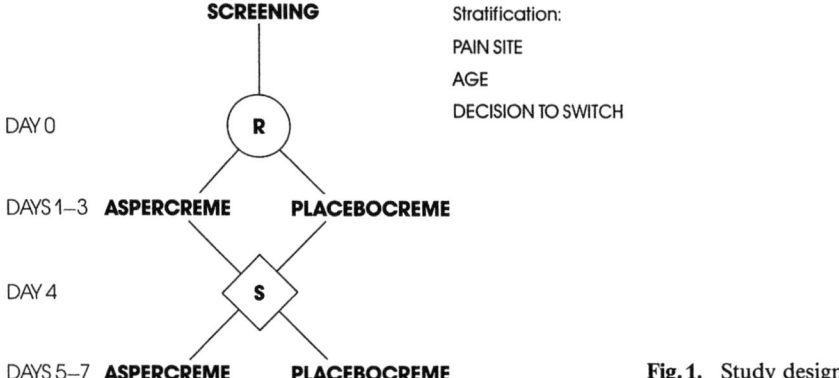

Fig. 1. Study design

Playing time and pain scores were noted daily by study participants and validated daily by telephone call from a study coordinator.

Statistical Methods

Both parametric and nonparametric methods were used in the data analysis. Baseline levels of pain score for the two treatments were compared using a Wilcoxon rank sum test. This test was also used to establish the comparability of the two treatment groups. The daily pain score and playing time during days 1-3 were averaged for comparison to the day 0 levels. A t-test (Shedecor and Cochran) was used to test for the significance of the day 0 to days 1-3 differences between the two treatment groups. One-sided tests were performed. No tests of significance were applied to the analysis of the data collected after day 4.

The eligibility criteria were:
1) musicians aged 16-75 years,
2) expectation to practice daily over the next 7 days,
3) moderate to severe pain in wrists, hands or fingers,
4) washout period of 24 h from any current antiinflammatory medication (including salicylates),
5) understanding of and willingness to cooperate in the study procedures,
6) willingness and ability to read and sign an informed consent form.

Results

A total of 100 subjects were enrolled (Table 2). There were 15 dropouts. Fifty-nine subjects with completed case records were declared eligible subjects and were included in the analysis. Thirty-two were in the Aspercreme group, while the remaining 27 were in the placebocreme group. The 26 ineligible subjects included 18 with no day 0 playing time, three on other analgesics at study entry, three with ulnar neuropathy, and another with a concurrent illness that affected activity and symptoms interpretation.

Table 2. Case record status as of February 1, 1987 (n)

	Treatment group		
	Aspercreme	Placebocreme	Totals
Randomized	50	50	100
Dropouts	8	7	15
Potentially eligible	42	43	85
No day 0 playing time	6	12	18
Ulnar neuropathy	2	1	3
On other analgesics	2	1	3
Concurrent illness	0	1	1
Undocumented eligibility	0	1	1
Analyzed	32	27	59

Table 3. Patient characteristics within treatment groups

Characteristics	Treatment group	
	Aspercreme	Placebocreme
Gender		
Male	21	13
Female	11	14
Age		
Median (years)	30	26
Range (years)	15–39	19–40
Instrument		
Piano	9	9
Violin	3	3
Guitar	7	5
Flute	4	0
Bass	1	1
Other	4	6
Primary site of Soreness		
Extensor surface distal of wrist	10	7
Flexor surface distal to wrist	6	4
Extensor surface at wrist	3	4
Flexor surface at wrist	2	1
Lateral epicondylus extensor forearm	6	7
Medial epicondylus flexor forearm	3	2
Shoulder/upper arm	2	3
Day 0 pain score		
Pain all the time	2	2
Pain on other activities to mild playing (3)	12	5
Coded as 2.5	–	2
Pain only with mild to moderate playing (2)	12	16
Coded as 1.5	2	4
Pain only on prolonged playing (1)	4	1
Totals	32	27

The two treatment groups were initially examined for comparability of subject characteristics (Table 3). Study subject ages ranged between 15 and 40 years. Compared to the placebocreme group, the Aspercreme group contained a higher proportion of males (66% vs 48%), had a higher proportion with distal to wrist sites (50% vs 41%), and experienced more grade 3 to 4 pain in day 0 (44% vs 26%). The treatment groups were reasonably balanced to allow the direct comparison of treatments for effectiveness.

The two endpoints of interest in this study were the pain score and the playing time. Pain score could be evaluated at specific times as well as for the change over time. Playing time units varied across subjects, as some recorded actual time and others recorded number of practice sessions. Accordingly, only the percent chance in playing time could be evaluated. We analyzed changes in pain score and playing time separately as well as in combination. For each patient, the days 1 through 3 pain score and playing time represent an average over days 1, 2 and 3 in comparison to the day 0 pain score and playing time for that patient.

Aspercreme had an advantage over placebocreme with respect to change in pain score and playing time for day 0 to days 1 through 3. As showed in Table 4, the mean pain score dropped by 0.432 units for Aspercreme compared to 0.059 units for placebocreme. This difference was significant ($P = 0.02$, one-sided t-test). The 0.029 difference in day 0 pain scores for the two treatment groups could not explain this difference. For playing time, a 49.2% increase was observed for Aspercreme compared to a 3.77% increase for placebocreme. This difference was suggestive ($P = 0.09$, one-sided t-test).

Playing time and pain score were evaluated simultaneously to examine how they were related to each other within treated groups. Findings are summarized in Table 5. Compared to placebocreme, Aspercreme was associated with higher proportions of increased playing time (50% vs 37%) and improved pain score (53% vs 41%) and lower proportions of decreased playing time (34% vs 52%) and worsening pain (10% vs 26%). Sixty-six percent (66%) of Aspercreme users vs 30% of

Table 4. Comparison of playing time and pain score for day 0 vs days 1 through 3

Endpoint	Treatment group		P value[a]
	Aspercreme	Placebocreme	
Mean Pain score – day 0	2.344	2.315	–
Mean pain score – days 1–3	1.912	2.256	–
Mean change in pain score	0.432	0.059	0.02
Mean increase (%) in playing time	49.2%	3.77%	0.09

Pain score legend:
1 = Pain only on prolonged playing
2 = Pain only with mild to moderate playing
3 = Pain on other activities in addition to mild playing
4 = Pain all the time
[a] P values calculated according to a one-sided t-test on the differences between day 0 and days 1 through 3 for the two treatment groups being compared.

Table 5. Simultaneous comparison of playing time and pain score for day 0 vs days 1 through 3[a]

Aspercreme	Change in pain score from day 0 to days 1-3			
Days 0 vs days 1-3 Playing time	Improvement	Same	Worsening	Totals
Increased	7	6	3	16 (50%)
Same	5	0	0	5 (16%)
Decreased	5	6	0	11 (34%)
Totals	17 (53%)	12 (37%)	3 (10%)	32 (100%)
Placebocreme	Change in pain score from day 0 to days 1-3			
Day 0 vs days 1-3 Playing time	Improvement	Same	Worsening	Totals
Increased	5	2	3	10 (37%)
Same	1	2	0	3 (11%)
Decreased	5	5	4	14 (52%)

[a] Days 1-3 pain score and days 1-3 playing times were each averaged over the day 1, day 2, and day 3 measurements.

Table 6. Impact of days 1 through 3 trend in pain score and playing time on decision to switch phase II medication

	Proportion switching phase II medication Initial medication days 1-3		
Days 1-3 vs day 0 Pain Score	Comparison playing time	Aspercreme	Placebocreme
Improvement	Increased	2/7	2/5
Improvement	Same	3/5	1/1
Improvement	Decreased	0/5	3/5
Same	Increased	4/6	1/2
Same	Same	–	2/2
Same	Decreased	4/6	4/5
Worsening	Increased	3/3	2/3
Worsening	Same	–	–
Worsening	Decreased	–	4/4

placebocreme users achieved the goal of the therapy – either more playing with less pain or less pain at constant playing time.

The option to switch medication was exercised more often for those initially receiving placebocreme (70%) than for those receiving Aspercreme (60%). Switching treatment was associated with worsening pain score (90%) and decreased playing time (58%). Eighty-six percent of placebocreme subjects with increased pain switched to Aspercreme for crossover therapy, while 69% of placebocreme subjects with decreased playing time switched to Aspercreme for crossover therapy. Table 6 summarizes the decision to switch treatment. These data must be interpret-

Table 7. Day 4 vs days 5–7[a] comparison of pain score and playing time change staying on initial treatment vs switching treatment

Initial treatment	Comparison decision	Improved pain score[b] Day 4 vs days 5–7	Longer playing time[c] Day 4 vs days 5–7
Aspercreme	Stay on Aspercreme	67%	64%
Aspercreme	Switch to Placebocreme	46%	40%
Placebocreme	Stay on Placebocreme	43%	43%
Placebocreme	Switch to Aspercreme	41%	59%

[a] Days 5–7 pain score and days 5–7 playing times were each averaged over the day 5, day 6, and day 7 measurements.
[b] Excludes subjects with missing day 4 pain score.
[c] Excludes subjects with missing day 4 playing time; excludes subjects who did not play on day 4.

ed with caution because the decision to switch was at subject discretion and, hence, was not controlled.

The trends for change in pain score and playing time were also evaluated for crossover treatment. As for the analysis of initial treatment effect, the day 4 baseline was compared to the days 5–7 mean for both the pain score and the playing time. The data, presented in Table 7, show that the Aspercreme group that remained on Aspercreme experienced the highest percentages of improved pain score (67%) and improved playing time (64%), suggesting a continuation of Aspercreme effectiveness in responsive subjects.

Discussion

This study demonstrates the efficacy of a topically administered nonsteroidal antiinflammatory agent (Aspercreme). Patients receiving Aspercreme demonstrated improvement in both pain as well as performance time during days 1–3. Patients switching were more likely to improve for both parameters if they stayed on Aspercreme or switched to Aspercreme than if they remained on or switched to placebocreme.

Occupational inflammation among musicians is uniquely suited to study because of its stereotyped appearance in each instrumental group, the high motivation of the patients, and the localized nature of the inflammatory difficulty. The fact that inflammation may be appreciated on physical examination as localized painful swelling with restriction of movement for focal weakness allowed for easy diagnosis and objective criteria of response. Rapid intervention with cessation of playing and the use of topical antiinflammatory agents avoids the common sequelae of inflammation. These may include focal weakness and visible atrophy of selected muscle groups (most commonly lumbricals, interosseus, and extensors of the fourth and fifth finger). Uncertain is the question of whether such inflammatory episodes predispose to the development of changes in tendon length, range of movement, radiography degeneration of joints, or motor control dysfunctions.

However, reinflammation represents a real risk during the rehabilitation phase and when individuals recommence their activities.

Several issues relate to the external validity of this study. Ideally this study should recruit subjects who are playing regularly and plan to play regularly throughout. Otherwise, playing variability might be attributed to changing pain. Although our pain rating scale proved acceptable for this study, the use of a visual analogue scale with 10 or 100 points that had been previously evaluated and validated would have been preferable. Evaluation of pain at fixed time intervals during the course of the day provides a stronger field for comparison of pre- and posttreatment responses. Although the 15% dropout rate was relatively high for our study, in large part this reflects fairly wide admission criteria rather than patient motivation or inefficacy.

Occupational inflammation causes disability which forms the basis for increasing concern [2, 7, 12]. With few exceptions, the literature lacks clinical studies of single industries and, as a result, very little emphasis has been placed on diagnostic criteria and criteria for the diagnosis and evaluation of occupation-related tendon difficulties.

However, it is often assumed [4, 13], that occupational inflammation indeed is an inflammatory disorder. It is quite possible [3] that microscopic and macroscopic tears between tendon and periosteum, localized ischemia [5, 20] or diminished vascularization [10] may play an equally significant role. Similarly, unexplained are the precipitants for these changes. It is unlikely that pure repetitive movements [7, 14] in and of themselves produce these difficulties and the precise role of the direction and extent of these movements [11, 19], the motive force, the extent of cocontraction in an agonist and antagonist musculature and the degree of joint laxity must all be separately evaluated in order to obtain a proper model of pathogenesis of inflammation.

Working with dogs, Rabinowitz [16] demonstrated a 22-fold accumulation of ^{14}C-salicylate in muscle following cream in comparison to oral administration (1 h after administration) with blood levels at 0.7% (following cutaneous administration) of those seen following oral administration. Studies in which Aspercreme has been evaluated underscore the potential utility of this form of topical therapy [6, 15, 18]. Double-blind studies in which myalgias, musculoskeletal pain or rheumatic pain have been treated with Aspercreme vs orally taken aspirin have indicated efficacy for the topically administered material [6]. Although there may be some concerns regarding the actual systemic, local and articular absorption of these topical salicylates, radio-label studies [16, 17] have demonstrated elevated tissue levels at therapeutic concentrations in subcutaneous tissue following percutaneous administration. Similar studies [1] identify local tissue levels following percutaneous administration. Clearly, the site of administration is of key concern. Percutaneous administration in areas of minimal epidermis, such as the dorsum of the hand or volar hand, allow for a more likely penetration than does administration to proximal areas, such as shoulder or large muscle groups.

Abstract

Localized painful inflammation of the tendon or synovium was presented as cause for complaint by 31% of musicians seen at the Massachusetts General Hospital. These conditions or "overuse syndromes" involve painful swelling of the tendon sheath with restriction of motion, seen in locations which are stereotyped for each instrument. Our early efforts defined the characteristics for these painful syndromes - the sites of involvement, the relation to the instrument, as well as the treated and untreated natural history. Although pain relief and recovery are facilitated by the administration of systemic antiinflammatory agents, the use of percutaneous antiinflammatory agents represents a logical approach to treatment. We performed a randomized prospective double-blind parallel evaluation of Aspercreme (10% trolamine salicylate) and a placebo cream for therapy of pain in the hands, wrists, and fingers of 59 musicians. Each patient received 3 days of self-administered treatment following which "patient selected" crossover occurred. Careful attention was paid to the extent of pain and the duration of playing time. There was a significant reduction ($P<0.02$, one-sided t-test) in pain for Aspercreme treated patients for days 1-3. Playing time was increased for the Aspercreme patients by 49.2% compared to 3.77% for placebo treated. Moreover, Aspercreme has a higher proportion of patients (66% vs 30%) with improvement in playing time OR reduced pain score in NO worsening or decrease in either endpoint. At crossover, 50% of the Aspercreme group switched treatment in comparison to 70% of placebo treated. There were no reports of side effects including gastrointestinal or hematologic difficulties and no allergic reactions were noted. We conclude that recognition of the localized painful inflammation of tendon and synovium in musicians allows for effective therapy with Aspercreme.

References

1. Baldwin JR, Carrano RA, Imondi AR (1984) Penetration of trolamine salicylate into the skeletal muscle of the pig. J Pharm Sci 73: 1002-1004
2. Brown CD, Nolan BM, Faithfull DK (1984) Occupational repetition strain injuries: Guidelines for diagnosis and managements. Med J Aust 140: 329-332
3. Cyriax JH (1939) Pathology and treatment of tennis elbow. J Bone JT Dis 18: 921-940
4. Flowerdew RE, Bode OB (1942) Tenosynovitis in untrained farm workers. Br Med J II: 367
5. Goldie I (1964) Epicondylitis lateralis humeri: A pathogenetical study. Acta Chir Scand 339 [suppl]: 10110
6. Golden E (1978) A double-blind comparison of orally ingested aspirin and a topically applied salicylate cream in the relief of rheumatic pain. Curr Ther Res 24: 524-529
7. Hadler NM (1977) Industrial rheumatology: Clinical investigations into the influence of the pattern of usage on the pattern of regional musculoskeletal disease. Arthritis Rheum 20: 1019-1025
8. Halder NM et al. (1978) Hand structure and function in an industrial setting: Influence of three patterns of stereotyped repetitive usage. Arthritis Rheum 21: 210-220
9. Hochberg FH et al. (1983) Hand difficulties among musicians. JAMA 249: 1869-1872
10. Hoffman GS (1981) Tendonitis and bursitis. Am Fam Phys 23: 103-110
11. Howard NJ (1938) A new concept of tenosynovitis and the pathology of physiologic effort. Am J Surg 42: 723-730
12. Kivi P (1984) Rheumatic disorders of the upper limbs associated with repetitive occupational tasks in Finland in 1975-1979. Scan J Rheumatol 13: 101-107

13. Kurppa K, Waris P, Rokkanen P (1979) Peritendinitis and tenosynovitis: A review. Scand J Work Environ Health 5 [Suppl]: 19-24
14. Luopajarvi T et al. (1979) Prevalence of tenosynovitis and other injuries of the upper extremities in repetitive work. Scan J Work Environ Health 5 [Suppl]: 48-55
15. Politino V et al. (1985) A clinical study of topical 10% trolamine salicylate for relief or delayed onset exercise induces arthralgia/myalgia. Curr Ther Res 38: 321-327
16. Rabinowitz J et al. (1982) Comparative tissue absorption of oral 14C-aspirin and topical triethanolamine 14C-salicylate in human and canine knee joints. J Clin Pharmacol 22: 42-48
17. Rabinowitz J, Baker D (1984) Absorption of labeled triethanolamine salicylate in human and canine knee joints. II. J Clin Pharmacol 24: 532-539
18. Shamszad M et al. (1986) Two double-blind comparisons of a topically applied salicylate cream and orally ingested aspirin in the relief of chronic musculoskeletal pain. Curr Ther Res 39: 470-479
19. Thompson AR, Plewes LW, Shaw EG (1951) Peritendinitis crepitans and simple tenosynovitis: A clinical study of 544 cases in industry. Br J Industr Med 8: 150-160
20. Waris P (1979) Occupational cervicobrachial syndromes: A review. Scand J Work Environ Health 5 [Suppl]: 3-14

Vibroacoustics and Sport – The Beginning of a New Approach to Muscular Stress?

O. Skille

Definitions

Hertz (Hz). Cycles per second. Technical definition of a tone's position in the low/high dimension of vibrations (slow/fast vibrations). 1 Hz = 1 cycle per second (cps). The spectrum of audible sound is for man in the range of 16–20000 Hz.

Sinus tone. Technically pure tone (without overtones). Can only be produced electronically.

Rhythmical pressure wave. The tertiary frequency resulting from superimposing two sinus tones with very near frequencies which differ only by a fraction of 1 Hz (world patent pending for therapeutic use).

Decibel (dB) gives the value of amplitude (strong/weak tone).

The nature tone scale. Defined by Pythagoras and gives us the mathematics of tonal intervals within an octave (1:1, 1:2, 1:3, 1:4, 1:5, 1:6, 1:7, 1:8 give us the harmonic overtones of a basic tone). It is highly probable that we will find more interesting connections between vibrations and human functions if we use the mathematics and harmonics of the musical scale(s) than by using the usual decimal system approach.

Vibroacoustic therapy. The use of vibrations within the vibroacoustic range (30 Hz–120 HZ) for therapeutic purposes, usually superimposed on music to a harmonic unity.

Short Historical Survey

The use of music applied directly to the body seems to be discussed for the first time (on a theoretical basis) by Pontvik [1] in 1955 and Teirich [6] in 1958.

Pontvik describes a process for conveying musical vibrations through bodily contact between the patient and the sound source. This results in a process which he describes as "ein musikalisches Erlebnis, daß sich eine Einbeziehung des Vibrationssinns in das heilmusikalische Gebiet als fruchtbar erweisen wird." He used a pillow loudspeaker which he put under the head or under the back of the patient.

Teirich comments: "Diese Lösung schien mir insofern einleuchtend, als auf diese Art Musik einerseits 'zu einem Erlebnis der Stille' werden kann, andererseits aber sensomotorische Erlebnisse intensiver Art ausbleiben dürften, da die Schallwellen dem Körper kaum entsprechend mitgeteilt werden können." Teirich describes 41 cases where he used "musikalisch-vibrationelles Erleben" as therapy:

"Man wird dabei einer merkwürdigen Umstellung bewußt, der Umstellung von außen nach innen; während der musikalische Ton immer eine Lokalisation in den äußeren Raum erfährt, erfolgt die Lokalisation des Vibrationserlebnisses in unserem Körper selbst. Man könnte sagen, die Töne werden dabei in das Innere des Leibes hereingezogen, sie stehen dem Körper-Ich näher...

Musiktherapie...hat mindest eine palliative Aufgabe, die nach entsprechender Diagnosestellung durchaus sinnvoll ist; die Wirkung hält meist wesentlich länger als man selbst erwartet. Hilfen dieser Art sollten neben der gegenwärtigen so stark von der chemischen Industrie propagierten "Psychopharmakologie" ihren Platz finden. Es wäre falsch, sie zu unterschätzen."

It seems that the use of musical-vibrational stimulation disappeared from the field of music therapy, because the emphasis was put on treatment of mental cases and retarded children. Concentration on the physiological side of sound/music was abandoned.

The Universal Principles

My own work in the field of Vibroacoustics started in 1968, when I first defined the three "universals" of the therapeutic use of music:

1) High pitch (high Hz values) give stress; low pitch (low Hz values) give relaxation.
2) Rhythmic music increases energy; rhythmically neutral music decreases energy.
3) Loud music (high dB values) passifies (low amplitude); soft music (low dB values) creates aggression (high amplitude).

If we now also include physical conditions in the area which may be influenced by music, we can make up quite well-defined therapy programs by using combinations of the effects described by the three "universals."

Music - Sound - Frequency

Using music as the first therapeutic approach involving the universals soon proved unsatisfactory. There are so many elements working together at the same time, that it is virtually impossible to find which are the effective elements.

By using a frequency generator I was able to study the effect of pure tones, without rhythms, overtones and harmonies [2]. It soon was discovered that most of the effects were to be found in the octave between 40 Hz and 80 Hz. This is in the very centre of the vibroacoustics area. The pure tones may be considered as pure "body music," if we can use the word music at all. Man does not consist of body alone. The "body and soul" concept arose, and I started making programs in which music and frequencies were blended to a musical and physical whole.

As we know from traditional music therapy, the choice of music is not unimportant. I have found that for open use, the "new age" music suits our purposes very well. This is music which elicits associations of peace and relaxation, often in an oriental environment. Superimposing the rhythmic pressure waves on this kind of music gives both muscular and mental well-being, and reduces the subjective feeling of stress.

Effects on Pulse and Blood Pressure

The measurement of these physical parameters does not give clear results. When blood pressure (BP) is high, we can mostly find a reduction in the diastolic BP by an average of 10 mm Hg. When BP is low, we have not recorded any rise in diastolic BP.

The music we have been using has been of the relaxing type, and maybe that is why we have not found any rise in BP in persons with low BP. Pulse values may rise or fall, and they do not give any clear indications. With pulse values below 55 we have not observed greater changes than $+/-5$ beats/s. When pulse value is above 70, we have observed increases up to $+5$ and decreases up to 13 beats/s.

The number of observations I have been capable of making is too small to be of any significant statistical value.

Empirical Findings

Since the first units were made as experimental models in 1980, we have accumulated written reports of 10 500 h of use, mostly from institutions for multiple handicapped mentally retarded persons of different ages.

The equipment has been used by physiotherapists, nurses and special education teachers, and the most outstanding effect has been the spasmolytic effect observed in spastic patients. For these difficult cases, the Vibroacoustics equipment seems to give a softening of spasms which leads to a delay of more crippling contractions, and even an improvement of physical and mental/social functions [4].

Some physiotherapists have started using the equipment in their practice. They have found a marked and positive effect on patients with Bekhterev's arthritis. They also have reported positive results with acute muscular pains, and in the case of tense muscles they can observe a healing effect.

In Norway's most specialized hospital for injuries from traffic accidents there is a unit in operation, and the preliminary reports are positive. The muscular relaxation and general stimulation are very promising for the continued work in developing the methods for professional use.

We had expected to get information from the Norwegian College of Physical Education and Sport, where Professor Halldor Skard had wanted to test the equipment. His activities as coach of the Norwegian National Combined Skiing Team, the writing of his book on ski-skating and his invention of the new ski-stave have taken so much of his time, that his work with Vibroacoustics was put aside. I regret this very much, because he was originally invited to present his results at this symposium. I am hoping for concrete information later on, as he has expressed great enthusiasm for the Vibroacoustic equipment, and the tests he has suggested to us have been very successful. He has mostly been using the equipment for mental relaxation and the mental training/preparation of some members of the team. I have not heard him talk about pain reduction as a part of his experience.

Equipment

The complete Vibroacoustic equipment for practical use consists of:

1) The *vibration unit,* which is like a bed with built-in sound sources, or impulse givers. The vibration units we have made up until now have had two impulse givers. Currently I am testing a new model with three impulse givers. This may be standard when the equipment will be made publicly available.
2) The *audio unit,* which may be an ordinary loudspeaker, or a set of good earphones.
3) The *mattress,* which allows the sound to pass through air directly to the human body lying over the impulse givers.
4) A *stereo cassette player* capable of handling frequencies as low as 30 Hz.
5) A *stereo amplifier,* with a minimum 2×65 W output capacity and capable of handling frequencies as low as 30 Hz.
6) Special *therapy cassettes,* with the special software designed for this equipment. The superimposed sinus waves on top of the music make the music unsuitable for ordinary listening purposes. Use of ordinary music tapes will not give the focused effects of the specialized software.
7) For research purposes a *frequency generator* is optimal, as this will give the operator the possibility of using frequencies especially adapted to each individual to be treated with Vibroacoustics. For ordinary use, the standard frequencies on the tapes will be sufficient.

We are working on the development of a compact electronic unit for use with the equipment. This unit will replace items 4, 5 and 7 in this description. It will reduce the number of loose wires considerably and make practical use easier.

Four Case Reports

Case 1

Male, 26, soccer player. The patient had a knee operation 4 months before consultation. The knee was too inflexible and unstable to be used in active sports. He came to me just to "try something new." Traditional physiotherapy was impossible because of the distance to the nearest institute (200 km). Using a base frequency of 40 Hz, I put together a program of 40-60-80-60-40 Hz sinus tones. Each section lasted for about 5 min, totalling nearly 30 min.

The first 5 min were spent supine on top of the sound sources, during which time the effects of the sound could first be felt. The next two sections were spent in the same position, while the patient bent and stretched the affected knee to maximum levels. The next two sections were spent in a kneeling-standing position where the bending and stretching exercices were actively made using full body weight. The knees were directly above the sound sources. The last section was again spent supine over the sound sources, for relaxation purposes.

The sound program was recorded on a normal cassette tape, and the patient was given keys to the treatment room and a copy of the cassette, and was told to come 2-3 times per week to repeat the procedure described above.

After 4 weeks of this procedure he felt that the treatment was no longer necessary and he started active training and sports again.

Beforde starting the treatment he had applied for a transfer from the 3rd to the 5th division. After the treatment this request for transfer was cancelled, as he felt he could endure the strain of the higher division.

Case 2

Male, 24, team-mate of case 1. The patient presented complaining of stiff scar tissue after an operation in the knee about 1 year previous to this. He borrowed the cassette from his team-mate and started doing the same exercises as described in case 1. Five weeks of therapy with irregular intervals - about 12 treatments in total - resulted in decreasing the discomfort considerably, and made the active sports situation less distressing for him.

Case 3

Male, 41, shopkeeper and week-end athlete, competing in terrain running. He was competing on the highest district level. One Sunday he stepped wrongly and strained the muscles in his calf. The condition was painful, and he was afraid that he would not be able to compete the following Sunday. Two treatments of 30 min, 58 Hz, with 1 day between sessions resulted in considerable relief, and by Saturday the pain was totally gone. He was of the opinion that the healing process was accelerated by the Vibroacoustic treatment.

Case 4

Male, 21, member of the Finnish National Ice Hockey Team. The patient was experiencing considerable pain after far too much training. Unable to do normal training this particular day because of intense pain in the thighs, neck and shoulders, he came to me with his physiotherapist to try out the Vibroacoustic equipment. He had two consecutive treatments, each of about 25 min, one program with frequencies in the 40 Hz area for the large muscles in his thighs, and one in the 60 Hz area for the muscles in his shoulders/neck. He fell asleep during treatment, which only consisted of lying supine and letting the combination of music and sinus tones do the job. The painful part of the body was placed directly over the sound sources. He felt very relaxed after the two sessions, slept extremely well the following night, and was in full shape for a new training session the next morning with the pain gone. Both the patient and his physiotherapist were astonished by the effectiveness of the therapy.

What Happens During Vibroacoustics Therapy?

In fact, we do not know exactly what happens during vibroacoustics therapy. We know that around 90% of those who try the equipment find it positive and effective in relieving some conditions of discomfort.

About 10% of the persons report uneasiness and some even report anxiety (while many in the 90% group report reduction of anxiety). With some persons the discomfort can be relieved by diminishing the amplitude.

The bass vibrations on the special cassettes can both be heard and felt. The sound is transferred directly from the impulse givers to the body via air conduction, and is perceived bodily as profound vibration - like rhythmic pressure waves. This low frequency sound massage will penetrate the body, as sound is transferred through solid bodies and liquids. At the same time the sound is perceived acoustically by the ear, and the different receptors - both on the conscious and unconscious levels - are reacting in synchronized response to the regularity of the pressure waves. This synchronization of responses on so many levels seems to be unique for Vibroacoustic therapy. Philosophically one can imagine that this massive synchronization may lead to a harmonization of an organism in a state of disharmony.

The literature on infrasound [5] tells us that the human body absorbs about 2% of the sound energy which is applied to the body. This absorption will produce heat.

The low frequency sound massage also has a direct massaging effect, an effect which is much deeper and comprehensive than manual massage, or massage using mechanical vibrators [3]. The choice of music will have an effect on the mental state of the person receiving Vibroacoustic treatment.

We have here a therapeutic procedure with integrative effects on both the body and soul.

Conclusion

Vibroacoustics is a young and relatively unexplored approach to treating muscular stress. There are considerable empirical data available in the reports from the 14 institutions using Vibroacoustics equipment in Norway - totalling about 10 500 h of use. However, no controlled research projects have been conducted to date. The available empirical data can be made accessible to persons or institutions wishing to do controlled research and/or practical testings involving Vibroacoustics.

Especially in the field of sports, we can see glimpses of possible fields of use. It is highly probable that Vibroacoustic treatment may make an athlete able to tolerate longer periods of training, thus enabling him to increase his results. In sports arenas, where physiotherapists are not always available, the equipment may serve as a first-aid kit for muscular traumas or cramps. The use of Vibroacoustics to reduce mental tension before competitions should be tried out.

In addition, since sound also penetrates plaster casings, we may be able to massage muscles lying encased in plaster casts, and thus postpone or avoid muscular atrophy during immobilization. The knitting of a broken bone may also be thus accelerated.

References

1. Pontvik A (1975) Heilen durch Musik. Zürich
2. Skille O (1985) The music bath – Possible use as an anxiolytic. In: Spintge R, Droh R (eds) Music in medicine. Springer, Berlin Heidelberg New York Tokyo
3. Skille O (1985) Low frequency sound massage – the music bath. A Follow-Up Report. In: Spintge R, Droh R (eds) Music in medicine. Springer, Berlin Heidelberg New York Tokyo
4. Skille O (ed) Rapport fra symposium, 13–15 March 1987 Vibrosoft 1987 – limited edition.
5. Swedish Defence Materiel Administration (1985) Infrasound – a summary of interesting articles. FMV: Elektro A12: 142

Psychophysiologie

Psychophysiologische Mechanismen der Schmerzbewältigung bei sportlicher Extrembelastung am Beispiel des Marathonlaufes*

W. Larbig, M. Schrode und H. C. Heitkamp**

Einleitung

Bei den Olympischen Spielen in Los Angeles 1984 taumelte beim Marathonlauf der Frauen die Schweizer Athletin Gaby Anderson-Schiess mit schweren Orientierungs- und Bewußtseinsstörungen ins Ziel. Dieser spektakuläre Vorfall intensivierte die Diskussion über Streß- und Schmerzverarbeitungsmechanismen bei dieser extremen sportlichen Belastung. Spekulative Überlegungen konzentrieren sich u. a. darauf, daß auch bei der erfolgreichen Bewältigung verschiedener sportlicher Maximalbelastungen vielfältige Probleme zu überwinden sind. So wird u. a. in wissenschaftlichen Schriften häufig diskutiert, wie die Läufer unangenehme und z. T. äußerst schmerzhafte Reize ihres Organismus bewältigen und wie es möglich ist, daß sie trotz drohender oder eingetretener Verletzung weiterlaufen.

Zur Klärung dieses Phänomens wurden bislang meist – vom methodischen Standpunkt aus wenig zufriedenstellende – retrospektive Studien bei Langstreckenläufern durchgeführt. Bei diesem Ansatz kann nicht untersucht werden, ob psychische Verarbeitungsprozesse, die nach dem Lauf auftreten, die Bewertung und Bewältigung von störenden psychophysiologischen Reaktionen während des Laufes beeinflussen.

Daraus läßt sich ableiten, daß standardisierte psychophysiologische Messungen während der Belastung selbst durchgeführt werden sollten, um valide Aussagen über den individuellen Verlauf von Schmerz- und Streßreaktionen zu erhalten.

Hinsichtlich der Anwendung psychophysiologischer Untersuchungsmethoden im Sport liegen noch vergleichsweise wenige Arbeiten vor. Meist werden entweder nur psychologische oder nur physiologische Maße erhoben oder aber diese nicht zueinander in Bezug gesetzt. In den klassischen Arbeiten von Fenz u. Epstein [11] an Fallschirmspringern wurden erstmals systematische psychophysiologische Parameter im Zusammenhang mit sportlicher Belastung erfaßt. In Deutschland verdienen insbesondere die Studien des ehemaligen Freiburger Arbeitskreises Sportpsychologie [z. B. 1] sowie der Sporthochschule Köln [z. B. 28] Beachtung.

Zum Dauer- und Marathonlauf sind keine psychophysiologischen Studien bekannt. Zur Überprüfung bereits bestehender Theorien und zur weiteren Hypo-

---

* Die vorliegende Arbeit wurde von der Deutschen Forschungsgemeinschaft und vom Bundesinstitut für Sportwissenschaft unterstützt.
** Für die Blutentnahmen und endokrinen Analysen danken wir sehr Herrn PD Dr. med. K. G. Wurster, Universität Tübingen.

thesengenerierung wurde deshalb beim feldexperimentellen Vorgehen der vorliegenden Untersuchung ein breites Spektrum verschiedenartiger Messungen angewendet.

Fragestellungen

Zum Thema psychischer und physischer Grundlagen der Bewältigung der Marathondistanz erschienen zahlreiche theoretisch orientierte Veröffentlichungen, in denen verschiedene experimentell ungeprüfte Hypothesen diskutiert werden. Hinsichtlich psychologischer Bewältigungsstrategien vermuten Morgan u. Polluck [27], daß Marathonläufer entweder sog. assoziative oder dissoziative „Coping"-Strategien anwenden. Unter assoziativen Strategien wird die Konzentration auf Körpersignale, unter dissoziativen die Hinwendung zu kognitiven Prozessen (z. B. Nachdenken über Tagesprobleme) verstanden. Dissoziative Techniken scheinen danach besonders dafür geeignet zu sein, Sportler von (teilweise aversiven) Veränderungen in ihrem Körper abzulenken. Weltklasseläufer sollen - im Gegensatz zu Mittelklasseläufern - assoziative Strategien bevorzugen und durch die ständige Überwachung der Körperfunktionen den organischen Erfordernissen beim Lauf genügend Beachtung schenken; diese Eliteathleten könnten auf diese Weise den sog. „toten Punkt" vermeiden. Unter „toter Punkt" wird ein vorübergehender Zustand intensiver physischer und psychischer Erschöpfung verstanden, der die Läufer zum Abbruch der sportlichen Aktivität zwingen kann. Sacks et al. [31] sind der Ansicht, daß diese beiden Bewältigungsstrategien nicht alternativ, sondern abwechselnd zum Einsatz kommen. Meist herrsche jedoch bei Langstreckenläufern ein meditativer Zustand vor. Die Athleten konzentrieren sich hierbei auf keine externen oder internen Reize, sondern lassen ihren Gedanken freien Lauf.

Aufgrund dieser Spekulationen stellt sich die Frage, welche „Coping"-Strategie die Marathonläufer nun hauptsächlich anwenden oder wann im Verlauf zunehmender Belastung welche Bewältigungsmöglichkeit eingesetzt wird. Das Elektroenzephalogramm eignet sich gut zur objektiven Überprüfung subjektiver Angaben über Veränderungen des Bewußtseinszustandes; es gilt als empfindlicher Indikator der Aktivierung [16]. EEG-Ableitungen beim sportlichen Leistungsvollzug wurden bisher nur selten durchgeführt; für den Dauerlauf sind keine Veröffentlichungen über EEG-Verlaufsmessungen bekannt. In Kurzzeitableitungen bei anderen Sportarten (Laufen, Rudern) wurde jedoch eine Reduktion des α-Rhytmus festgestellt [z. B. 35].

Von besonderem Interesse war bei der vorliegenden Studie die Untersuchung des Schmerzverhaltens. Entsprechend zahlreicher explorativer Daten bei Marathonläufern [12], empfinden die meisten Läufer beim Marathonlauf Schmerzen. In früheren feldexperimentellen Untersuchungen konnte bei griechischen Feuerläufern und einem Fakir gezeigt werden, daß bei der Induktion von intensiven Schmerzen im EEG ϑ-Rhythmen auftreten können [22]. Simultanes Auftreten von ϑ-Wellen im Spontan-EEG ohne schmerzhafte Stimulation wurde auch bei verschiedenen Meditationsformen und bei Konzentrationsleistungen gefunden [22, 32]. Auf der Grundlage dieser Daten sollte in dieser Untersuchung überprüft werden, ob Schmerzverhalten auch während des Marathonlaufs mit signifikanten ϑ-Anstiegen kovariiert und welche spezifischen Schmerzkontrollfertigkeiten (assoziative, dissoziative oder meditative Techniken) hauptsächlich eingesetzt werden.

Eine entscheidende Rolle bei der Schmerz- und Streßverarbeitung spielen auch die Endorphine (körpereigene Opiate); sie reduzieren die Schmerzwahrnehmung vermutlich während und nach dem Langstreckenlauf [20]. Da sie aufgrund euphorisierender Effekte ein Gefühl des Wohlbefindens vermitteln [36], wurde spekuliert, sie könnten ursächlich mit dem Phänomen des „runners-high" [30], eines tranceartigen Hochgefühls, das bei Ausdauerleistungen auftreten kann, in Beziehung stehen. Obwohl nach Marathonläufen eine deutliche Erhöhung der Plasma-β-Endorphin-Konzentration festgestellt wurde [3], bleibt wegen fehlender Verlaufsmessungen unklar, ob schon während des Laufs vermehrt Endorphine ausgeschüttet werden und damit auch die Schmerzwahrnehmung beeinflußt werden kann.

Auf der Grundlage des sog. Drei-Ebenen-Modells (1. motorisch-verhaltensmäßig; 2. subjektiv-psychologisch; 3. physiologisch) menschlichen Verhaltens [4] sollten die genannten Fragestellungen in einem feldexperimentellen Vorgehen überprüft werden. Hierzu ist es zur Dokumentation der relevanten Veränderungen notwendig, möglichst häufig Messungen während des Leistungsvollzugs simultan auf allen 3 Verhaltensebenen durchzuführen.

Methode

Es wurden bei 27 Personen (20 männlich, 7 weiblich), deren Marathonbestzeiten unter 3 bzw. 3½ h lagen, multiple Messungen vor, während und nach einem Marathonlauf durchgeführt (Abb. 1). Die Läufer absolvierten einen Rundkurs von jeweils 6 km Länge; die Strecke wurde von den Läufern als anspruchsvoll eingestuft.

Ebene	Zeitpunkte / Maß	Baseline (T1)	Jede 10'	Nach 40' (T2)	Nach 120' (T3)	Ziel (T4)	Nach 10' (T5)	Nach 30' (T6)	Nach 60' (T7)	Zu Hause
Motorisch	Zeit / Verhalten	Kontinuierlich								
Verbal-subjektiv	Prozeßvariablen	1,2	1	1,2	1,2	1,2	1,2	1,2	1,2	
	Dispositionelle Variablen									●
	Marathon-Fragebogen					..				●
Physiologisch	EEG	Kontinuierlich								
	HF, RR	●		●	●	●	●	●	●	
	Endokrines Spektrum	●		●	●	●	●	●	●	

Abb. 1. Versuchsverlauf. [Nach 19, 23, 33, 39]

Prozeßvariablen

1. Rating der kognitiven Verarbeitung und Schmerzwahrnehmung (numerische 7er Skalen),
2. Rating der Erschöpfung (9er Skala) und Anstrengung (7er Skala von sehr leicht – sehr sehr schwer).

Dispositionelle Variablen[1]

EPI, STAI-G, X1/X2, BL, FPI, POMS [vgl. 7, 26].

Endokrines Spektrum

β-Endorphin, Prolaktin, LH (Luteinisierungshormon), FSH (follikelstimulierendes Hormon), Noradrenalin, Adrenalin, Dopamin, Kortisol, DHEA (Dehydroepiandrosteron), Gesamttestosteron, DHT (Dehydroxytestosternon), freies Testosteron, SHBG.

Der Schwerpunkt der Messungen wurde auf die verbal-subjektive und die physiologische Ebene gelegt. Die Ableitung des EEGs erfolgte mittels Oberflächenelektroden, die mit Kollodium an der Schädeloberfläche festgeklebt waren; sie wurden nach dem internationalen 10-20-Elektrodensystem [21] angebracht (P3 und P4). Eine kontinuierliche telemetische Übertragung des EEGs gewährleistete die völlige Bewegungsfreiheit der Versuchsteilnehmer. Die Telemetrieanlage befand sich in einem weichen Baumwollsäckchen und wurde auf dem Rücken der Teilnehmer festgeschnürt.

Bei der EEG-Analyse erfolgte eine Tiefpaßfilterung zur Beseitigung hoher Frequenzanteile (Bewegungs- und EMG-Artefakte) und nach Analog-Digital-Wandlung eine Fourier-Analyse. Daran schloß sich eine Mittelung der erhaltenen EEG-Powerspektren über 1 min für die Meßpunkte vor und nach (T1, T4 und T6) und über 15 min für die Meßpunkte während des Laufs (T2 und T3) an. Physikalische und biogene Artefakte konnten weitgehend ausgeschlossen werden.

Zur Feststellung der „Coping"-Strategien wurden fünf Ratingskalen (jeweils 7stufig) zur Erfassung assoziativer, dissoziativer und meditativer Prozesse sowie zur Feststellung der Umgebungs- und Schmerzwahrnehmung verwendet. Die Durchsage des Ratings erfolgt während des Laufes über Funkmikrophon, das die Probanden in der Hand hielten. Die weiteren Ratings der Anstrengung [6] und der Erschöpfung [29] konnten bei den Pausen zur Blutabnahme ermittelt werden.

Für die mehrfache Blutgewinnung wurde ein Teflonkatheter in eine Unterarmvene eingeführt und mit einer Plastikkappe fest verschlossen. Um eine problemlose Blutentnahme zu gewährleisten, erfolgte nach jeder Blutentnahme die Injektion von 2 ml physiologischer Kochsalzlösung. Bei der Blutgewinnung wurden die ersten 1,5 ml verworfen und danach 20 ml entnommen. Die Proben wurden bei

---

[1] EPI = Eysenck-Persönlichkeits-Inventar; STAI-G = Angstfragebögen; BL = Befindlichkeitsliste; FPI = Freiburger Persönlichkeitsinventar; TOMS = Profile of moodstates/Stimmungsprofil.

sichergestellter Kühlkette noch am selben Tag zentrifugiert, und das Plasma wurde bis zur weiteren Verarbeitung bei $-20°$ C tiefgefroren.

Bei der statistischen Auswertung wurden zur Ermittlung der Signifikanzniveaus für die EEG-Daten und der Ratingskalen t-Tests für abhängige Stichproben gerechnet; bei den Hormonen kam der Wilcoxon-Test zur Anwendung. Die Ergebnisse sind mindestens auf dem 5%-Niveau signifikant.

Ergebnisse

Das EEG wurde bei der Fourier-Analyse in fünf Frequenzbänder unterteilt. Band 1 (5,3-8,2 Hz) repräsentiert das ϑ-Band, Band 2 (8,2-11,7 Hz) und Band 3 (12,3-15,8 Hz) das α-Band sowie Band 4 (15,8-25,8 Hz) und Band 5 (26,4-37,5 Hz) das β-Band.

Wie Abb. 2 verdeutlicht, erhöhte sich in beiden Hemisphären beim Marathonlauf (T2 und T3, vgl. Abb. 1) der Leistungsanteil der niedrigsten (Band 1) zu Lasten der anderen Frequenzen (Bänder 2-5); nach Beendigung des Laufs wurde dieser Effekt kontinuierlich innerhalb von 30 min wieder aufgehoben. Während des Laufs waren keine weiteren Veränderungen nachzuweisen.

Teilweise wurden die Ausgangswerte 30 min nach dem Zieleinlauf nicht ganz erreicht, oder es konnte eine Überkompensation beobachtet werden. Diese Veränderungen waren nicht signifikant. In Band 2 erfolgte linkshemisphärisch keine vollständige Rückkehr zu den „Baseline"-Werten, sondern nach Beendigung des Laufs ein weiterer Abfall der Leistungsanteile, während in der rechten in diesem Zeitraum ein stärkeres Anwachsen über die Anfangswerte hinaus zu finden war; in Band 5 verringerte sich lediglich der Anteil der rechten Hemisphäre.

Dies führte allerdings im Interhemisphärenvergleich zu signifikanten Unterschieden; so fanden sich links vergleichsweise mehr hohe (Band 5) und rechts mehr niedrige Frequenzen (Band 2). Vor dem Lauf waren keine derartigen Unterschiede feststellbar. Die Veränderungen während des Laufs stehen dazu im Gegensatz: Hier wurden in Band 1 linkshemisphärisch und in Band 3 rechtshemisphärisch größere Leistungsanteile festgestellt.

Im endokrinen Spektrum waren psychoendokrinologisch relevante Veränderungen zu bobachten; die sportmedizinischen Aspekte werden an anderer Stelle dis-

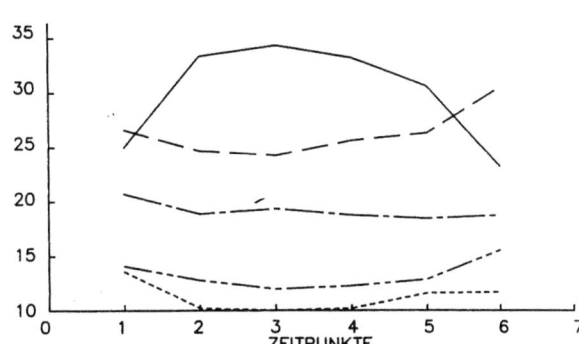

Abb. 2. EEG-Leistungsanteile rechte Hemisphäre (Gesamtstichprobe) (in %). ——— Band 1, - - - -Band 2, - - -Band 3, - - - -Band 4, - - - - -Band 5

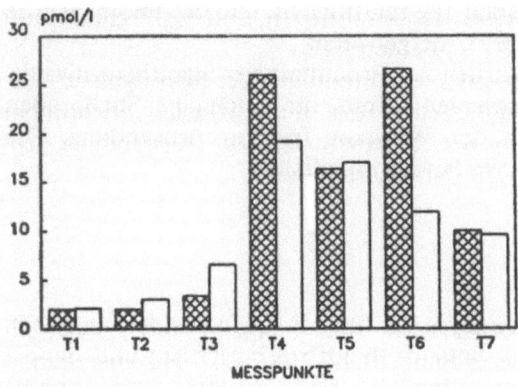
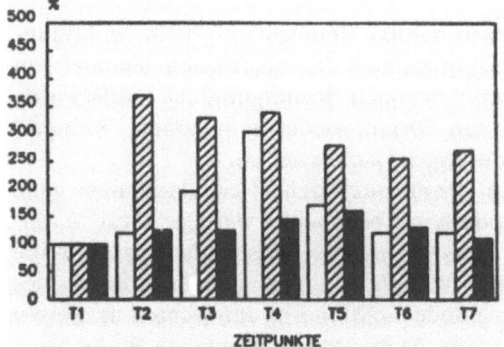

Abb. 3. Veränderungen endokriner Parameter. *Oben:* Veränderung der Plasma-Konzentration Beta-Endorphin. ▨ männlich, □ weiblich. *Unten:* Veränderung der Katecholamin-Plasma-Konzentration in Prozent. □ Adrenalin, ▨ Noradrenalin, ■ Dopamin

kutiert [19, 39]. Bei β-Endorphin ergaben sich während des Marathonlaufs nur Veränderungen geringen Ausmaßes (vgl. Abb. 3). Eine deutliche Erhöhung des Niveaus konnte erst am Ende des Marathonlaufs beobachtet werden; noch 60 min nach Belastungsende waren die Werte im Vergleich zur „Baseline" stark erhöht. Bei den Katecholaminen (n = 6; Abb. 3) war - ersten Ergebnissen zufolge - vor allem beim Adrenalin und Noradrenalin ein deutlicher Anstieg festzustellen. Die höchsten Werte wurden zuerst vom Noradrenalin schon zu Beginn der Belastung erreicht, bei Adrenalin zum Ende des Laufs und beim Dopamin erst 10 min später; dies führte zu einer Phasenverschiebung bei Erreichen des Maximums.

Die psychologischen Messungen ergaben einen deutlichen Anstieg der subjektiv wahrgenommenen Anstrengung (Abb. 4) bis zum Ende des Marathonlaufs mit anschließendem Abfall; das Ausgangsniveau wurde jedoch auch 1 h nach dem Zieleinlauf nicht wieder erreicht.

Beim Vergleich der „Coping"-Strategien (Abb. 5) zeigt sich, daß der Anstieg bei den meditativen Prozessen am deutlichsten ausgeprägt war; bei den assoziativen („Lesen" von Körpersignalen) konnte jedoch ebenso wie bei den dissoziativen Prozessen (Gedankengänge) eine Zunahme festgestellt werden. Schwankungen in

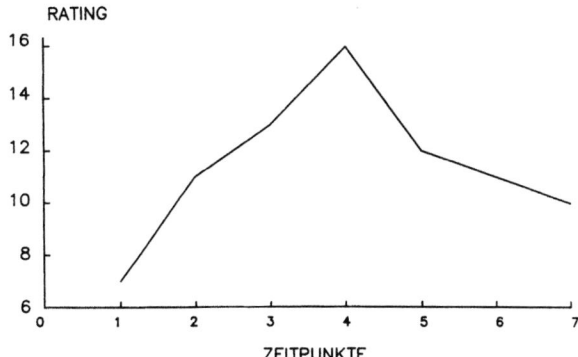

Abb. 4. Wahrnehmung der körperlichen Anstrengung (Gesamtstichprobe)

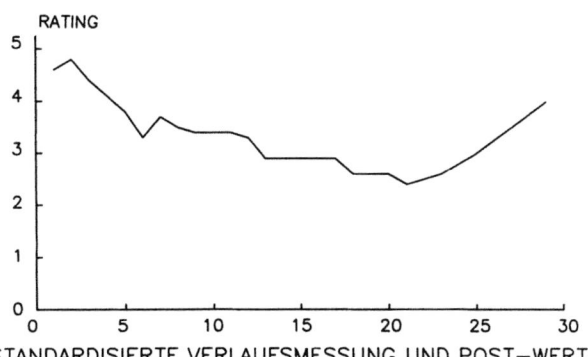

Abb. 5. Wahrnehmung der Umgebung (Gesamtstichprobe)

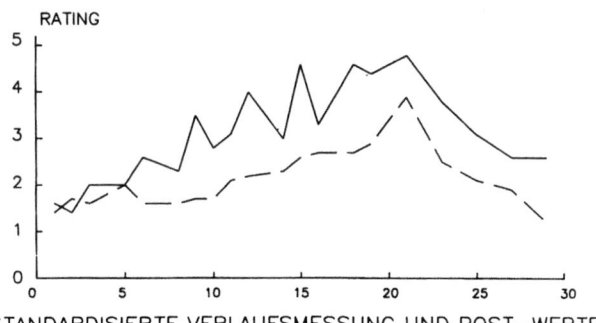

Abb. 6. Schmerzwahrnehmung überbelastet (———) vs. normalbelastet (----)

den Kurven gingen auf das Konto überbelasteter Probanden (n = 8), die eine hohe Variabilität in den Ratings aufwiesen; bei den normalbelasteten Teilnehmern war eine kontinuierliche Entwicklung zu beobachten. Die Wahrnehmung der Umgebung fiel während der gesamten Belastung kontinuierlich ab. 1 h nach dem Zieleinlauf wurden die „Baseline"-Werte weitgehend wieder erreicht (Ausnahme: Umgebungswahrnehmung). Da diese Ratings nicht zu festgelegten Zeitpunkten, sondern in 10-min-Intervallen erhoben wurden, ergab sich bei den einzelnen Probanden (mit verschiedenen Laufzeiten) eine unterschiedliche Anzahl von Ratings;

zur besseren Vergleichbarkeit erfolgte eine Standardisierung bezüglich der jeweils zurückgelegten Strecke (Prozentwerte).

Bei der Schmerzwahrnehmung (Abb. 6) zeigten sich bei dem Vergleich zwischen den Über- und Normalbelasteten starke Schwankungen in der Kurve; diese waren ab etwa einem Viertel der Distanz auf einem erhöhten Niveau festzustellen. Weiterhin ergaben Persönlichkeits- und Stimmungstests eine verbesserte psychische Disposition der Athleten [33].

Diskussion

Das Rating der Anstrengung sowie der deutliche Anstieg der Streßhormone zeigen, daß sich die Probanden einer starken Belastung unterzogen. Da die Laufzeiten im Testlauf durchschnittlich nur um 10 min über den individuellen Bestzeiten lagen und die Plasmakatecholamine sich wie bei einem echten Marathonwettlauf erhöhten [s. 2], kann von einer wettkampfnahen physischen Belastung ausgegangen werden. Ein „toter Punkt" wurde jedoch nicht von allen Personen erreicht, sondern, nach den Schwankungen in Schmerzrating- und Interviewdaten, nur von den überbelasteten Läufern. Da mehrere Maxima in der Schmerzwahrnehmung auftraten, kann vermutet werden, daß nicht nur ein, sondern mehrere „tote Punkte" überwunden werden mußten.

Obwohl während des Marathonlaufs in Übereinstimmung mit EEG-Messungen bei anderen sportlichen Betätigungen [5] im EEG eine Abnahme der α-Power festgestellt wurde, kann wegen des ebenfalls verringerten β-Leistungsanteils nicht von einer erhöhten zerebralen Aktivierung ausgegangen werden. Vielmehr deutet der stark anwachsende ϑ-Anteil auf eine (relative) Desaktivierung (Synchronisation der Hirnwellen) hin. Ähnliche Veränderungen im Powerspektrum wurden bei starker Einengung der Aufmerksamkeit bei Konzentrationsaufgaben während der Schmerzkontrolle sowie bei verschiedenen Meditationsarten gefunden [22].

Die Verringerung der Umgebungswahrnehmung bei gleichzeitiger Erhöhung der assoziativen – und in geringerem Maße auch der dissoziativen – Prozesse legt den Schluß nahe, daß eine Verlagerung der Aufmerksamkeit von externe auf interne Stimuli stattfand. Die gleichzeitige Zunahme sämtlicher „Coping"-Strategien deutet auf eine gleichzeitige oder abwechselnde Verwendung dieser Techniken hin. Da die meditativen Prozesse besonders stark zunahmen, kann in Zusammenhang mit den EEG-Daten geschlossen werden, daß der Marathonlauf teilweise in einem meditationsähnlichen Zustand durchgeführt wurde. Ähnliche Beobachtungen wurden bereits von Unestahl [37] und [10] auf phänomenologischer Ebene beschrieben. Mit Gabler [13] kann dieses Phänomen als (physisch) hochaktiver „Trancezustand" bezeichnet werden.

Aus den Ekstasetechniken sog. primitiver Völker ist bekannt, daß monotone Rhythmen zu Trancezuständen führen können [22]. Beim Marathonlauf könnten die Effekte neurophysiologisch gesehen durch propiozeptiv verursachte Impulsserien aus der Körperperipherie im Bewegungsrhythmus der Laufschritte über thalamokortikale Afferenzen zustandekommen. Dies könnte bedeuten, daß der meditative Bewußtseinszustand durch den stereotypen Ablauf der monotonen Bewegungsmuster verstärkt, möglicherweise sogar hervorgerufen und während des gesamten Laufes diese Bewußtseinsänderung aufrechterhalten wird.

Die Unterschiede im Interhemisphärenvergleich deuten auf eine relativ geringere Aktivierung der linken Hemisphäre während der Belastung hin. Nach dem Lauf ist linkshemisphärisch eine Aktivierung festzustellen. Die linke Hemisphäre, die bevorzugt bei der Lösung intellektueller Aufgaben aktiviert wird, schien sich beim Lauf durch die stärkere Desaktivierung zu „erholen"; sie war nach dem Lauf aktiver als vorher. Dies könnte möglicherweise erklären, warum die intellektuelle Leistungsfähigkeit nach Dauerläufen regeneriert [38] und nicht, der körperlichen Erschöpfung entsprechend, vermindert ist. Diese Beobachtung wird sowohl von vielen Leistungs- als auch Hobbyläufern bestätigt.

Die während des Laufs vergleichsweise stärkere Aktivierung der rechten Hemisphäre könnte mit einer erhöhten viszeralen Wahrnehmung in Beziehung gesetzt werden. Diese Überlegung wird durch die Zunahme der Werte in der Skala „Körperwahrnehmung" gestützt. Aus sportanthropologischer Sicht wird in diesem Zusammenhang vom „Leibhaben" bei körperlicher Anstrengung im Vergleich zum „Leibsein" im Normalzustand gesprochen [15]. Nach Mandell [25] kann eine erhöhte rechtshemisphärische Aktivierung selbstverstärkend wirken und somit auch für das psychische Wohlbefinden während und nach dem Lauf verantwortlich sein. Der starke Anstieg der Plasma-Katecholamin-Konzentration deutet darauf hin, daß der Marathonlauf als intensives Streßerlebnis gewertet wird; da die Erhöhung dieser Werte im Bereich der von anderen Autoren beim Marathonlauf gefundenen Veränderungen lag [2], kann davon ausgegangen werden, daß sich die Probanden in einer wettkampfnahen (hohen) Belastung befanden. Der späte Adrenalinanstieg im Vergleich zum Noradrenalin spricht in diesem Zusammenhang jedoch nicht ohne weiteres für eine aktuelle psychische Belastung. Da der Adrenalinspiegel mit zunehmender psychischer Belastung ansteigt [24], könnte geschlossen werden, daß die spätere Zunahme des Adrenalins, verglichen mit dem Noradrenalinanstieg, auf größeren psychischen Streß gegen Ende des Laufs hinweist. Da sich die Adrenalinkonzentration mit abnehmendem Blutzuckerspiegel erhöht [14] und so der Adrenalinspiegel typischerweise bei intensiver Anstrengung in den späteren Stadien der Belastung ansteigt [9], spiegelt der Andrenalinanstieg die starke physische und emotionale Belastung gegen Laufende wider.

Das unerwartet späte, dann jedoch gegen Belastungsende deutliche Ansteigen des Plasma-β-Endorphins legt den Schluß nahe, daß während des Marathonlaufs keine erheblichen endorphinergen Einflüsse auf die Schmerzwahrnehmung vorliegen, da diese vermutlich erst bei einer vergleichsweise hohen Plasmakonzentration beeinflußt wird [17]. So könnte das β-Endorphin erst gegen Ende der Laufbelastung – zu diesem Zeitpunkt liegen erhöhte Schmerzratings vor – in Abhängigkeit von der Konzentration schmerzinhibitorisch wirksam werden. Erhöhte β-Endorphin-Plasma-Konzentrationen auch über das Laufende hinaus andauernd, legen die Vermutung nahe, daß das während und nach langen Dauerbelastungen häufig beobachtbare euphorische Wohlbefinden mit den β-Endorphin-Anstiegen zusammenhängen könnte.

Zusammenfassend kann aufgrund der vorliegenden Daten angenommen werden, daß die Schmerz- und Streßverarbeitung während des Marathonlaufs durch zentralnervöse und endokrine Mechanismen vermittelt wird.

Literatur

1. Allmer H, Knobloch J (1976) Wettkampfbedeutung und psychoendokrine Beanspruchung. In: Nitsch J, Uris I (Hrsg) Beanspruchung im Sport. Bad Homburg, S 142-159
2. Appenzeller O, Schade DR (1979) Sympathetic activity during a marathon race. Neurology 29: 542
3. Appenzeller O, Standefer J, Appenzeller J, Atkinson R (1980) Neurology of endurancetraining V. Endorphins. Neurology 30: 418-419
4. Birbaumer N (1975) Physiologische Psychologie. Springer, Berlin Heidelberg New York
5. Böhmer D, Brockmeier D, Prüll G, Voigt K (1974) Darstellung und Analyse telemetrisch abgeleiteter Enzephalogramme im sportlichen Wettkampf. Sportarzt Sportmed 4: 67-72
6. Borg G (1982) Psychophysical bases of perceived exertion. Med Sci Sports Exerc 14: 377-381
7. Brickenkamp R (1975/1984) Handbuch psychologischer und pädagogischer Tests. Hogrefe, Göttingen
8. Christen JH (1982) Psychophysiologische Aspekte des Sports. In: Thomas A (Hrsg) Sportpsychologie. Ein Handbuch in Schlüsselbegriffen. Urban & Schwarzenberg, München, S 166-182
9. Christensen NJ, Galbo H, Hansen J-F, Hesse B, Richter EA, Trapjensen J (1979) Catecholamines and exercise. Diabetes 28: 58-62
10. Csikszentmihalyi M (1975) Beyond boredom and anxiety. The experience of play in work and games. San Francisco
11. Fenz WD, Epstein S (1967) Changes in gradients of skin conductance, heart rate and respiration rate as a function of ecperience. Psychosom Med 29: 33-51
12. Freischlag J (1981) Selected psycho-social charakteristics of marathoners. Int J Sport Psychol 12: 282-288
13. Gabler H (1980) Grenzerfahrungen im Hochleistungssport aus motivationspsychologischer Sicht. In: Grenzen der Leistung? Ethische, psychologische und soziologische Fragen an den Leistungssport. Symposium am 29. und 30. September 1980 in München, veranstaltet vom NOK Bundesinstitut für Sportwissenschaft und von der Max-Planck-Gesellschaft
14. Galbo H, Richter EA, Hilsted J, Holst JJ, Christensen NJ, Henriksson J (1977) Hormonal regulation during prolonged exercise. Ann N Y Acad Sci 301: 72-80
15. Grupe O (1984) Grundlagen der Sportpädagogik. Körperlichkeit, Bewegung und Erfahrung im Sport. Schorndorf
16. Haider M (1969) Elektrophysiologische Indikatoren der Aktiviertheit. In: Schönpflug W (Hrsg) Methoden der Aktivierungsforschung. Karger, Bern, S 125-156
17. Harber VJ, Sutton JR (1984) Endorphins and exercise. J Sportsmed 1: 154-171
18. Hatfield BD, Landers DM (1983) Psychophysiology - A new direction for sport psychology. J Sport Psychol 3: 243-259
19. Heitkamp H-C, Wurster KG, Schrode M, Jeschke D (1986) Veränderung der Plasma-Katecholamin-Konzentration während und nach dem Marathonlauf. (In Vorbereitung)
20. Janal MN, Colt EWD, Clark WC, Glasman M (1984) Pain sensivity, mood and plasma endocrine levels in man following long-distance running: Effects of naloxone. Pain 19: 13-25
21. Jasper H (1980) Das 10-20-Elektrodensystem der Internationalen Föderation. EEG-Labor 2/4: 143-149
22. Larbig W (1982) Schmerz. Grundlagen - Forschung - Therapie. Stuttgart
23. Larbig W, Elbert T, Lutzenberger W, Rockstroh B, Schnerr G, Birbaumer N (1983) EEG and slow brain potentials during anticipation and control of painful stimulation. Electroencephalogr Clin Neurol 53: 298-309
24. Lehmann M, Huber G, Berg A, Spöri U (1983) Zum Verhalten von Plasma- und Harn-Dopamin, -Noradrenalin und -Adrenalin bei körperlichen und körperlich-konzentrativen Belastungen. Herz Kreislauf 15: 94-101
25. Mandell AJ (1981) The second second wind. In: Sacks MD, Sachs ML (eds) Psychology of running. Champaign, Ill., p 221-223
26. McNair DM, Lorr M, Droppelmann LF (1971) Profile of mood states manual. Educational and Industrial Testing Service, San Diego, Cal.
27. Morgan WP, Polluck ML (1977) Psychological characterisation of the elite distance runner. Ann N Y Acad Sci 301: 382-403
28. Nitsch JR, Christen JH (1981) Psychophysiologische Zusammenarbeit, Modelle, Erfassungs-

methoden, Modifikationsmöglichkeiten. In: Carl K, Kayser D, Mechling H et al. (Hrsg) Handbuch Sport, Bd 2: Wissenschaftliche Grundlagen von Unterricht und Training. Düsseldorf, S 565–585
29. Nunney DN (1963) Fatigue, impairment, and psycho-motor learning. Percept Motor Skills 16: 369–375
30. Pargman D, Baker M (1980) Running high: Encephalin indicted. J Drug Issues 10: 341–349
31. Sacks MH, Milvy P, Perry SW, Sherman LR (1981) Mental status and psychological coping during a 100-mile race. In: Sacks MH, Sachs ML (eds) Psychology of running. Champaign, Ill., S 166–175
32. Schachter DL (1977) EEG theta waves and psychological phenomena: A review and analysis. Biol Psychol 5: 47–82
33. Schrode M (1985) Veränderung psychophysiologischer Parameter unter extremer Dauerbelastung (Marathonlauf). Dissertation, Universität Tübingen
34. Schwenkmezger P (1979) Psychophysiologische Ansätze in der Sportpsychologie. Sportwissenschaft 9: 125–142
35. Sologub JB (1976) Elektroenzephalographie im Sport. Sportmedizinische Schriftenreihe, Bd 11. Barth, Leipzig
36. Stein L, Belluzi D (1978) Brain endorphins and the sense of well-being: A psychobiological hypothesis. In: Costa E, Greengard M (eds) Advance in biochemical psychopharmacology, Vol 18: Costa E, Trabucchi M (eds) The endorphins. Academie Stress New York, pp 299–311
37. Unestahl LE (1979) Hypnotic perception of athletes. In: Burrows GD, Collison DR, Dennerstein L (eds) Hypnosis. Elsevier/North-Holland, Amsterdam, pp 301–309
38. Wagemaker H Jr, Goldstein L (1980) The runner's high. J Sportsmed Phys Fitness 20: 227–229
39. Wurster KG (1984) Einfluß von Leistungssport auf das endokrine System der Frau. Habilitationsschrift, Universität Tübingen

Psychologisches Training zur Schmerzbewältigung

G. Hörmann

Schmerz und Sport

Training im Bereich des Sports gilt gemeinhin als selbstverständlich. Niemand zweifelt daran, daß zur Erbringung sportlicher Leistungen Übung ebenso erforderlich ist wie zur Aufrechterhaltung einer körperlichen Kondition Training. Gilt indes eine solche Beziehung nicht nur für den Sport, sondern auch für andere Bereiche, etwa die Bewältigung von Schmerz in gleicher Weise?

Zunächst liegt eine Beziehung von Training und Schmerzkontrolle keineswegs nahe. Zumindest belehrt uns ein Blick in die Geschichte rasch eines besseren. Fangen wir nämlich mit der berühmten Beschreibung des Schmerzes bei Descartes (1644) an, so finden wir eine Auffassung vom Weg des Schmerzes von der Hautreizung als dem Ausgangspunkt bis zum Gehirn als der Endstation, „so, als zöge jemand an einem Seilende, um dadurch eine am anderen Ende hängende Glocke läuten zu lassen" [zit.nach 18, S.124; 19, S.9]. Zweifellos hat sich unser Wissen über den Verlauf der Schmerzbahnen seither erheblich vergrößert – auf den Ausgang von den Nozizeptoren über die Umschaltung im Rückenmark und den auf- und absteigenden Bahnen des neo- und paläo-spinothalamischen Systems [vgl. etwa das Schema in 20, S.117] sowie den Einfluß verschiedener Schaltstellen samt idealtypischer Vereinfachung [vgl. das Schema in 28, S.6] sei hier nur verwiesen.

Trotz der Anreicherung der physikalischen Reizdimension um den psychisch-sensorischen Einfluß folgt aus der genaueren Kenntnis der Schmerzausbreitung allerdings nicht automatisch die Verwerfung des Schmerzkonzepts von Descartes, sondern zunächst bloß dessen Spezifizierung und Sophistikation, wie sie sich in der Illustration der unterschiedlichen chirurgischen Eingriffsmöglichkeiten, die auf eine Schmerzlinderung abzielen, wiederfindet [vgl. das Schema in 18, S.133; 19, S.11]. Neurochirurgische Interventionen reichen demnach von der Abtragung der zentralen Rinde über die Durchtrennung von Bahnen auf verschiedenen Ebenen bis zum Tatort des Schmerzes, nämlich der Ausschneidung eines Nervenstücks.

Gegenüber einer ausschließlich somatosensorischen Betrachtung des Schmerzes, wie sie sich in den Varianten der Spezifitäts- und Pattern-Theorien niederschlug, versuchten Melzack u. Wall [19] mit ihrer Gate-Control-Theorie ein Interaktionsmodell sensorischer, motivierender, motorischer, psychischer und zentral kontrollierender Schmerzaspekte vorzulegen [18, S.163]. Diesem anfänglich einflußreichen Konzept zufolge werden die Ausgangsreize der T-Zellen des Gate-Control-Systems (über spinothalamische Fasern) an das sensorisch-unterscheidende und an das motivierend-affektive System (über das paramedian aufstei-

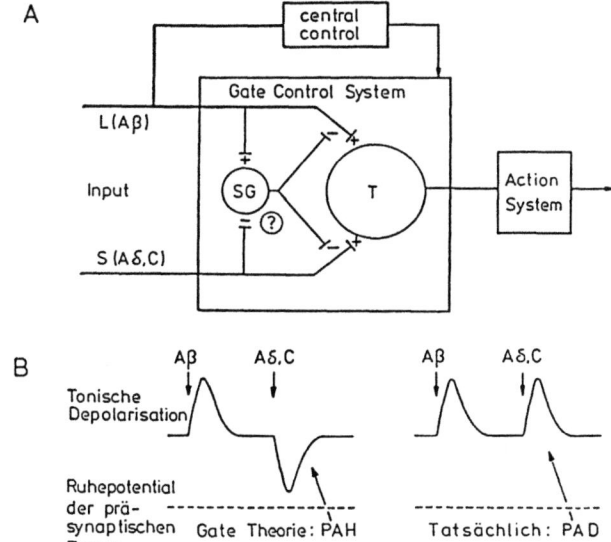

Abb. 1. Die „Gate-Control"-Theorie des Schmerzes und ihre experimentelle Überprüfung. *SG* Neurone der Substantia gelatinosa, *PAD* präsynaptische Depolarisation, *PAH* präsynaptische Hyperpolarisation. [Nach 33, S. 60]

gende System) weitergeleitet. Das zentrale Kontrollsystem erhält Impulse von dicken Fasern und projiziert auf das Schleusensystem, das motivierend-affektive und sensorisch-diskriminative System zurück, wobei alle Schmerzsysteme mit dem motorischen System interagieren.

Die Schlüssigkeit des Konzepts von einer Balance zwischen präsynaptischer Hemmung und Enthemmung dicker (L: Aβ) und dünner (S: Aδ, C) Bahnen (Abb. 1) ließ sich jedoch experimentell nicht bestätigen. Im Gegensatz zur Gate-Control-Theorie fanden sich sowohl bei den Aβ- als auch den Aδ- und C-Fasern präsynaptische Hemmungen (im Schema unter B dargestellt an der beidmaligen präsynaptischen Depolarisation statt der erwartbaren Hyperpolarisation). Wenn daher auch Zimmermann [33, S. 61] zu dem Urteil gelangt: „Die Gate-Control-Theorie war also eher eine symbolische, vereinfachte und mechanistische Formulierung eines vorwiegend psychologischen Konzepts der Autoren über den Schmerz", so blieb ihr Anstoß zur Etablierung einer interdisziplinären Sicht des Schmerzes gleichwohl nicht ungehört, wie zahlreiche neuere Publikationen zum Schmerz als interdisziplinärem Thema eindrücklich belegen [2, 3, 6, 31, 34]. Es kann daher nicht darum gehen, einem ominösen „medizinischen Modell" in um so leuchtenderen Farben ein alternatives „sozialwissenschaftliches Modell" gegenüberzustellen, wie dies einige Zeit unter Psychologen üblich war [12, 15], sondern höchstens gegen die Reduktionen eines *medizinistischen* Modells eine sachangemessene und mehrfaktorielle Sichtweise zu pflegen. Dabei dürfte es selbstverständlich sein, daß psychologische Interventionen auf keinen fragwürdigen Grundlagen aufbauen können. Andererseits vermag jedoch die Erweiterung der Perspektiven der Schmerzthematik um soziale, kulturelle und historische Perspektiven ebenso nützlich zu sein wie eine Rückbesinnung auf die Funktion des Schmerzes als Signal des Körpers [vgl. 16, S. 20].

Vielleicht könnte der Beitrag der Psychologie nicht zuletzt darin liegen, gegen vorschnelle Heilungserwartungen und Therapieansprüche das Ziel des Umgehens mit Schmerzen wieder bescheidener zu formulieren: nämlich weniger gänzliche Schmerzfreiheit oder Leidvermeidung, sondern eben Schmerzbewältigung, möglicherweise mit Verzicht auf den Anspruch einer völligen Schmerzausschaltung. Vielleicht erweist sich in diesem Blickwinkel dann weniger der Homo patiens in seinem Schmerzgeschehen therapiebedürftig, als eine Wissenschaft in einer „anästhesierten Gesellschaft", welche den Schmerz umstandslos therapeutisiert.

Wenn daher hier bewußt nicht von der Psychotherapie des Schmerzes, sondern dem Training zur Schmerzbewältigung die Rede ist, steht eine pädagogische Intention im Vordergrund gegenüber einer defizit-orientierten therapeutischen Perspektive im Banne eines pathologisierenden Blicks. Nicht zu Unrecht bemerkt Larbig [16, S. 20], daß unter der Dominanz eines klinischen Blicks „der in der westlichen Medizin vorherrschende Anspruch einer totalen Schmerzbeseitigung bzw. eines schmerzfreien Lebens die Entwicklung adäquater Schmerztherapien" (oder wie es korrekter heißen müßte, angemessener Umgangsformen mit Schmerz) blockiert hat. Allerdings nützt der an sich richtige, gut gemeinte Vorschlag, „mit dem Schmerz leben zu lernen", wenig ohne Hinweise auf Möglichkeiten des Lernens solcher Wege. Ohne die für das praktische Handeln wichtigen grundsätzlichen Überlegungen zu einem gelassenen Umgang mit dem zweifellos belastenden Phänomen Schmerz weiter verfolgen zu können, welcher psychologische, physiologische, soziale und spirituelle Aspekte [7, S. 91] miteinander verbindet, sollen im folgenden lediglich einige Elemente der Schmerzthematik herausgegriffen werden, welche einem psychologisch-pädagogischen Training zugänglich sind.

Komponenten des Schmerzes

Bezüglich des Schmerzerlebens lassen sich zunächst global folgende Dimensionen angeben:

1) eine *sensorisch-diskriminative* Dimension, mit welcher räumliche, zeitliche und quantitative Eigenheiten von Schmerzimpulsen registriert werden. Intensität, Lokalisation und Richtung des Schmerzes stehen hier im Vordergrund;
2) eine *motivierend-affektive* Dimension: Belohnungs- und Bestrafungstendenzen, Annäherungs-, Flucht- und Vermeidungsverhalten bei schmerzlicher Reizeinwirkung spielen hier eine Rolle;
3) eine *kognitiv-evaluative* Dimension: Aufmerksamkeit, Wertvorstellungen, Vorerfahrungen mit Schmerzerlebnissen, Schmerzbewertungen haben einen wesentlichen Einfluß auf die Schmerzwahrnehmung. Ohne hier auf die von Melzack [18] angesprochene Beziehung zu dem neuroanatomischen Korrelat einzugehen, wäre schließlich als weitere Ebene zu beachten;
4) eine *kommunikative* Dimension: Schmerz in seiner spezifischen Bedeutung als Medium der Interaktion mit primären Bezugspersonen (Eltern, Ehepartner, Kinder) und ihr Stellenwert im sozialen Beziehungsgeflecht von Aufgabenzuschreibung und Rollenerfüllung wären hier zu beachten (operante Funktion).

Neben dem motorischen und sozialen Anteil wären als Reaktionstypen offene, verdeckte und physiologische Aspekte des Schmerzverhaltens zu beachten [vgl. 16,

S. 25 ff.), ohne daß leicht zu entscheiden ist, was im Einzelfall vorausgehende Bedingung (antezendenter Stimulus) oder physiologische Reaktion (Konsequenz) ist.

Lösen chronische Affektionen tiefer Gewebe (wie Muskulatur, Faszien, Sehnen, Bandapparat, Periost etc.) zwar motorische Reaktionen oder Reflexe der Skelettmuskulatur aus, die aber weniger zu einer „Fluchtreaktion" im Sinne einer Bewegung führen, sondern zu weiterer Tonisierung bzw. Detonisierung, können sekundäre Muskelverspannungen den Schmerz intensivieren. Diese führen ihrerseits zu erneuter Verstärkung muskulärer Anspannungen und damit zu einem sich selbst aufrechterhaltenden Circulus vitiosus [28]. Dieser selbstverstärkende Mechanismus wird vollends durch das begleitende psychische Empfinden von Angst, Hilflosigkeit oder Depression derart erschwert, daß ein Ausbrechen aus dem Schmerzkreis nur mühsam möglich wird.

Eine genaue Verhaltensanalyse des Schmerzes ist somit nicht nur erforderlich, um respondente Bedingungen zu identifizieren, sondern auch operante Anteile oder den Beitrag aus Faktoren des sozialen Modell-Lernens zu erkennen. So berücksichtigt nämlich das operante Modell nicht den Schmerz an sich, sondern positive oder negative Konsequenzen, die dem Schmerzverhalten folgen und Intensität und Dauer der Schmerzen kontrollieren. Es ist folglich verständlich, daß vermehrte Zuwendung und Anteilnahme seitens des Ehepartners, positive Aufmerksamkeit durch Verwandte, Ärzte und Juristen ebenso wie schmerzkontingente Medikation wirkungsvolle Verstärker für die Zunahme der Auftretenshäufigkeit von Schmerzen sein können. Allerdings gilt es hier vor dem Mißverständnis zu warnen, als bewirke unterlassene Zuwendung – wie man es bei oberflächlicher Betrachtung aus einem operanten Schmerzkonzept ableiten könnte –, eine Schmerzhemmung; denn zweifellos führte ein solcher fehlerhafter Entzug zu Unsicherheit und Niedergeschlagenheit, was eine weitere Intensivierung der Schmerzen zur Folge hätte. „Wenn der Patient hingegen klar erkennen kann, daß die Zuwendung nicht auf seine Schmerzäußerung, sondern zur Verstärkung seiner Bewältigungsversuche (Zuwendung zeitlich kontingent auf Bewältigungsversuche wie Aktivitäten, Humor, Entspannung etc.) erfolgt, wird dies nicht zu gelerntem Schmerzanstieg führen" [4, S. 134 f.].

Welche Trainingsmöglichkeiten für die betroffene Person selbst zur Erhöhung erwünschten Verhaltens bestehen, soll anschließend skizzenhaft demonstriert werden. Als eine Art Zwischenbilanz bleibt indes festzuhalten, daß Schmerz keineswegs ein automatisiertes oder wenig beeinflußbares Geschehen ist, sondern daß die Glocke, welche – um im Bild von Descartes zu sprechen –, die Schmerzwahrnehmung im Gehirn ertönen läßt, durch eine Vielzahl von Möglichkeiten sowohl zum Verstummen (etwa bei Entspannung, Ablenkung, Aktivität) als auch quälendem Lärm (etwa durch Angst, Depression, Inaktivität etc.) gebracht werden kann.

Formen des Trainings zur Schmerzbewältigung

Wenn wir uns nach der Einsicht in die Wichtigkeit einer sorgfältigen Schmerzdiagnostik den Schmerzkontrollstrategien zuwenden, können wir je nach schwerpunktmäßigem Ansatz auf der kognitiven, physiologischen oder Verhaltensebene eine Vielzahl von Vorgehensweisen zuordnen [vgl. 17, S. 320].

Sellvertretend für die übrigen Dimensionen seien hier auf der kognitiven Ebene lediglich einige Strategien [5, S. 253 f.] zur Lenkung der Aufmerksamkeit und zur Uminterpretation der Schmerzempfindung [vgl. die praktischen Umsetzungsformen in 26] kurz skizziert:

1) Externe Aufmerksamkeitsablenkung: hier wird die Aufmerksamkeit anstelle der Beschäftigung mit dem Schmerz auf Charakteristika der Umgebung, z. B. die Ausstattung eines Raumes fokussiert.
2) Internale Aufmerksamkeitsablenkung: die Konzentration erfolgt auf eine geistige Aktivität, z. B. Kopfrechnen oder Nachdenken.
3) Somatisierung: die Aufmerksamkeit wird auf die stimulierte Körperstelle gelenkt bei gleichzeitiger Distanzierung von der Empfindung, z. B. stellt man sich vor, die Körperstelle wäre insensitiv, oder man nimmt sich quasi in der Rolle eines Wissenschaftlers vor, einen biologischen Bericht über die Körpervorgänge zu schreiben.
4) Imaginative Unaufmerksamkeit: Ablenkung durch Tagträumereien oder Fantasieren von angenehmen Szenen bewirkt mit Schmerz inkompatible Reaktionen.
5) Imaginative Transformationen des Schmerzes: ein Schmerzreiz wird umdefiniert, z. B. Interpretation der Stimulierung als willkommene Erfahrung.
6) Sensorische Fokussierung: um den Schmerz wird eine Geschichte gebaut, in welcher dieser eine andere Bedeutung gewinnt [vgl. hierzu die Beispiele in 26].

Im Rahmen der Kausalattribution, der Zuschreibung von Ursachen für das Schmerzgeschehen, wären etwa folgende Modalitäten zu nennen: *internal* versus *external* (die Situation ist grundsätzlich steuerbar etwa durch Fähigkeit/Anstrengung oder hängt vom Zufall oder organischen Faktoren ab); *stabil* versus *variabel* (ich bin immer unfähig, die Situation zu meistern bzw. ich konnte die Situation nicht meistern, da ich gerade müde war); *global* versus *spezifisch* (mir fehlt die Intelligenz oder Kompetenz, bzw. für diese Aufgabe fehlen mir die Fähigkeiten) [vgl. 17, S. 32, 102].

Die Subsumierung psychologischer Vorgehensweisen zur Schmerzbewältigung unter die Überschrift „Psychotherapeutische Schmerzkontrollstrategien" bei Larbig [16, S. 320] ist wohl unglücklich gewählt, da hier suggeriert wird, als sei Schmerz von psychologischer Seite aus nur einer therapeutischen Einflußnahme zugänglich. Angesichts der Gegenüberstellung: psychogener versus organischer Schmerz bleibt zu fragen, ob mit dieser zwar geläufigen, aber nichtsdestoweniger fragwürdigen Polarisierung nicht überhaupt eine falsche Alternative aufgebaut wird. Denn entsprechend dem Vier-Ebenen-Modell von Schmerz sind psychologische Variablen ein mehr oder weniger zentraler Faktor bei einer großen Zahl von Schmerzpatienten, ohne daß Befund und Befinden deckungsgleich sein müssen. Da jedoch das Ausmaß psychopathologischer Zeichen bei den psychogen bedingten Schmerzen höher zu veranschlagen ist [4, S. 140], mag es angemessen sein, diesen Fall der Psychotherapie zu reservieren. Ansonsten vermitteln psychologische Verfahren Hilfen und Möglichkeiten der Schmerzbewältigung gerade bei somatischen Schmerzen. Das pädagogische Moment des Lernens und Übens, also die Erweiterung eines Handlungspotentials oder dessen systematischer Aufbau steht somit im Vordergrund gegenüber psychotherapeutischer Umstrukturierung und Störungsbeseitigung.

In welcher Form Trainingselemente in den folgenden psychologischen Verfahren zum Tragen kommen, soll daher ausschnitthaft angedeutet werden. Nach ihrem hauptsächlichen Ansatzpunkt können wir diese nach der physiologischen, imaginativen, kognitiv-emotionalen und Verhaltensebene sowie komplexen Settings einteilen.

Psychologische Verfahren bei der Behandlung von Schmerzen

I. Physiologische Ebene
1. Akupunktur und transkutane Nervenstimulation
2. Biofeedback

II. Imaginative Ebene
3. Entspannungsverfahren
3.1. Progressive Relaxation
3.2. Autogenes Training
3.3. Meditationsverfahren (TM, Zen, Yoga)
4. Hypnose

III. Kognitiv-emotionale Ebene
5. Psychoanalyse
6. Transaktionaler Ansatz
7. Kognitiv-verhaltensmodifizierende Verfahren

IV. Verhaltensebene
8. Operanter Ansatz
9. Verhaltensstrategien

V. Multimodales Breitbandkonzept
10. Schmerzimmunisierungstraining

Da die Wirkungsmechanismen der Akupunktur über eine Reihe etwa neuerer neurohumoraler Hypothesen hinaus [10, 23] in unterschiedlicher Weise diskutiert werden und somit ihre Zuordnung zu psychologischen Verfahren [16, S. 302 ff.] überhaupt umstritten ist, soll hier lediglich eine Auswahl psychologischer Schmerzbewältigungsstrategien unter der Perspektive des Trainings herausgegriffen werden. Ohne auf verschiedene Ausprägungen, Probleme von Indikation, Kontraindikation und Effizienz eingehen zu können, bleibt für unsere Fragestellung festzuhalten, daß etwa der Erfolg von *Biofeedback* nach Keeser u. Bullinger [13, S. 74] „entscheidend davon abhängt, daß der Patient täglich übt". Dazu empfehlen die Autoren, ein tragbares Gerät nach Hause mitzugeben und parallel dazu ein alternatives Entspannungstraining durchzuführen und dies zunehmend anstelle der häuslichen Biofeedbackübung einzusetzen, um gleichzeitig die Apparateabhängigkeit auszuschleichen.

Auf dem Übergang zu den imaginativen Verfahren steht die *progressive Muskelentspannung* nach Jacobson. Neben der Erklärung des Verfahrens in einem edukativen Prozeß, welchem für die Motivation des Patienten ein wesentlicher Raum auch zur Vorbeugung gegen sonst erwartbare Schwierigkeiten beigemessen wird, erfolgt auch hier der eindringliche Hinweis auf die Wichtigkeit der regelmäßigen täglichen Übung (möglichst 2mal pro Tag mit einem Abstand von mindestens 3 h). In gleicher Weise wird einhellig betont, daß für den Erfolg des *autogenen Trainings* ein tägliches Üben (mindestens 1mal, besser 2- bis 3mal) absolut erforderlich ist. In beiden Fällen wird empfohlen, den Patienten über seine täglichen Übungen Protokoll führen zu lassen, wie ja überhaupt bereits die Protokollierung des eigenen Verhaltens eine subtile Aktivitätssteigerung darstellt. Obwohl ein gewisses Training der Hypnotisierbarkeit eingeräumt wird, limitieren offensichtlich interindividuelle Unterschiede der Suggestibilität die unspezifische Propagierung eines *Hypnosetrainings* [11, 17, 22].

Da *kognitiv-verhaltenstherapeutische Verfahren* [29] im Rahmen des Schmerzimmunisierungstrainings aufgegriffen werden, sei hier nur festgehalten, daß fehlende Bewältigungsfertigkeiten entweder auf einem Skilldefizit, also einem Mangel entsprechender Copingstrategien oder aber einem Produktionsdefizit beruhen können, d. h. also, daß etwa vorhandene Copingskills nicht angewandt werden [5, S. 249]. Daß zur Erhöhung der Produktionsrate Training erforderlich ist, bedarf keines Kommentars.

Der *operante Ansatz* von Fordyce u. Steger [8] zielt

1) auf die Beseitigung positiver Verstärkung für Schmerzverhalten,
2) auf die Erhöhung körperlicher Aktivität und
3) auf die schrittweise Reduktion einer schmerzkontingenten Medikation und Inanspruchnahme medizinischer Einrichtungen.

Der Zusammenhang von Aktivitätsanstieg mittels Training und Abnahme des Schmerzverhaltens wird etwa daran deutlich, daß mit zunehmender Anzahl von ausgeführten Übungen die Schmerzreaktionen umgekehrt proportional abnehmen [vgl. 4, S. 142].

Verhaltensstrategien zum Erwerb sozialer Kompetenz umfassen Übungen zumeist in Gruppen oder mit sozialen Bezugspersonen, Üben des nonverbalen Ausdrucks, Lernen positiver Gefühlsäußerungen und assertive Verhaltensweisen in spezifischen Situationen.

Am Beispiel des *Streßimpfungstrainings* [5, S. 258 ff.), in welchem dem Patienten in einem Training antizipatorische und reaktive Streßbewältigung vermittelt wird, soll schließlich die Bedeutung des Übungselements abschließend beleuchtet werden. Das Streßimpfungsprogramm umfaßt drei Phasen:

1) eine *edukative Phase*, in welcher die Patienten über sensorische und affektive Dimensionen der Schmerzerfahrung aufgeklärt werden,
2) eine *Übungsphase*, in welcher eine Reihe von Verhaltensstrategien wie Entspannung, meditative Verfahren, Bewegungsübungen und kognitive Copingstrategien, wie beispielsweise positive Selbstverbalisierungen, eingeübt werden,
3) eine *Anwendungsphase*, in welcher das gelernte Verhalten in einer spezifischen Situation erprobt wird.

Untersuchungen zur Wirksamkeit der Komponenten des Streßimmunisierungstrainings weisen darauf hin, daß die Kombination von Informationen, umfassendem Bewältigungstraining (Entspannung, Aufmerksamkeitslenkung, Selbstkontrolle) und kognitiver Umstrukturierung eine wirkungsvolle Strategie zur ambulanten Behandlung chronischer Schmerzen darstellt [14, S. 96f.]. Ob letzten Endes das Training an sich entscheidend ist, oder das mit diesem Training vermittelte Selbstkontrollkonzept, welches zum Ausdruck bringt, daß der Mensch kein passiver Empfänger von internalen oder externalen Reizen ist, sondern mittels verschiedener selbstregulativer Kontrollmöglichkeiten aktiv auf den Stressor einzuwirken vermag („self efficacy"), bleibe einstweilen dahingestellt.

Statt einem unkritischen Kombinationsekklektizismus zu huldigen, ist daher durchaus zunächst der spezifische Effekt eines psychologischen Verfahrens sorgfältig zu evaluieren. Dabei mag es sich herausstellen, daß nicht nur der Vergleich der unterschiedlichen Ansätze, etwa verschiedener Entspannungsverfahren versus jeweiligen kognitiv-verhaltenstherapeutischen Strategien zu überprüfen bleibt, sondern auch die differentielle Indikation zunächst einer spezifischen Methode herauszuarbeiten ist, wie dies etwa Oder u. Barolin [21] für das myotone versus respiratorische Feedback bei chronischen Schmerzsyndromen versucht haben.

Die aus der täglichen Praxis bekannte, allerdings noch nicht hinlänglich kontrollierte Wichtigkeit des Faktors Training für den Prozeß der Schmerzbewältigung und ihren Erfolg systematischer zu verfolgen, mag das Symposium zur Thematik Schmerz und Sport inspirieren. Wie schwierig indes eine Motivierung zum Training ist, zeigen uns die Beispiele gerade aus dem Bewegungsbereich im Rahmen der Prävention von Herz-Kreislauf-Krankheiten, wenngleich der Leidensdruck bei Schmerzpatienten eher zu einer höheren Trainingsrate motivieren dürfte. Warum sollte aber wiederum ein Training komplexer Fertigkeiten zur Schmerzbewältigung einfacher durchzuführen sein, so daß mancher Mißerfolg weniger auf ineffizenten Strategien als deren mangelnder Umsetzung beruhen dürfte? Allerdings könnte uns gerade der Blick auf Auswüchse sportlichen Trainings vor der Gefahr warnen, durch einseitiges Training und Fehlbelastung, ehrgeizigen Leistungsperfektionismus oder überzogene Ansprüche selbst neue Schmerzen zu erzeugen.

Literatur

1. Berger M, Gerstenbrand F, Lewit K (Hrsg) (1984) Schmerz bei Funktionsstörungen des Bewegungssystems. Fischer, Stuttgart
2. Bergener M, Herzmann CE (Hrsg) (1987) Das Schmerzsyndrom - eine interdisziplinäre Aufgabe. edition medizin VCH, Weinheim
3. Bergmann H (Hrsg) (1986) Schmerztherapie - eine interdisziplinäre Aufgabe. Springer, Berlin Heidelberg New York Tokyo
4. Birbaumer N (1984) Psychologische Analyse und Behandlung von Schmerzzuständen. In: Zimmermann u. Handwerker 1984, S 124-153
5. Bullinger M, Turk DC (1982) Selbstkontrolle: Strategien zur Schmerzbewältigung. In: Keeser et al. 1982, S 241-283
6. Doenicke A (Hrsg) (1986) Schmerz - eine interdisziplinäre Herausforderung. Springer, Berlin Heidelberg New York Tokyo
7. Eisner M (1986) Schmerz und Leiden, Glück und Freude. In: Doenicke 1986, S 84-93
8. Fordyce WE, Steger J (1982) Chronischer Schmerz. In: Keeser et al. 1982, S 296-349
9. Gerber WD, Haag G (Hrsg) (1982) Migräne. Praxis der Diagnostik und Therapie für Ärzte und Psychologen. Springer, Berlin Heidelberg New York
10. Herz A (1982) Endorphine und Schmerz. In: Keeser et al. 1982, S 69-82

11. Hoppe F (1986) Direkte und indirekte Suggestionen in der hypnostischen Beeinflussung chronischer Schmerzen. Peter Lang, Frankfurt
12. Kardorff E von (1978) Modellvorstellungen über psychische Störungen: Gesellschaftliche Entstehung, Auswirkungen, Probleme. In: Keupp HU, Zaumseil M (Hrsg) Die gesellschaftliche Organisierung psychischen Leidens. Suhrkamp, Frankfurt, S 539-589
13. Keeser W, Bullinger M (1985) Psychologische Verfahren bei der Behandlung von Schmerzen. In: Pongratz 1985, S 42-105
14. Keeser W, Pöppel E, Mitterhusen P (Hrsg) (1982) Schmerz. Urban & Schwarzenberg, München
15. Keupp H (1973) Modellvorstellungen von Verhaltensstörungen: ‚Medizinisches Modell' und mögliche Alternativen. In: Kraiker C (Hrsg) Handbuch der Verhaltenstherapie. Kindler, München, S 117-148
16. Larbig W (1982) Schmerz. Kohlhammer, Stuttgart
17. Larbig W (1982) Behandlung mit Hilfe von Hypnose, Akupunktur und transkutaner Nervenstimulation. In: Gerber u. Haag 1982, S 172-185
18. Melzack R (1978) Das Rätsel des Schmerzes. Hippokrates, Stuttgart
19. Melzack R, Wall PD (1982) Schmerzmechanismen: Eine neue Theorie. In: Keeser et al. 1982, S 8-29
20. Nittner K, Buchhaas U, Koulousakis A (1987) Zur stereotaktischen Behandlung der Schmerzsyndrome im Gesichtsbereich. In: Bergener u. Herzmann 1987, S 103-124
21. Oder W, Barolin GS (1986) Nicht-medikamentöse Entspannungsverfahren in der Schmerztherapie. In: Bergmann 1986, S 149-158
22. Orne MT, Dinges DF (1984) Hypnosis. In: Wall u. Melzack 1984, pp 806-816
23. Pauser G (1982) Akupunktur. In: Bergmann 1986, S 134-141
24. Pongratz W (1982) Stimulationsverfahren zur Schmerztherapie (einschließlich Akupunktur). In: Pongratz 1985, S 106-145
25. Pongratz W (Hrsg) (1985) Therapie chronischer Schmerzzustände in der Praxis. Springer, Berlin Heidelberg New York Tokyo
26. Rehfisch HP (1986) Schmerzbewältigungstechniken. Institut für Medizinische Psychologie. Universität Marburg (Hektograph. Broschüre)
27. Stocksmeier U (1984) Lehrbuch der Hypnose, 4. Aufl. Karger, Basel
28. Struppler A, Geßler M (1984) Schmerz und Motorik. In: Berger et al. 1984, S 3-16
29. Turk DC, Meichenbaum D (1984) A cognitive-behavourial approach to pain management. In: Wall u. Melzack 1984, pp 787-794
30. Turk DC, Meichenbaum DH, Berman WH (1982) Die Anwendung von Biofeedback bei der Schmerzkontrolle: Ein kritischer Überblick. In: Keeser et al. 1982, S 350-376
31. Wall PD, Melzack R (eds) (1984) Pain. Churchill Livingstone, Edinburgh
32. Wittchen HU, Brengelmann JC (Hrsg) (1985) Psychologische Therapie bei chronischen Schmerzpatienten. Springer, Berlin Heidelberg New York Tokyo
33. Zimmermann M (1982) Neurophysiologische Mechanismen von Schmerz und Schmerztherapie. In: Keeser et al. 1982, S 46-68
34. Zimmermann M, Handwerker HO (Hrsg) (1984) Schmerz. Konzepte und ärztliches Handeln. Springer, Berlin Heidelberg New York Tokyo

Hypnose als Gesundheitsregulativ im Leistungssport

T. Svoboda

Um die Einbindung von Hypnose in den Leistungssport zu begründen, halte ich es wegen des extrem widersprüchlichen Wissensstandes für erforderlich, zunächst den Gegenstand der wissenschaftlich fundierten Hypnose kurz abzuhandeln. Aus den Forschungsergebnissen der letzten 30 Jahre geht hervor, daß Hypnose als ein veränderter Bewußtseinszustand aufgefaßt werden darf, in welchem körperlich-geistige Dissoziationen unterschiedlichen Ausmaßes auftreten [13]. Der Begriff „Dissoziation" läßt sich für unsere Zwecke am besten mit „bewußt erlebte Herauslösung aus dem individuellen Alltagsdasein" übersetzen. Dabei wird die Aufmerksamkeit auf einige wenige innere Vorgänge verdichtet, welche in diesem Zustand um so intensiver erfahren werden. Die Erlebenssteuerung ist nur insofern von dem Hypnotisierenden abhängig, als jener dem Hypnotisanten neue Denkanstöße gibt. Es ist aber ausschließlich der Hypnotisant selbst, der die Entscheidungen trifft, weil jede Hypnose im Grunde genommen eine Selbsthypnose ist.

Wir sehen also, daß man heutzutage unter Hypnose eine sehr persönliche Gegebenheit versteht, in der lediglich die grundsätzlich vorhandenen Kapazitäten des einzelnen stärker hervorgehoben und genutzt bzw. überhaupt erkannt und aktiviert werden können. Darüber hinausgehende Leistungen sind nicht zu erwarten!

Während es nun über die klinische und experimentelle Arbeit mit Hypnose zahlreiche Veröffentlichungen gibt, scheint sie gerade im Leistungssport einen nur begrenzten Anklang gefunden zu haben. Wie jedoch Jencks u. Krenz [7] anmerken, verändert sich der Eindruck dramatisch, wenn bestimmte sprachliche Abgrenzungen aufgehoben werden. Dann fließen in die Gesamtübersicht nämlich alle Anwendungsformen des autogenen Trainings, der Tiefenentspannung, der Sophrologie, des mentalen Trainings, der Erfolgsvisualisierung usw. ein. Denn alle diese Methoden gründen auf einer Fokussierung der Aufmerksamkeit und der daraus resultierenden Erlebenssteuerung. So ist es m.E. durchaus berechtigt, sie als Ableger eben der Hypnose zu bezeichnen, mit der sie nicht verwechselt werden sollen [vgl. 1].

Wenden wir uns jetzt den konkreten Problembereichen zu, wo der Einsatz hypnotischer Verfahren egal welcher Gestalt dem Sportler eine echte Hilfestellung gibt. Im Vordergrund steht die Beschäftigung damit, wie Leistungstiefs und Versagensängste in hypnotischer Trance zu überwinden oder präventiv zu behandeln sind. Dazu berichtet Naruse [9], wie er mit einem Teil der japanischen Olympiamannschaft nach den Sommerspielen in Rom 1960 arbeitete. Es handelte sich um Sportler, deren Leistungen durch Lampenfieber maßgeblich beeinträchtigt wurden. Die Behandlung begann mit einer sorgfältigen Analyse der individuellen Faktoren wie körperliche Disposition und Technikbeherrschung, Vorerfahrungen im Wettbewerb, Selbstbeurteilung der eigenen Fähigkeiten, Einschätzung des Gegners, Einstellung zum Sport und zum Leben als Sportler sowie Persönlichkeitsmerkmale. Dazu kamen Fragen zu den konkreten situativen und kognitiven Auslösern für die Versagensangst. Zur Bewältigung des Lampenfiebers vermittelte Naruse den Sportlern standardweise das autogene Training mit progressiver Muskelentspannung, in Ausnahmen auch eine klassisch eingeleitete Selbsthypnose. Wenn diese Maßnahme alleine nicht ausreichte, wurden dem einzelnen je nach Bedarf verschiedene Techniken der klinischen Hypnose wie Erfolgsvisualisierung, Ich-Stärkung und Abreaktion der Angst beigebracht. Bei der Wahl der speziellen Methode bezog sich der Behandler auf die im Eingangsgespräch gewonnenen Daten. Mit dem Sportler wurde also ein persönliches Konzept zu selbstsuggestiver Angstmodifikation entwickelt und eingeübt.

In die gleiche Richtung wie Naruses Arbeit zielen neuerdings Programme von Henschen u. Krenz [6], Jencks u. Krenz [7] und Uneståhl [15]. Die erstgenannten z.B. führten eine Studie mit 5 Basketballspielern durch, wobei sich die Möglichkeit ergab, eine gleich starke Kontrollgruppe heranzuziehen. In hypnotischer Trance lernten die Versuchspersonen, in der Vorstellung einen „geistigen Raum" entstehen zu lassen, der nach eigenem Geschmack eingerichtet war. Er beinhaltete bei jeder Versuchsperson eine Leinwand, eine Schultafel und einen Energiestrahler. Auf der Leinwand konnte der Sportler seinen Bewegungsablauf überprüfen; auf der Tafel die für ihn wichtigen Schlüsselworte notieren; und der Energiestrahler sollte für eine optimale Leistungsfähigkeit sorgen.

Je nach persönlicher Problematik des Spielers wurden entsprechende Suggestionen, z.B. zur Konzentrationssteigerung oder Ärgerbeherrschung, vereinbart. Um das Zusammenspiel zu fördern, bekam jedes Mannschaftsmitglied Instruktionen zur Besserung seiner Einstellung zu den Spielkameraden und zur Stärkung des Teamgeistes.

Des weiteren wurden die Versuchspersonen angewiesen, in Selbsthypnose die eigenen spielrelevanten Stärken und Schwächen zu imaginieren und ggf. mental zu korrigieren.

Schließlich sollten die Versuchspersonen kurz vor dem aktuellen Spiel und in der Halbzeitpause sich in ihren „geistigen Raum" versetzen, um sich dort mit Hilfe der Leinwand, der Tafel und des Energiestrahlers auf einen guten Spielverlauf einzustimmen und etwaige „Energielöcher" auszugleichen.

Zusammenfassend stellen die Autoren fest, daß die Versuchsgruppe einen klaren Zuwachs an Selbstbeherrschung, Bewegungsablaufkontrolle und Selbstsicherheit im Spiel gegenüber der Kontrollgruppe verzeichnete. Auch waren sich alle 5 Spieler im klaren darüber, sich der Mannschaft unterordnen zu müssen, wenn sie sportliche Erfolge erzielen wollen.

Eine ähnliche Möglichkeit des suggestiven Aufbaues beschreibt Garver [5] am Beispiel eines Turners, der bei öffentlich ausgetragenen Wettkämpfen regelmäßig am Pferd versagte. Die Angstsymptomatik schloß innere Unruhe, flaues Gefühl im Magen, Kraftlosigkeit und gestörte Bewegungskoordination ein. In hypnotischer Trance lernte der junge Mann wohl gleich in der ersten Sitzung, durch eine Veränderung des Zeitgefühls (i.S. einer Zeitausdehnung) seine Übungen am Pferd imaginär viel häufiger zu praktizieren, als es normalerweise möglich ist. Dabei vergegenwärtigte er sich stets aufs neue den optimalen Bewegungsablauf und korrigierte selbst die kleinsten Fehler. Dann bekam er Suggestionen, daß er Spaß daran haben werde, sein Können vor vielen fremden Menschen unter Beweis stellen zu dürfen, und daß er beim bloßen Anblick des Gerätes eine tiefe Zuversicht in die eigenen Fähigkeiten empfinden werde. Schließlich wurde er darin unterrichtet, bei der ersten Berührung des Gerätes eine unbändige, grenzenlose Kraft durch seine Arme und den Oberkörper fließen zu spüren, die bis zur Beendigung der Darbietung gleich stark bleiben werde.

Garver [5] schließt seine Falldarstellung mit den Worten ab, der Turner habe aufgrund der fortgesetzten kognitiven Umstrukturierung in Selbsthypnose die Angst dauerhaft überwunden, ohne allerdings konkrete Daten zu nennen.

Neben den bisher geschilderten Strategien der zukunftsbezogenen Einstellungsänderung wird es in einigen Fällen notwendig sein, die Versagensangst auf dem Hintergrund der persönlichen Lebensgeschichte aufzuarbeiten [vgl. 8]. Ich selbst hatte einmal die Gelegenheit, mit einem Berufsfußballer, knapp 30 Jahre alt, auf diese Weise arbeiten zu dürfen. Er war gelernter Stürmer, blieb jedoch in den Punktespielen praktisch ohne Torausbeute, und war daher für seinen jeweiligen Verein auf die Dauer wenig interessant. Im Erstgespräch stellte sich zunächt heraus, daß die Problematik schon in der Jugendzeit begonnen haben mußte. Wir gingen dann in mehreren hypnotischen Sitzungen der Frage nach, mit welchen nicht mehr bewußt erinnerten Konfliktsituationen der sportliche Leistungsabfall zusammenhängt. Die hypnotische Altersregression wurde über ideomotorische Zeichen eingeführt [12]. In der 8. Sitzung zeichnete sich ein konkretes Schlüsselerlebnis mit 15 Jahren ab, wo der Klient zum ersten Mal das Leistungstief im Spiel gehabt und offenbar als Schande empfunden habe. Die Einzelheiten waren noch zu vage, zwei Merkmale sprechen jedoch für die Bedeutsamkeit der Erinnerung: Zum einen beendete der Klient die Sitzung mit vollständiger Spontanamnesie für seine Äußerungen in der Trance, was für eine direkte Berührung des verdrängten Materials spricht. Und zum anderen führte schon diese teilweise Affektbefreiung 1 Tag später zum Torerfolg im Ligaspiel.

Leider wurde der therapeutische Kontakt nach diesem Ereignis von dem Klienten ohne Begründung abgebrochen, so daß noch viele Unklarheiten bestehen blieben.

So viel also zu dem Bereich der Leistungstiefs und Versagensängste. Es hat den Anschein, daß hier der Einsatz hypnotischer Verfahren auf der Basis der suggestiven Ruhigstellung und positiver Imaginationen/Affirmationen immer ernster genommen wird. Diesen Trend finde ich auch in einer Pressenotiz bestätigt, die besagt, daß Uneståhl [15] sein „inneres mentales Training" einer dänischen Mannschaft vermitteln soll, welche 1988 an den Olympischen Winterspielen in Calgary teilnehmen wird.[1]

Nun gibt es noch einen zweiten Problembereich im Leistungssport, wo die suggestive Einflußnahme in hypnotischer Trance m.E. eigentlich unverzichtbar ist. Zugegebenermaßen ist dieser Bereich praktisch unerforscht, doch die wenigen publizierten Arbeiten müßten das Interesse jedes ernsthaft bemühten Therapeuten geradezu in Beschlag nehmen. Die Rede ist vom Behandlungskomplex der

---

[1] Newsletter International Society of Hypnosis, April 1987, Vol. 10 (1).

Schmerzstillung und der Genesung. Hören wir uns dazu zwei Erfahrungsberichte an:

Ryde [11], Allgemeinarzt aus London, beschreibt 80 Interventionen bei sportbedingten sowie vergleichbaren Verletzungen, bei welchen Hypnose die Hauptrolle spielte. Die Krankheitsbilder umfaßten Tennisellbogen, Verstauchung des Fußknöchels, Gesichtsprellungen mit Nasenbeinbruch, Quetschung der Ferse, steife Schulter, Rückenbeschwerden usw. Unter den mit Erfolg behandelten Fällen war z. B. ein 13jähriges Mädchen, das beim Üben am Holzpferd ausrutschte und auf das Steißbein fiel. Es konnte sich nach dem Unfall kaum bewegen. Unmittelbar nach der hypnotischen Trance verschwanden alle Symptome, und auch nach 6 Monaten war das Mädchen schmerzfrei. Bei einem anderen Patienten handelte es sich um einen Polizisten, der beim Rugby eine Prellung der Lendenwirbelsäule erlitt. 4 Tage später kam er zum Autor. Die Beugung betrug gerade 10°. In Hypnose konnte der Patient seine Füße berühren. 2 Wochen später spielte er wieder Rugby, obwohl ihm andernorts für die nächsten 3 Monate 2mal die Woche Physiotherapie verordnet und das Spiel für dieselbe Dauer verboten wurde. Auch er war nach 6 Monaten noch immer schmerzfrei.

Rydes Gesamtresultat lautet: Von 80 Verletzten ließen sich 63 Menschen hypnotisieren. Von diesen erfuhren 51 Personen (d. h. 79%) entweder die volle Genesung oder eine deutliche Besserung der Symptomatik. Aufgrund seiner Erfahrungen macht Ryde schließlich den Vorschlag, es sei vorteilhafter, diese Art der Verletzungen gleich zu Beginn in Hypnose zu behandeln. Erst wenn der suggestive Zugang versagt, sollte man auf die konventionellen Therapiemethoden zurückgreifen.

Erickson [2], amerikanischer Arzt und zugleich der einflußreichste Hypnosepraktiker dieses Jahrhunderts, schildert ähnliche Erlebnisse mit zwei Sportlern. Sie datieren aus den Jahren 1924 und 1925. Der erste Patient war ein Weitspringer, der sich die Zunge halbseitig durchgebissen hatte, der zweite Patient ein Läufer, der sich einen Fußknöchel schwer verstauchte. Die beiden jungen Männer kannten den Autor aus vorherigen Teilnahmen an Hypnoseexperimenten und hatten volles Vertrauen in ihn. Er selbst sagt rückblickend, damals zu wenig über medizinische Probleme gewußt zu haben und zu begierig nach neuen Erfahrungen gewesen zu sein, als daß er sie aus Gründen der reinen Vernunft abgewiesen hätte. Also entsprach er ihren Wünschen und führte sie in eine tiefe hypnotische Trance, um darin Schmerzfreiheit sowie möglichst vollständige körperliche Unversehrtheit zu suggerieren. Beim zweiten Patienten kam zusätzlich eine Zeitverzerrung hinzu in dem Sinne, daß er seine Verletzung nicht als am selben Tage erlitten, sondern bereits vor 1 oder 2 Jahren ausgeheilt erinnern sollte.

Die beiden Leichtathleten verließen das Labor geheilt. Die gesamte Sitzung dauerte bei dem ersten 4 h (beim zweiten Patienten liegt keine Angabe vor). Sie nahmen auch ein paar Tage später ohne jegliche körperlichen Beschwerden an sportlichen Veranstaltungen teil.

Ich selbst weiß aus eigener Beschäftigung mit der psychologischen Schmerzüberwindung [14] sowie aus Eigenerfahrung mit Hautverbrennungen, welche dank gezielter Suggestionen innerhalb von Minuten verschwinden [Näheres s. 3, 4], daß der Organismus über Heilpotentiale verfügt, die wir zu oft von vornherein für schier unmöglich halten. Deswegen will ich zum Schluß ein leicht nachvollziehbares Behandlungsschema vorschlagen, welches die suggestive Einflußnahme auf die Schmerzstillung bei akuten Sportverletzungen sowie auf den Heilprozeß selbst mit dem therapeutischen Alltag in Einklang bringt. Die Grundstrategie wurde bereits im Zusammenhang mit Versagensängsten und Leistungstiefs genannt: Mit der Induktion einer hypnotischen Trance wird die suggestive Ruhigstellung herbeigeführt, dann folgen genesungsfördernde (d.h. erfolgsorientierte) Imaginationen und Affirmationen [vgl. 10]. Darüber hinaus führen spezifische hypnoanästhetische Techniken zu einer effektiven Schmerzlinderung und liefern somit den unmittelbaren subjektiven Beweis für die Richtigkeit *aller* durchgeführten Suggestivmaßnahmen. Und damit nimmt der Patient aktiv an seiner Heilung teil, was sich in jedem Falle meßbar (Genesungsdauer, Medikationsmenge, Länge der Nachbehandlung etc.) auswirken muß (vgl. Shealy, 1982 und 1984, zit. in Svoboda [14], Anhang).

Literatur

1. Edmonston WE jr (1986) The induction of hypnosis. Wiley, New York
2. Erickson MH (1967) Laboratory and clinical hypnosis: The same or different phenomena? Am J Clin Hypn 9(3): 166-170
3. Ewin DM (1978) Clinical use of hypnosis for attenuation of burn depth. In: Frankel FH, Zamansky HS (eds) Hypnosis at its bicentennial. Plenum Press, New York, pp 155-162
4. Ewin DM (1984) Hypnosis in surgery and anesthesia. In: Wester WC, Smith AH jr (eds) Clinical hypnosis. Lippincott, Philadelphia, pp 210-235
5. Garver RB (1977) The enhancement of human performance with hypnosis through neuromotor facilitation and control of arousal level. Am J Clin Hypn 19(3): 177-181
6. Henschen KP, Krenz EW (1980) Relaxation training and basketball performance. 1980, unpubl. man. (available from Henschen KP, College of Health, University of Utah, Salt Lake City, Utah 84112)
7. Jencks B, Krenz EW (1984) Clinical application of hypnosis in sports. In: Wester WC, Smith AH jr (eds) Clinical hypnosis. Lippincott, Philadelphia, pp 574-590
8. Morgan WP (1980) Hypnosis and sports medicine. In: Burrows GD, Dennerstein L (eds) Handbook of hypnosis and psychosomatic medicine. Elsevier, Amsterdam, pp 359-376
9. Naruse G (1965) The hypnotic treatment of stage fright in champion athletes. Int J Clin Exp Hypn 13(2): 63-70
10. Ostrander S, Ostrander H, Schroeder L (1980) Superlearning, 2nd edn. Scherz, Bern
11. Ryde D (1964) A personal study of some uses of hypnosis in sport and sport injuries. J Sportsmedicine Phys Fitness 4: 241-246
12. Svoboda T (1983) Hypnotische Altersregression: Ein Überblick. Z Exp Klin Hypn 1: 37-44
13. Svoboda T (1984) Das Hypnosebuch. Kösel, München
14. Svoboda T (1986) Schmerzen psychologisch überwinden. Schönberger, München
15. Uneståhl L (1979) Inner mental training. 1979, unpubl. man. (available from Uneståhl L, Department of Sport Psychology, Örebro University, Sweden)

Emotion und Sport – Sentic-Cycle, auf dem Wege zur Schaffung eines leistungsfördernden emotionalen Status

R. Spintge, R. Droh, M. Clynes, A. Mulders und A. Hiby

Die Leistung eines Athleten hängt nicht nur von seinen körperlichen Voraussetzungen und seinem physiologischen Trainingszustand ab, sondern sie ist auch bedingt durch seine psychische Leistungsfähigkeit und Leistungsbereitschaft sowie durch sein momentanes emotionales Befinden. Freude, aber auch Zorn und Haß können ein enorm starker Antrieb für extreme Leistungen bis hin zur Selbstvernichtung sein. Zwischen emotionalem Zustand und Schmerzempfinden besteht ein offenkundiger Zusammenhang. Haß oder auch übergroße Freude können Schmerzen vergessen machen, Trauer läßt Schmerz doppelt schwer ertragen. Gäbe es nun eine Methode, die jeweils gewünschten emotionalen Zustände in bestimmten Situationen gezielt zu induzieren, so ließen sich auf diese Weise u. U. sowohl die allgemeine Wettkampfleistung, wie auch schmerzbedingte Leistungseinschränkungen beeinflussen. In der allgemeinen Sportliteratur und in der sportmedizinischen Speziallitteratur wird dem Thema „Emotion und Sport" unter diesem Aspekt unseres Wissens nach kaum Interesse entgegengebracht. Allenfalls sind verschiedene Methoden zur Erzielung eines entspannten und auf innere Vorgänge konzentrierten psychischen Zustandes beim Athleten vorgeschlagen und verbreitet worden. Motivierende Emotionen wie Freude, Hoffnung, Ehrgeiz, Zorn oder gar Haß sind bisher völlig unberücksichtigt geblieben.

Wir sind diesem Themenkomplex unter dem Aspekt einer möglichen Leistungssteigerung im Rahmen einer ersten Pilotstudie nachgegangen.

Die Emotionsforschung betrachtet eine Emotion als Kombination aus drei Verhaltensebenen [6–10, 12–15, 17–21]:

- subjektive Empfindung,
- physiologische Veränderungen (einschließlich endokrinologische Parameter),
- psychomotorisches Verhalten, Gestik und Mimik.

Alle drei Verhaltensebenen korrelieren miteinander. Je strenger kontrolliert dabei die untersuchte Situation ist, um so höhere Korrelationen lassen sich feststellen [1, 11, 16, 19, 20]. Wichtig für unseren Gedankenansatz ist, daß eine emotionsspezifische Aktivierung einer dieser drei Verhaltensebenen die zugehörige Aktivierung der übrigen zwei Verhaltensebenen nach sich zieht [1, 6, 7, 12, 17, 18, 20].

Im Rahmen einer ersten Pilotstudie haben wir nun die Frage näher untersucht, ob die Methode des sog. „Sentic-Cycle" zur gezielten Induktion emotionaler Zustände geeignet ist, wobei sich verschiedene Emotionen auch physiologisch differenzieren lassen sollten. In einem zweiten Schritt könnte man dann prüfen, ob, und wenn ja, in welchem Ausmaß unterschiedliche Emotionen einen meßbaren Einfluß auf die Leistungsfähigkeit eines Athleten besitzen.

Methodik

Eine Methode zur gezielten Induktion verschiedener emotionaler Zustände wird von Manfred Clynes angegeben: die Sentic-Cycle-Methode [2-4]. Hierbei macht man sich die oben angeführte Erkenntnis der modernen Verhaltens- und Emotionsforschung zunutze, wonach es möglich ist, durch aktives Ausführen der zu einer bestimmten Emotion gehörenden Verhaltensäußerungen die zugehörigen subjektiven Empfindungen und physiologischen Reaktionen quasi retrograd zu erzeugen [vgl. auch 5].

Im Rahmen des Sentic-Cycle gibt Clynes bestimmte Übungen vor, die dem Ausdrucksverhalten (Mimik, Gestik, Körperhaltung, Lautäußerung) verschiedener Emotionen entsprechen. Die Emotion wird jeweils im wahrsten Sinne des Wortes „ausgedrückt", indem ein sog. „Fingertip" bei der Emotion „Liebe" z. B. zart gestreichelt, bei der Emotion „Zorn" heftig „bearbeitet" wird. Dazu kommen bestimmte Lautäußerungen, spezifische Körperhaltungen und mimische Veränderungen.

Die folgende kurze Zusammenfassung zeigt die für unsere Zwecke von Clynes überarbeiteten Übungsanweisungen [Details s. 2].

Übungsanleitung für den Sentic-Cycle

1) Einnehmen der Übungsposition:
   Setzen Sie sich in einen Sessel ohne Armlehnen und mit gerader Rückenlehne.
   Falls erforderlich benutzen Sie Kissen, um die angewiesene Sitzposition einzunehmen.
   Stellen Sie den Stuhl in einen bequemen Abstand zu dem Tisch mit dem Fingertip. Der Arm muß eine lockere Beugestellung einnehmen, während Ihr dritter Finger auf dem Fingertip liegt.
   Sitzen Sie aufrecht und ohne die Beine übereinanderzuschlagen.
2) Abspielen des Tonbandes:
   Starten Sie das Tonband.
   Schließen Sie die Augen.
   Drücken Sie die genannte „Stimmung" aus, jedesmal nachdem Sie den Klick auf dem Tonband gehört haben.
   Warten Sie immer bis zum nächsten Klick, bevor Sie mit dem nächsten „Ausdruck" beginnen.
3) Benutzen Sie den dritten (mittleren) Finger:
   Lediglich für die Stimmung „Trauer" und „Haß" können Sie auch den dritten und vierten oder den zweiten und dritten Finger zusammen benutzen.
   Jede Stimmung hat ihre eigene Ausdrucksform der Berührung.
4) Halten Sie immer Kontakt zwischen Ihrem Finger und dem Fingertip.
   Einzige Ausnahme ist die Stimmung „Freude", wenn Sie vor Freude Ihren Arm in die Luft werfen.
5) Wenn Sie eine „Stimmung" erleben möchten, können Sie sich in eine zugehörige und passende Situation versetzen, oder auch nicht. Durch das Anregen Ihrer Phantasie kann es Ihnen u. U. leichter fallen, die jeweilige „Stimmung" zu erleben.
6) Nach Ende der gesamten Übung bleiben Sie bitte etwa eine Minute still und entspannt sitzen.
7) Durch die passende Art des Atmens können Sie das Erleben einer bestimmten „Stimmung" intensivieren.
   Z. B. atmet man heftig aus, wenn man „Wut" und „Haß" empfindet. Man atmet seufzend aus, wenn man „Traurigkeit" empfindet. Man zieht die Luft schnell ein, wenn man sich „freut". Man atmet sanft ein und aus, wenn man „Liebe" empfindet.

Der von uns eingesetzte Sentic-Cycle beinhaltet nacheinander die Emotionen „Zorn", „Trauer", „Liebe", „Freude". Die Übungsdauer pro Emotion beträgt ca. 10 min. Das Gesamtprogramm des Sentic-Cycle ist auf insgesamt 20 min ausgelegt. Vor Beginn der Studie wurden die einzelnen Übungsteile jeweils 3mal trainiert, um das entsprechende Ausdrucksverhalten der Probanden zu standardisieren. Als Kontrollübung diente 10minütige Ruhe ohne Vorgabe in Übungsgrundhaltung.

20 internistisch und psychiatrisch gesunde, im guten Allgemeinzustand befindliche Probanden führten nun nach einem Vorabtraining die zu einzelnen Emotionen sowie zum Gesamtprogramm gehörenden Übungen aus. Dokumentiert wurden die subjektiven Empfindungen anhand eines halbstrukturierten Fragebogens sowie die Veränderungen des arteriellen Blutdrucks, der Herzfrequenz und der Serumspiegel der beiden Hormone adrenokortikotropes Hormon ACTH und β-Endorphin. Diese beiden Hormone gelten in der psycho-physiologischen Forschung als aussagekräftige endokrinologische Parameter für emotionale Aktivierung bzw. Desaktivierung [6-8, 12, 17, 18, 20, 22].

Die genannten Parameter wurden jeweils 1 min vor Übungsbeginn und unmittelbar nach Übungsende erfaßt. Umweltbedingungen wie Temperatur, Außen- und Innenklima, Räumlichkeit, Akustik, Kontaktperson, Farbgestaltung wurden konstant gehalten.

Ergebnisse

Die wichtigsten Resultate sind nachfolgend aufgeführt.

1) In Übereinstimmung mit den Angaben von Clynes sowie mit den zuvor gemachten Untersuchungen und Selbstversuchen konnten die Probanden die jeweils geforderten Emotionen tatsächlich für sich selbst subjektiv erlebbar machen.
2) Die Ergebnisse der Blutdruck- und Herzfrequenzmessungen zeigen erwartungsgemäß keine als signifikant einzustufenden Veränderungen nach Üben der jeweiligen Emotion bzw. nach Üben des Gesamtprogrammes. Blutdruck und Herzfrequenz wurden in erster Linie auch nur protokolliert, um extreme Ausreißer (hypertone oder hypotone Reaktionen) erfassen zu können. Die betroffenen Probanden wären aus der Studie ausgeschlossen worden. Dies war jedoch in keinem Fall erforderlich.
3) Von besonderem Interesse sind für uns die Ergebnisse der Hormonbestimmungen. Abb.1 zeigt die mittlere nominale Differenz in ng/l zwischen Ausgangswert und Endwert der verschiedenen Emotionen für die Hormone ACTH (□) und β-Endorphin (■).
Abb.2 zeigt die mittleren prozentualen Veränderungen des Ausgangswertes der verschiedenen Emotionen für die Hormone ACTH (□) und β-Endorphin (■). Diese Art der Präsentation soll die Unabhängigkeit der Veränderungen von verschiedenen Ausgangswerten verdeutlichen.

Zunächst ist festzuhalten, daß eine Korrelation im Verhalten der beiden Hormone ACTH und β-Endorphin nicht nachweisbar ist, d.h. sie verhalten sich für

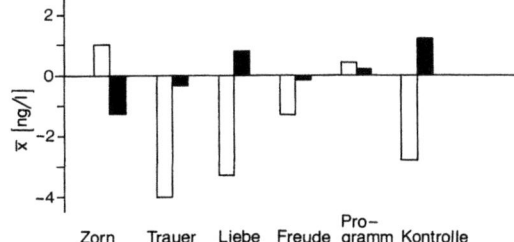

Abb. 1. Mittlere nominale Differenz in ng/l zwischen Ausgangswert und Endwert verschiedener Emotionen für die Hormone ACTH (□) und β-Endorphin (■)

ACTH

	Zorn	Trauer	Liebe	Freude	Programm	Kontrolle
$\bar{x}$	+1,0	−4,0	−3,3	−1,3	+0,4	−2,8
↑	11	3	4	8	7	5
↓	7	12	12	10	8	12
−	2	5	4	2	5	3

Beta-Endorphin

	Zorn	Trauer	Liebe	Freude	Programm	Kontrolle
$\bar{x}$	−1,2	−0,3	+0,8	−0,1	+0,2	+1,2
↑	8	5	8	8	10	9
↓	9	8	5	7	9	8
−	3	7	7	5	1	3

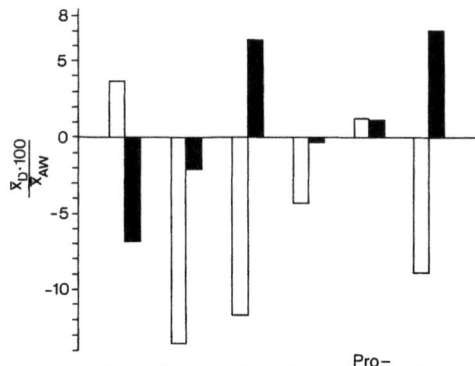

Abb. 2. Mittlere prozentuale Veränderung des Ausgangswertes verschiedener Emotionen für die Hormone ACTH (□) und β-Endorphin (■). x_D = Mittel der Nominaldifferenzen (ng/l), x_{AW} = Mittel der Ausgangswerte (ng/l)

verschiedene Emotionen nicht gleichsinnig. Vergleicht man bei den einzelnen Emotionen die Ausgangs- und Endwerte für ACTH und β-Endorphin, so unterscheiden sich Ausgangs- und Endwert nicht statistisch signifikant auf dem

0,05%-Niveau. Die Ursache liegt in einer zu hohen Standardabweichung bei zu kleiner Probandenzahl.

Betrachtet man die Differenzen in den Hormonspiegeln für ACTH und β-Endorphin zwischen Ausgangs- und Endwert und vergleicht man das Ausmaß dieser Differenz bzw. Veränderung zwischen ACTH und β-Endorphin, so unterscheidet sich das Ausmaß dieser Veränderungen für die Vergleichspaare „Zorn"/„Trauer" und „Zorn"/„Liebe" bei ACTH sowie bei β-Endorphin für die Vergleichspaare „Zorn"/„Liebe" und „Zorn"/„Kontrolle" statistisch signifikant auf dem 0,05%-Niveau. Die Reaktion des ACTH-Spiegels unterscheidet sich bei den Extremen auf der menschlichen Emotionsskala, nämlich bei „Zorn" und bei „Trauer" bzw. „Liebe" signifikant. Die Reaktionen des β-Endorphinspiegels bei „Zorn" unterscheiden sich signifikant von derjenigen bei „Liebe" und „Kontrolle". Demnach lassen sich zumindest die Gegenpole der menschlichen Emotionsskala mittels ACTH- und β-Endorphinserumspiegel differenzieren.

Bewertung

Diese Pilotstudie hat keine eindeutige statistisch signifikante Differenzierung hinsichtlich der Hormone ACTH und β-Endorphin zwischen verschiedenen Emotionen und auch nicht zwischen Ausgangs- und Endwert der jeweiligen Hormone für einzelne Emotionen erbracht. Lediglich das Ausmaß der Veränderung vom Ausgangs- zum Endwert unterscheidet sich, wenn man die Emotionen „Zorn" und „Liebe" miteinander vergleicht.

Hierbei muß man in Erwägung ziehen, daß entweder die Methode des Sentic-Cycle ungeeignet zur Induktion eindeutig unterscheidbarer emotionaler Zustände ist, oder daß Mängel des Versuchdesigns vorliegen. Gegen die erste Möglichkeit sprechen alle bisherigen Erfahrungen. Hingegen weist das Versuchsdesign eindeutige Mängel hinsichtlich der Probandenzahl auf. Dadurch bedingt lassen sich bei naturgemäß hohen Standardabweichungen keine Signifikanzen mit Hilfe robuster Testverfahren errechnen. Auf die Anwendung von Friedman-Analysen und anderer rechenaufwendiger statistischer Prüfungen haben wir bewußt verzichtet.

In der Gesamtbewertung sind wir der Meinung, daß es lohnend ist, die Methode des Sentic-Cycle zur Emotionsinduktion einer weitergehenden Überprüfung an einem größeren Kollektiv zu unterziehen. Unter anderem insbesondere auch deshalb, da es sich um eine nebenwirkungsfreie Methode handelt, die keinerlei Dopingprobleme bietet.

Literatur

1. Birkmayer W, Riederer P (1986) Neurotransmitter und menschliches Verhalten. Springer, Wien New York
2. Clynes M (1977) Sentics - The touch of emotions. Doubleday, New York
3. Clynes M (1980) The communication of emotion: Theory of sentics. In: Plutchik R, Kellerman H (eds) Emotion. Theory, research and experience. Academic Press, New York, pp 271-300
4. Clynes M (1987) On music and healing. In: Spintge R, Droh R (eds) Musik in der Medizin - Music in Medicine. Springer, Berlin Heidelberg New York Tokyo, S 13-32

5. Eibl-Eibesfeld I (1985) Die Biologie menschlichen Verhaltens. Piper, München
6. Ekmann P, Levenson RW, Friesen WV (1983) Autonomic nervous system activity distinguishes among emotions. Science 221/4616: 1208-1210
7. Ervin FR, Palmour R (1985) Bio-social matrix of agressive behavior: With primary attention to the brain mechanisms of this important emotional state. XIIth International Symposion of the Fullton Society „Brain Mechanisms of Emotions", Hamburg
8. Freye E, Schenk G (1982) Die praktische Bedeutung endogener Opiate (Endorphine). Anaesthesiol Intensivmed 23: 280-290
9. Halpaap BB, Spintge R, Droh R, Kummert W, Kögel W (1987) Angstlösende Musik in der Geburtshilfe. In: Spintge R, Droh R (eds) Musik in der Medizin - Music in Medicine. Springer, Berlin Heidelberg New York Tokyo, S 233-242
10. Henry JP (1985) Neuroendocrine patterns of emotional response. In: Emotion. Theory research and experience, Vol 3. Academic Press, New York, pp 37-60
11. Krieger DT (1979) Endocrine rhythms. Comprehensive endocrinology. Raven Press, New York
12. Jacobs BL (1985) The role of brain monocaminergic neurons in arousal and emotion. XIIth International Symposion of the Fullton Society „Brain Mechanisms of Emotions", Hamburg
13. Lang PJ (1977) Die Anwendung psycho-physiologischer Methoden in Psychotherapie und Verhaltensmodifikation. In: Bierbaumer M (Hrsg) Psychophysiologie der Angst. Fortschritte der Klinischen Psychologie, Bd 3. Urban & Schwarzenberg, München, S 15-84
14. Lazarus RS, Averill JR, Optin EM (1977) Ansatz einer kognitiven Gefühlstheorie. In: Bierbaumer N (Hrsg) Psychophysiologie der Angst. Fortschritte der Klinischen Psychologie, Bd 3. Urban & Schwarzenberg, München, S 182-207
15. Leibowitz M (1983) The chemistry of love. Little & Brown, Boston
16. Melnechuk T (1984) A workshop on positive emotions. Institute Report of the Institute for the Advancement of Health, Advances, Vol 1/3: 4-8
17. Meyerson B, Hoglund U (1985) Neuropeptides, environmental and social approach behavior. XIIth International Symposion of the Fullton Society „Brain Mechanisms of Emotions", Hamburg
18. Pert CB, Ruff MR, Weber RJ, Herkenham M (1985) Neuropeptides and their receptors: A psychosomatic network. J Immunol 135/2: 820-826
19. Spintge R (1982) Psychologische und psycho-therapeutische Methoden zur Verminderung präoperativer Angst - ein Beitrag zur Beziehung Angst - Information - Musik. Medizinische Dissertation, Universität Bonn
20. Spintge R, Droh R (1988) Patienten - Ergonomie. Springer, Berlin Heidelberg New York Tokyo (im Druck)
21. Steinbrook RA, Karr DB, Datta S, Naulty JS, Lee C, Fisher J (1982) Dissociation of plasma and cerebrospinal fluid beta-endorphine - like immunoactivity levels during pregnancy and parturition. Anesth Analg 61: 893-897
22. Yakash TL (1984) Multiple opioide receptor systems in brain and spinal cord. Eur J Anaesthesiol 1: 171-199

Audience Reaction to Expressions of Pain

P. H. Damstè

Introduction

As a specialist in voice and speech pathology I am new to a conference on sports medicine. Let me therefore explain how I became involved. I started my career in medicine at the Utrecht Institute of Human Physiology and received some training in aviation medicine during military service. Issues of fitness and adaptation in adverse environments had my interest. Later I specialized in communication disorders and became a consultant for voice, speech and language problems. This brought me in contact with the Voice Foundation and with Arts Medicine. You will understand that there are similarities between care for the top performers on the stage and those in the stadium.

When disciplines, which usually operate separately, find a common field of interest, new insights may occur. This is apparently what Dr. Spintge had in mind, for he invited participation in this symposium from among those involved in Arts Medicine. In his announcement Dr. Spintge noted that there is an overlap of sports and art medicine. Some hazards on the stage are similar to those in the stadium or the race-track. Singers and actors, like athletes, have sometimes peculiar eating habits, and suffer under the stress of air travel over extended time-zones. As laryngologists, we are, moreover, often puzzled by chronic pain complaints, for which no apparent explanation can be found.

We can probably exchange valuable information on the care of professional performers and their training in preparation for top performances. We ask the same questions: What are the risks and benefits of stretching one's physical and mental potentials to the limits? When is a particular pain complaint to be interpreted as a valid warning of overexertion or misuse of a function? When is pain a sign that activities should be suspended? When is it a challenge that has to be met? When, and for whom, is pain disabling?

For whom, and when, is pain stimulating? Are the words in which our patient describes his pain, and the ways in which he displays his suffering any indication of its nature and cause? Has pain a communicative function within the body and does it serve a function in communicating with the environment? It is this last question which I would like to explore today. In anticipation of the conclusions I can say that in the literature sometimes a number of positive aspects of pain have been found.

The Message of Pain

Many pain behaviours have been discussed in this session: *endocrine* reactions (endorphins, catecholamines), *vascular* (blood pressure, flushing in fear, anger or excitement), *muscular* responses (tension, restlessness, avoidance), *non-verbal* signs (posture, movement, facial expression, vocalisation) and *verbal* utterances (complaints, protest, acceptance). Most of these responses have, intentionally or not, a communicative significance. Some are not under voluntary control, some are partly (in)voluntary and some are (almost) completely voluntary. I add "almost" because all motivation is in part derived from unconscious sources. The expected reaction on bystanders may be a half-conscious motive for showing or repressing signs of pain.

Our next question is therefore: What happens to the message of pain on its way from the sender to the receiver? Let us study a diagram (Fig. 1) that in this country has been used widely in the training of communication skills [2].

The appealing function is a prominent aspect of a message of pain: the message may issue a warning or evoke compassion. Figure 1 points out that signals, exchanged between two persons, are modified by feedback. Expectation on the basis of past experiences is a result of such feedback. For example, if a certain form of expression has had a desired effect on the receiver and has led to a feedback that was experienced as rewarding, the probability is high that a similar form of expression will repeatedly be produced. This is then called a learned, or conditioned expressive behaviour. The sender has learned to control receivers by his expressions of pain. Szasz [7] has invented the term painmanship for the art of controlling the environment by expressions of pain.

In our case the receiver is the spectator who has come to be witness of a sports competition. To what extent can he/she be controlled by "painmanship" and is he/she receptive to expressions of pain. Sympathy and pity arise from identification with the plight of the sufferer. Several sports offer plenty of opportunities for identification with the contestors. I am thinking of boxing and wrestling, both extremely popular and drawing vast audiences. The enjoyment is on various levels. There is the delight of watching well-controlled action, clever judgment, balanced performance. Acts and sequences that are beyond the possibilities of ordinary humans assume in the limelight a supernatural quality. The spectator is raised, body and mind, in the realm of heros and semigods. There is beauty and pleasure in watching fine, young and muscled bodies moving with ease and grace. At the other end of the continuum we find the rapture and excitement evoked by the risks that are taken, the suspense and tension caused by (over)ambitious attempts and near-misses. The drama of everyday life is experienced, sometimes in intensified

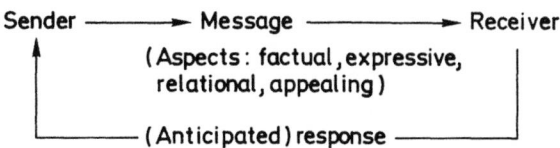

Fig. 1. Signals exchanged between two persons, modified by feedback

form, when watching games. Sports differ as to the kind of enjoyments they offer, and so do spectators' tastes. For a large part of the audience, struggle, suffering and pain are essential ingredients of rewarding spectatorship. We need an explanation of the paradox that pain is something desirable and valuable.

A Taste for Pain

Many religions describe the purifying effect of pain and it certainly has a place in people's fantasies. Brena [1] quotes Pythagoras, who advocates pain as a salutary way to self-control and discipline. Years of faithful training can make a person "capable at will to lift his cognitive processes above the sensory perception." Brena also refers to intermediating neurophysiological processes when he states that a person can acquire "a learned capability of modulating the input at the spinal gate." It is a general human trait that "the nervous system needs sensory stimulation almost as much as the body needs nutriment." Sandblom [6] writes: "intense pain is one of the most powerful sensations of life" and ". . . the redeeming things in life are not happiness and pleasure but the deeper statisfactions that come out of struggle (F. Scott Fitzgerald)." Pain accompanies or helps to reach ecstasy in religious events. Pain is a requisite for attaining a higher mental state, for training of consciousness. The cult of the crucified Christ, a Man in Pain, ist the best illustration that expression of pain appeals to a worldwide audience, in an edifying context.

It is remarkable that the two most powerful sources of human motivation appear to be intimately linked to the experience of pain: religion and sex. Suffering for faith or love are frequent themes of music and drama. In a sublime form of sympathizing with suffering, spectators watch sung (opera) or danced (ballet) expressions of oppression, deprivation of freedom, etc. Here we are close to the paradox that was just mentioned: that an audience, by witnessing painful events, arrives at pleasure. I have felt it as a challenge to understand why this is so. It deserves a detour to arrive at a possible explanation.

Since I try to keep up with the emancipatory movement I will not make the mistake to focus on just the male half of the sports audience. For another good reason I will concentrate on the female half of the audience. This will provide me with an opportunity to make mention of an interesting and hardly known theory about the descent of man (and woman). I will need it to explain the paradox of pleasure out of pain, and the listener may find other applications in his (her) field of interest.

The aquatic theory of man's descent was published by Sir Alister Hardy in 1960 and has been carried further by Elaine Morgan [4]. I can only give here a sketchy outline. During the evolution of the primate that would ultimately become the species of man, this ape took to the shallow waters along the coast of eastern Africa. It was a habitat that provided protection and plentiful food. Life in the water elicited evolutionary changes that explain many typically human features in which man differs from other primates that now populate the earth [5].

Face to face copulation is one behaviour that is uniquely human; it is not seen in any other primate species. The aquatic theory assumes that in the course of adaptation of this mammal to the aquatic environment the sexual approach by the male from behind became increasingly difficult. The pelvic tilt in connection with the upright posture created a new option for a frontal approach. Now imagine, writes Elaine Morgan, what these first sexual encounters must have meant for the female. Instead of having a strong and solid backbone between her vital organs and the heavy male body, he came to her with his full weight on her unprotected belly and chest. She must surely have been apprehensive and worried because of the chance of being crushed. Being apporached from the abdominal side required from the female that she give up her usual defenses and opened up her vulnerable front the sexually approaching male. According to Morgan this evolutionary event has selectively increased male agressivity, since in the initial period of ventroventral sex only rather agressive males got a chance to reproduce.

On the other hand the event has favoured female receptiveness for being dominated. The theory I have just quoted sheds new light on a phenomenon that is otherwise indigestable for people engaged in the movement toward women's liberation. Maria Marcus [3] tries to come to terms with the fact that 75% of all women are what she calls, by lack of a better term, "masochists." These women enjoy being dominated, they even accept a certain measure of pain and rough treatment, but only in connection with the sexual act. This last feature could point to a very ancient behavioural program that was installed early in the history of man (and woman), possibly in connection with the events just described.

If we can believe this, it will be easier to accept women's "taste for pain" as a fundamental necessity to normal life and procreation. We can abandon the idea of a defacing perversity, our women can cease to feel guilty, and we need no psychopathological explanations. The latter remark needs some refinement. The presence of a fundamental drive, a genetically determined motive, leaves every possibility open for further modification of the behaviour by education and coincidental life events. Therefore in individual cases, there is a place for psychological explanations: when feelings have been systematically repressed since infancy, one needs extra strong experiences, such as pain, in order to arouse feelings, that to a healthy individual would come easier.

Pain Therapy

Pain therapy is used here in the sense of: healing by exposure to pain. Reliving old pains and humiliations of infancy is a form of therapy that is practised in the treatment of neuroses. When painful emotions are in excess of what a child can bear, he can resort to a protective device and bar them from his conscious feeling. He does this at the cost of remaining partially incapacitated for the rest of his life, because he stays in the habit of avoiding pain and other strong feelings in all situations that share a common feature with the repressed traumatic experience. Evoking the situation in which the humiliation or pain was experienced, getting access to that agonizing moment, acknowledging the challenge instead of turning away from it and avoiding the struggle, is sometimes followed by a profound relief and by deblocking areas of life that had been inaccessible.

A life of depressed feelings, a negative self-image, is full of frustrations and suffering. The option to get access to partly blocked feelings, to experience old pain, "to be in Pain fully," means that suffering decreases. During a therapy session the response to pain is complete; blood pressure is high, pulse over 140, the individual is acting out his response to the evoking therapy situation at all levels: endocrine, vascular, muscular, vocal, nonverbal and verbal.

Pain therapy in this direct manner is frowned upon by some therapists for various reasons. However, one can ask whether sports events in which a show of pain regularly occurs can have an analogous therapeutic effect on the spectator who can identify with the athlete in his moments of oppression, pain and victory? Perhaps in some individual these experiences will lift a little of the anxiety he ordinarily feels and will help him to engage in a struggle that he is habitually avoiding.

Conclusion

In a symposium where most of the attention goes to the abatement of pain, a word in praise of pain should not be wanting. We have seen that pain is a powerful and faithful companion in the march of life. In infancy, care must be taken that the amount of pain does not exceed the threshold of what the child can accept. The experience of pain has to be lived through in gradually increasing dosage, so that the child learns to cope with the painful components of the environment. This applies to puberty and adolescence as well; strength of personality depends in part on being not unsettled by painful events. Voluntary tests in coping with pain and discomfort should be encouraged; sports present an edifying and rewarding environment for such training.

We have ventured briefly on the precarious grounds of religious experience in connection with pain. It appears to be possible that spiritual enlightment grows in synergy with the load of pain which falls to a person's share. It seems plausible to me that extremely exacting sports (physically and mentally, like high mountaineering) are compared with religious experiences by the participants.

Pain as an inevitable adjunct in the treatment of neuroses has been compared with the redeeming function of a dramatic sports contest.

In conclusion, we have come up with a theory in which it is assumed that female "masochism" is not a perversion at all. A "taste for pain" is an acceptable asset for women when they engage in sexual and birth-giving activities. An average mixed audience is receptive for expressions of pain in sports and can identify in turn with the loser and the winner. There is no difference between the sexes when it comes to pain as a potential factor that contributes to personal growth. Youth is inclined to test the limits of their endurance. Therefore, as to pain in sports: fight pain whenever it is in excess, otherwise allow pain to work to advantage of the growing person; dulling the pain could dull the spirit.

References

1. Brena S (1972) Pain and religion. Thomas, Springfield, Ill
2. Fittkau B, Müller-Wolf HM, Schulz van Thun F (1977) Kommunizieren lernen (und umlernen). Westermann, Braunschweig
3. Marcus M (1981) A taste for pain. On masochism and female sexuality. Condor Book Souvenir Press, London
4. Morgan E (1972) The descent of woman. Souvenir Press, London
5. Morgan E (1984) The aquatic ape. Souvenir Press, London
6. Sandblom P (1982) Creativity and disease. Saunders, Philadelphia
7. Szasz TS (1968) The psychology of persistent pain: A portrait of l'homme douloureux. In: Soulairac T (ed) Pain. Academic Press, New York

Physiologische Schmerzforschung

Verhalten von Nozizeptoren im normalen und entzündeten Muskel

S. Mense

Identifizierung eines Nozizeptors im neurophysiologischen Tierexperiment

Nozizeptoren sind definiert als sensorische Nervenendigungen, die darauf spezialisiert sind, Schadreize zu registrieren und die Information über die Einwirkung der Reize an das Zentralnervensystem weiterzugeben. Die Folge der Aktivierung von Nozizeptoren in einem Lebewesen mit Bewußtsein ist subjektiver Schmerz. Der in der Öffentlichkeit stark verbreitete Begriff „Schmerzrezeptor" sollte nicht verwendet werden, da Rezeptoren als Meßfühler überlicherweise nach dem Reiz benannt werden, den sie messen (z. B. Dehnungsrezeptor, Thermorezeptor), aber nicht nach der Sinnesempfindung, die sie auslösen.

Histologisch sind Nozizeptoren freie Nervenendigungen [7], die über dünne, markhaltige und marklose afferente Nervenfasern mit dem Zentralnervensystem verbunden sind [16]. Elektrophysiologisch sind die dünnen Nervenfasern durch eine geringe Leitungsgeschwindigkeit gekennzeichnet (von ca. 0,5–30 m/s). Entsprechend der Nomenklatur von Lloyd [8] werden dünne markhaltige Fasern aus einem Skelettmuskel im folgenden als Gruppe-III-Fasern (synonym mit A-δ-Fasern) und marklose Fasern als Gruppe-IV-Fasern (synonym mit C-Fasern) bezeichnet. In bezug auf die Leitungsgeschwindigkeit liegt die Grenze zwischen beiden Fasertypen bei etwa 2,5 m/s.

Im Tierexperiment kann man die Leitungsgeschwindigkeit einzelner Nervenfasern direkt messen; da praktisch alle Nozizeptoren langsam leitende afferente Fasern besitzen, konzentriert man sich bei der Suche nach nozizeptiven Afferenzen auf Fasern der Gruppen III und IV. Die folgenden Ergebnisse wurden in Experimenten an narkotisierten Katzen und Ratten gewonnen. Der M. gastrocnemius-soleus des linken Hinterbeins wurde zusammen mit den ihn versorgenden Nerven und Gefäßen operativ freigelegt; von den Muskelnerven oder (bei Katzen) der entsprechenden Hinterwurzel wurden dünne Nervenfilamente mit geschliffenen Uhrmacherpinzetten abgespalten und so lange geteilt, bis bei elektrischer Reizung des Muskelnerven in dem Filament nur noch wenige (1–3) klar identifizierbare Fasern mit geringer Leitungsgeschwindigkeit vorhanden waren. Auf diese Weise ist es möglich, die Aktionspotentiale einzelner Rezeptoren zu registrieren und ihr Antwortverhalten bei Reizung des Muskels mit verschiedenen Reizen zu bestimmen. Nach Feststellung der Leitungsgeschwindigkeit der afferenten Faser wird der Muskel mit mechanischen Reizen (Druck mit einer breiten Pinzette) abgesucht. Der Bereich des Muskels, von dem aus die afferente Faser aktiviert werden kann, ist das rezeptive Feld der afferenten Einheit (Rezeptor plus afferente Faser). Wendet man eine Vielzahl unterschiedlicher Reize an, so kann man innerhalb der Gruppe III- und -IV-Rezeptoren (im Sinne von Rezeptoren mit afferenten Fasern der Gruppe III und IV) zwischen unterschiedlichen Typen differenzieren, von denen nur einer nozizeptive Eigenschaften hat [11]. Tatsächlich versorgt die Mehrzahl der Gruppe III- und -IV-Fasern aus einem Skelettmuskel Rezeptoren mit nichtnozizeptiven Eigenschaften: Mechanorezeptoren, Thermorezeptoren und sog. Ergorezeptoren, die die Anpassung von Kreislauf und Atmung an die Bedürfnisse bei Muskelarbeit steuern.

Verhalten von Nozizeptoren im normalen Muskel

Von einem Nozizeptor als Meßfühler für Schadreize erwartet man, daß er zwischen schädlichen und unschädlichen Reizen unterscheiden kann. Der typische Nozizeptor besitzt daher eine hohe mechanische Schwelle im gewebsschädlichen Bereich und reagiert nicht mit einer nennenswerten Erhöhung der Entladungsfrequenz auf unschädliche Reize. So antwortete der in Abb. 1 gezeigte Rezeptor nicht auf passive Dehnung, aktive Kontraktionen und unschädliche Temperaturänderungen; er zeigte jedoch starke Frequenzsteigerungen bei Quetschung des rezeptiven Felds und nach Infiltration derselben Region mit Bradykinin. Bradykinin ist eine endogene schmerzauslösende Substanz; es wird bei praktisch allen pathologischen Gewebsveränderungen (Ischämie, pH-Senkung, Blutgerinnung, Entzündung) aus den Plasmaeiweißen freigesetzt und ist daher ubiquitär vorhanden [2]. Bei Testung der Reizwirkung verschiedener schmerzauslösender Substanzen (z. B. Serotonin, Histamin, K^+-Ionen) auf freie Nervenendigungen des Skelettmuskels hat sich Bradykinin als die effektivste Reizsubstanz herausgestellt [9]. Bei dem in Abb. 1 gezeigten Rezeptor handelt es sich wahrscheinlich um einen sog. polymodalen Nozizeptor, der auf alle Reizformen (mechanisch, chemisch, thermisch) reagiert, wenn sie nur stark genug sind.

Allem Anschein nach gibt es im Skelettmuskel verschiedene Typen von Nozizeptoren. Für diese Annahme spricht der Befund, daß einige mechanosensitive Nozizeptoren nicht durch Bradykinin aktiviert werden konnten. Bei diesen Rezeptoren könnte es sich um spezialisierte Mechano-Nozizeptoren handeln.

Die bisher besprochenen Nozizeptoren vermitteln wahrscheinlich die akuten subjektiven Schmerzen bei Quetschung und Zerrung eines Muskels sowie bei Muskelfaserriß. Dabei ist zu bedenken, daß bei allen diesen primär mechanischen Läsionen auch eine starke chemische Komponente durch Freisetzung intrazellulärer Substanzen (z. B. K^+-Ionen) oder algetischer Stoffe (Bradykinin, Prostaglandine) vorhanden ist.

Eine Ischämie des Muskelgewebes ist kein effektiver Reiz für dort gelegene Nozizeptoren. Unterbindet man im Tierexperiment die Muskelarterien, so kommt es erst nach ca. 30 min in einem Teil der Gruppe III- und -IV-Fasern zu einem vorübergehenden Anstieg der Entladungsfrequenz. Danach reagieren die Rezeptoren oft nicht mehr auf mechanische Reize; dieser Befund spricht für eine unspezifische ischämische Membrandepolarisation bis zur Unerregbarkeit. Durch Muskelkontraktionen unter ischämischen Bedingungen wurden nur etwa 10% der freien Nervenendigungen aktiviert. Die beiden in Abb. 2 gezeigten Rezeptoren reagierten nicht (A) oder nur liminal (B) auf Kontraktionen ohne Ischämie, zeigten

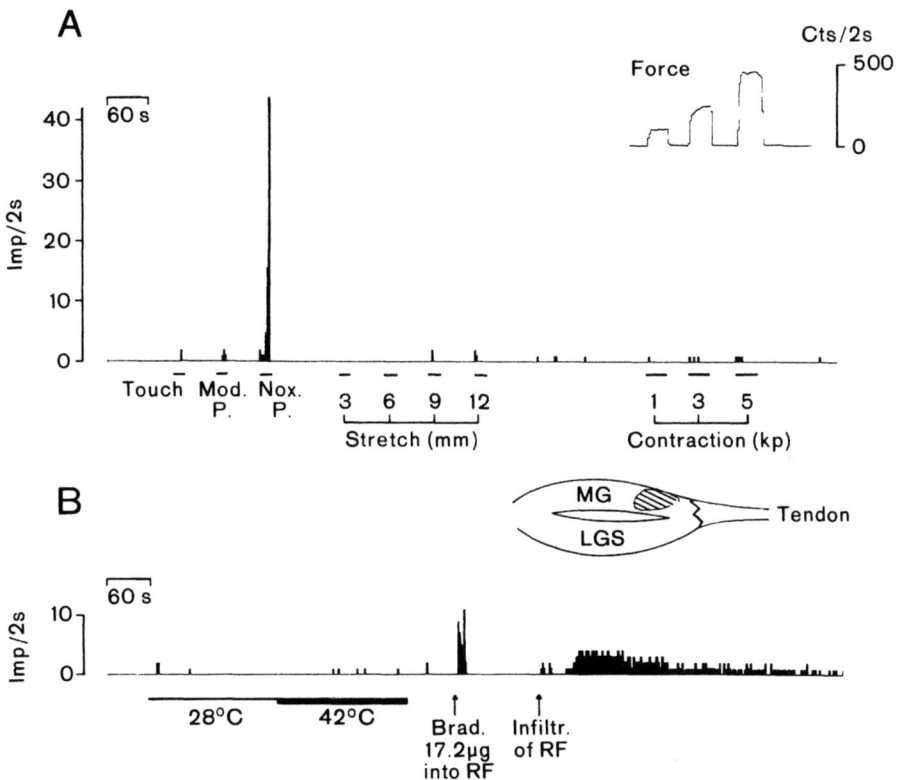

Abb. 1 A, B. Registrierung der Impulsaktivität eines einzelnen Nozizeptors. Die Aktivität ist in Form eines Zeithistogramms wiedergegeben, das die Aktionspotentiale pro Zählintervall (2 s) auf der Ordinate gegen die Zeit auf der Abszisse darstellt. Das rezeptive Feld *(RF)* ist als schraffierte Fläche auf dem distalen Caput mediale des Gastrocnemius-Muskels *(MG)* markiert. *LGS* Lateraler Gastrocnemius-soleus-Muskel. Die Dauer der Reizung ist durch Balken unter dem Histogramm gekennzeichnet. *Touch* Berührung des rezeptiven Feldes mit einem Tuschepinsel; *Mod. P.* leichter (unschädlicher) Druck; *Nox. P.* schädlicher Druck (Quetschung). *Contraction* Kontraktionen, ausgelöst durch elektrische Reizung des Muskelnerven; die Kraft in kp wurde mit einem Dehnungsmeßstreifen in willkürlichen Einheiten (cts/2 s) gemessen (s. Registration „Force"). Die erste Injektion von Bradykinin *(Brad.* 17,2 μg) in Teilbild **B** führte zu keiner klaren Antwort, deshalb wurde anschließend das gesamte rezeptive Feld mit der Bradykininlösung infiltriert *(Infiltr. of RF)*. [Aus 11]

aber starke Erregungen bei Kontraktionen identischer Kraft unter Ischämie. Der Abfall der Entladungsfrequenz parallel zu der nachlassenden Kraft unter ischämischen Bedingungen deutet auf eine Kombination von mechanischen und chemischen Reizfaktoren hin. Wahrscheinlich werden die mechanosensitiven Nozizeptoren durch die ischämiebedingte Freisetzung von Mediatorsubstanzen (z. B. Bradykinin) sensibilisiert, so daß nun die Kraftentwicklung im Muskel für sie einen Reiz darstellt (s. unten). Der geringe Anteil der durch ischämische Kontraktionen aktivierten Rezeptoren steht nicht im Widerspruch zu den starken subjektiven Schmerzen, die durch solche Kontraktionen ausgelöst werden. Da allein der Nerv zum M. soleus und Caput laterale des M. gastrocnemius bei der Katze

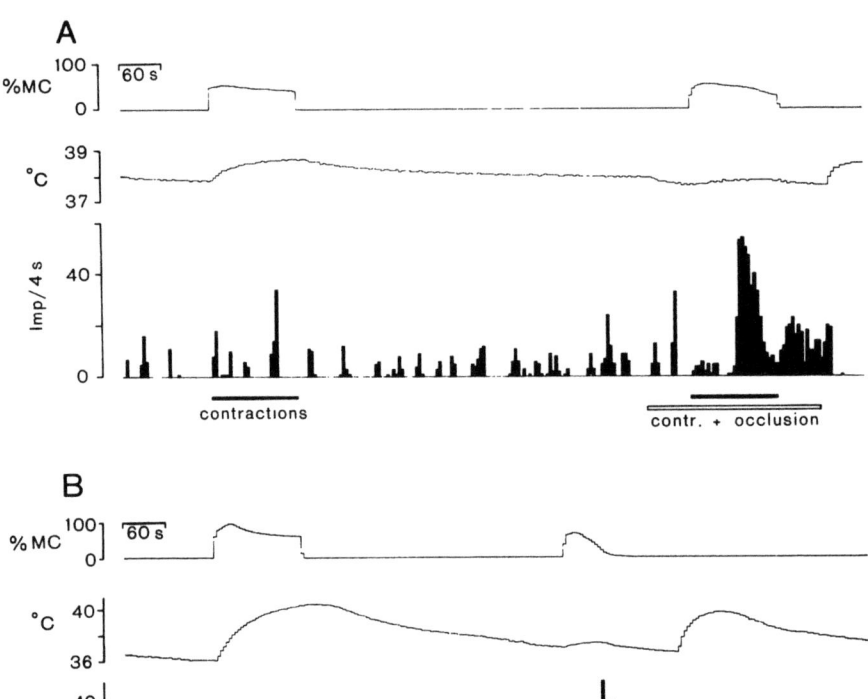

Abb. 2A, B. Reaktionen von Gruppe-IV-Rezeptoren auf Muskelkontraktionen unter ischämischen Bedingungen. A und B zeigen die Impulsaktivität von je einem Rezeptor. Oberste Registrierung: Kontraktionskraft in Prozent der Maximalkraft *(MC)* des Gastrocnemius-soleus-Muskels. Mittlere Registrierung: Intramuskuläre Temperatur, gemessen mit einem Nadel-Thermoresistor. Unterste Registrierung: Impulsaktivität in Form eines Histogramms. Ausgefüllte Balken unter dem Histogramm kennzeichnen die Dauer der Kontraktionen, offene Balken die Dauer des Verschlusses der Muskelarterie (A. poplitea). Der in A gezeigte Rezeptor wurde mit ca. 50% der maximalen Kontraktionskraft getestet, er reagierte nur auf ischämische Kontraktionen *(contr. + occlusion)*. In Teilbild B betrug die Kontraktionskraft 100% der Maximalkraft; hier kam es auch ohne Ischämie nach ca. 1 min zu einem geringen Anstieg der Entladungsfrequenz. Eine starke Reaktion des Rezeptors trat jedoch nur bei ischämischen Kontraktionen auf. [Aus 12]

etwa 1000 afferente Gruppe-IV-Fasern enthält [13], würden allein in diesem Teilmuskel ca. 100 Rezeptoren aktiviert, was sicher starke Schmerzen auslöst. Da nur Gruppe-IV-Rezeptoren durch ischämische Kontraktionen erregt wurden, kann angenommen werden, daß der Schmerz bei Claudicatio intermittens durch marklose afferente Fasern vermittelt wird.

Ein interessanter Befund war die starke Modulierbarkeit der Empfindlichkeit der muskulären Nozizeptoren. So konnte die Reizwirkung von Bradykinin auf die Rezeptoren durch vorherige Gabe von Serotonin und Prostaglandin E_2 stark gesteigert werden [10]. Da die Substanzen im pathologisch alterierten Gewebe wahrscheinlich zusammen freigesetzt werden, muß bei allen Läsionen mit diesen Wechselwirkungen gerechnet werden.

In einem großen Teil der Nozizeptoren führte Bradykinin nicht nur zu einer Aktivierung, sondern auch zu einer Senkung der mechanischen Reizschwelle in den unschädlichen Bereich. Im Experiment äußerte sich dieser Vorgang dadurch, daß ursprünglich hochschwellige Nozizeptoren nach Anwendung von Bradykinin niederschwellig wurden und nun durch leichte Druckreize oder Kontraktionen geringer Kraft aktiviert werden konnten. Da die zentralnervösen Verbindungen der Rezeptoren unverändert waren, müssen sie nun bei Berührung oder Bewegung des Muskels Schmerz auslösen. Diese Sensibilisierung von Nozizeptoren gegenüber mechanischen Reizen durch Bradykinin oder andere Substanzen ist höchstwahrscheinlich die neurophysiologische Basis für die Druckempfindlichkeit pathologisch veränderter Gewebe.

Verhalten von Nozizeptoren im entzündeten Muskel

Entzündetes Gewebe ist biochemisch durch die Freisetzung verschiedener Mediatoren charakterisiert, zu denen auch einige der oben besprochenen Substanzen gehören (Bradykinin, Prostaglandine, Histamin [vgl. 3]). Subjektiv stehen Spontanschmerz und/oder Berührungs- und Bewegungsschmerz im Vordergrund. Um die neurophysiologischen Vorgänge bei einer Myositis zu untersuchen, wurde folgender experimenteller Ansatz gewählt: Bei Ratten und Katzen wurde durch Infiltration des M. gastrocnemius-soleus mit Carrageenan – einem sulfathaltigen Polysaccharid aus Meeresalgen – eine sterile Entzündung induziert und die dadurch bedingten Veränderungen im Verhalten von Gruppe-III- und -IV-Rezeptoren untersucht. Im entzündeten Muskel besaßen diese Rezeptoren eine höhere Ruheaktivität, wobei häufig gruppierte Entladungen im Einzelrezeptor vorkamen. Diese sog. „bursts" sind besonders effektiv in bezug auf die Weiterleitung der Information an zentralnervösen Synapsen. Allerdings war die Erhöhung der Ruheaktivität nur in Gruppe-III-Rezeptoren statistisch signifikant. Dies könnte bedeuten, daß der Spontanschmerz bei Entzündungen des Muskels von Gruppe-III-Fasern vermittelt wird.

Um die im entzündeten Muskel zu erwartenden Änderungen der mechanischen Reizschwelle quantitativ zu erfassen, wurden die Gruppe-III- und -IV-Rezeptoren nach ihrer Mechanosensibilität in 3 Gruppen eingeteilt: 1) Rezeptoren, die auf Berührung des Muskels mit einem Tuschepinsel reagierten („touch units"), 2) Rezeptoren, die eine unschädliche Deformierung des Muskels durch leichten Druck zur Aktivierung benötigten („moderate pressure units"), und 3) Rezeptoren, die nur durch Quetschen des Muskels erregt wurden („noxious pressure units"). Im entzündeten Muskel war der Anteil der mechanisch niederschwelligen Rezeptoren des Typs 1) und 2) stark erhöht, was durch eine Sensibilisierung ursprünglich hochschwelliger Rezeptoren erklärt werden kann. Eine entzündungs-

204 S. Mense

bedingte Erhöhung der mechanischen Reizschwelle wurde an Einzelrezeptoren nie beobachtet. Wiederum ergab sich ein Unterschied zwischen Rezeptoren mit marklosen und dünnen markhaltigen Fasern: die Zunahme der Rezeptoren mit niedriger Schwelle war nur in Gruppe-IV-Rezeptoren statistisch signifikant. Offenbar sind diese Rezeptoren an der Entwicklung der Berührungsempfindlichkeit stärker beteiligt als Gruppe-III-Endigungen.

Viele Rezeptoren zeigten eine Erhöhung der Ruheaktivität ohne gleichzeitige Schwellensenkung bzw. eine Schwellensenkung ohne begleitenden Anstieg der Ruheaktivität. Dieser Befund spricht für eine weitgehende Unabhängigkeit beider Phänomene und deckt sich mit der klinischen Beobachtung, daß eine Berührungsempfindlichkeit bei Myositis ohne Spontanschmerzen auftreten kann.

Um festzustellen, ob die Freisetzung von Prostaglandinen für die Änderung des Rezeptorverhaltens in einem entzündeten Muskel von Bedeutung ist, wurde bei narkotisierten Ratten mit einer Carrageenan-Myositis während der Ableitung der Rezeptoraktivität Azetylsalizylsäure (ASA) intravenös injiziert. Die Dosierung wurde so hoch gewählt (50–100 mg/kg KG), daß eine weitgehende Hemmung der Prostaglandinsynthese angenommen werden kann. Wie Abb. 3 zeigt, wurden dadurch die entzündungsbedingten Änderungen der Ruheaktivität und der mechanischen Reizschwelle rückgängig gemacht. Der Rezeptor besaß vor Applikation von ASA eine deutliche Ruheaktivität und reagierte auf leichte Druckreize („moderate pressure") mit deutlichen Frequenzsteigerungen. ASA bewirkte nach etwa 10 min einen stetigen Abfall der Ruheaktivität, allerdings waren nach ca.

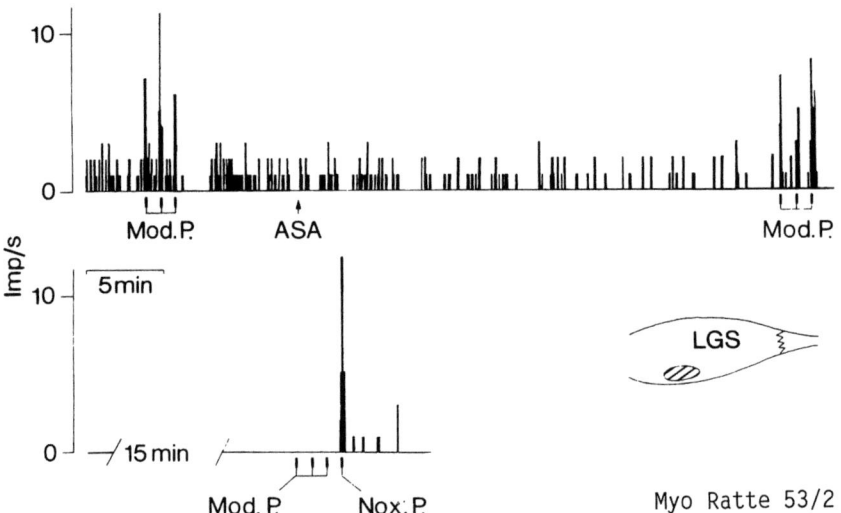

Abb. 3. Registrierung der Impulsaktivität eines Gruppe-III-Rezeptors aus dem lateralen Gastrocnemius-soleus-Muskel *(LGS)* der Ratte. Das rezeptive Feld *(schraffiert)* lag ventral im LGS, wie in der Seitenansicht gezeigt. Im Muskel war durch Infiltration mit Carrageenan eine sterile Entzündung ausgelöst worden. Der Rezeptor besaß eine ausgeprägte Ruheaktivität, er reagierte deutlich auf dreimalige Reizung mit leichtem Druck *(Mod. P.)* zu Beginn der oberen Registrierung. 8 min später wurde Azetylsalizylsäure (ASA) intravenös injiziert (100 mg/kg KG). Nach ca. 1 h (untere Registrierung) war die Ruheaktivität völlig beseitigt und die mechanische Reizschwelle so stark gestiegen, daß nur noch starkes Quetschen *(Nox. P.)* den Rezeptor aktivierte. [Aus 1]

30 min die Antworten auf den Druckreiz noch unverändert. In der unteren Registrierung von Abb. 3 ist zu erkennen, daß etwa 60 min nach ASA-Applikation die Ruheaktivität völlig beseitigt ist, und der Rezeptor zu seiner Aktivierung nun gewebsschädliches Quetschen („noxious pressure") erfordert. In diesem Fall wurde durch ASA das typische Verhalten eines Nozizeptors mit hoher mechanischer Schwelle und fehlender Ruheaktivität wiederhergestellt. Offenbar waren sowohl Ruheaktivität als auch Schwellensenkung durch Prostaglandine bedingt.

Es muß jedoch betont werden, daß nicht alle Rezeptoren im entzündeten Muskel durch ASA beeinflußt wurden. So gab es mechanisch hochschwellige Rezeptoren mit einer deutlich erhöhten Ruheaktivität, die nicht auf ASA reagierten. Die erhöhte Ruheaktivität sprach für eine bestehende Sensibilisierung der Rezeptoren, jedoch war sie offensichtlich nicht durch Freisetzung von Prostaglandinen verursacht. Es muß daher angenommen werden, daß es unterschiedliche Sensibilisierungsmechanismen gibt, von denen nur ein Teil durch ASA beeinflußt werden kann.

Anmerkungen zum Thema Muskelkater

Auch der Muskelkater nach Überbeanspruchung von Skelettmuskeln beruht wahrscheinlich auf Sensibilisierungsvorgängen von Nozizeptoren. Zwar gibt es derzeit noch keine allgemein anerkannte Theorie der Entstehung des Muskelkaters und auch kein Tiermodell für die Untersuchung der beteiligten neuronalen Phänomene, doch lassen sich aus den oben aufgeführten Ergebnissen und aus Angaben in der Literatur einige Aussagen über den Muskelkater ableiten.

Die oft als Erklärung herangezogene Ansammlung von Milchsäure im Muskelgewebe spielt höchstwahrscheinlich keine Rolle bei der Entstehung des Muskelkaters. Zum einen ist die biologische Halbwertszeit von Milchsäure mit 9,5 min [14] sehr kurz in Relation zum Auftreten der Beschwerden mehr als 10 h nach der Belastung. Zum anderen war Milchsäure im Tierexperiment kein effektiver Reiz für Muskelrezeptoren mit Gruppe-IV-Fasern [6].

Eine alternative Erklärung für die Entstehung des Muskelkaters basiert auf der „torn-fiber-theory" von Hugh [5]. Nach dieser Theorie kommt es bei Überbelastung eines Muskels zu Muskelfaserrissen in Form von Mikrotraumen. Solche Faserrisse mit nachfolgender Nekrose sind bei Labortieren nach einem intensiven Lauftraining nachgewiesen worden [15]. Diese Mikrotraumen sind selbst nicht schmerzhaft, sie sind aber die Ursache für die Freisetzung von Entzündungsmediatoren und für die Einwanderung von Leukozyten, die die Gewebstrümmer beseitigen. Insgesamt bietet sich das Bild einer gering ausgeprägten sterilen Entzündung [17], die die Nozizeptoren sensibilisiert und daher Berührungs- und Bewegungsschmerz verursacht. Die lange Latenz zwischen der Belastung und dem Auftreten der Symptome erklärt sich nach dieser Modellvorstellung durch die Zeitspanne, die die sterile Entzündung bis zur vollen Ausprägung benötigt. Ein Aspekt des Muskelkaters, der von dieser Theorie nicht berücksichtigt wird, ist das Auftreten von lokalen Spasmen im geschädigten Muskel. DeVries [4] hat diesen Aspekt in den Vordergrund gestellt und daraus seine „spasm-theory" des Muskelkaters abgeleitet. Ob es sich bei den lokalen Spasmen um ein peripheres Phänomen (bedingt durch lokale Stoffwechselstörungen) oder um ein zentralnervös vermitteltes Geschehen (in Form eines nozizeptiven Reflexes) handelt, muß derzeit noch offen bleiben. Es ist möglich, daß in einem überlasteten Muskel zuerst Muskelfasernekrosen im Sinne der „torn-fiber-theory" auftreten; die sich daraus entwickelnde sterile Entzündung könnte über Durchblutungsstörungen lokale Kontrakturen oder über eine Sensibilisierung von Nozizeptoren reflektorische Spasmen auslösen, die den Vorgang perpetuieren [vgl. 18, 19].

Literatur

1. Berberich P, Hoheisel U, Mense S, Skeppar P (1987) Fine muscle afferent fibres and inflammation: Changes in discharge behaviour and influence on gamma-motoneurones. In: Schmidt RF (ed) Pain and afferent fibres. VCH Verlagsgesellschaft, Weinheim, pp 165-175 (im Druck)
2. Brocklehurst WE (1971) Role of kinins and prostaglandins in inflammation. Proc R Soc Med 64: 4-6
3. DiRosa M, Giroud JP, Willoughby DA (1971) Studies of the mediators of the acute inflammatory response induced in rats in different sites by carrageenan and turpentine. J Pathol 104: 15-29
4. DeVries HA (1966) Quantitative electromyographic investigation of the spasm theory of muscle pain. Am J Phys Med 45: 119-134
5. Hough T (1902) Ergographic studies in muscular soreness. Am J Physiol 7: 76-92
6. Kniffki K-D, Mense S, Schmidt RF (1978) Responses of group IV afferent units from skeletal muscle to stretch, contraction and chemical stimulation. Exp Brain Res 31: 511-522
7. Kruger L, Perl ER, Sedivec MJ (1981) Fine structure of myelinated mechanical nociceptor endings in cat hairy skin. J Comp Neurol 198: 137-154
8. Lloyd DPC (1943) Neuron patterns controlling transmission of ipsilateral hindlimb reflexes in cat. J Neurophysiol 6: 293-315
9. Mense S (1977) Nervous outflow from skeletal muscle following chemical noxious stimulation. J Physiol (Lond) 267: 75-88
10. Mense S (1981) Sensitization of group IV muscle receptors to bradykinin by 5-hydroxytryptamine and prostaglandin E_2. Brain Res 225: 95-105
11. Mense S, Meyer H (1985) Different types of slowly conducting afferent units in cat skeletal muscle and tendon. J Physiol (Lond) 363: 403-417
12. Mense S, Stahnke M (1983) Responses in muscle afferent fibers of slow conduction velocity to contractions and ischemia in the cat. J Physiol (Lond) 342: 383-397
13. Mitchell JH, Schmidt RF (1983) Cardiovascular reflex control by afferent fibers from skeletal muscle receptors. In: Shepherd JT, Abboud FM (eds) Handbook of physiology, Section 2: The cardiovascular system, Vol III: Peripheral circulation and organ blood flow, Part 2. American Physiological Society, Bethesda, pp 623-658
14. Sahlin K, Harris RC, Nylind B, Hultman E (1976) Lactate content and pH in muscle samples obtained after dynamic exercise. Pflügers Arch 367: 143-149
15. Schumann H-J (1972) Überlastungsnekrosen der Skelettmuskulatur nach experimentellem Laufzwang. Zentralbl Allg Pathol 116: 181-190
16. Stacey MJ (1969) Free nerve endings in skeletal muscle of the cat. J Anat 105: 231-254
17. Staton WM (1951) New approach to muscle soreness. Athlet J (Chic) 31: 24-61
18. Travell JG, Simons DG (1983) Myofascial pain and dysfunction. The trigger point manual. Williams & Wilkins, Baltimore
19. Wietoska B, Böning D (1979) Was ist eigentlich Muskelkater? - Gesichertes und Ungesichertes in der medizinischen Literatur. Dtsch Z Sportmed 30: 395-401

Zur Funktion nozizeptiver Afferenzen in der spinalen Motorik*

E. D. Schomburg

Einleitung

Das überwiegende Interesse der neurophysiologischen Schmerzforschung konzentrierte sich lange Zeit im wesentlichen auf zwei Fragen: zum einen auf die Bedingungen der adäquaten Erregung der Nozizeptoren durch noxische Reize, einschließlich der Frage nach einer möglichen selektiven chemischen Erregbarkeit, zum anderen auf die Probleme der aufsteigenden Informationsübertragung in der Schmerzbahn und der Verarbeitung zur bewußten Wahrnehmung, also zur Schmerzempfindung [zusammenfassende Übersichten in 5, 6, 43, 44, 57, 58]. Die spinalmotorischen Wirkungen der nozizeptiven Afferenzen waren dabei von sekundärem Interesse; denn seit Sherrington [53, 54] galt der stereotype nozifensive Flexorreflex, also der schadenverhindernde Beuge- und Fluchtreflex, als das einzige oder zumindest vorherrschende, durch nozizeptive Afferenzen hervorgerufene Korrelat im spinalmotorischen Bereich. Der klassische nozifensive Flexorreflex nach Sherrington zeichnet sich insbesondere durch drei Charakteristika aus: 1) er besitzt ein großes rezeptives Feld vorwiegend von kutanen und muskulären Nozizeptoren; 2) er strahlt auf alle Muskeln der betroffenen Extremität aus und erfaßt auch die anderen Extremitäten, wobei die kontralaterale Extremität einen gekreuzten Streckreflex zeigt; 3) er kann andere Reflexe unterdrücken [7, 25, 53, 54; zusammenfassende Übersicht in 56], und seine Hauptfunktion liegt darin „to withdraw the limb from contact with injurious agents" [7].

Eine gewisse Verwirrung, die auch heute noch teilweise anhält, trat dadurch auf, daß der Flexorreflex, also das Reflexmuster einer Förderung von Flexoren und Hemmung von Extensoren, nicht eo ipso ein nozizeptiver Fluchtreflex ist, sondern u. U. auch von niederschwelligen Hautafferenzen, nichtnozizeptiven Muskelafferenzen der Gruppen II und III und Gelenkafferenzen ausgelöst werden kann. Entsprechend ihrer einheitlichen spinalmotorischen Wirkung wurde diese ansonsten recht inhomogene Gruppe von Afferenzen als Flexor-Reflex-Afferenzen (FRA) zusammengefaßt. Bereits in den grundlegenden Untersuchungen von Eccles u. Lundberg [9] wurde jedoch gezeigt, daß die FRA auch über alternative Reflexwege verfügen, die hemmend auf Flexoren und erregend auf Extensoren einwirken. Die FRA wurden daher schon damals als Afferenzen definiert, die den Flexorreflex hervorrufen *können* [9; vgl. auch 34, 48]. Welcher der beiden alternativen Reflexwege zu den Motoneuronen eines Muskels jeweils durchgeschaltet

---

* Die Untersuchungen wurden durchgeführt mit Unterstützung durch die Deutsche Forschungsgemeinschaft (SFB 33-B11, Scho 37/3-7).

wird, kann einerseits von den höheren motorischen Zentren, andererseits in Abhängigkeit von der Aktivitätskonstellation des Rückenmarkes gesteuert werden [12, 49, 50].

Die Möglichkeit, über alternative fördernde und hemmende Reflexwege auf alle Motoneurongruppen einwirken zu können, erlaubt es, die Flexor-Reflex-Afferenzen und die von ihnen aktivierten Interneuronsysteme in eine komplexe Kontrolle von Bewegungen einzubeziehen [27, 28, 34]. Dies wäre bei einer starren stereotypen Verschaltung im Sinne eines Flexor-Reflex-Musters nicht möglich.

Die Untersuchungen der letzten Jahre haben nun gezeigt, daß die nozizeptiven Afferenzen offenbar mit den nichtnozizeptiven Anteilen der FRA zusammenwirken und daß die Funktion der nozizeptiven Afferenzen bei der Kontrolle von Bewegungen auf spinaler Ebene als sehr differenziert anzusehen ist und weit über die Auslösung stereotyper, einfacher Fluchtreflexe hinausgeht.

Methoden

Um bei den von uns durchgeführten Untersuchungen über die spinalen nozizeptiven Reflexwege einen Einfluß supraspinaler Zentren auszuschließen, wurden alle Versuche an hoch spinalisierten Tieren, und zwar Katzen, durchgeführt. Mit intrazellulären Ableitungen von Motoneuronen wurden die Reflexwirkungen nozizeptiver und nichtnozizeptiver Afferenzen untersucht und mit Hilfe der Testung der räumlichen Bahnung mögliche Interaktionen zwischen den Reflexwegen beider Afferenztypen analysiert.

Die abgebildeten intrazellulären Registrierungen von Motoneuronen wurden so aufgenommen, daß ein exzitatorisches postsynaptisches Potential (EPSP), also eine Erregung der Zelle, einen Ausschlag nach oben ergibt, während eine Inhibition (IPSP) einen Ausschlag nach unten ergibt. Kutane Nozizeptoren verschiedener Gebiete des Fußes wurden spezifisch mit Strahlungshitze (45 °C) erregt, während nichtnozizeptive Afferenzen durch schwache mechanische Hautreize oder niederschwellige, entsprechend angepaßte elektrische Reizung von Haut-, Gelenk- oder Muskelnerven erregt wurden. Bei elektrischer Nervenreizung wird die Reizstärke jeweils in einem Vielfachen der Reizschwelle (T) angegeben [weitere technische Details s. 23, 52]. Gruppe-II-Muskelafferenzen können im Rahmen dieser Untersuchungen weitgehend gleichgesetzt werden mit sekundären Muskelspindelafferenzen [vgl. 32, 33].

Verwendete Abkürzungen: GS, M.gastrocnemius-soleus, physiologischer Extensor im Sprunggelenk; PBSt, M.posterior biceps semitendinosus, Flexor im Kniegelenk; Q, M.quadriceps, Strecker im Kniegelenk, mit einem Beugeanteil für das Hüftgelenk; Sart., M.sartorius, Beuger im Hüft- und Kniegelenk; SPC, Hautnervenanteil des N.peroneus superficialis; SPM, Mm.peronei, Beuger im Sprunggelenk; Sur, N.suralis, Hautnerv mit medialem (m) und lateralem (l) Anteil; FRA, Flexor-Reflex-Afferenzen; EPSP, exzitatorisches postsynaptisches Potential; IPSP, inhibitorisches postsynaptisches Potential.

Ergebnisse

Vergleich der durch nozizeptive und nichtnozizeptive Afferenzen ausgelösten Reflexmuster

Es ist ein zunächst überraschender Befund, wenn man sieht, daß nozizeptive und eine ganze Gruppe nichtnozizeptiver Afferenzen sehr ähnliche Wirkungen in Motoneuronen hervorrufen können. Die intrazelluläre Registrierung eines PBSt-Motoneurons in Abb. 1 kann hier als typisches Beispiel für das in Flexormotoneuronen gefundene Reflexmuster gelten. Die Erregung niederschwelliger Mechanorezeptoren der Haut im Bereich des Innervationsgebietes des N. suralis (Abb. 1 A) führt zu einer leichten Depolarisation, also Erregungssteigerung der Zelle und zu einigen Entladungen. Die Aktivierung von Nozizeptoren des gleichen Hautareals mittels Strahlungshitze (Abb. 1 B) bewirkt ebenfalls eine Depolarisation, die aber stärker ist und eine langanhaltende Entladungssalve des Motoneurons auslöst. Elektrisch gereizte FRA (Abb. 1 C), wie muskuläre Gruppe-II-Afferenzen (PBSt, Q, Sart, GS, SPM) und Hautafferenzen (SPC, lSur), haben insgesamt ebenfalls exzitatorische Wirkungen. Der Vergleich der Wirkung mechanisch erregter Nozizeptoren der Haut mit der Wirkung niederschwelliger Mechanorezeptoren zeigt ein ganz ähnliches Bild (Abb. 2). Die mittels eines weichen Haarpinsels ausgelöste Aktivierung niederschwelliger Mechanorezeptoren der Haut führt zu einer leichten Erregungssteigerung des Flexormotoneurons (PBSt in Abb. 2 A). Bei einer Erregung nozizeptiver Afferenzen durch starkes Kneifen der Haut im gleichen Gebiet, ist eine gleichsinnige, aber deutlich stärkere Antwort zu verzeichnen. Entsprechend dem beim spinalen Tier vorherrschenden Flexor-Reflex-Muster bewirkt die Aktivierung derselben Rezeptoren an Extensormotoneuronen eine Hemmung (GS in Abb. 2 B).

Die selektive chemische Erregung von Gruppe-III- und -IV-Muskelafferenzen, die zu einem großen Teil von muskulären Nozizeptoren stammen [21, 39, 40, 42; zusammenfassende Übersicht in 20] ergibt prinzipiell ähnliche Ergebnisse: die Erregung von Flexormotoneuronen und die überwiegende Hemmung von Extensormotoneuronen (Abb. 3) [22, 23, 48].

Auch wenn das Flexor-Reflex-Muster in dem von uns angewandten Versuchsansatz bei der Aktivierung von nozizeptiven Afferenzen weitaus vorherrschte, so gab es doch entsprechend der bereits von Eccles u. Lundberg [9] für FRA beschriebenen Befunde, zahlreiche Ausnahmen davon. Insbesondere wurden häufig auch exzitatorische Einflüsse von nozizeptiven Afferenzen auf Extensormotoneurone beobachtet. In der Regel hatten in diesen Fällen auch die anderen FRA eine erregende Wirkung auf die entsprechenden Motoneurone [23, 52; vgl. auch 32], so daß wiederum eine einheitliche Wirkung des FRA-Systems vorlag.

Wegen der beobachteten, weitgehend übereinstimmenden Reflexantworten bei Reizung nozizeptiver Afferenzen und nichtnozizeptiver FRA war es lange Zeit eine offene Frage, ob es auch spezifische, von nozizeptiven Afferenzen genutzte Reflexwege gibt, die nicht dem FRA-System angehören [28], so wie es für verschiedene nichtnozizeptive Afferenzen gezeigt werden konnte [zusammenfassende Übersicht in 1]. Das Vorkommen eines derartigen spezifischen Reflexweges für Nozizeptoren konnte jetzt zumindest in einem Falle nachgewiesen werden. Die

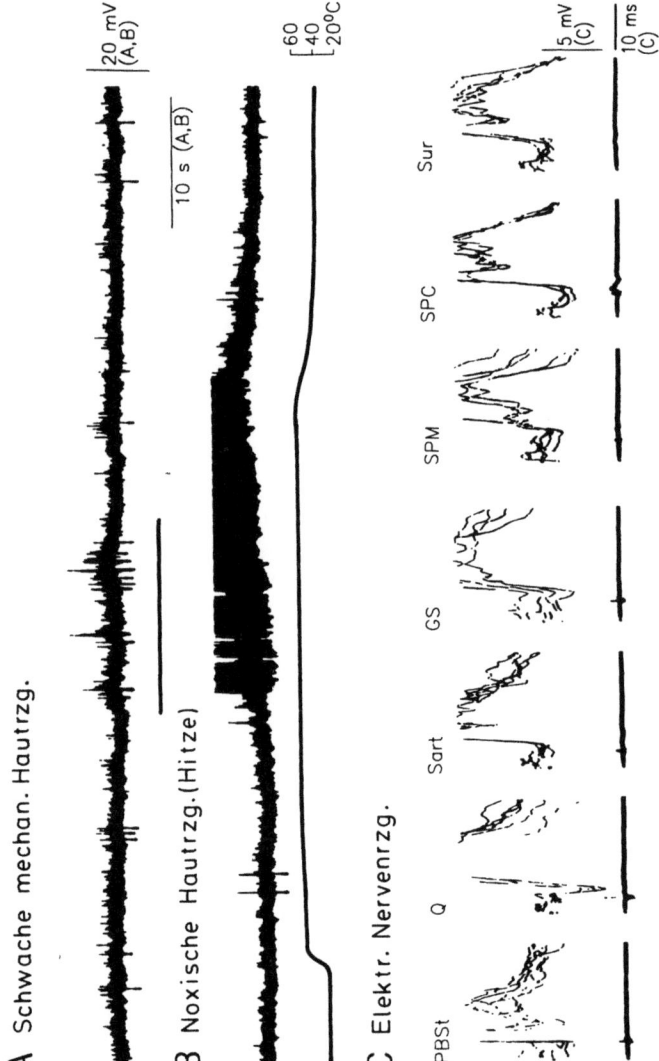

Abb. 1 A–C. Gleichartigkeit der Effekte bei spezifischer Erregung von niederschwelligen Mechanoreceptoren (**A**) und Nozizeptoren (**B**) der Haut, sowie bei elektrischer Reizung von Gruppe-II-Muskelafferenzen und Hautafferenzen (**C**). Intrazelluläre Ableitung eines Beuger-Motoneurons (PBST) an einer hochspinalisierten Katze. **A** Leichte Depolarisation und einige Entladungen bei Erregung niederschwelliger Mechanoreceptoren im Fußbereich mit einem weichen Haarpinsel (Innervationsgebiet des mSur, Markierung der Reizung unter dem Registrierstrahl). **B** Stärkere Depolarisation und gehäufte Entladungen bei Erregung von Hautnozizeptoren mittels Strahlungshitze (60 °C, Markierung unter der Membranpotentialregistrierung, Innervationsgebiet des mSur. **C** Elektrische Reizung von Muskelnerven *(PBSt, Q, Sart, GS, SPM)* mit einer für Gruppe-II-Afferenzen gut überschwelligen Reizstärke *(5T)* und von Hautnerven *(SPC, Sur)* löst EPSPs aus. Die durch Gruppe-II-Muskelafferenzen ausgelösten EPSPs folgen in den beiden ersten Registrierungen dem durch Ia-Afferenzen ausgelösten monosynaptischen EPSP *(PBSt)* bzw. disynaptischen IPSP *(Q)*. In *C* sind jeweils 4–5 Registrierungen übereinandergeschrieben. Unter den intrazellulären Antworten sind in *C* jeweils die vom Dorsalwurzeleingang L7 abgeleiteten afferenten Summenaktionspotentiale wiedergegeben. [Aus 52]

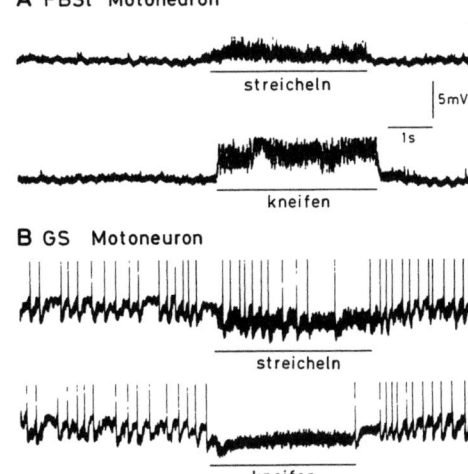

Abb. 2 A, B. Schwache *(streicheln)* und starke, noxische *(kneifen)* mechanische Hautreize erzeugen gleichsinnige, aber unterschiedlich starke Effekte. Im Sinne eines Flexorreflexes wird das Beugermotoneuron (**A**, *PBSt*) erregt (Depolarisation), während das Streckermotoneuron (**B**, *GS*) eine Hemmung (Hyperpolarisation) zeigt. Intrazelluläre Registrierungen an einer hoch spinalisierten Katze. Die Dauer der Reizung ist unter den Registrierungen markiert. [Aus 52]

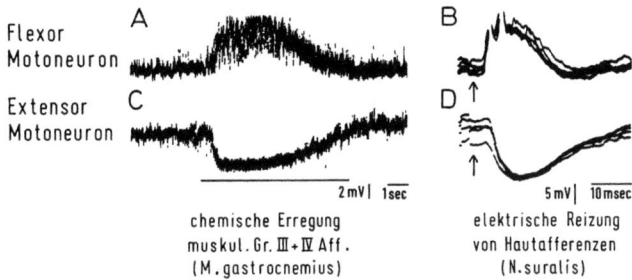

Abb. 3 A–D. Gleichartige Flexor-Reflex-Wirkung von dünnen Nervenfasern (Gruppe III und IV) aus einem Muskel (**A, C**) und von Hautafferenzen (**B, D**). Befunde von einer hoch spinalisierten Katze. Intrazelluläre Ableitungen je eines Motoneurons zu einem Beuger im Kniegelenk (**A, B**, PBSt) und einem Strecker im Sprunggelenk (**C, D**, GS). In **A** und **C** selektive Erregung von „freien" Nervenendigungen (Gruppe-III- und -IV-Afferenzen zum großen Teil von Schmerzrezeptoren) im M. gastrocnemius durch Injektion einer KCl-Lösung in die Muskelarterie. In **B** und **D** Erregung von Hautafferenzen durch elektrische Reizung des N. suralis (Reiz durch *Pfeil* markiert). Beide Typen von Afferenzen bewirken eine Erregung des Beugermotoneurons und eine Hemmung des Streckermotoneurons. [Aus 48]

Motoneurone des M. plantaris, der als physiologischer Extensor fungiert, erhalten in der Regel von allen FRA, einschließlich nozizeptiver Afferenzen, eine deutliche Inhibition, außer von Afferenzen des zentralen Gehballens der Pfote. Nachdem Engberg [10] zeigen konnte, daß Druckrezeptoren des zentralen Gehballens entgegen dem allgemeinen Flexor-Reflex-Muster erregend auf Motoneurone des Plantaris und intrinsischer Extensorfußmuskeln wirken, wurde jetzt ein entsprechender spezifischer exzitatorischer Reflexweg von nozizeptiven Afferenzen des zentralen Gehballens zum Plantaris nachgewiesen. Auf Grund der unterschiedlichen Ansprechbarkeit auf Opioide und eines abweichenden Verhaltens bei der Interaktion mit Reflexwirkungen anderer FRA kann der nozizeptive exzitatorische Reflexweg als nicht zum FRA-System gehörig eingestuft werden [47].

Multisensorielle Konvergenz in den segmentalen Reflexwegen

Wenn man die Gleichartigkeit der von den Afferenzen der verschiedenen Rezeptorsysteme ausgelösten Reflexantworten betrachtet, ergibt sich die Frage, ob die verschiedenen Afferenzen ihre Wirkung über streng getrennte, sog. „private" Reflexwege entwickeln oder ob sie zumindest teilweise auch gemeinsame Wege, also gemeinsame Interneurone nutzen. Im ersteren Falle würden die Afferenzen in ihrer Wirkung auf Motoneurone keine Interaktionen zeigen, während im zweiten Falle das Auftreten einer räumlichen Bahnung zu erwarten wäre.

Mit der Methode der Testung der räumlichen Bahnung von Reflexantworten in Motoneuronen sind inzwischen ausgedehnte multisensorielle Konvergenzen nachgewiesen worden, in Reflexwegen von Muskelafferenzen der Gruppe I [11, 13, 14, 15, 16, 18, 19, 29, 30, 31], der Gruppe II [4, 24, 33, 51] und der Gruppe III und IV [24]. Mit der gleichen Methode konnten nun räumliche Interaktionen zwischen den segmentalen Reflexwegen von nozizeptiven Hautafferenzen und niederschwelligen mechanosensitiven Hautafferenzen nachgewiesen werden. Hierbei wurden beide Afferenzen spezifisch über ihre Rezeptoren aktiviert: die Nozizeptoren durch Strahlungshitze und die niederschwelligen Mechanorezeptoren durch ein tangentiales Anblasen der Haut mit einem kurzen Luftstoß. Der Luftstoß, allein gegeben, hatte häufig, wie auch in Abb. 4Ba dargestellt, keine oder nur eine minimale Wirkung in Motoneuronen. Bei gleichzeitiger konditionierender Aktivierung von nozizeptiven Afferenzen durch noxische Strahlungshitze dagegen kam es regelmäßig, so wie in dem in Abb. 4 dargestellten PBSt-Motoneuron, zu einer deutlichen Antwort (Abb. 4Bb). Der Effekt der räumlichen Bahnung durch die nozizeptiven Afferenzen wird in Abb. 4 besonders deutlich, wenn die Differenz zwischen der unkonditionierten und der konditionierten Antwort betrachtet wird (Abb. 4Bc und d). Abb. 4A zeigt außerdem, daß es sich nicht um eine Wirkung von Warmrezeptorafferenzen, sondern um die Wirkung von Nozizeptoren gehandelt haben muß, da bei einer Konditionierung mit Strahlungshitze von 43 °C keine entsprechende räumliche Bahnung erzielt werden kann [vgl. 52]. Aus der in Abb. 4B nachgewiesenen räumlichen Bahnung läßt sich gemäß den obigen Ausführungen auf eine Konvergenz der beiden Afferenztypen auf gemeinsame Interneurone in den Reflexwegen zu α-Motoneuronen schließen.

Abb. 4A, B. Nozizeptive Hautafferenzen bahnen eine durch niederschwellige mechanosensitive ▷ Hautafferenzen hervorgerufene Erregung. Registrierung der intrazellulären Antworten in einem PBSt-Motoneuron bei Erregung niederschwelliger Mechanorezeptoren mittels eines kurzen Luftstoßes (Dauer angegeben in f), der tangential auf das Fell im Bereich des Fußes (Innervationsgebiet des mSur) gerichtet wurde. Kontrollen: Aa und Ba. Konditionierende länger anhaltende Aktivierung von nozizeptiven Hautafferenzen durch Strahlungshitze (52 °C ebenfalls im Innerva-

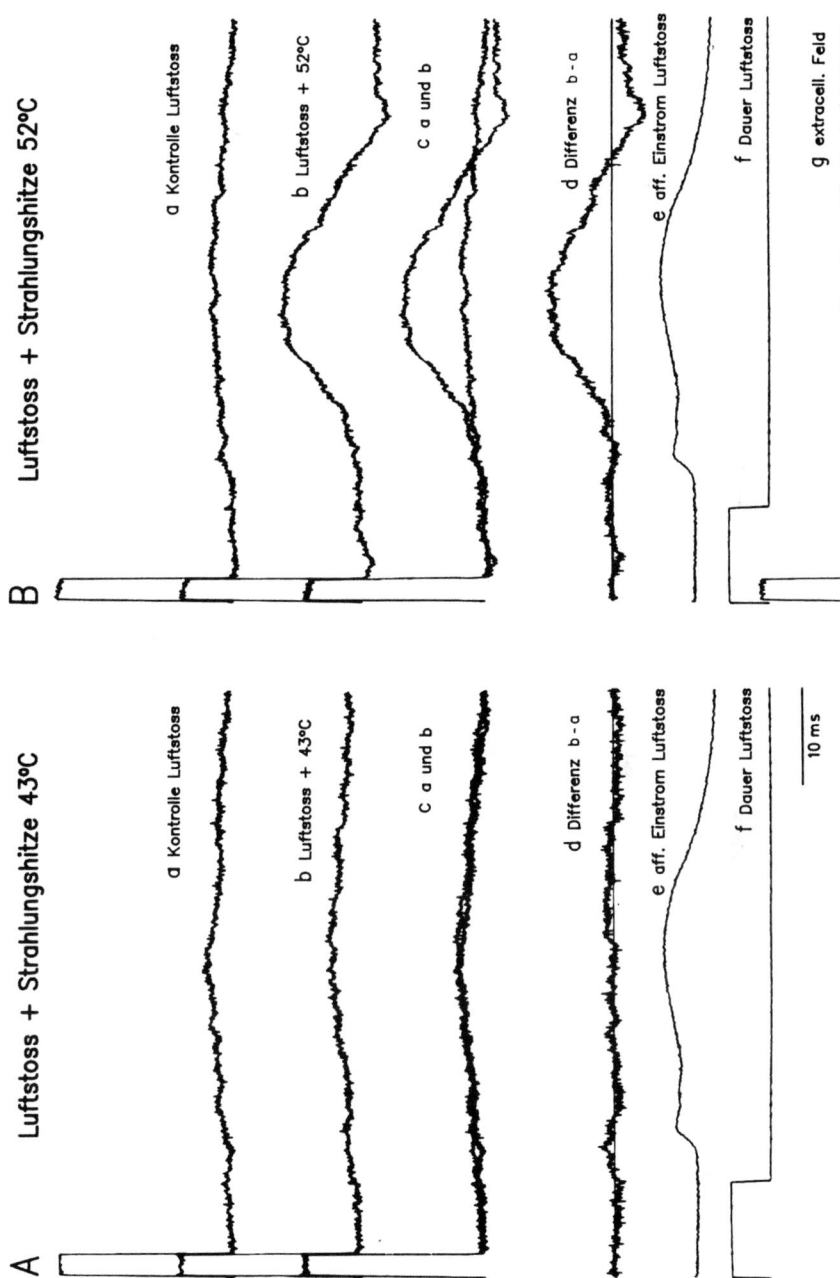

tionsgebiet des mSur) führt zu einer deutlichen räumlichen Bahnung der Reflexantwort *(Bb)*. In *c* sind die unkonditionierte und konditionierte Antwort aufeinander projiziert und in *d* ist die Differenz zwischen beiden dargestellt. In *e* ist das vom Dorsalwurzeleingang L7 abgeleitete, durch den Luftstoß bedingte afferente Summenaktionspotential wiedergegeben. In **A** ist vergleichend die Wirkung von nichtnoxischer Strahlungshitze dargestellt, zum Ausschluß der Wirkung von Warmrezeptoren. Es handelt sich um Registrierungen mit jeweils 32 elektronisch gemittelten Antworten. Amplitude des Eichimpulses am Anfang der Registrierungen 1 mV. [Aus 3]

Die zunächst etwas überraschende Konvergenz von Wirkungen nozizeptiver und nichtnozizeptiver Hautafferenzen ist in den aufsteigenden Schmerzbahnen bereits seit längerer Zeit bekannt [zusammenfassende Übersichten in 5, 57; vgl. dazu auch 46] und ihre funktionelle Bedeutung scheint auf spinaler Ebene auch durchaus einsichtig zu sein: Bei der Berührung eines Hindernisses oder dem sonstigen Einwirken starker mechanischer Reize, wird die motorische Reaktion durch die mechanosensitiven Afferenzen gebahnt, so daß es bei einem Überschreiten der nozizeptiven Schwelle bereits durch einen geringen nozizeptiven Einstrom beschleunigt zur motorischen Reaktion kommt und damit die Verletzungsgefahr gemindert werden kann [3]. Eine derartige Konvergenz paßt also voll in das Schema des nozifensiven Flexorreflexes, als schadenvermeidender Reflex.

Eine Einwirkung von nozizeptiven Hautafferenzen konnte inzwischen jedoch auch an Reflexwegen von verschiedenen anderen Afferenzen nachgewiesen werden, die auf den ersten Blick nichts mit dem nozifensiven Flexorreflex zu tun haben und für deren Interaktion mit nozizeptiven Afferenzen bisher auch kein entsprechendes Korrelat in der aufsteigenden Schmerzbahn bekannt ist. Als besonders eindrucksvolles Beispiel möge hierfür die Interaktion zwischen den Reflexwegen von nozizeptiven Hautafferenzen und sekundären Afferenzen von Muskelspindeln, also von Muskeldehnungsrezeptoren dienen. Abb. 5 zeigt, daß die von nozizeptiven Hautafferenzen ausgehende räumliche Bahnung eine durch Reizung von Gruppe-II-Muskelafferenzen hervorgerufene Reflexantwort mehr als verdreifachen kann. In der Kontrolle (Abb. 5 A) bewirkt die Muskelnervenreizung, neben einem durch Ia-Muskelspindelafferenzen hervorgerufenen monosynaptischen EPSP auf dem abfallenden Schenkel dieses EPSP, eine kleine, durch Gruppe-II-Spindelafferenzen bedingte, oligosynaptische Erregungswelle. Während der konditionierenden Aktivierung von nozizeptiven Hautafferenzen mittels

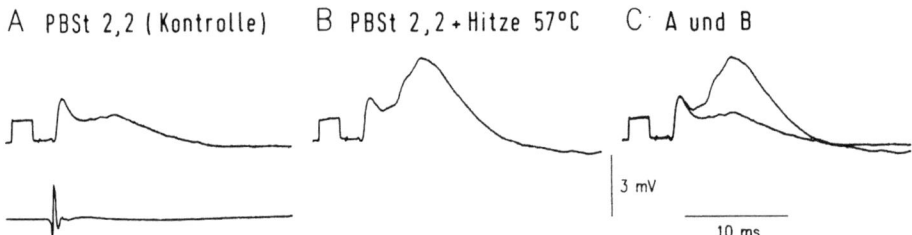

Abb. 5. Räumliche Bahnung exzitatorischer Effekte von Gruppe-II-Muskelafferenzen durch nozizeptive Hautafferenzen. Intrazelluläre Registrierung von einem Motoneuron des M. anterior biceps semimembranosus an einer hoch spinalisierten Katze. Elektronisch gemittelte Antworten (jeweils 16 Reize) bei Reizung des PBSt-Nerven mit einer Stärke (2,2 T), die Gruppe Ia und niederschwellige Gruppe-II-Fasern erregt. Das von Dorsalwurzeleingang L7 abgeleitete afferente Summenaktionspotential ist in **A** auf dem unteren Strahl dargestellt. In der Kontrolle **A** ist nach dem rechteckigen Eichimpuls das durch Ia-Afferenzen hervorgerufene monosynaptische EPSP zu erkennen, auf dessen abfallendem Schenkel als zweite langgezogene Welle das oligosynaptische Gruppe-II-EPSP erscheint. In **B** ist dieses EPSP während zusätzlicher langdauernder Aktivierung nozizeptiver Hautafferenzen durch Strahlungshitze (57 °C im Innervationsgebiet des mSur) um ein mehrfaches gesteigert. In **C** ist beim Übereinanderprojizieren der unkonditionierten und der konditionierten Antwort zu erkennen, daß das monosynaptische EPSP durch die Aktivierung der nozizeptiven Afferenzen nicht verändert wird. [Aus 51]

Strahlungshitze (Innervationsgebiet des N. suralis) ist diese Erregungswelle stark gesteigert (Abb. 5 B), während das monosynaptische EPSP unverändert bleibt. Dieses wird deutlich, wenn die unkonditionierte und die konditionierte Reflexantwort überlagert werden (Abb. 5 C).

Ähnliche räumliche Interaktionen mit nozizeptiven Hautafferenzen wurden inzwischen auch für die Reflexwege von Golgi-Sehnenorgan-Afferenzen (Ib-Afferenzen), Gelenkafferenzen und hochschwelligen Muskelafferenzen (Gruppe III und IV) nachgewiesen (Abb. 6 A), wobei diese Interaktionen nicht nur die erregenden Reflexwege, sondern jeweils auch die hemmenden Reflexwege betrafen.

Interpretation und Diskussion der Ergebnisse

Die Untersuchungen haben eine weitgehende Ähnlichkeit der segmentalen Reflexwirkung von nozizeptiven Afferenzen mit der Wirkung von nichtnozizeptiven Afferenzen der FRA-Gruppe ergeben. Die weitreichenden räumlichen Reflexinteraktionen zwischen nozizeptiven und den verschiedenen nichtnozizeptiven Afferenzen läßt dabei auf eine ausgedehnte Konvergenz dieser unterschiedlichen Afferenzen auf gemeinsame Interneurone in den segmentalen Reflexwegen schließen (Abb. 6 A). Im segmentalen Reflexgeschehen findet also unter Einschluß der nozizeptiven Afferenzen eine vielfältige multisensorielle Integration statt, die praktisch die Information aller somatischen Rezeptorsysteme erfaßt, die bei einer Bewegung aktiviert werden. Auf den möglichen Nutzen einer räumlichen Interak-

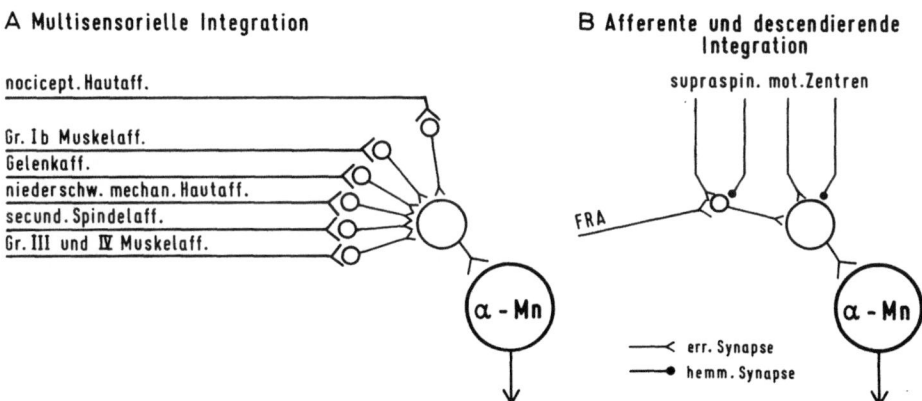

Abb. 6 A, B. Segmentale Interneurone als integratives Element in der spinalen Motorik. **A** Integration der über verschiedene, bei einer Bewegung aktivierte Afferenzen vermittelten Informationen aus der Peripherie. **B** Integration des von supraspinal bei „reflektorischen" oder „willkürlichen" zielgerichteten Bewegungen deszendierenden Informationsflusses mit der über FRA vermittelten Information aus der Peripherie. Jedes im Schema dargestellte Interneuron ist als Interneuronpopulation aufzufassen. Diese Interneuronpopulationen sind in sich nicht homogen, sondern setzen sich aus einer Vielzahl von Unterpopulation zusammen, wobei sich die verschiedenen Unterpopulationen jeweils durch eine unterschiedliche Konvergenz von verschiedenen afferenten und deszendierenden Zuströmen und in ihrer Projektion auf verschiedene Motoneurongruppen unterscheiden

tion zwischen niederschwelligen mechanosensitiven Hautafferenzen und nozizeptiven Hautafferenzen durch die Ermöglichung einer rascheren und effektiveren motorischen Reaktion zur Vermeidung von Verletzungen wurde bereits hingewiesen. Eine entsprechende schadenabwendende Funktion kann zumindest teilweise auch für die Konvergenz von nozizeptiven Afferenzen mit Afferenzen der, in ihrer Funktion ansonsten ganz andersartigen, muskulären Propriozeptoren und der Gelenkrezeptoren angenommen werden (vgl. unten).

Wenn man die funktionelle Bedeutung der multisensoriellen Konvergenz an den segmentalen Interneuronen und damit auch die Bedeutung der Beteiligung der nozizeptiven Afferenzen an dieser Konvergenz weitergehend erfassen will, muß man bedenken, daß diese Interneurone einer umfassenden Kontrolle von höheren motorischen Zentren unterliegen und daß sie als Interneurone nicht nur in die segmentalen Reflexwege eingeschaltet sind, sondern auch, und evtl. sogar vorwiegend, als Interneurone in den deszendierenden Informationsfluß zur Ausführung zielgerichteter, willkürlicher Bewegungen (Abb. 6 B) [17, 26, 27, 34]. Die Funktion der multisensoriellen Konvergenz auf die Interneurone bestünde somit bei einer zielgerichteten Bewegung in der Kontrolle der Bewegung durch die afferenten Informationen aus der Peripherie und dadurch in der Abstimmung der Bewegung auf die peripheren Gegebenheiten. Als Beispiel möge hierzu das Auftreffen einer Extremität auf ein unvermutetes Hindernis im Verlauf einer zielgerichteten („willkürlichen") Bewegung dienen. Erregt würden hierbei Mechanorezeptoren, bei entsprechender Intensität Nozizeptoren und durch den Spannungsanstieg in den sich zunächst weiter kontrahierenden Muskeln Golgi-Sehnenorgane. Durch die räumliche Bahnung zwischen den Afferenzen dieser Rezeptoren, sowie durch die unmittelbare Einwirkung auf die in den deszendierenden Informationsfluß eingeschalteten Interneurone, kann die erforderliche Korrektur schneller und effektiver erfolgen, als wenn die verschiedenen Wege voll getrennt wären [vgl. 30, 34]. Entsprechendes würde für die Konvergenz von nozizeptiven Afferenzen und Gelenkafferenzen auf gemeinsame Interneurone mit den absteigenden motorischen Bahnen gelten: Bewegungen müssen so terminiert werden, daß eine Schädigung der Gelenke durch eine Dehnung in den noxischen Bereich hinein verhindert wird. Die Integration multisensorieller Zuströme aus der Peripherie und deszendierender Informationen in gemeinsamen Interneuronensystemen kann daher als effizientes Mittel zur Verbesserung der Kontrolle supraspinal induzierter, zielgerichteter Bewegungen gelten [17, 26, 27, 34].

Die wesentliche Bedeutung, die die supraspinale Kontrolle der Interneuronensysteme auch für einen funktionell sinnvollen Einsatz dieser Systeme im segmentalen Reflexgeschehen hat, wird deutlich im Falle einer Fehlsteuerung der Interneurone bei zentralnervösen Schädigungen, z. B. nach apoplektischen Insulten. Als Folge derartiger Schädigungen kommt es zu schweren Störungen der Kontrolle der Transmission in den verschiedenen Reflexwegen und ihrer Interaktion. Dies kann u. a. dazu führen, daß die Durchschaltung in den segmentalen Reflexwegen weitgehend ungehemmt verläuft, woraus sich ein reflektorischer Spannungsanstieg im Muskel entwickeln kann. So sind z. B. niederschwellige Hautafferenzen normalerweise nicht in der Lage, unmittelbar Reflexreaktionen auszulösen, was funktionell auch nicht sinnvoll wäre. Anders verhält es sich bei spastischen Patienten, hier können leichte mechanische Reize teilweise starke langdauernde

Beugereflexe und Spasmen auslösen. Die Fehlsteuerung der segmentalen Reflexkontrolle ist daher auch als eine wesentliche Ursache bei der Ausbildung einer Spastik diskutiert worden [8, 36, 37, 45]. Eine mögliche Beteiligung nozizeptiver Afferenzen an der Ausprägung der Spastik, auch ohne daß es zu schmerzhaften Sensationen kommen muß, ergibt sich aus neueren Untersuchungen, die zeigen konnten, daß die lumbale epidurale Applikation von Opioiden die Spastik in den Beinen von MS-Patienten bessern oder gar aufheben kann [55].

Die Mitwirkung der nozizeptiven Afferenzen bei der Kontrolle von Bewegungen wird normalerweise u. a. wahrscheinlich deshalb nicht bewußt, weil durch das Zusammenwirken der verschiedenen Afferenzen und die daraus resultierende räumliche Bahnung die Korrektur einer Bewegung bereits bei einer geringgradigen zusätzlichen Aktivierung nozizeptiver Afferenzen einsetzt, die zentral noch nicht zu einer Schmerzempfindung führt. Welch große Bedeutung die nozizeptiven Afferenzen dennoch bei der Kontrolle von Bewegungen haben, wird an Patienten mit fehlendem nozizeptivem System deutlich. Diese Patienten weisen, zum großen Teil wahrscheinlich durch die unkontrollierte Motorik bedingt, nicht nur gehäufte Hautverletzungen und Knochenbrüche auf, sondern in auffälliger Weise auch sehr zeitig schwere Gelenkschäden [2, 35, 38]. Offenbar werden Bewegungen bei diesen Patienten vielfach nicht rechtzeitig terminiert, so daß es zu einer Überdehnung der Gelenke in den noxischen Bereich hinein kommt.

Literatur

1. Baldissera F, Hultborn H, Illert M (1981) Integration in spinal neuronal systems. In: Brooks VB (ed) Handbook of physiology, Vol. 2, Sect. I, Nervous system, Motor control, Part 1. Am Physiol Soc., Bethesda, pp 509–595
2. Baxter DW, Olszewski J (1960) Congenital insensitivity to pain. Brain 83: 381–393
3. Behrends T, Schomburg ED, Steffens H (1983a) Facilitatory interaction between cutaneous afferents from low threshold mechanoreceptors and nociceptors in segmental reflex pathways to alpha motoneurones. Brain Res 260: 131–134
4. Behrends T, Schomburg ED, Steffens H (1983b) Group II muscle afferents and low threshold mechanoreceptive skin afferents converging onto interneurones in a common reflex pathway to alpha montoneurones. Brain Res 265: 125–128
5. Besson J-M, Chaouch A (1987) Peripheral and spinal mechanisms of nociception. Physiol Rev 67: 67–186
6. Burgess PR, Perl ER (1973) Cutaneous mechanoreceptors and nociceptors. In: Iggo A (ed) Handbook of sensory physiology. Somatosensory system, Vol 2. Springer, Berlin Heidelberg New York, pp 29–78
7. Creed RS, Denny-Brown D, Eccles JC, Liddell EGT, Sherrington CS (1932) Reflex activity of the spinal cord. Oxford Univ Press, London
8. Dietz V, Berger W (1984) Interlimb coordination of posture in patients with spastic paresis. Impaired function of spinal reflexes. Brain 107: 965–978
9. Eccles RM, Lundberg A (1959) Synaptic actions in motoneurones by afferents which may evoke the flexion reflex. Arch Ital Biol 97: 199–221
10. Engberg I (1964) Reflexes of foot muscles in the cat. Acta Physiol Scand [Suppl 235] 62: 1–64
11. Harrison PJ, Jankowska E, Johannisson T (1983) Shared reflex pathways of group I afferents of different cat hindlimb muscles. J Physiol (Lond) 338: 113–127
12. Holmquist B, Lundberg A (1961) Differential supraspinal control of synaptic actions evoked by volleys in the flexion reflex afferents in alpha motoneurones. Acta Physiol Scand [Suppl 186] 54: 1–51
13. Hultborn H (1972) Convergence on interneurones in the reciprocal Ia inhibitory pathway to motoneurones. Acta Physiol Scand [Suppl 375] 85: 1–42

14. Hultborn H, Illert M, Santini M (1976) Convergence on interneurones mediating the reciprocal Ia inhibition of motoneurones. II. Effects from segmental flexor reflex pathways. Acta Physiol Scand 96: 351–367
15. Jankowska E (1979) New observations on neuronal organization of reflexes from tendon organ afferents and their relation to reflexes evoked from muscle spindle afferents. In: Granit R, Pompeiano O (eds) Progress in brain research: Reflex control of posture and movement, Vol 50. Elsevier, Amsterdam, pp 29–36
16. Jankowska E (1983) Shared reflex pathways from Ib tendon organ afferents and Ia muscle spindle afferents in the cat. J Physiol (Lond) 338: 99–111
17. Jankowska E, Lundberg A (1981) Interneurones in the spinal cord. TINS 4: 230–233
18. Jankowska E, McCrea DA (1983) Shared reflex pathways from Ib tendon organ afferents and Ia muscle spindle afferents in the cat. J Physiol (Lond) 338: 99–111
19. Jankowska E, Zytnicki D (1985) Comparison of group I non-reciprocal inhibition of individual motoneurones of a homogenous population. Brain Res 329: 379–383
20. Kniffki K-D (1986) Muskuläre Nociception. Edition Medizin, Verlag Chemie, Weinheim
21. Kniffki K-D, Mense S, Schmidt RF (1978) Responses of group IV afferent units from skeletal muscle to stretch, contraction and chemical stimulation. Exp Brain Res 31: 511–522
22. Kniffki K-D, Schomburg ED, Steffens H (1979) Synaptic responses of lumbar – α-motoneurones to chemical algesic stimulation of skeletal muscle in spinal cats. Brain Res 160: 549–552
23. Kniffki K-D, Schomburg ED, Steffens H (1981a) Synaptic effects from chemically activated fine muscle afferents upon α-motoneurones in decerebrate and spinal cats. Brain Res 206: 361–370
24. Kniffki K-D, Schomburg ED, Steffens H (1981b) Convergence in segmental reflex pathways from fine muscle afferents and cutaneous or group II muscle afferents to α-motoneurones. Brain Res 218: 342–346
25. Kugelberg E, Eklund K, Grimby L (1960) An electromyographic study of the nociceptive reflexes of the lowerlimb. Mechanism of the plantar responses. Brain 83: 394–410
26. Lundberg A (1966) Integration in the reflex pathway. In: Granit R (ed) Muscular afferents and motor control. Nobel Symposium I. Almqvist & Wiksell, Stockholm, pp 275–305
27. Lundberg A (1979) Multisensorial control of spinal reflex pathways. In: Granit R, Pompeiano O (eds) Progress in brain research. Reflex control of posture and movement, Vol 50. Elsevier, Amsterdam, pp 11–28
28. Lundberg A (1982) Inhibitory control from the brain stem of transmission from primary afferents to motoneurones, primary afferent terminals and ascending pathways. In: Sjölund B, Björklund A (eds) Brain stem control of spinal mechanisms. Elsevier Biomedical Press, Amsterdam, pp 179–224
29. Lundberg A, Melmgren K, Schomburg ED (1975) Convergence from Ib, cutaneous and joint afferents in reflex pathways to motoneurones. Brain Res 87: 81–84
30. Lundberg A, Malmgren K, Schomburg ED (1977) Cutaneous facilitation of transmission in reflex pathways from Ib afferents to motoneurones. J Physiol (Lond) 265: 763–780
31. Lundberg A, Malmgren K, Schomburg ED (1978) Role of joint afferents in motor control examplified by effects on reflex pathways from Ib afferents. J Physiol (Lond) 284: 327–343
32. Lundberg A, Malmgren K, Schomburg ED (1987a) Reflex pathways from group II muscle afferents. 1. Distribution and linkage of reflex actions to alpha-motoneurones. Exp Brain Res 65: 271–281
33. Lundberg A, Malmgren K, Schomburg ED (1987b) Reflex pathways from group II muscle afferents. 2. Functional characteristics of reflex pathways to alpha-motoneurones. Exp Brain Res 65: 282–293
34. Lundberg A, Malmgren K, Schomburg ED (1987c) Reflex pathways from group II muscle afferents. 3. Secondary spindle afferents and the FRA; a new hypothesis. Exp Brain Res 65: 294–306
35. McMurray GA (1950) Experimental study of a case of insensitivity to pain. Arch Neurol Psychiatry (Chic) 64: 650–667
36. Meinck H-M, Benecke R, Conrad B (1985a) Spasticity and the flexor reflex. In: Delwaide PJ, Young RR (eds) Clinical neurophysiology in spasticity. Restorative neurology, Vol I. Elsevier, Amsterdam, pp 41–54
37. Meinck H-M, Benecke R, Conrad B (1985b) Cutaneo-muscular control mechanisms in health

and desease: Possible implications on spasticity. In: Struppler A, Weindl A (eds) Electromyography and evoked potentials. Springer, Berlin Heidelberg New York Tokyo, pp 75-83
38. Melzack R, Wall PD (1983) The challenge of pain. Basic Books, New York
39. Mense S (1977) Nervous outflow from skeletal muscle following chemical noxious stimulation. J Physiol (Lond) 267: 75-88
40. Mense S, Meyer H (1985) Different types of slowly conducting afferent units in cat skeletal muscle and tendon. J Physiol (Lond) 363: 403-417
41. Mense S, Schmidt RF (1974) Activation of group IV afferent units from muscle by algesic agents. Brain Res 72: 305-310
42. Mense S, Stahnke M (1983) Responses in muscle afferent fibres of slow conduction velocity to contractions and ischaemia in the cat. J Physiol (Lond) 342: 383-397
43. Perl ER (1984a) Characterization of nociceptors and their activation of neurons in the superficial dorsal horn: First steps for the sensation of pain. In: Kruger L, Liebeskind JC (eds) Advances in pain research and therapy, Vol 6. Raven Press, New York, pp 23-51
44. Perl ER (1984b) Pain and nociception. In: Brookhart JM, Mountcastle VB (eds) handbook of physiology, Sect 1; The nervous system, Vol III; Sensory processes, Part 2. Am Physiol Soc, Bethesda, pp 915-975
45. Pierrot-Deseilligny E, Mazieres L (1985) Spinal mechanisms underlying spasticity. In: Delwaide PJ, Young RR (eds) Clinical neurophysiology in spasticity. Restorative Neurology, Vol I. Elsevier, Amsterdam, pp 63-76
46. Schaible H-G, Schmidt RF, Willis WD (1987) Convergent inputs from articular, cutaneous and muscle receptors onto ascending tract cells in the cat spinal cord. Exp Brain Res 66: 479-488
47. Schmidt PF, Schomburg ED, Steffens H, Strohmeyer A, Wada N (1987) A nociceptive non-FRA pathway to plantaris motoneurones in the cat. Proceedings of the Physiological Society, J Physiol (Lond)
48. Schomburg ED (1980) Spinale Eigenleistungen in der Motorik. In: Cotta H, Krahl H, Steinbrück K (Hrsg) Die Belastungstoleranz des Bewegungsapparates. Thieme, Stuttgart, S 15-22
49. Schomburg ED, Behrends HB (1978) Phasic control of the transmission in the excitatory and inhibitory reflex pathways from cutaneous afferents to α-motoneurones during fictive locomotion in cats. Neurosci Lett 8: 277-282
50. Schomburg ED, Behrends HB, Steffens H (1981) Changes in segmental and propriospinal reflex pathways during spinal locomotion. In: Taylor A, Prochazka A (eds) Muscle receptors and movement. Macmillan, London, pp 413-425
51. Schomburg ED, Steffens H (1985) Convergence in segmental reflex pathways from group II muscle afferents to alpha-motoneurones. In: Boyd I, Gladden M (eds) The muscle spindle. Macmillan, London, pp 273-278
52. Schomburg ED, Steffens H (1986) Synaptic responses of lumbar alpha-motoneurones to selective stimulation of cutaneous nociceptors and low threshold mechanoreceptors in high spinal cats. Exp Brain Res 62: 335-342
53. Sherrington CS (1906) The integrative action of the nervous system. Yale Univ Press, New Haven
54. Sherrington CS (1910) Flexion-reflex of the limb, crossed extension reflex, and reflex stepping and standig. J Physiol (Lond) 40: 28-121
55. Struppler A, Burgmayer B, Ochs GB, Pfeiffer HG (1983) The effect of epidural application of opioids on spasticity of spinal origin. Life Sci [Suppl] 33: 607-610
56. Willis WD (1982) Control of nociceptive transmission in the spinal cord. In: Ottoson D (ed) Progress in sensory physiology, Vol 3. Springer, Berlin Heidelberg New York
57. Willis WD (1985) The pain system: The neuronal basis of nociceptive transmission in the mammalian nervous system. Karger, Basel
58. Zimmermann M (1979) Peripheral and central nervous mechanisms of nociception, pain and pain therapy: Facts and hypotheses. In: Bonica JJ, Liebeskind JC, Albe-Fessard D (eds) Advances in pain research and therapy. Raven Press, New York, pp 3-35

Sind die durch Metabolite im arbeitenden Muskel ausgelösten Kreislaufreflexe als unterschwellige Stimulierung nozizeptiver Fasern zu deuten?

F. Thimm

Einleitung

Unsere Untersuchungen haben zum Ziel, die Beteiligung chemosensitiver Rezeptoren in der Skelettmuskulatur (metabolische Muskelrezeptoren) an Kreislaufantrieben während körperlicher Arbeit zu klären [4]. Kniffki et al. [2] neigten aufgrund ihrer Untersuchungen zu der Hypothese, daß kontraktionssensitive Afferenzen als Ergorezeptoren der Muskelarbeit dienen. Die chemosensitiven Gruppe-III- und IV-Einheiten wurden von diesen Autoren eher der Nozizeption zugerechnet. Andererseits ist gezeigt worden, daß Substanzen, deren Konzentrationen sich bei Muskelarbeit erhöhen (Kalium, Milchsäure, Phosphat), über Gruppe-III- und/oder Gruppe-IV-Afferenzen Kreislaufreaktionen auslösen [5, 8; vgl. auch 6, 7]. Es ist daher zu fragen, in welcher Weise sich metabolische Muskelrezeptoren und Nozizeptoren voneinander unterscheiden lassen. In diesem Zusammenhang konzipierten wir drei Versuchsserien:

1) Lokale Applikation verschiedener Substanzen, deren Konzentrationen sich bei Muskelarbeit erhöhen, bei gleichzeitiger Registrierung der Herzfrequenz [6].
2) Erzeugung von ischämie-ähnlichen Zuständen in kreislaufisolierten Hinterbeinmuskeln, bei gleichzeitiger Registrierung der Herzfrequenz [7].
3) Elektrophysiologische Ableitungen von Nervenfasern von langsam leitenden und mittelschnell leitenden Nervenfasern (Gruppe III und IV) des N. personaeus bei Applikation verschiedener Substanzen, deren Konzentrationen sich bei Muskelarbeit erhöhen, in die kreislaufisolierte Hinterbeinmuskulatur [5].

Versuchsgut und allgemeine Präparation

Männliche Wistar-Ratten (200–380 g) wurden mit Natriumthiobarbiturat (Inaktin, 60 mg/kg KG zu Beginn und mit Dosen von 5–15 mg/kg KG im weiteren Verlauf nach Bedarf) anästhesiert. Die Haut des rechten Hinterbeins wurde abgezogen. Oberhalb des Kniegelenks wurde das Bein vom Restkörper derart isoliert, daß nur noch eine Verbindung über den Femurknochen und den N. ischiadicus bestand. A. und V. femorales wurden kanüliert und mit standardisierter Tyrodelösung (ST, äquilibriert mit 95% O_2 und 5% CO_2) perfundiert. Diese Präparation wurde für 3 Versuchsserien angewandt.

Herzfrequenzantriebe über chemosensitive Rezeptoren im Skelettmuskel bei simulierter Arbeit

Methoden

Nach einer 10 minütigen Perfusion mit ST wurden bei 7 Ratten in Abständen von 2 min folgende modifizierte Tyrodelösungen nacheinander perfundiert, die im kreislaufisolierten Muskel arbeitsähnliche Zustände simulieren sollten [vgl. 9]: KT = 9 mmolar (KCl), OT = 330 mosmol, MT = 15 mmolare (Milchsäure), PT = 8 mmolar (anorganisches Phosphat). Diese modifizierten Tyrodelösungen waren wie ST ebenfalls mit 95% O_2 und 5% CO_2 äquilibriert sowie - abgesehen vom OT - isoton. Nach einer 20 minütigen Perfusion von ST wurden die modifizierten Tyrodelösungen einzeln getestet, d.h. nach 2 minütiger Applikation erfolgte wieder Perfusion mit ST. In weiteren Versuchen wurden Tyrodelösungen mit unterschiedlichen Milchsäurekonzentrationen (3, 5, 10, 15 und 25 mmol/l) getestet. Weiterhin wurde MT entweder vor, während und nach Kälteblockade des N. ischiadicus perfundiert oder nach Durchtrennung des Nerven (n = 11). Um einen möglichen Effekt zwischen Laktatanionen und H^+ zu differenzieren, wurden neben MT auch modifizierte Tyrodelösungen mit Salzsäure und Natriumlaktat durchgeführt. Während der Versuche wurde die Herzfrequenz über ein Extremitäten-EKG aufgezeichnet. Im Venenausfluß wurden gemessen: pO_2, pCO_2, pH, [Laktat] ([Lac]), $[K^+]$ und $[Na^+]$.

Ergebnisse

Wurden nacheinander in modifizierten Tyrodelösungen KT, OT, MT und PT appliziert, so erhöhte sich die Herzfrequenz nur nach Beginn der Perfusion mit Milchsäuretyrodelösung (MT, Abb. 1): $\Delta HF = 20{,}2 \pm 8{,}2$ min^{-1} (SE), n = 7, p < 0,02 U-Test nach Wilcoxon, Mann u. Whitney. Die Latenzzeit betrug 20-60 s. Wurden die modifizierten Tyrodelösungen nicht nacheinander, sondern einzeln appliziert, so ergab sich ein ähnliches Resultat (Abb. 1 a, b und c). Dosen bis etwa 3 mmol × l^{-1} Laktat (gemessen im venösen Outflow) bewirkten nichts, im Bereich von 3-7 mmol × l^{-1} Laktat nahm die Herzfrequenzerhöhung zu und ab 7 mmol × l^{-1} Laktat erreichte sie ihr Maximum (Abb. 2).

Da sich bei Milchsäure-Applikation (MT) sowohl das pH wie auch die Laktatkonzentration ändern, wurden Versuche gemacht, in denen pH oder Laktat unverändert gehalten wurden: Bei Applikation einer isotonen Natriumlaktat-Tyrodelösung änderte sich die Laktatkonzentration im Muskel (gemessen im venösen Ausfluß), und das pH blieb konstant (Abb. 3 rechts, unten) und bei Applikation von isotoner Salzsäure-Tyrodelösung änderte sich das pH (Abb. 3 b, Mitte). Im Vergleich dazu änderte sich bei Milchsäure-Tyrodelösung sowohl die Laktatkonzentration als auch das pH (Abb. 3 rechts, oben). Bei Perfusion auf Natriumlaktat erhöhte sich die Herzfrequenz nicht, bei Perfusion mit Salzsäure steigerte sich die Herzfrequenz, und bei Milchsäure ergab sich die größte Steigerung. Ermittelte man über einen Vierfeldervergleich die Herzfrequenzen bei hohen und niedrigen Laktatkonzentrationen (getrennt nach dem Median) und hohem und niedrigem

222 F. Thimm

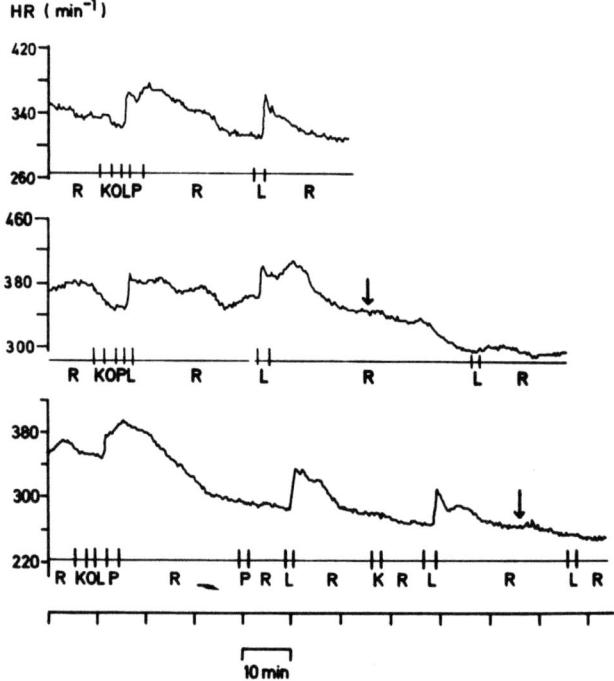

Abb. 1. Originalaufzeichnungen der Herzfrequenzantworten auf die Perfusion mit erhöhter [K^+] *(K)*, erhöhter Osmolalität *(O)*, erhöhter Milchsäurekonzentration *(L)* und erhöhter Phosphatkonzentration *(P)*. R Perfusion mit standardisierter Tyrodelösung. ↓ = Zeitpunkt, an dem der Nerv durchschnitten wurde. [Nach 7]

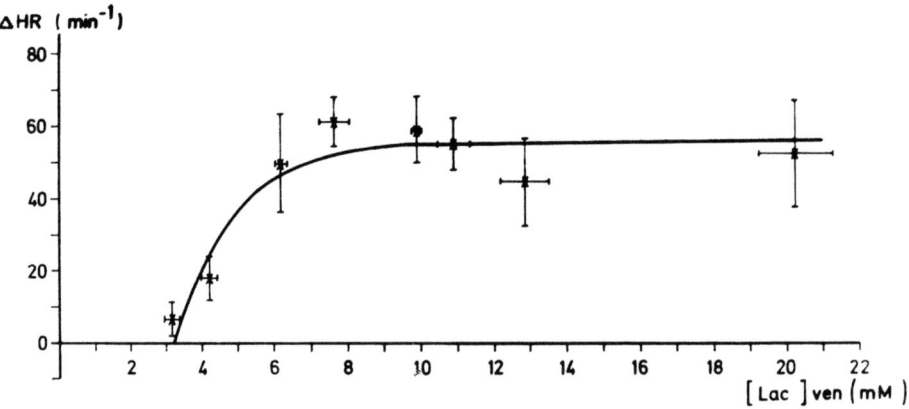

Abb. 2. Mittlere absolute Herzfrequenzänderungen ($\Delta HR \pm SEM$) in Beziehung zu Laktatkonzentrationen (jeder Punkt n = 4) im venösen Ausfluß. [Nach 6]

Durch Metabolite im arbeitenden Muskel ausgelöste Kreislaufreflexe 223

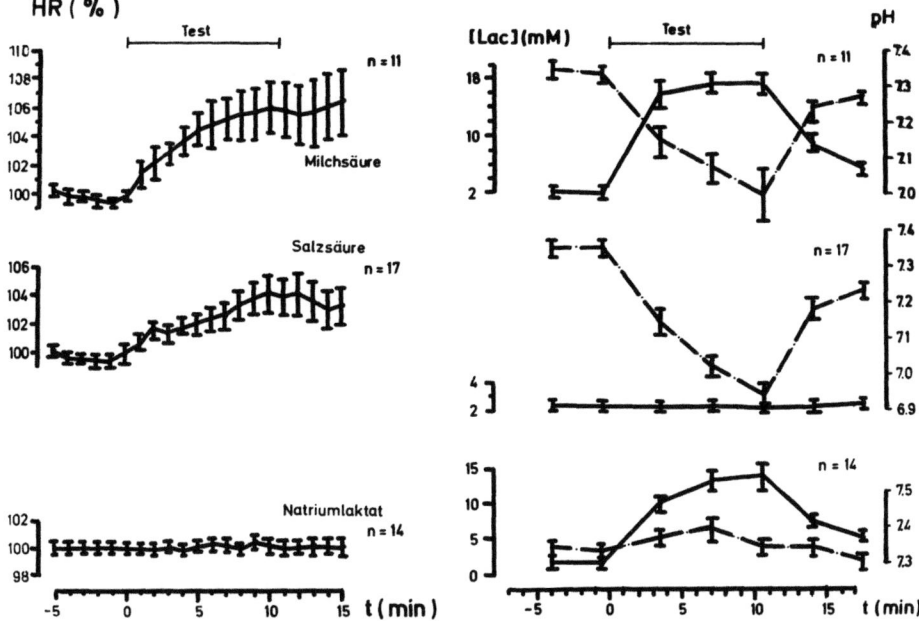

Abb. 3. *Links:* Zeitliches Verhalten der Herzfrequenz (in %, ±SEM) vor (−5 bis 0 min), während (0–10 min) und nach (10–15 min) Testperfusionen. Milchsäuretyrodelösung; Salzsäuretyrodelösung; Natriumlaktattyrodelösung. *Rechts:* Zeitliches Verhalten der mittleren Laktatkonzentrationen (●——●) und des mittleren pH (○— · —○) im venösen Ausfluß vor, während und nach den o. g. Testperfusionen. [Nach 6]

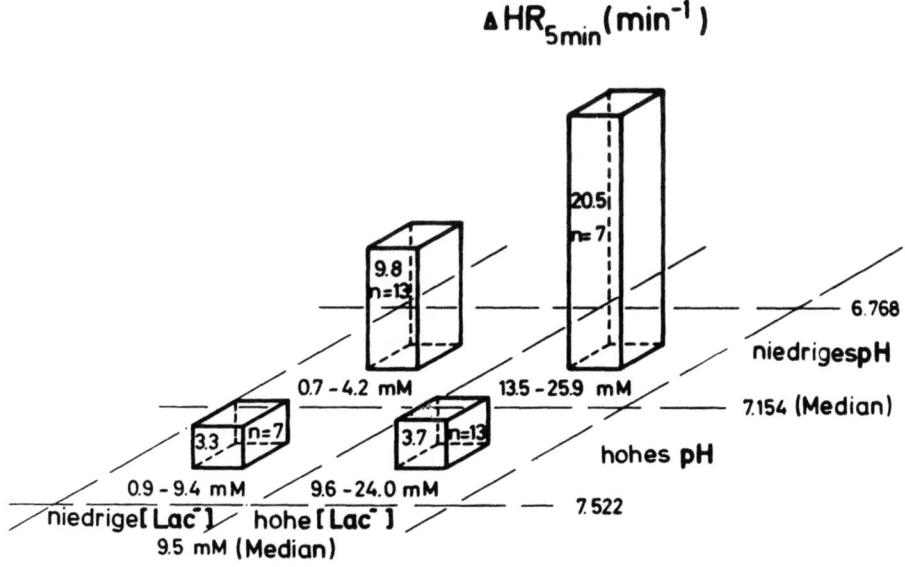

Abb. 4. Dreidimensionale Zeichnung einer Vierfeldertafel mit Herzfrequenzänderungen (in der 5. min nach Beginn der Testperfusion) bei niedrigen und hohen venösen Laktatkonzentrationen und bei niedrigem und hohem pH. Die Klassifikation erfolgte anhand der Medianwerte. [Nach 6]

pH, so zeigte sich, daß bei hohem pH (>7,154) keine signifikante Herzfrequenzerhöhung stattfand. Bei niedrigem pH erhöhte sich die Herzfrequenz bei hoher und niedriger Laktatkonzentration ($p<0,005$, U-Test, Abb.4), wobei bei hoher Laktatkonzentration die Erhöhung der Herzfrequenz signifikant höher war als bei niedriger Laktatkonzentration ($p<0,01$, Abb.4). Es zeigte sich somit ein kooperativer Effekt zwischen pH und Laktat.

Wenn der Nerv durchtrennt und danach 15 mmolare Milchsäure-Tyrodelösung (MT) appliziert wurde, blieb die Herzfrequenz unbeeinflußt (Abb.1). Wurde die Nervenleitung über eine Kälteblockade (KB) unterbrochen, so zeigte sich bei Perfusion von MT keine Veränderung der Herzfrequenz. Dagegen stieg bei Applikation von MT vor und nach Kühlung die Herzfrequenz an: $\Delta HF_{vorKB}=15,8\pm4,3$ (SEM) $\min^{-1}$, $\Delta HF_{während KB}=0,4\pm2,8$ (SEM) $\min^{-1}$, $\Delta HF_{nach KB}=4,9\pm1,9$ (SEM) $\min^{-1}$ (jeweils $n=11$).

Hypoxie im Skelettmuskel und Herzfrequenzverhalten

Methoden

17 min lang wurde durch die A. und V.femorales des gefäßisolierten Hinterbeins ST, danach bis zum Versuchsende (83 min) hypoxische Tyrodelösung perfundiert, die mit 95% N_2 und 5% CO_2 äquilibriert wurde. Es blieb noch ein $PO_2=65$ mmHg (8,67 kPa) erhalten. Es wurde wieder das EKG aufgezeichnet und im venösen Ausfluß PO_2, PCO_2, pH, [Lac], [K^+] und [Na^+] gemessen. In weiteren Versuchen wurde das Zeitvolumen des Perfusats reduziert.

Ergebnisse

Nach Umschalten von normoxischer zu hypoxischer Tyrodeperfusion stieg im venösen Ausfluß [K^+] sofort an, während erst nach 5 min [Lac] und PCO_2 anstiegen und pH abfiel. Die Herzfrequenz erhöhte sich erst 20 min nach Testbeginn (Abb.5). Zu diesem Zeitpunkt ergaben sich für die metabolischen Parameter folgende Mittelwerte ($n=6$, $\pm SD$): [Lac]$=2,07\pm0,37$ mmol/l, $pH=7,352\pm0,056$ und $pCO_2=49,34\pm6,88$ mmHg ($6,58\pm0,92$ kPa). Diese Werte stimmen mit denjenigen überein, die beim Übergang von Ruhe zur Arbeit beobachtet werden. Die Herzfrequenz stieg dann kontinuierlich an und war signifikant mit der ebenfalls sich erhöhenden [Lac] korreliert. Abb.6 zeigt die Herzfrequenz in Beziehung zu der im venösen Ausfluß gemessenen Laktatkonzentration.

Impulsaktivitäten langsam leitender, chemosensitiver Fasern (Gruppe III und IV) auf metabolische Änderungen im Skelettmuskel

Methoden

Vom N. peronaeus des zirkulatorisch isolierten Hinterbeins wurden unter einem Mikroskop Einzelfaser- bzw. Wenigfaserpräparate hergestellt, über eine Platinoder Silber/Silberchloridelektrode gelegt und mit Paraffinöl bedeckt. Fasern, die

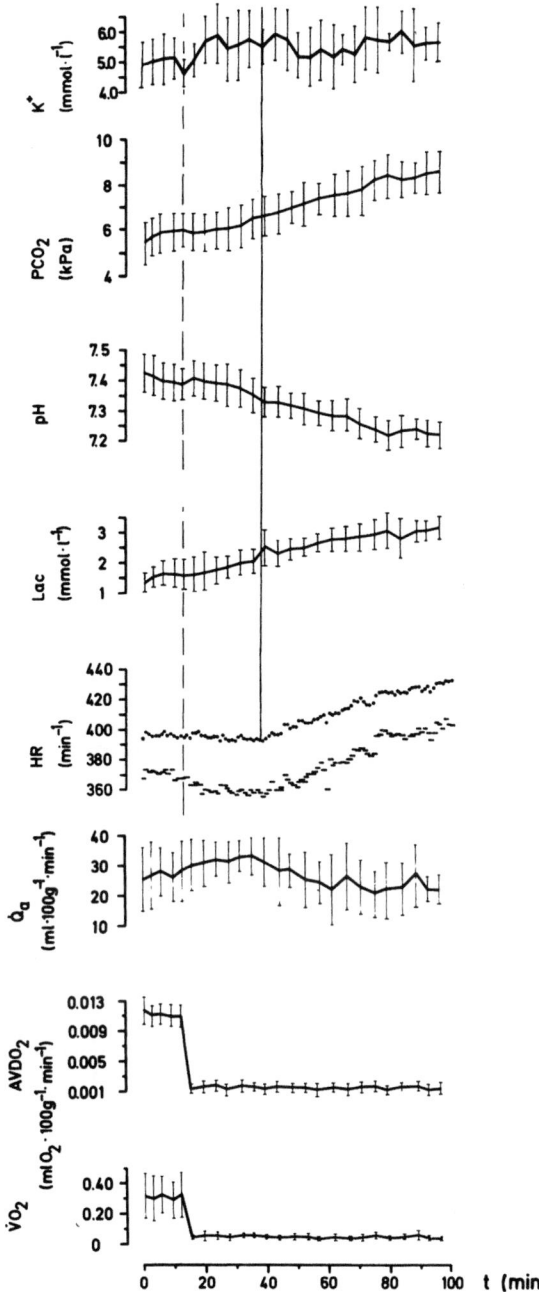

Abb. 5. Mittleres zeitliches Verhalten (± SD, n = 6) von verschiedenen Parametern. Nach 17 min wurde von normoxischer standardisierter Tyrodelösung auf hypoxische Tyrodelösung umgestellt. Die gestrichelte vertikale Linie zeigt den Beginn der Perfusion mit hypoxischer Tyrodelösung an. Die durchgezogene Linie gibt den Zeitpunkt an, an dem die Herzfrequenz *(HR)* zu steigen beginnt. [Nach 7]

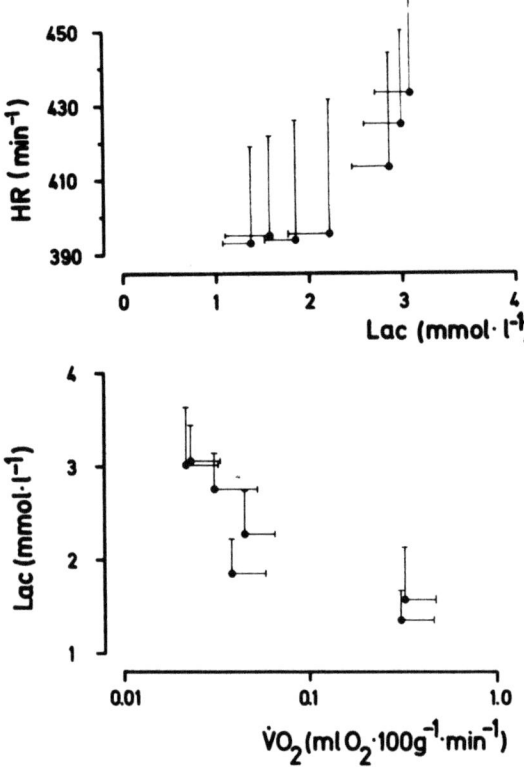

Abb. 6. *Oben:* Beziehung der mittleren Herzfrequenz (HR, ±SD, n=6) zu der venösen Laktatkonzentration. *Unten:* Mittlere venöse Laktatkonzentration (±SD, n=6) in Beziehung zur Sauerstoffaufnahme ($\dot{V}_{O_2}$ ±SD, n=6, logarithmische Skala auf der x-Achse). Die Punkte repräsentieren vier Werte in 15-min-Intervallen (das letzte Intervall umfaßt 10 min) während des Versuchs. [Nach 7]

auf mechanische Reize wie Druck, Zug und Kneifen der Muskeln eine Erhöhung der Aktionspotentialfrequenz zeigten, wurden nicht weiter untersucht. Die Aktionspotentiale der anderen Fasern, deren Leitungsgeschwindigkeit 1,4–13,3 m/s betrug [Gruppe-III- und -IV-Afferenzen (c<2,5 m×s^{-1}), n=31, Untermenge von etwa 9% der Fasern, die präpariert und geprüft wurden] wurden aufgezeichnet, während die Muskeln des Hinterbeines mit den verschiedenen Tyrodelösungen wie in der 1. Versuchsserie perfundiert wurden (pro Test ca. 14 min).

Ergebnisse

Von 31 Fasern wurden 7 mit allen vier Testtyrodelösungen untersucht. Mit KT wurden 21, mit OT 15, mit MT 22 und mit PT 8 Fasern getestet. 8 Fasern zeigten keine Reaktion. Die Spikefrequenz der Gruppe-IV-Fasern (c<2,5 m/s) erhöhte sich bei KT im Durchschnitt von 1,8±0,5 (±SEM) I/s (n=10) auf 2,4±0,75

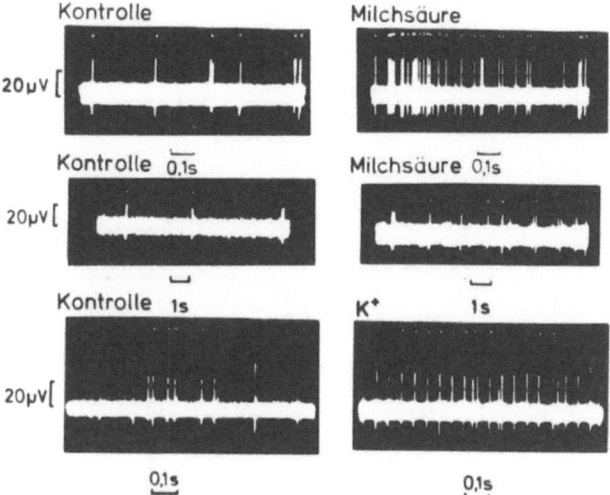

Abb. 7. Faserableitungen während Kontroll- und Testperfusion mit 15 mmol × l^{-1} Milchsäuretyrodelösung und 9 mmol × l^{-1} K$^+$. Leitungsgeschwindigkeiten der Fasern (von oben nach unten): c = 2,3 m × s^{-1}, c = 2,2 m × s^{-1}, c = 2,8 m × s^{-1}. [Nach 5]

(± SEM) I/s (26%), bei MT von 1,3 ± 0,9 (± SEM) I/s (n = 9) auf 2,1 ± 0,9 (± SEM) I/s (55%). Die Aktivität der Gruppe-III-Fasern stieg bei KT von 7,9 ± 2,4 (± SEM) I/s (n = 11) auf 13,4 ± 4,8 (± SEM) I/s (69%), bei MT von 8,1 ± 1,7 (± SEM) I/s (n = 13) auf 9,2 ± 2,2 (± SEM) I/s (13%, Abb. 3). In beiden Fasergruppen zusammengefaßt war der Anstieg sowohl bei KT als auch bei MT signifikant (p < 0,01, Wilcoxon-Rang-Test). Bei OT und PT zeigten sich in der Zusammenfassung keine signifikanten Anstiege. Die Aktivitätsanstiege begannen 48,4 ± 43,1 s (± SD) nach Teststart. Während der ca. 14minütigen Testzeit adaptierten die meisten Antworten nach 8 min.

Abbildung 7 zeigt Ausschnitte von Originalregistrierungen dreier Fasern, deren Spikefrequenzen sich unter den Testbedingungen (von Milchsäure und Kalium) gegenüber Kontrollbedingungen deutlich erhöhten. Die Impulsaktivität von 6 Fasern über den gesamten Versuch sind in den Histogrammen der Abb. 8 dargestellt. Dabei fällt auf, daß einige Fasern spezifisch auf einen einzigen Stimulus (K$^+$ oder Milchsäure) reagieren, andere dagegen auf mehrere.

Schlußfolgerungen

Milchsäure, die in den Muskel eingeschwemmt oder durch anaerobe Stoffwechselprozesse im Muskel erzeugt wurde, führte zu einer signifikanten Herzfrequenzerhöhung. Der einzige Weg der Übermittlung konnte in unseren Versuchen nur der N. ischiadicus sein. Elektrophysiologische Ableitungen der Gruppe-III- und -IV-Afferenzen zeigten Frequenzerhöhungen der Aktionspotentiale bei Applikation von K$^+$ und Milchsäure. Diese Ergebnisse unterstützen die Hypothese, daß metabolische Stimuli (vor allem Milchsäure) direkt oder indirekt chemosensitive

228 F. Thimm

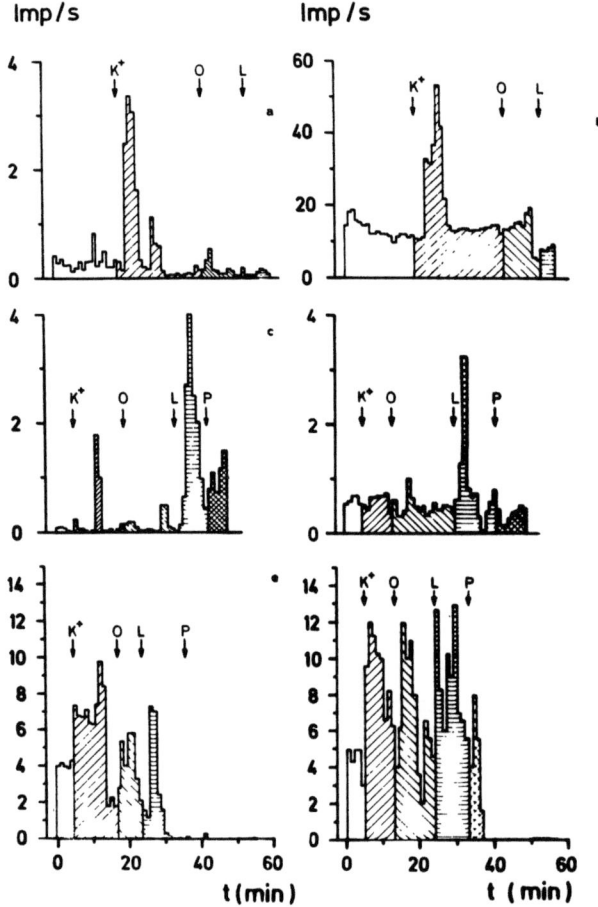

Abb. 8. Peristimulus-Zeit-Histogramm verschiedener Faseraktivitäten während Perfusion von Kontrolltyrode ☐, erhöhter Kaliumtyrode (K⁺ ▨), erhöhter Osmolalitätstyrode (O, ▨), erhöhter Milchsäuretyrode (L, ▤) und erhöhter anorganischer Phosphattyrode (P, ▨). Leitungsgeschwindigkeiten: a) $c = 2{,}4 \, m \times s^{-1}$; b) $c = 9{,}9 \, m \times s^{-1}$; c) $c = 1{,}5 \, m \times s^{-1}$; d) $c = 1{,}2 \, m \times s^{-1}$; e) $c = 1{,}6 \, m \times s^{-1}$; f) $c = 2{,}7 \, m \times s^{-1}$. [Nach 5]

Rezeptoren in den arbeitenden Muskeln reizen. Diese metabolischen Muskelrezeptoren sind demnach an der Regulation der Herzfrequenz mitbeteiligt. Mense u. Stahnke [3] betrachteten Rezeptoren, die bei Kontraktion des Muskels unter ischämischen Bedingungen Spikefrequenzerhöhungen zeigten, als Nozizeptoren. Wir konnten zeigen, daß unter Hypoxiebedingungen (im ruhenden Muskel), aber auch bei Applikation von Milchsäure, sich die Herzfrequenz erhöhte. In beiden Fällen lagen die Konzentrationen unterhalb der Werte, die von anderen Autoren als noxisch beschrieben wurden. Es gibt ähnliche Fälle, in denen die Fasern einerseits nozizeptiv und andererseits nichtnozizeptiv sind [10]. Aus dem mechanosensitiven und dem thermosensitiven Bereich gibt es Hinweise, daß eine Alternative zwischen nozizeptiven und nichtnozizeptiven Fasern teilweise aufgehoben sein kann [10]. Ein ähnlicher Umstand kann auch bei den von uns untersuchten Afferenzen nicht ausgeschlossen werden.

Einige Charakteristika der Fasern, die wir als Überträger des Kreislaufreflexes wahrscheinlich gemacht haben, entsprechen relativ gut nozizeptiven Charakteristika. Andererseits liegen die metabolischen Reize unterhalb der noxischen Schwelle. So fanden auch Kaufman et al. [1] Fasern, die zwar auf Bradykinin und Capsaicin mit Impulserhöhungen reagierten, ansonsten aber eher als nichtnozizeptiv eingestuft wurden. Es läßt sich damit die Hypothese aufstellen, die noch im weiteren zu überprüfen wäre, daß Fasern der Gruppe III und IV, die durch metabolische Stimuli aktiviert werden, im subnoxischen Bereich als „Ergorezeptoren", d.h. metabolische Muskelrezeptoren, reagieren, im noxischen Bereich dagegen als Nozizeptoren. Die Gegenhypothese, daß es sich bei den chemosensitiven Nozizeptoren und den metabolischen Muskelrezeptoren um jeweils unterschiedliche Rezeptorklassen handelt, kann beim gegenwärtigen Stand der Untersuchungen jedoch nicht als widerlegt angenommen werden.

Literatur

1. Kaufman MP, Iwamoto GA, Longhurst JC, Mitchell JH (1982) Effects of capsaicin and bradykinin on afferent fibers with endings in skeletal muscle. Circ Res 50: 133-139
2. Kniffki KD, Mense S, Schmidt RF (1981) Muscle receptors with fine afferent fibers which may evoke circulatory reflexes. Circ Res 48 [Suppl 1]: 1-25
3. Mense S, Stahnke M (1983) Responses in muscle afferent fibres of slow conduction velocity to contractions and ischaemia in the cat. J Physiol (Lond) 342: 383-397
4. Stegemann J, Kenner T (1971) A theory on heart rate control by muscular metabolic receptors. Arch Kreislaufforsch 64: 185-214
5. Thimm F, Baum K (1987) Response of chemosensitive nerve fibers of group III and IV to metabolic changes in rat muscles. Pflügers Arch (im Druck)
6. Thimm F, Carvalho M, Babka M, Meier zu Verl E (1984) Reflex increases in heart-rate induced by perfusing the hind leg of the rat with solutions containing lactic acid. Pflügers Arch 400: 286-293
7. Thimm F, Dienstel E, Meier zu Verl E (1986) Heart rate changes caused by varying the oxygen supply to isolated hind legs of rats. Eur J Appl Physiol 55: 273-280
8. Tibes U (1977) Reflex inputs to cardiovascular and respiratory centers from dynamically working canine muscles. Circ Res 41: 332-341
9. Tibes U, Haberkorn-Butendeich E, Hammersen F (1977) Effect of concentration of lymphatic, venous and tissue electrolytes and metabolites in rabbit skeletal muscle. Pflügers Arch 368: 195-202
10. Torebjörk HE (1974) Afferent C units responding to mechanical, thermal and chemical stimuli in human nonglabrous skin. Acta Physiol Scand 92: 374-390

Über den Einfluß der endogenen opioiden Peptide auf die Schmerzwahrnehmung während körperlicher Arbeit

T. Arentz, K. de Meirleir und W. Hollmann

Einleitung

Von altersher haben Morphine mit ihren analgetischen und euphorischen Wirkungen der Menschheit sowohl Nutzen als auch Gefahren gebracht. Der Nachweis, daß diese Morphine über spezifische Rezeptoren wirken, löste eine lebhafte Suche nach den körpereigenen Liganden aus [25]. 1975 wurden zwei Pentapeptide, Methionin- und Leucinenkephalin, mit opioider Wirkung im Gehirn identifiziert [16]. Zwei Jahre später entdeckte man die Methionin-Enkephalin-Sequenz in dem β-Lipotropinmolekül wieder. Die 31 Aminosäuren lange Abspaltung von β-Lipotropin mit Methioninenkephalin am N-terminalen Ende, das β-Endorphin, hatte eine stärkere opioide Wirkung als die Enkephaline [20]. Endogene Opioide sind im Gehirn und in der Hypophyse nachweisbar. Opiatrezeptoren finden sich in den synaptischen Schaltstationen der großen Schmerzbahnen, und zwar im Hinterhorn des Rückenmarkes, im periaquäduktalen Grau, im Thalamus, im Hypothalamus und im limbischen System.

Unter Benutzung eines Radioimmunassays fanden wir im Serum Ruhewerte von β-Endorphin zwischen 10 und 20 ng/l [8]. Streßsituationen – wie Geburten, Operationen, Examen und auch körperliche Arbeit [8, 27] – bewirken eine Freisetzung der β-Endorphine aus der Hypophyse und ein Anwachsen des Plasma-β-Endorphinspiegels. Diesen arbeitsbedingten Endorphinanstieg im Serum hat man mit verschiedenen psychologischen und physiologischen Veränderungen während körperlicher Arbeit – wie Gemütsveränderungen „runners high" [2, 22, 29], verändertem Schmerzempfinden und Streßreaktionen von Wachstumshormonen, adrenokortikotropem Hormon, Prolaktin und Katecholaminen – in Verbindung gebracht. Auch die Regulation von Temperatur, Kreislauf und Atmung werden als Wirkorte der Endorphine diskutiert [7, 13, 17].

Gegenstand der durchgeführten Versuche war es, durch Gabe des reinen Morphinantagonisten Naloxon den möglichen analgetischen Einfluß des endogenen opioiden Systems in Verbindung mit einer maximalen dynamischen Arbeit großer Muskelgruppen zu erfassen.

Methodik

Die Untersuchungen erfolgten an 10 subjektiv gesunden männlichen Probanden. Das Durchschnittsalter betrug $23,3 \pm 1,6$ Jahre, das mittlere Körpergewicht $77,6 \pm 3$ kg, die mittlere Körpergröße $178,2 \pm 4$ cm, die durchschnittliche maximale

O_2-Aufnahme $47,8 \pm 6,75$ ml/kg × min^{-1}. Keiner der Probanden nahm Medikamente zu sich.

Jeder Proband unterzog sich je 3 verschiedenen Untersuchungen mit identischem Versuchsablauf an 3 verschiedenen Tagen. Die erste Untersuchung diente als Kontrollversuch. Am 2. und 3. Untersuchungstag wurden entweder Plazebo (5 ml physiologische Kochsalzlösung) oder 2 mg Naloxon (Naloxonhydrochlorid 0,4 g/l) 5 min vor der Belastung in eine Kubitalvenen-Verweilkanüle injiziert. Die Reihenfolge von Plazebo- und Naloxonversuch war doppelblind und in Form eines Cross-over-Designs festgelegt worden.

Der Belastungsuntersuchung ging eine 1stündige Ruhephase voraus. Vor der Belastung wurden aus einer Kubitalvenen-Verweilkanüle 20 ml venöses Blut entnommen und das Schmerzempfinden bestimmt. Beim Belastungsvorgehen bedienten wir uns einer Modifizierung der Hollmann-Venrath-Standardtestmethode. Beginnend mit 50 Watt wurde nach jeweils 3minütiger Arbeitsdauer die Belastungsintensität um stets 50 Watt bis in den individuellen Grenzbereich der Leistungsfähigkeit gesteigert. Als Parameter registrierten wir die Sauerstoffaufnahme, das Atemminutenvolumen, die Atemfrequenz, das Atemäquivalent, die Pulsfrequenz und den Blutdruck. Die Ermittlung des kapillaren Laktatspiegels erfolgte aus dem hyperämisierten Ohrläppchen. Aus dem venösen Blut wurden Prolaktin und ACTH bestimmt.

Nach Belastungsende wurde erneut venöses Blut entnommen, nach 1, 3, 5 und 7 min der Erholungsphase Kapillarblut. In der 9. und 10. Erholungsminute nahmen wir die 3. venöse Blutabnahme und eine Beurteilung der Schmerzsensitivität vor. 1 h nach Belastungsende erfolgte die letzte Beurteilung des Schmerzes, verbunden mit einer 4. venösen Blutentnahme.

Wir bedienten uns des Fahrradergometers der Fa. Siemens-Elema, Modell 380b. Die Atemgaswerte und die Atmung wurden mit dem großen Spirographen der Fa. Meditron, Typ Magnatest 710, bestimmt. Die Pulsregistrierung nahmen wir elektrokardiographisch, die Blutdruckmessung mit der halbautomatischen Apparatur der Fa. Schwarzhaupt vor. Zur experimentellen Schmerzerzeugung benutzten wir eine bipolare elektrische Reizung der Zahnpulpa eines gesunden, füllungsfreien Schneidezahns im Oberkiefer. Um eine größtmögliche Reproduzierbarkeit zu gewährleisten, wurde im Abdruckverfahren eine Elektrodenhalterung aus Kunststoff für die Schneidezähne hergestellt. Zur Konstanthaltung des Übergangswiderstandes waren die Reizelektroden mit leitfähigem Gummimaterial überzogen. Als elektrische Reize verwendeten wir Rechteckimpulse mit einer Dauer von 0,8 ms und einem Abstand von je 1 s. Die Reizstromstärke wurde im Reizstromkreis gemessen.

Eine Aussage über das Schmerzempfinden gestatten die Schmerzsensitivitätsschwelle und die Schmerztoleranz. Erstere wurde bestimmt, indem durch Erhöhen der Stromstärke derjenige elektrische Reiz ermittelt wurde, bei dem eine erste Empfindung auftrat. Anschließend wurde, von einer überschwelligen Reizintensität ausgehend, der Punkt bestimmt, an dem diese Empfindung nicht mehr wahrgenommen wurde. Diese Werte hielten wir als „Empfindungsschwelle" fest. Sie war beim geübten Probanden sehr gut reproduzierbar (durchschnittliche Standardabweichung 9,1%). Zur Bestimmung der Schmerztoleranz gab der Proband anhand einer Skala von Zahlenwerten an, wie stark ein überschwelliger Reiz empfunden wurde. An jedem Versuchstag applizierten wir das 2fache des Wertes der Sensitivitätsschwelle vor der Belastung.

Subjektive Skalierung: 0 = keine Empfindung, 1 = Empfindungsschwelle, 2 = deutliche Empfindung, 3 = unangenehme Empfindung, 4 = Schmerzschwelle, 5 = schwacher Schmerz, 6 = deutlicher Schmerz, 7 = starker Schmerz, 8 = unerträglicher Schmerz.

Die Bestimmung von Laktat wurde enzymatisch, die von ACTH und Prolaktin radioimmunologisch durchgeführt.

Die Prüfung auf signifikante Unterschiede zwischen den Naloxon- und Placeboversuchen erfolgte durch eine 2faktorielle Varianzanalyse.

Untersuchungsergebnisse

Kardiopulmonale Parameter

Zwischen dem Anstieg von Herzfrequenz, systolischem Blutdruck, Atemminutenvolumen, Sauerstoffaufnahme und Atemfrequenz während der körperlichen Arbeit an 3 Versuchstagen ohne Medikamente, mit Plazebo und mit Naloxon besteht kein signifikanter Unterschied.

Metabolische Parameter

Naloxon hat keinen signifikanten Einfluß auf das Verhalten der Laktatkonzentration im Kapillarblut und der ACTH- sowie der Prolaktinkonzentration im Serum.

Schmerzempfinden

In der Abb. 1 sind die Werte der Schmerzsensitivitätsschwelle 10 min und 1 h nach der Belastung in Prozenten angegeben, wobei der Basalwert gleich 100% gesetzt ist. Durch die Angabe in Prozenten wird die gleichmäßige Repräsentation der Veränderung des Schmerzempfindens aller Probanden unabhängig von der Höhe des Basalwertes gewährleistet.

Die Schmerzschwelle (-sensitivität) ist an den Versuchstagen „Ohne" und „Plazebo" 10 min nach der Belastung um 26 und 31% erhöht sowie 1 h nachher um 14 und 10% niedriger als der Basalwert.

Am Naloxonversuchstag ist die Schmerzempfindungsschwelle sowohl 10 min als auch 1 h nach Abbruch der Ergometrie abgesunken. Dieser Einfluß von Naloxon auf das Verhalten der Schmerzempfindungsschwelle ist signifikant ($p \leq 0{,}01$).

Auch die Schmerztoleranz ist in Abb. 2 in Prozenten angegeben. Der subjektiv zwischen 1 und 8 eingeordnete Wert eines Schmerzreizes vor der Belastung entspricht 100%. Eine Abnahme der anhand der Skala angegebenen Werte wurde in eine prozentuale Zunahme der Schmerztoleranz im Verhältnis zum Basalwert umgerechnet. So sind die Veränderungen von Schmerzempfindungsschwelle und

Einfluß der endogenen opioiden Peptide auf die Schmerzwahrnehmung

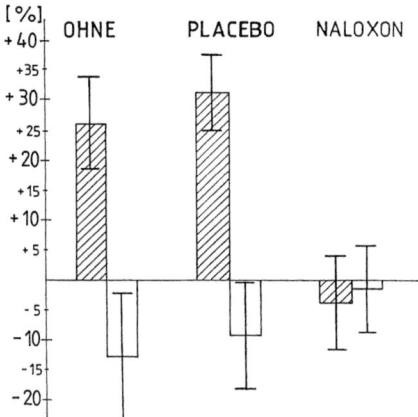

Abb. 1. Mittelwerte und Standardabweichungen der prozentualen Änderung der Schmerzsensitivität in bezug auf den Basalwert 10 und 60 min nach maximaler körperlicher Belastung ohne Medikament mit Plazebo und mit Naloxon. ▨ 10 min nach der Belastung, ▢ 70 min nachher

	Vorher		Nachher		Erholt	
	X	S	X	S	X	S
Ohne	100		126	15	86	22
Placebo	100		131	12	90	18
Naloxon	100		96	16	97	14

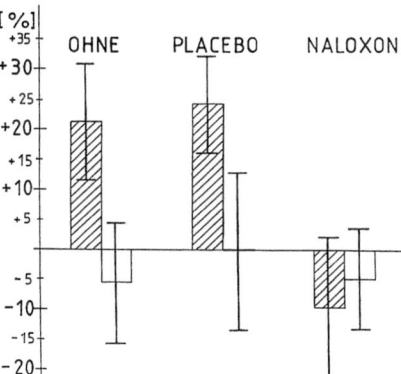

Abb. 2. Mittelwerte und Standardabweichung der prozentualen Änderung der Schmerztoleranz in bezug auf den Basalwert 10 und 60 min nach maximaler körperlicher Belastung ohne Medikament, mit Plazebo und mit Naloxon. ▨ 10 min nach der Belastung, ▢ 70 min nachher

	Vorher		Nachher		Erholt	
	X	S	X	S	X	S
Ohne	100		122	18	95	20
Placebo	100		125	16	100	27
Naloxon	100		90	24	95	17

Schmerztoleranz gleichgerichtet und besser vergleichbar. Die Schmerztoleranz verhält sich wie die Schmerzsensitivitätsschwelle. Der Einfluß von Naloxon auf die Schmerztoleranz ist hoch signifikant ($p \leq 0{,}001$).

Diskussion

Die Ergebnisse zeigen, daß sich während einer maximalen körperlichen Arbeit die Schmerzempfindlichkeit durch Aktivierung des endogenen opioiden Systems vermindert. Dies äußerte sich am Versuchstag mit Naloxon bei 6 von 10 Probanden auch in Form einer erhöhten subjektiven Schmerzempfindlichkeit während der Belastung. Sie empfanden das Tragen der Atemmaske und die Kapillarblutentnahmen am Ohrläppchen gegenüber den beiden anderen Versuchstagen als schmerzhafter.

Die naloxon-reversible Erhöhung der Schmerztoleranz nach körperlicher Arbeit stimmt mit den von Hays et al. [14] und Shyu et al. [26] an Ratten gewonnenen Ergebnissen überein. Hays et al. [14] konnte zusätzlich nachweisen, daß die Analgesie nur durch schwere Arbeit, aber nicht durch mäßige Belastung hervorgerufen wird. Auch in anderen Streßsituationen wie nach Schmerzapplikation [28], bei Geburten [9] und nach Operationen [19] läßt sich die Anhebung der Schmerzschwelle durch Gaben von Naloxon aufheben. Nichtpharmakologische Techniken zur Erzeugung einer naloxon-reversiblen Analgesie sind Akupunktur [5, 21, 23], Stimulierung spezifischer Hirnregionen [1, 15], transkutane elektrische Reizung [4] und Plazebogaben [10, 18]. Dagegen haben Injektionen von Naloxon unter Ruhebedingungen keine Veränderungen des Schmerzempfindens hervorgerufen [11, 12]. Nur relativ schmerzunempfindliche Personen waren nach Gaben von Naloxon schmerzsensitiver [3]. Diese Untersuchungen unter Verwendung von Naloxon sprechen gegen einen Ruhetonus des endogenen opioiden Systems und für eine dynamische Modulation des Schmerzempfindens. Die Empfindlichkeit des Perzeptionsorganes für Schmerz wird der Situation entsprechend eingestellt.

Einen Rückschluß auf den Wirkungsmechanismus lassen die vorliegenden Untersuchungen nicht zu. Das endogene opioide System besteht nicht aus einem einzigen, sondern aus multiplen Systemen mit verschiedenen anatomischen Lokalisationen innerhalb und außerhalb der Blut-Hirn-Schranke mit verschiedenen endogenen opioiden Peptiden und verschiedenen Typen von Rezeptoren. Demgemäß müssen verschiedene Möglichkeiten eines Wirkungsmechanismus in Betracht gezogen werden.

Abschließend ist zu sagen: Durch eine maximale dynamische Arbeit großer Muskelgruppen mit Überschreiten der aerob-anaeroben Schwelle (entsprechend 4 mmol/l Laktat im arteriellen Blut) kommt es über eine Aktivierung des endogenen opioiden Systems zu einer verminderten Schmerzwahrnehmung. Dies ist sicher eine sinnvolle Anpassung, zumal während anaerober Arbeit pH-Werte von 6,4 in der Arbeitsmuskulatur von Hochleistungssportlern gemessen wurden [24].

In diesem Zusammenhang möchte ich auf eine mögliche Gefahr der endogenen Morphine hinweisen. Ein länger andauernder Schmerzreiz geht mit einer zunehmenden Toleranz gegenüber exogen zugeführten Opiaten einher [6]. Neben einer

Überbelastung anderer Systeme ließe sich das „Übertraining" von Sportlern vielleicht auch durch eine Toleranzentwicklung im endogenen opioiden System erklären.

Literatur

1. Akil H, Mayer DJ, Liebeskind J (1976) Antagonism of stimulation produced analgesia by naloxone, a narcotic antagonist. Science 191: 961
2. Appenzeller O (1981) What makes us run? N Engl J Med 305: 578
3. Buchsbaum ME, Davis GC, Benney WE (1977) Naloxone alters pain perception and somatosensory evoked potentials in normal subjects. Nature 270: 620
4. Chapman CR, Benedetti C (1977) Analgesia following transcutaneous electrical stimulation and its reversal by morphine antagonist. Life Sci 21: 1645
5. Cheng RSS, Pomeranz B (1978) Acupuncture analgesia is mediated by stereospecific receptors. In: Van Ree, Terenius (eds) Characteristics and functions of opioids. Elsevier, Amsterdam, p 463
6. Chesher GB, Chan B (1977) Footshock induced analgesia in mice: Its reversal by naloxon and cross tolerance with morphine. Life Sci 21: 560-574
7. De Meirleir K, Arentz T, Hollmann W, Van Haelst L (1985) The role of endogenous opiates in thermal regulation of the body during exercise. Br Med J 290: 739
8. De Meirleir K, Naaktgeboren N, Van Steirteghem F, Gorus F, Olbrecht J, Block P (1987) Beta-Endorphine and ACTH levels in peripheral blood during and after aerobic and anaerobic exercise. Eur J Appl Physiol (im Druck)
9. Gintzler AR (1980) Endorphin mediated increases in pain threshold during pregnancy. Science 210: 193
10. Grevert P, Albert LH, Goldstein A (1983) Partial antagonism of placebo analgesia by naloxone. Pain 16: 129
11. Grevert P, Goldstein A (1977) Effects of naloxone on experimentally induced ischemic pain and on mood in human subjects. Proc Nat Acad Sci USA 74: 1291
12. Grevert P, Goldstein A (1978) Naloxone fails to alter experimental pain or mood in humans. Science 199: 1093
13. Harper VJ, Sutton JR (1984) Endorphins and exercise. Sports Med 1: 154
14. Hays GW, Davies JM, Lamb DR (1984) Increased pain tolerance in rats following strenuous exercise. Med Sci Sports Exerc 156 (Abstr)
15. Hosebuchi Y, Adams JE, Linchitz R (1977) Pain relief by electrical stimulation of the current gray mattern in humans and its reversal by naloxone. Science 197: 183
16. Hughes J, Smith TW, Kosterlitz HW, Fothergill LA, Morgan MA, Morris HR (1975) Identification of two related pentapeptides from the brain with potent opiate against activity. Nature 258: 577
17. Kelso TB, Herbert WG, Gwazdauskas FC, Goss FL, Hess JL (1984) Exercisethermoregulatory stress and increased plasma beta-endorphin/betalipotropin in humans. J Appl Physiol 57: 444
18. Levine JD et al. (1978) The mechanism of placebo analgesia. Lancet II: 654
19. Levine JD, Gordon NC, Jones RT, Fields HL (1978) Naloxone enhances clinical pain. Nature 272: 826
20. Li CH (1977) Beta-endorphin: A pituitary peptide with potent morphinelike reactivity. Arch Biochem Biophys 183: 595
21. Mayer DJ, Price DD, Rafii A (1977) Antagonism of acupunctur analgesia in man by the narcotic antagonist naloxone. Brain Res 121: 368
22. Partin C (1983) Runners high. JAMA 249: 1
23. Pomeranz B, Chiu D (1976) Naloxone blocks acupuncture analgesia: Endorphine is implicated. Life Sci 19: 1757
24. Sahlin K, Harris RC, Nylind B, Hultmane (1976) Lactate content and PH in muscle samples obtained after dynamic exercise. Pflügers Arch Ges Physiol 367: 143
25. Schaumann W (1955) Paralysing action of morphine on Guinea pigileum. Br J Pharmacol 10: 456-461

26. Shyu AC, Andersson SA, Thoren P (1982) Endorphin mediated increase in pain threshold induced by long lasting exercise in rats. Life Sci 30: 833
27. Tröger M, Nowacki PE, Breidenbach T, Teschemacher H (1980) Veränderungen des β-Endorphinspiegels im Plasma von Skilangläufern und untrainierten Normalpersonen bei erschöpfender körperlicher Arbeit. In: Kindermann W (Hrsg) Sportmedizin und Leistungsmedizin. Kongreßband Dtsch. Sportärztekongreß 1980, S 79–84
28. Willer JC, Dehen H, Cambier J (1981) Stress induced analgesia in human: Endogenous opioids and naloxone-reversible depression of pain reflexes. Science 212: 689
29. Yates A, Leehey K, Shissiak CM (1983) Running an analogue of anorexia. N Engl J Med 308: 251

Medizinische Stoffwechsel- und Trainingssteuerung

Möglichkeiten und Grenzen der isokinetischen Trainingssteuerung in der Sport-Rehabilitation

A. Verdonck und F. Duesberg

Das isokinetische Meß- und Trainingsverfahren erlaubt unter Beachtung verschiedener Parameter eine Kontrolle und Korrektur von Therapie- und Trainingsbelastung. Insbesondere in der Sportrehabilitation erscheinen begleitende Leistungstests zur Beurteilung der betroffenen Gelenkeinheiten an sich wie auch zum Vergleich mit der gesunden Gegenseite und mit Normkollektiven sinnvoll.

Das isokinetische Belàstungsprinzip erlaubt einen optimalen Krafteinsatz, eine Verkürzung der Innervationszeit von Agonist und Antagonist und die Möglichkeit, mit funktionellen Geschwindigkeiten zu trainieren. Bedeutend ist hierbei die Akkommodation des Widerstandes an die entwickelte Kraft und somit an Ermüdung und Schmerz.

Begrenzt wird die isokinetische Trainingssteuerung durch allgemeine Belastungseinschränkungen wie z.B. kardiopulmonale Insuffizienz oder durch lokale Belastungseinschränkungen und durch eine mangelnde Motivation.

Neben der Mobilität einer Gelenkeinheit ist deren Stabilität ein erstrebtes Ziel der Sportrehabilitation. Stabilität beinhaltet neben einem suffizienten Bandkapselapparat eine dynamisch-muskuläre Stützung. Bei einer Muskelimbalance oder -insuffizienz ist ein geeignetes Aufbautraining erforderlich. Unterschiedliche Ziele können beim Krafttraining oder Muskelaufbau erstrebt werden.

Neben einem Ausdauer- und Schnellkrafttraining steht die Maximalkraft in der Rehabilitation im Vordergrund. Hierbei wird zunächst eine Muskelhypertrophie angestrebt und die intramuskuläre Koordination verbessert. Eine Querschnittsvergrößerung wird realisiert durch geringere Belastung und höhere Wiederholungszahl, während die intramuskuläre Koordination mit submaximaler bis maximaler Belastung und geringerer Wiederholungszahl erreicht wird [1, 4, 5, 6, 7, 8].

Ein geeigneter Weg für beide Verfahrensweisen ist das aus der konventionellen Trainingslehre bekannte Pyramidentraining. Da beim isokinetischen Training die Geschwindigkeiten festgelegt sind, der Widerstand aber sich ständig anpaßt, muß über die Bewegungsgeschwindigkeit die Belastung sozusagen künstlich reduziert werden.

Wir untersuchten in einer Pilotstudie 15 Freizeitsportler und fanden heraus, daß mit steigender Bewegungsgeschwindigkeit das Drehmomentmaximum in Relation zum isometrisch gemessenen Kraftmaximum abnimmt (Abb. 1). Drei wichtige Bereiche sind hierbei zu unterscheiden: die 40-60%ige Belastungszone (150-240°/s) für das Hypertrophietraining im Rehabilitationsbereich. Die 60-80%ige Belastungszone (60-180°/s) für das Hypertrophietraining im sportlichen Bereich und eine 80-100%ige Zone (0-60°/s) für die intramuskuläre Koordination.

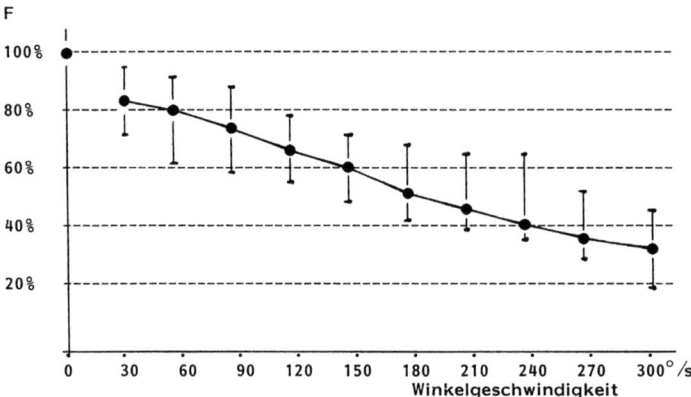

Abb. 1. Abnahme des Drehmomentmaximums mit steigender Bewegungsgeschwindigkeit in Relation zum isometrisch gemessenen Kraftmaximum. Drehmomentmaximumverlauf bei Freizeitsportlern (n = 15)

Tabelle 1. Modell eines isokinetischen Pyramidentrainings

10 × 120°/s	6 × 60°/s
12 × 150°/s	8 × 90°/s
15 × 180°/s	10 × 120°/s
18 × 210°/s	12 × 150°/s
Ziel: Hypertrophie	Ziel: Intramuskuläre Koordination

Eine erste Trainingssteuerung gibt es bei der Wahl Hypertrophie – intramuskuläre Koordination. Je nach Trainingszustand und Rehabilitationsphase gehen beide Trainingsarten ineinander über. In Annäherung an das konventionelle Pyramidentraining entwickelten wir ein isokinetisches Modell, bei welchem die erwähnten Kriterien berücksichtigt wurden (Tabelle 1).

In der Abteilung für Physikalische Therapie und Rehabilitation am Krankenhaus für Sportverletzte Hellersen wurden hauptsächlich zwei Patientengruppen isokinetisch untersucht. Beim ersten Kollektiv handelt es sich um heranwachsende Sportlerinnen und Sportler mit Belastungs- und Überlastungsbeschwerden im Sinne einer Chondropathia patellae. Neben einer deutlichen Atrophie der Oberschenkelstreckmuskulatur (M. quadrizeps) konnte klinisch bei rund 80% der Betroffenen eine Verkürzung der Oberschenkelbeugemuskulatur (Hamstrings) festgestellt werden. Dies wurde auch durch die auf dem Cybex-II-+ gewonnenen Quadrizeps-Hamstrings-Drehmomentkurven bestätigt. Die Quadrizepskurven zeigten häufig neben einem verringerten und verfrühten Drehmomentmaximum typische Krafteinbrüche, die Hamstringskurven oft einen unregelmäßigen Verlauf. Die Verkürzung der Hamstringsmuskulatur wirkt reflektorisch hemmend auf die Streckmuskulatur (Kraftmaximum reduziert), während bei der Beugung des Kniegelenkes eine optimale Kraftentfaltung durch einen erhöhten Muskeltonus gestört wird.

Aufgrund der isokinetischen Testergebnisse wurde folgende Trainingssteuerung entwickelt:

Tabelle 2. Isokinetisches Trainingsmodell bei chondropathischen Beschwerden im Femoropatellargelenk

5 ×	und	3 ×
4 × 45°/s		12 × 150°/s
6 × 60°/s		15 × 180°/s
8 × 90°/s		18 × 210°/s
Limitiert		Gesamter Bewegungsbereich

1) Aufwärmen auf dem Fahrradergometer 10 min,
2) Dehnung der Hamstrings,
3) Zielsetzung beim Muskelaufbau: Hypertrophie,
4) Bewegungsbereich: limitiert im schmerzfreien Bereich,
5) mittlere isokinetische Geschwindigkeiten: die Gelenkbelastung wird verringert, der Reibungswiderstand auf den Gelenkflächen reduziert [2] (Tabelle 2),
5) Cool down: 10 min aerobe Regeneration,
6) Dehnung der Hamstrings und der Quadrizepsmuskulatur.

Die zweite Hauptgruppe der Patienten umfaßt verletzte und operativ versorgte Sportler mit einer ausgeprägten Quadrizepsatrophie oft nach längerer Immobilisation. Es handelt sich meist um rekonstruktiv behandelte Traumatisierungen des vorderen Kreuzbandes und des medialen Seitenbandapparates. Die isokinetischen Drehmomentkurven zeigen meist ein verspätet auftretendes Kraftmaximum und eine verminderte Explosivität.

Obwohl bereits 6-8 Wochen nach der Operation die Beugemuskulatur am isokinetischen Gerät auftrainiert werden kann, wird die Streckmuskulatur zum Schutz der operierten Strukturen frühestens 12 Wochen postoperativ isokinetisch getestet und trainiert (Antagonist zum vorderen Kreuzband). Ähnlich zum vorherigen Trainingsvorschlag hat sich auch hier ein spezifisches, individuell zu modifizierendes Modell der Trainingssteuerung bewährt.

1) Aufwärmen auf dem Fahrradergometer 10 min,
2) Dehnung wenn möglich im limitierten Bewegungsbereich,
3) Zielsetzung: Stabilisierung und Explosivitätsverbesserung,
4) Bewegungsbereich: individuell anzupassen,
5) niedrigere Geschwindigkeiten: Koordinationsschulung, Innervationsschulung (Bahnung),
    höhere Geschwindigkeiten: Querschnittsvergrößerung, Explosivität (Tabelle 3),
6) Cool down: 10 min aerobe Regeneration,
7) Dehnung, wenn möglich.

Ein gesondertes Patientenkollektiv umfaßte 24 Freizeitsportler, die eine laterale Bandkapselläsion am oberen Sprunggelenk erlitten hatten und operativ bzw. konservativ versorgt wurden (Abb. 2). Bei ähnlicher Nachbehandlung mit jeweils 2 Wochen Gipsimmobilisation und weiteren 4-6 Wochen Tragen des Adimed-Stützschuhs nach SPRING erfolgte 12 Wochen nach Operation jeweils ein isokinetischer Test für Flexion/Extension und Supination/Pronation zur Objektivierung der Kraft- und Koordinationsdifferenzen zwischen gesunder und verletzter Seite und zur Dokumentation der Bewegungsausmaße.

Tabelle 3. Isokinetisches Trainingsmodell bei immobilisationsbedingter Quadrizepsatrophie, z. B. nach Kniegelenkoperationen

Q-3×-H		Q-4×-H	
12 × 150°/s	180°/s	90°/s	120°/s
15 × 180°/s	210°/s	120°/s	150°/s
18 × 210°/s	240°/s	150°/s	180°/s
Gesamter Bewegungsbereich		Limitierter Bewegungsbereich	

Q = Quadrizeps, H = Hamstrings

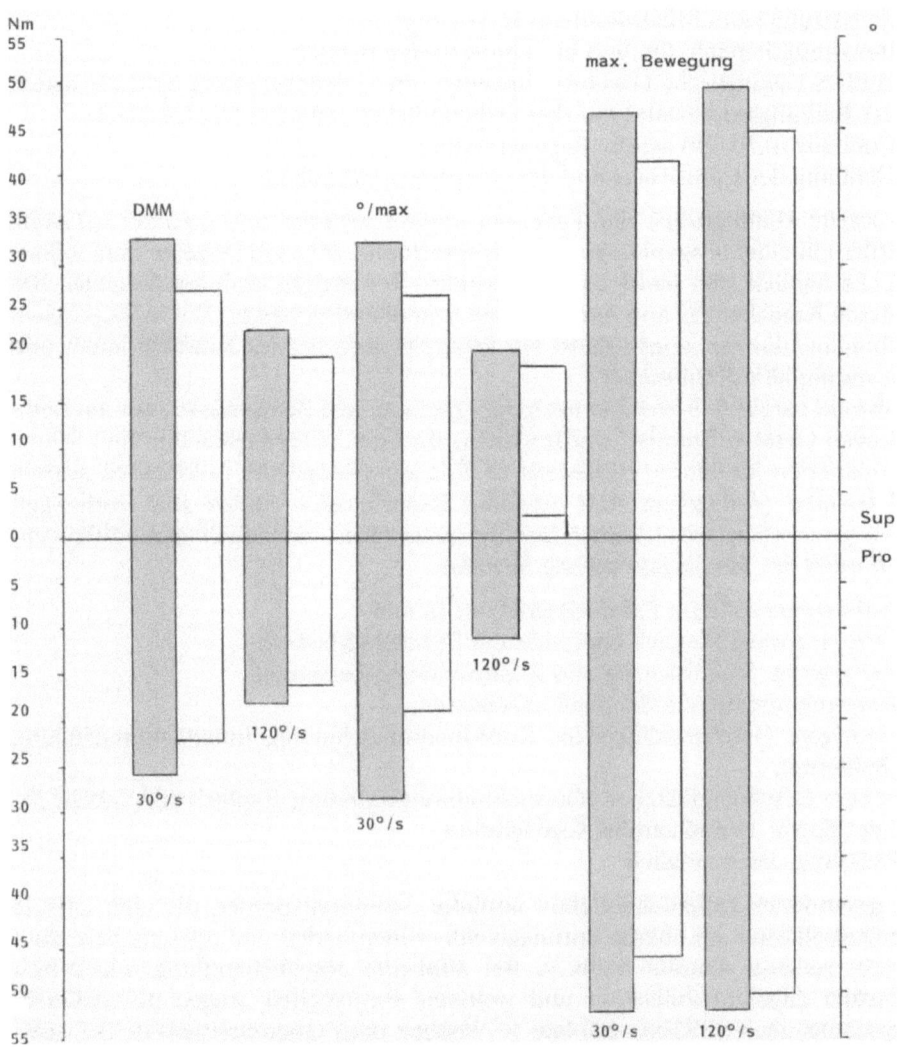

Abb. 2. Durchschnittliche Drehmoments- und Bewegungsmaxima von 24 Probanden mit operativ oder konservativ versorgter Läsion des lateralen Band-Kapsel-Apparates am oberen Sprunggelenk, 12 Wochen nach Operation (ges. S. schraffiert) Sprunggelenk Sup/Pro 30–120°/s

Ausgehend von den mittleren Werten zeigte sich überraschend nur ein geringer Unterschied zwischen gesunder und verletzter Seite. Bei einer Geschwindigkeit von 30°/s lag für die Supinatoren das Drehmomentmaximum (DMM) im Durchschnitt bei 33 Nm bzw. 26 Nm, dies entspricht einer Kraftdifferenz von 22%. Für die Pronatoren lag das DMM bei 26 Nm bzw. 23 Nm (Kraftdifferenz von 12%). Bei 120°/s lag das DMM der Supinatoren bei 23 bzw. 20 Nm (Kraftdifferenz von 13%). Für die Pronatoren ergaben sich Werte von 18 Nm bzw. 16 Nm (Kraftdifferenz von 11%).

Bei erhöhter Bewegungsgeschwindigkeit verschob sich der Winkel, bei dem das DMM erreicht wird, auf die anatomische Nullposition zu. Dies bedeutet: die Supinatoren haben ihr DMM bei 32° im Pronationsbereich (bei 30°/s). Je größer diese Zahl ist, desto früher tritt das Drehmomentmaximum auf, nach unserer Erfahrung ein Zeichen für eine gute Kraftentfaltung. Die Supinatoren der verletzten Seite hingegen erreichten ihr DMM bei 26° im Pronationsbereich, also deutlich später.

Bei 120°/s erreichen die Pronatoren beim Gesunden ihr DMM bei 11° im Supinationsbereich, während die Pronatoren der verletzten Seite ihr DMM erst bei 3° im Pronationsbereich erreichen. Ein spätes Maximum deutet auf eine schlechte Kraftentfaltung, die schmerz- oder koordinationsbedingt sein kann.

Das maximale Bewegungsausmaß liegt für die Supination bei 45-50°, bei 50° für die Pronation. Die Beweglichkeit bei den Verletzten liegt bei 40-45° für die Supination, bei 45-50° für die Pronation. Aufgrund der ermittelten Werte konnten individuell abgestimmte Trainingshinweise erstellt werden.

Erwähnung finden soll auch die begleitende Betreuung einer Gruppe von Hochleistungssportlern. Es handelt sich um die bundesdeutsche weibliche Rudermannschaft, die 1986 Deutscher und Europäischer Vizemeister wurde. Die fünf Frauen wurden über ein Jahr lang kontinuierlich an Knie- und Ellenbogengelenken auf Extension und Flexion isokinetisch getestet. Ziel der Untersuchung war die Darstellung intra- und interindividueller Kraftverhältnisse und Abweichungen zur Gruppe. Die z.T. überraschenden Testergebnisse wurden mit den Betroffenen und den Betreuern besprochen, die bislang durchgeführten Trainingsprogramme individuell modifiziert.

Zwei Kriterien waren nach den Längsschnittuntersuchungen besonders auffällig: das Verhältnis zwischen Knieextensoren und -flexoren (Abb. 3) und zwischen Ellenbogenextensoren und -flexoren (Abb. 4) sowie die geringfügige Veränderung der Drehmomentmaxima nach verschiedenen Trainingsperioden. Aufgrund mangelnder Normwerte erfolgte ein Vergleich mit den Ergebnissen einer Untersuchung der US-Skilanglauf-Damenmannschaft [3].

Es zeigte sich, daß die Differenz der Knieextensoren zu den -flexoren in allen drei Testperioden ca. 33% beträgt. Sowohl die US-Langläuferinnen wie auch weitere bekannte Werte liegen ebenfalls um 33% Differenz. Die enorme Höhe der Drehmomentmaxima war auffällig (bei 60°/s bis zu 45% und bei 180°/s bis zu 30% höher im Vergleich zu den US-Damen). Diese offensichtlich sportartbedingten Unterschiede unterstreichen den Wert einer sportartspezifischen Normwerterfassung.

244 A. Verdonck und F. Duesberg

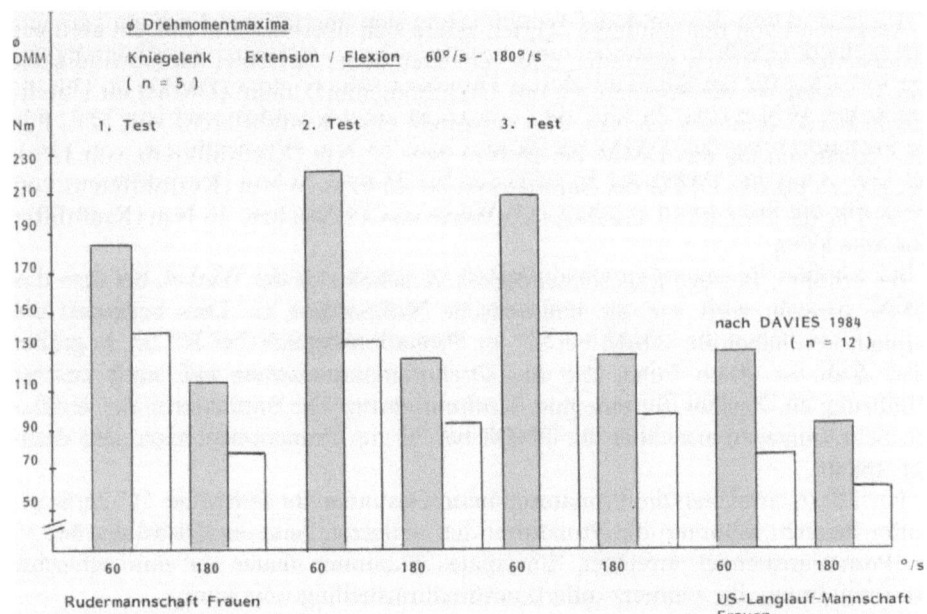

Abb. 3. Durchschnittliche Drehmomentmaxima bei Kniegelenkextension und -flexion von 5 weiblichen Rudersportlerinnen (3 Tests), im Vergleich: Ergebnisse von 12 Skilanglaufsportlerinnen [nach 2], Extension schraffiert

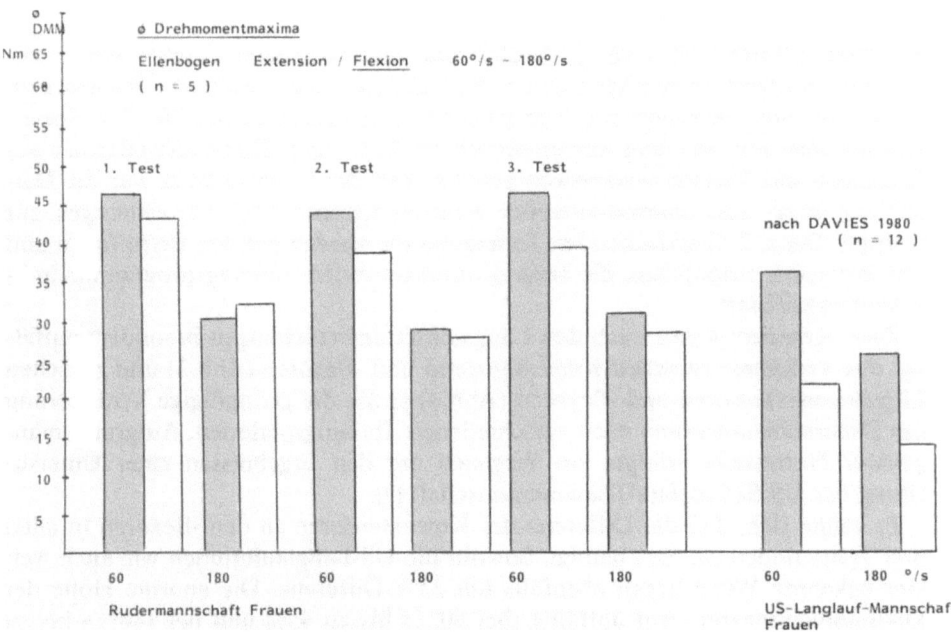

Abb. 4. Durchschnittliche Drehmomentmaxima bei Ellenbogenextension und -flexion von 5 weiblichen Rudersportlerinnen (3 Tests), im Vergleich: Ergebnisse von 12 Skilanglaufsportlerinnen [nach 2], Extension schraffiert

Bei den Ellenbogenwerten fiel die Differenz der Extensoren zu den Flexoren ebenfalls auf. Während die US-Mannschaft eine Differenz von 40% aufwies, zeigte die Rudermannschaft einen 10%igen Unterschied auf (bei 60°/s). Bei der Bewegungsgeschwindigkeit von 180°/s sank die Differenz bei den US-Damen auf 44%, während sie bei der Rudermannschaft auf 0–5% sank. Dies bedeutete, daß die Flexoren genauso kräftig waren wie die Extensoren. Es handelt sich somit negativ formuliert um eine Art muskulärer Dysbalance, die aber offensichtlich sportbedingt und erwünscht ist.

Die erwähnten Beispiele mögen das Bestreben verdeutlichen, das isokinetische Test- und Trainingsverfahren zur erfolgreichen Kontrolle und Steuerung bewährter und gegebenenfalls modifizierter Rehabilitationsverfahren in der Sportmedizin im Sinne einer Therapie- und Trainingsoptimierung einzusetzen.

Literatur

1. Bührle M, Schmidtbleicher D (1981) Maximalkraft – Schnellkraft – Bewegungsschnelligkeit. In: Augustin D, Müller M (Hrsg) Leichtathletiktraining im Spannungsfeld von Wissenschaft und Praxis. Mainzer Studien zur Sportwissenschaft 5/6
2. Davies GJ (1984) Compendium of isokinetics in clinical usage. S & S Publishers, La Crosse
3. Davies GJ et al. (1980) A descriptive muscular strength and power analysis of the US Cross Country Ski Team (Abstr). Med Sci Sports Exerc 12/2: 441
4. Ehlenz H, Grosser M, Zimmermann E (1985) Krafttraining. Grundlagen, Methoden, Übungen, Trainingsprogramme. BLV Verlag, München
5. Harve D (1976) Trainingslehre. Sportverlag, Berlin
6. Weineck J (1986) Sportbiologie. Perimed, Erlangen
7. Weineck J (1985) Optimales Training. Perimed, Erlangen
8. Zaciorskij V (1977) Die körperlichen Eigenschaften des Sportlers. Bartels & Wernitz, Berlin

Chronic Pain in Dancers: A Theoretical and Treatment Protocol

I. Dowd

"Chronic pain" is a phrase which denotes misery to the sufferer and failure of treatment to the clinician. For the dancer, it may additionally presage the premature loss of a profession. The purpose of this article is to describe the sometimes unusual response to pain exhibited by the professional ballet or modern dancer; to propose a clinically based theory on the origins of chronic pain in the dancer; to suggest treatment protocols that might be included in rehabilitation of musculoskeletal injuries implicated in chronic pain; and to outline a program of education for the dancer to help avoidance of chronic pain episodes in the future.

The material here presented had it origins in the teachings of the late Dr. Lulu E. Sweigard who taught "Anatomy for Dancers" at the Juilliard School, based on the strong belief that the more dancers knew about the structure and ideal biomechanics of their own bodies, the more fully they could achieve their movement potential without injury or pain. I had the good fortune to be a student/teaching assistant to Dr. Sweigard from 1968 until 1974, the time of Dr. Sweigard's death. Glenna Batson became a student of mine in the graduate program of Dance Education at Teachers College, Columbia University in 1977 and in 1983 obtained her certificate in physical therapy at Hahnemann Medical University. Both Batson and myself have performed professionally as dancers. In 1986 Batson and I decided to pool our resources and experience in dance, education and therapy to develop a series of seven workshops on chronic pain and injury prevention for dance educators and physical therapists. The final workshop, taught in the fall of 1987 by myself, was the culmination of these joint efforts. It is also the basis for this article. Although none of the ideas here presented can be strictly attributed to just one person, the section on the theoretical basis for chronic pain was developed by myself (evolved from my training in philosophy at Vassar College and in the neurosciences at Teachers College, Columbia University); while much of the specific treatment protocol was created together by myself (suggested by my 20 years of using neuromuscular training with professional dancers in NYC) and Batson (influenced by her therapeutic work with patients in the Washington Pain and Rehabilitation Center, and Rehabilitation Medicine Center of Northern Virginia).

Professional Dancers' Unique Response to Pain

The decade or two of extraordinary and concentrated training required to become a professional dancer probably plays a large role in shaping the dancer's unique response to pain. Most notable is the lack of obvious pain avoidance behavior on the part of the professional dancer. Tales, usually true, abound concerning the willingness of this or that dancer to continue performing with a fractured tibia or herniated disc. It is not rare for the dancer to conceal from theatre and company directors that he or she is experiencing severe pain, for fear of losing a performance role. This sort of behavior does not constitute extraordinary heroism for its own sake or abnormal sensory response to pain, but rather reveals the dancers' high degree of motivation. Such motivation can be well understood when one realizes that the performance career of the ballet dancer may only last 15-20 years, and that of the modern dancer only a little longer. The clinician who attempts to judge the amount of pain being suffered by the amount of pain avoidance behavior on the part of the patient may be seriously misled by what the professional dancer is able and willing to perform.

In apparent contrast to the dancer's unwillingness to accommodate performance to pain is the dancer's finely developed kinesthetic sense. The professional dancer will notice tiny deficits in movement ability long before they come to the attention of any but the most highly-skilled observer. These deficits may well be a sign of micro-trauma to the body. Although symptoms may be too minimal to show up in standard clinical testing, they should not be disregarded as "psychosomatic" since, as discussed above, the dancer ist quite unlikely to use the pain of injury as a reason for avoiding the performance of dance movement. The clinician will be wise to note, in addition, that the particular deficits the dancer describes may not be directly indicative of the site of injury. Each of the movements performed in both contemporary ballet and modern dance repertoire involves the use of the whole body. If a dancer says, for example, "I can't kick my right leg to the front as high as I used to," (a gesture called battement en avant involving full flexion at the right hip with extension of the knee, accommodated by slight flexion in the lumbar and hyperextension of the thoracic spine, and counter-balance by the upper extremity, and slight hyperextension of the supporting left hip) then the limitation due to micro-trauma may be present not only in the posterior right hip joint, but also either of the sacroiliac joints, the lumbar and/or thoracic spine, the shoulder girdle musculature or the anterior left hip joint.

Professional dancers, at least in the United States, often distrust traditional medical approaches. This may well be because their perception of small deficits, as described above, is initially belittled by medical professionals. When the condition becomes serious enough, then the same medical professionals may command the dancer to stop dancing altogether, a suggestion which is even less welcome than the initial ridicule. Furthermore, dancers, like all artists, put a great deal of value on creativity. They tend to mistrust treatment or medical advice which is repetitive, mechanistic, or apparently standard, especially when it seems to have nothing to do with the goal they have in mind such as kicking their leg higher. While this sort of thinking is admirable in the artist, it may lead the professional dancer to accept unsubstantiated and extremely experimental treatments which may have limited curative value or may complicate the original condition. The physician or therapist who is willing to work with the highly individual needs of the professional dancer, may be rewarded with an extraordinary level of compliance to the rehabilitation protocol.

Clinically-Based Theory for Origin of Chronic Pain in Dancers

It is not the goal in this paper to review the rapidly expanding literature on the neurological and biochemical nature of pain, but very simply to identify the factors which may be precursors or corequisites to the development of chronic pain in dancers. While the following list of factors is not exhaustive, at least several of these factors must be present at once in order for acute pain to continue as chronic. The order in which the factors are listed is not necessarily significant.

1) Initial tissue damage of some sort (this may involve micro-traumas which are subclinical, or received over a long period of time)
2) Compensatory patterns of posture and/or usage in response to tissue damage (such as slight shift of centre of gravity away from affected lower extremity) which may be reflected in contracture, atrophy and further tissue changes.
3) Lifetime or previously established habits of abnormal or imbalanced posture and/or usage (these may be learned patterns, such as "tucking" the pelvis, i.e. holding pelvis in a position of posterior tilt in conjunction with slight flexion posture of lumbar spine and slight hyperextension posture of thoracic spine).
4) Diminished/increased level of activity or functional variability (often a change in rehearsal schedule, joining a dance company, changing to a new dance company, or taking a vacation).
5) Diminished sensory stimulus due, perhaps, to compensatory patterns and resulting in hypersensitivity or loss of sensory discrimination. (For the dancer, even small losses in sensory discrimination may be disastrous when attempting to perform highly skilled and rapid leaps, turns, and partner work).
6) Negative emotional association with the symptomology and/or body part involved (if a parent died of a heart attack, any abnormality experienced in the thoracic region will be greeted with fear and concomitant muscle spasm).
7) Rites of passage or life transition simultaneous with the tissue damage (such personal life changes as a marriage, a dance partner leaving the company, a friend's illness).
8) Inappropriate medical intervention; too soon, too late, too aggressive, laissez faire, wrong diagnosis, etc.
9) Uninterrupted persistence in activity that instigated pain/irritation/injury long after the initial onset. (This is almost inevitable if the dancer is actively apprenticing or performing in a company, in training at a professional school, or preparing for a performance).
10) Desire to avoid dealing with another issue which is far more fearful than the pain (such as the realization that one's skills will never promote one to a position of soloist in the company, or one will never get into the company of one's choice, etc.).

A few case histories from the author's experience may fill out the above abstractions and make them more concrete.

Case 1

A modern dancer had a minor car accident during her last semester of study at a prominent school for the performing arts. She suffered slight muscle strain along the left lateral neck (apparently of the scaleni and upper trapezius origins) as diagnosed by the school doctor. Although she experienced some soreness and held her head somewhat rigidly for a few weeks, she was able to complete her course of study and pass her performance examinations with flying colours. She was hoping to join one of several small modern dance companies after the summer vacation. During the vacation, she found that her funds were low, so she took a part-time job doing bookkeeping. This necessitated cutting back on the number of dance classes she was taking and only attending evening classes. She found that by the end of the day her neck ached. In the fall she did not do well in the dance auditions, and was told that she appeared "a little stiff and inexpressive." Because she did not get into a dance company, she had to continue her job full-time despite her growing distaste for it. Her neck gradually became quite painful and felt "tired" so that she began to hold her head up by resting her chin on her left hand with her elbow on the table. At this point, 8 months after the initial minor accident, she consecutively consulted an orthopaedist, neurologist and a physiatrist. There were no bony changes in the cervical spine, no neurological signs, and no loss of range of motion. Finally she took a series of physical therapy sessions. She had no relief. The pain and sense of weakness became so severe that she stopped going to dance classes altogether since the usually felt worse the next day. After a year of no dancing, yet longer and longer bouts of pain, she came to my office. Her head was tilted to the left so that the muscles along the left lateral neck were shortened and flaccid. When tested, these were extremely weak. She was unable to raise her head from the table when lying supine with the head rotated to the right. When she walked, her head "bobbled" with each heel strike, as if she did not have the strength to stabilize against forces coming up from the ground. When I commented, she laughed and said that she had always had this habit, even as a child, and had thereby gained the nickname of "rag head." When she demonstrated the most basic of dance movements, the plié, (flexion of the hip/knee/ankle from upright standing so as to lower the centre of gravity along a vertical axis), she held her breath so that her thorax remained in an inhalation posture throughout the movement. She refused to demonstrate any of the traditional porté de bras motions which require forward flexion and then hyperextension of the entire spine because she was "afraid of the pain."

This dancer embodies all factors except 6 and 9.

Case 2

This dancer has performed in a major dance company for 12 years as an acclaimed soloist. Although she has a "personality conflict" with the director and major choreographer of the company, she is recognized as portraying the roles given her with considerable psychological insight. By her own statement she has never been a strong technician and has sometimes been envied by more competent but less dramatic performers in the company. Approximately 5 years ago, she began to have intermittent back spasms when on particularly long tours. At the time she had massages which enabled her to continue performing without any obvious changes in her body usage. The massages became less and less helpful. At that time she went to see an orthopedist who assured her that she was only suffering from muscle spasm and stress. She had a series of physical therapy treatments with no relief. Finally she saw a psychiatrist who included specific movement and breathing practices in the therapy. She experienced lessening of pain when she engaged in the breathing practices but not when she was performing. She then consulted a neurologist who told her that she had a herniated disc at the level of L5-S1 which would require surgery and a cessation of dancing for 1 year. Her mother had gone through numerous unsuccessful laminectomies. Therefore after receiving this information she refused to return to the neurologist or any other medical professional for 4 years. Convinced that there was no help for her, she continued her dance career while firmly ignoring the pain. She danced all the roles which she had aspired to while carefully hiding her infirmity from the company director. On the whole, she received excellent reviews from the critics and more and more favoured dance roles from the company repertoire. Finally, as the pain gradually worsened, she decided to take an early retirement from the dance company. She began to go for treatments with an osteopath who diagnosed right psoas tendonitis and spasm, and referred her to me for movement coaching. She exhibited a marked lumbar lordosis and levoscoliosis, inability to extend either hip joint fully, and rigid muscular holding throughout the entire lower trunk. She claimed that she had always looked like this. It should be noted that she was extraordinarily mobile in the cervicothoracic spine and shoulder girdle. She had a beautiful face and highly expressive arms and hands.

She exhibits the absence of only factors 4 and 7.

Treatment Protocol

How does the clinician deal with such complex cases which others have failed to solve totally? Rather than succumbing to despair or an unrealistic expectation for a miraculous cure, it may be helpful to take a different perspective. In the opinion of Batson and myself, the dancer's priorities may be ordered differently from the nonperformer. Rather than desiring freedom from pain first, the dancer requires freedom to fulfill function, i.e. unimpeded ability to dance, first. As one exasperated performer announced, "I want to be treated like a person, not like a pain!" Therefore, I have adopted control of full function, rather than removal of pain, as the primary goal.

Functional Losses

In order to regain function, it is necessary to determine what has been lost. Regardless of the specific location of pain, the following abilities are normally compromised once pain has become chronic:

1) differentiation of body parts and sensory input from body,
2) three-dimensional spatial sense of the body,
3) shock absorption,
4) adaptability to environmental variation,
5) full awareness of the external world,
6) full breathing,
7) full range of motion in joints and muscle contraction.

A typical example can elucidate the above. If a dancer has pain in the lumbosacral region, she will tend to move the lumbar spine, pelvis and hip joints as a single unit rather than exhibiting the necessary ability to isolate movement within the lumbar spine, move the pelvis on the spine, or move the thigh on the pelvis. She cannot tell, by her own kinesthetic sense, the difference between the sensation of stretching her muscles and the sensation of muscle spasm. The dancer may lose the awareness of her lower trunk as having sagittal volume, i.e., a front and a back with a specific distance between them. When the dancer walks, the shock waves are not absorbed through adequate joint movement, but instead are reflected into the soft tissue surrounding the hip, pelvis and spinal column. When the dancer lies down, she is unable to rest supine with the back contacting the supporting surface unless she places a pillow under her knees or under her lumbar spine. She cannot lie on her side without a cushion under her waist. She can only sit in a special chair which supports the lumbar lordosis. Pain makes her focus continuously on her own condition. She is unattentive to the teacher's correction in class, the other dancers around her, and even the changes in the timing and emotional state of her dancing partner in the pas de deux work. Because of excessive abdominal and quadratus lumborum holding, she is unable to inhale fully and exhales in small, rapid gasps. She has lost significant range of motion throughout the spine and hip joints with concomitant contracture and loss of strength of the muscles controlling these joints at the extreme ranges.

Program of Treatment

In the case of the dancer, traditional modalities for rehabilitation must be followed by reintegration of the dancer into active dancing so that all the above functions are regained. With each step the dancer takes more responsibility and gains more control over the processes of her own body. Batson and myself follow a four-step program:

1) Remove the impediments to full function: this involves re-establishing full range of motion at joints, full muscle length, strength, endurance, and speed of response, full length and elasticity of connective tissue, normal sensory awareness, reduction of inflammation, etc.
2) Regain normal usage: this involves not only being able to initiate movement voluntarily at each joint, with any muscle group, in any direction, but also being able to perform the "abc's of dancing," i.e., the pliés, tendus, battements, porté de bras, turns and jumps of the ballet barre or the modern dance floor work. The therapist must not only teach the dancer to isolate and perform

movements of graded force in each dimension at every affected joint, but must also create exercises that resemble and finally replicate the movements the dancer must perform. The sooner this is done, the more trust the dancer will place in the therapist.

3) Re-integration of the whole body: although dancers must be able to isolate each part of their body, dance performance involves the integrated motion of each part of the body relative to every other part. Even a small hand gesture can be seen to come from an impulse in the spine, for example. When there is chronic pain in one part of the body it is difficult not to mentally separate that part as being the "bad" part while categorizing other parts of the body as the "good" parts. Until the dancer trusts all parts of the body as being indivisible components of her whole self or a "gestalt," she will be unable to perform without fear and restriction. Movement practices which involve coordination of upper and lower extremities, sequential patterns initiated in the spine and carried out into the extremities or vice versa, locomoting through space travelling forwards, sideways and backwards, etc. are all useful towards this goal.

4) Performance of normalizing daily activities: while it would seem that dancing itself is a normalizing activity for the dancer, there are actually imbalances implicit in many of the dance techniques which may keep the dancer from fully realizing her potential even after a return to performance. The upper extremity, in the female ballet dancer, is very much less strong than the lower extremity since the ballerina is rarely required to lift any weight greater than her own arms. In order to survive doing her grocery shopping or laundry, she may need to strengthen her upper extremity. Otherwise she may be able to dance but not be able to carry her dance bag to her rehearsal without coming to harm. It is important that she regain the ability to function as a human being as well as a dancer.

An abbreviated example of how this four-step program was followed with **Case 2** may serve in making the procedure more vivid.

Step 1

Removing the impediments to full function initially appeared to be easy since the dancer in question had been able to not only continue her performance career but to excel in it. However, careful study of her movement showed that her ability to dance had been highly compromised and only her extraordinary performance skills had served to compensate. Initially she could not even bear to be touched in the areas in front of the hip joints or in the lumbosacral region. Therefore I asked her to simply imagine the elongation and relaxation of the iliopsoas, abdominal muscles, quadratus lumborum, erectae spinae, and other muscles of the trunk. When the exact locations and lines of action of the muscles were made clear to her by liberal use of skeletal models, drawings and tracing of the muscles on her own body, she was easily able to systematically visualize their release. She was also shown the skeletal structure of the hip and lumbar joints and asked to visualize those joints being well-lubricated and "open" as she liked to call them. After a few sessions she could tolerate being touched. A variety of standard mobilization, deep pressure, contract/relax stretching, graded resistance, transverse friction massage, and other techniques were used to gain more range of motion in the hip and spinal joints and to increase length and appropriate levels of activity in the muscles surrounding these joints. The dancer was also asked to keep a journal noting what activities were associated with which sensations, how the intensity and type of sensation varied throughout the day, and if the amount of intense unpleasant sensation varied from week to week. She was asked to note the difference in sensation when she received the various manual techniques mentioned above. Although she was not able to distinguish anything but pain at first, she gradually could distinguish between the sensation of stretch, contraction, and relaxation of muscles. At this stage she was the passive recipient of manual therapy only in that it was being applied to her. Her voluntary cooperation was required in sensing and understanding what was happening to her at the same time as it was being applied. Her "homework" was to keep her journal and practice visualizing the elongation of her muscles and creation of well-lubricated joint spaces.

Step 2

Regaining normal usage required much more voluntary work on the dancer's part. First she learned how to perform micromovements in the lumbar spine and hip joints, nonweightbearing both supine and prone. I would provide slight resistance to the movements so that the dancer could sense where the muscle work should, and should not, be located. Gradually she began to perform the various movements required in the dance technique vocabulary in a nonweightbearing position. When she had mastered these to my satisfaction, she was allowed to practice them at home. Finally she was coached through their performance in the normal upright position. Whenever necessary, she was given graded resistance to insure appropriate use of force, correct direction of motion in space, and inhibition of inappropriate, antagonistic muscle action.

Step 3

Reintegration of the whole body required expansion of her activities into carefully selected dance classes and into longer solo hours in the rehearsal studio. She was asked to begin taking a beginner of intermediate level dance technique class every other day. This meant going, for the first time, into a situation in which she was not fully in control of what movements she performed. However, she was not fully out of control either since she selected a class whose teacher understood her physical state and since she was only allowed to take the first half hour of the class which is slow, almost ritualized preparatory work. Each week she was to stay for only an additional 5 minutes. Only after she was able to take the whole class, after a period of approximately 2 months, was she allowed to return on a daily basis.

Meanwhile, she was to increase her practice of more complex movement patterns designed together with me. These were begun in a non-weightbearing position and eventually progressed to weightbearing locomotion. The patterns involved coordinated movement of lower limbs, trunk and upper limbs. She was to imagine that she was swimming inside a giant sphere of viscous liquid. She was to move through the entire volume of that sphere along curving and linear pathways. The idea of the liquid-filled sphere caused her to move less ballistically (as was her habit) and to be more conscious of carving through the space around her, (and less focused on the limitations of her joints). This produced highly complex and coordinated patterns of multijoint activity necessary to her dancing. In her case, movement into the space behind the median coronal plane was most feared. We spent considerable time working on hyperextension of the various joints from the prone position in a vey small range before we could allay her fear that these motions would produce pain. Instead of working with isolated motion at each joint, we attended to the goal of increasing the excursion through the performance space of each extremity, and then on locomotion through that full performance space. Thinking of her body as if it were a musical instrument, her dynamics, phrasing and dramatic intent were all subject to our careful coaching. Everything worked on together was then practiced by her alone in the dance studio. However, she was continuously cautioned about the maximum amount of time and repetition allowed her no matter how well she felt. It is my opinion that maximum limits must constantly be set and re-set, otherwise the eager dancer will overdo her practice and end up in pain from sheer over-use.

Step 4

Performance of normalizing daily activities was, ironically, one of the most difficult goals to achieve. This dancer, with the help of her family, had sacrificed virtually everything else to keep up the semblance of normalcy on the stage. She had to learn very gradually to take walks again, how to carry a bag on her shoulder, how to clean her room or cook a meal with efficient-enough biomechanics so as to avoid undue stress on her spine and hip joints. She had to learn how to take vacations which involved hiking or swimming. These activities, far from being "luxuries" served to build her endurance and muscle balance as dancing could not (since the type of dancing she did involved short, intense anaerobic spurts but not endurance work; involved strong use of legs and spine but minimal upper extremity force; involved strong use of hip flexors but not of hip extensors). In becoming a more well-rounded person, she actually improved her dancing and her sense of an inner reserve of power and force, and her sense of control over her life.

Prevention

Once the dancer is a fully functional professional again, the task of the rehabilitation therapist is not over. If the dancer has experienced chronic pain in the past, then he/she may simply be in a period of remission yet still susceptible to recurrence of pain in the future. In order to prevent this eventuality, it is important to educate the dancer, in language that he/she thoroughly understands, about the following points.

1) The cause of the chronic pain that was formerly suffered, i.e., the pain may have been muscle spasm; pressure on a nerve root due to a disc bulge; circulatory insufficiency; etc.
2) How to interrupt the pattern of pain, i.e. micro-movements, contract/relax techniques, or others to reduce spasm; alteration of posture to decompress disc; joint motion and activity to increase circulation, etc.
3) Signs that forewarn the possible onset of injury if the current activity/state is not altered, i.e., noticing breath-holding; feeling of stiffness; rage; extreme fatigue or dizziness, etc.
4) How to alter activity/state before onset of injury, i.e., relaxation or breathing techniques; a 20-min program of warm-up and stretching which can be used to counter-act stiffness; ways of scheduling rest time or pleasurable nonwork activities, etc.

Following the example of **Case 2**, this dancer gained an understanding of point 1, the cause of the pain, in the first step of rehabilitation. The cause was muscle spasm, although the origin of the muscle spasm remained unclear (there were no signs of nerve root compression or a disc bulge when she finally saw me, although there were certainly signs of inflammation and tendonitis in many of the anterior hip and posterior spine muscles). She learned point 2, to interrupt the pattern of pain most effectively by the use of visualization. Fortunately, she was gifted with a superb visual imagination. She could also interrupt the pain with a slightly lessened degree of success by performing micro-movements in the hip and spinal joints. Her warning signs that she had "over-done it" were stiffness, fatigue and slight "dizziness". She learned to quietly visualize elongation of her iliopsoas and erectae spinae muscles particularly in the standing position in order to arrest the sequelae of moderate warning signs. When the signs were more insistent, she would simply stop what she was doing and, if possible, lie down for a couple of minutes. If that was not possible, she was to lean against a wall. Breathing quietly, she would be able to avoid panic and gradually release the muscles which "seized up as in a vise or hot iron," as she described it. Out of the various rehabilitation practices came a 30-min program of warming-up for dancing which she performed without fail daily. Such ritualistic behaviour fit in beautifully with her previous dance training and was experienced as pleasurable rather than as an inconvenience. I had to extract a promise from her not to do it more than twice a day. Perhaps it is not irrelevant that in the process of creating this daily program, she also began to choreograph her own work. She is now directing her own dance company and performing with it.

Hormonelles Verhalten bei körperlicher Belastung und Übertraining: Möglichkeiten einer hormonellen Trainingssteuerung

A. Urhausen und W. Kindermann

Hormonelles Verhalten bei körperlicher Belastung

Die hormonelle Regulation stellt einen grundlegenden Steuerungsmechanismus der kardiozirkulatorischen und metabolischen Reaktionen während körperlicher Belastung dar. Die Wiederherstellungs- bzw. Anpassungsvorgänge der nachfolgenden Regenerationsphase sind ebenfalls von Hormonen abhängig. Dies wird insbesondere auch aus dem Verhalten der für den Energiestoffwechsel primär verwendeten Substrate Glukose und freie Fettsäuren deutlich, das abhängig ist von Dauer und Intensität der Belastung. Die Konzentrationen von freien Fettsäuren und Glyzerol steigen mit der Dauer der Körperarbeit als Ausdruck einer vermehrten Lipolyserate und Fettoxydation an [14, 24, 25, 26]. Erhöhte Glukosespiegel im Blut finden sich bei kurzdauernden, hochintensiven Belastungen und z. T. bei intensiveren Belastungen bis zu einer Dauer von 30 min, während bei längerdauernder Körperarbeit konstante oder abgefallene Glukosespiegel gemessen werden [6, 14, 16, 24, 25, 26, 34]. Der Insulinspiegel wird in erster Linie von der Glukosekonzentration und den Katecholaminen beeinflußt, wobei letztere eine inhibitorische Wirkung auf die Insulinsekretion aufweisen. Bei einer aeroben Ausdauerbelastung kommt es bei relativ niedrigen Glukosespiegeln im Blut zu einer katecholaminbedingten Abnahme der Insulinkonzentration, so daß durch den hierdurch verminderten muskulären Glukose-Uptake dem zentralen Nervensystem mehr Glukose zur Verfügung steht. Bei anaerober Muskelarbeit überspielt die insulinstimulierende Wirkung des Blutzuckeranstieges den suppressiven Effekt der ebenfalls erhöhten Katecholamine und führt zu einem Insulinanstieg [1, 6, 16, 24, 25, 26, 34]. In der unmittelbaren Nachbelastungsphase nach anaerober Belastung führt der Anstieg des Glukagons bei gleichzeitig erhöhtem Insulinspiegel (nachlassende adrenerge Inhibition und erhöhter Blutzuckerspiegel) zu einer gesteigerten Glukosefreisetzung aus der Leber und einem erhöhten Uptake in die periphere Muskulatur und somit einer schnelleren Wiederauffüllung der Energiereserven [34].

Neben dem bereits erwähnten suppressiven Effekt auf die Insulinausschüttung sind die Katecholamine von primärer Bedeutung für die Mobilisierung der energieliefernden Substrate, d.h. für die Glykogenolyse und Lipolyse. Der belastungsinduzierte Anstieg von Adrenalin und Noradrenalin ist aus der Abb. 1 ersichtlich. Die Katecholaminkonzentrationen liegen bei kurzdauernder hochintensiver Körperarbeit höher als bei einer aeroben Ausdauerbelastung, wobei mit zunehmender anaerober Energiebereitstellung Adrenalin als Ausdruck der gesteigerten psychischen Streßkomponente stärker ansteigt als Noradrenalin [16, 26].

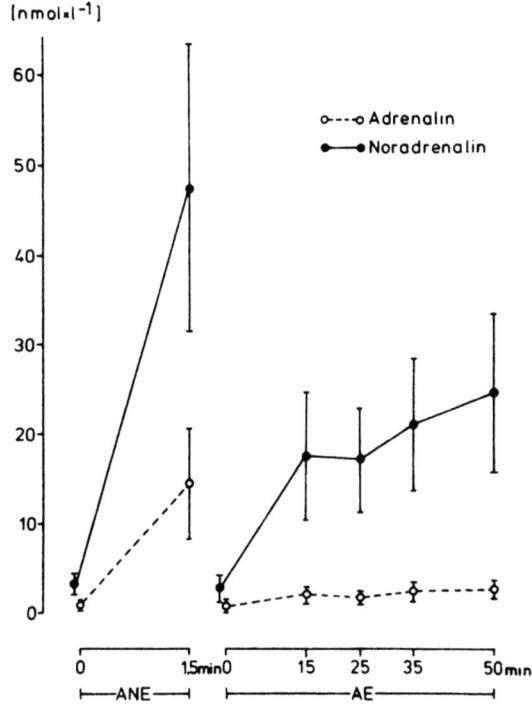

Abb. 1. Verhalten von Adrenalin und Noradrenalin bei anaerober *(ANE)* und aerober *(AE)* Körperarbeit (Mittelwerte ± Standardabweichung). [Nach 16]

Das Wachstumshormon STH stellt ein weiteres wichtiges Hormon für die Homöostase der energiebereitstellenden Substrate dar, indem insbesondere die Lipolyse und, wenn auch in geringerem Umfang, die hepatische Glykogenolyse stimuliert wird. Darüber hinaus wirkt STH eiweißaufbauend. Der belastungsinduzierte STH-Anstieg ist bei aerober Körperarbeit ausgeprägter als bei einmaliger anaerober Belastung [1, 6, 16, 25, 26].

Der katabole Effekt des Kortisols beruht auf einer Inhibition der Reveresterung der freien Fettsäuren sowie einer erhöhten Glukoneogenese aus den glukoplastischen Aminosäuren mit blutzuckersparendem Effekt. Die Kortisolsekretion ist abhängig von Intensität und Dauer der körperlichen Aktivität [5, 6, 16, 25, 26].

Das männliche Sexualhormon Testosteron scheint keinen nennenswerten Einfluß auf die Stoffwechselvorgänge während der Belastung zu haben. In der darauffolgenden Regenerationsphase jedoch ist die anabole Wirkung dieses Hormons von entscheidender Bedeutung für die Wiederherstellung der körperlichen Belastbarkeit. Das Testosteron spielt für den Muskelstoffwechsel in der Regenerationsphase insofern eine wichtige Rolle, als seine anabole Wirkung nicht nur den Eiweißaufbau betrifft, sondern ebenfalls die Fähigkeit der Muskelzelle zu erhöhen scheint, seine Glykogenspeicher durch eine gesteigerte Aktivität der muskulären Glykogensynthetase wieder aufzufüllen [7]. Dies ist insbesondere für eine schnellere Regeneration nach Ausdauerbelastungen und während intensiver Trainingsperioden von großer Bedeutung. Eine positive Beeinflussung des Kreatinphosphokinase-Aufbaus wurde ebenfalls im Tierversuch beschrieben [29]. Das Testosteron-

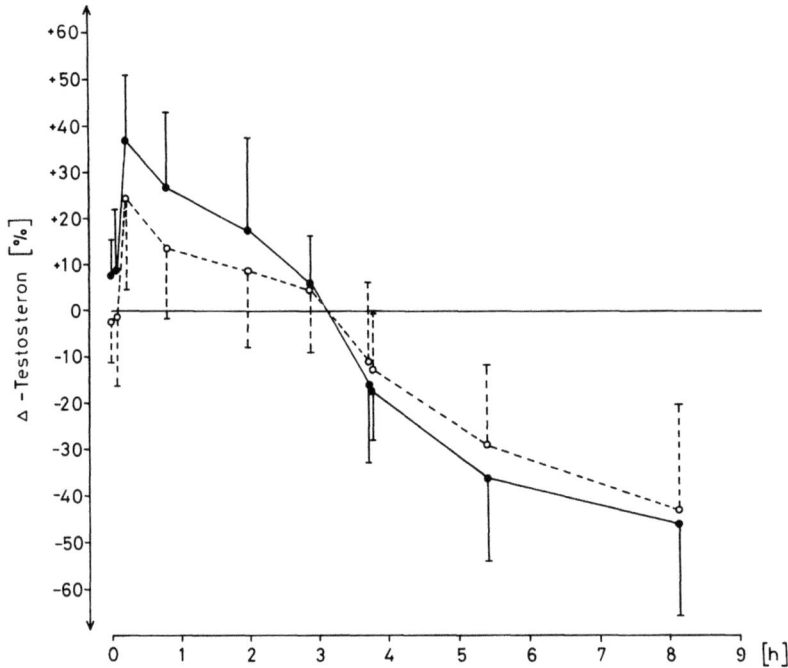

Abb. 2. Prozentuale Veränderungen von Testosteron bei Körperarbeit unterschiedlicher Dauer vor (●——●) und nach (○——○) Korrektur der Plasmavolumenveränderungen. [Nach 18]

verhalten zeigt während körperlicher Belastung einen biphasischen Verlauf. Anaerobe Muskelarbeit führt unter Berücksichtigung des belastungsinduzierten Plasmavolumendefizits zu keiner wesentlichen Veränderung der Testosteronkonzentration im Blut. Ab einer Belastungsdauer von einigen Minuten mit gleichzeitig ausreichend hoher Intensität steigt der Testosteronspiegel an, wobei das Maximum des Anstieges bei einer Belastungsdauer von 30 min bis zu 1 h zu erwarten ist. Ab einer Belastungsdauer oberhalb von 3 h kommt es zu einem zunehmenden Abfall der Testosteronkonzentration (Abb. 2) [5, 6, 16, 18, 19, 20].

Auf das Verhalten der übrigen Hormone, insbesondere der aus übergeordneten Zentren (Hypophysenvorder- und -hinterlappen, Hypothalamus) stammenden regulierenden Hormone und die entsprechenden Feedbackmechanismen soll hier nicht weiter eingegangen werden.

Das Übertrainingssyndrom

Das Übertraining stellt definitionsgemäß einen Leistungsabfall bzw. eine Leistungsstagnation trotz eines regelmäßig durchgeführten Trainings dar, ohne daß ein organisch krankhafter Befund vorliegt [11, 12, 13]. Der Sportler klagt außerdem über eine verminderte Belastbarkeit und schnellere Ermüdbarkeit im Training. Diese Trias ist sowohl der sympathikotonen bzw. basedowoiden und der

Tabelle 1. Häufigste Symptome des Übertrainings. [Nach 12]

	Übertraining	
Sympathikoton		Parasympathikoton
	Leistungsabfall	
	Verminderte Belastbarkeit	
	Schnelle Ermüdbarkeit	
Ruhepuls ↑		Ruhepuls ↔
Pulsrückgang nach Belastung ↓		Pulsrückgang nach Belastung ↔
Körpergewicht ↓		Körpergewicht ↔
Appetit ↓		Appetit ↔
Schlafstörungen		Schlaf unverändert
Emotionale Instabilität, innere Unruhe		Stimmungslage unverändert, eher Phlegma
Organbezogene Beschwerden		

parasympathikotonen bzw. addisonoiden Erscheinungsform des Übertrainings gemeinsam (Tabelle 1) [10, 12]. Die sympathikotone Form ist durch ihre typische Symptomatik mit teilweise erheblich gestörter Befindlichkeit und häufigen organbezogenen Beschwerden relativ leicht zu diagnostizieren. Sie betrifft in erster Linie Sportanfänger, Jugendliche und Sportler in Nichtausdauersportarten [12]. Im Gegensatz dazu steht die sehr viel symptomärmere und somit häufig schwer zu diagnostizierende parasympathikotone Form. Sie betrifft vor allem hochtrainierte Ausdauersportler und ältere Sportler. Die in Tabelle 1 aufgeführten Symptome des Übertrainings stellen gleichzeitig häufige in einer sportmedizinischen Ambulanz angegebene Beschwerden dar. Um eine organische Erkrankung als Ursache auszuschließen, sind klinische, laborchemische und andere apparative Untersuchungen notwendig.

Ursächlich besteht immer ein Mißverhältnis zwischen aktueller Belastungsintensität und Belastbarkeit, wobei das Spektrum der möglichen Ursachen vom trainingsphysiologischen bis hin zum familiären Bereich reicht. Eine der häufigsten Ursachen ist zweifellos ein fehlerhaftes Training mit ungenügenden Regenerationsphasen bzw. zu häufigen Trainingseinheiten im intensiven Ausdauerbereich oder mit hohen Laktatkonzentrationen im Blut. Ein Übertraining droht auch dann, wenn trotz bestehendem Infekt unverändert weiter trainiert oder in der Abklingphase das Training zu schnell wieder aufgenommen wird.

Der Pathomechanismus des Übertrainings ist letztlich noch nicht geklärt. In erster Linie werden Störungen verschiedener zentraler Regulationssysteme spekuliert [11]. Einiges weist auf eine vegetative Fehlsteuerung mit konsekutiv limitierter anaerober Energiebereitstellung hin. Zu häufige anaerobe Trainingseinheiten könnten zu einer Überbeanspruchung des sympathischen Systems mit verminderter Katecholaminausschüttung und somit zu einer eingeschränkten glykolytischen Energiebereitstellung mit verminderten Blutlaktatspiegeln führen [12, 13]. Dies wird auch aus den im Ergometrielabor ermittelten Daten von übertrainierten Mittelstreckenläufern im Vergleich mit einer Kontrollgruppe etwa gleicher Leistungsfähigkeit deutlich (Abb. 3 und 4). Sowohl die Laufzeit im anaeroben Laufbandtest

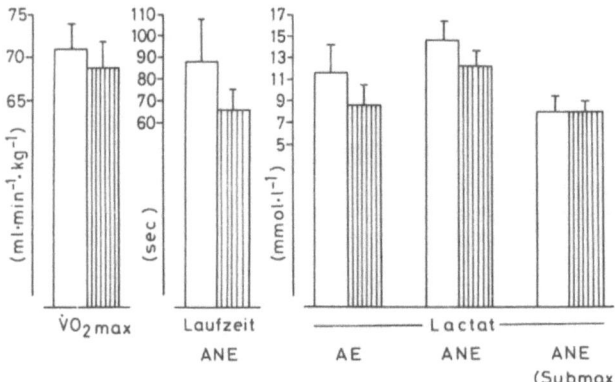

Abb. 3. Vergleich der maximalen Sauerstoffaufnahme, Laufzeit im anaeroben Test sowie maximalen Blutlaktatspiegel bei aerober *(AE)* und anaerober *(ANE)* Leistungsdiagnostik im Labor zwischen Kontroll- und Übertrainingsgruppe (Mittelwerte ± Standardabweichung). ☐ Kontrollgruppe, ▥ Übertraining. [Nach 13]

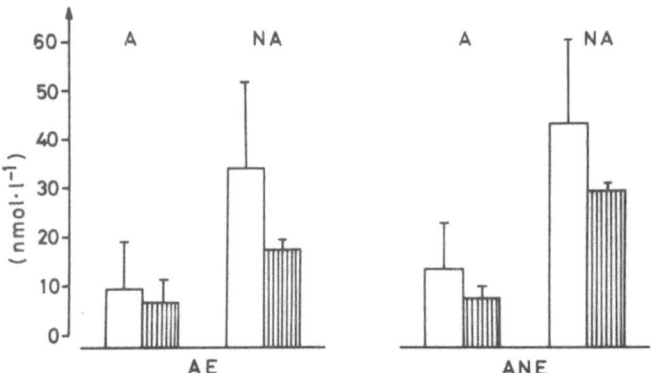

Abb. 4. Vergleich der Plasmakatecholamine Adrenalin *(A)* und Noradrenalin *(NA)* nach aeroben *(AE)* und anaeroben *(ANE)* Laufbandtests zwischen Kontroll- und Übertrainingsgruppe (Mittelwerte ± Standardabweichung). ☐ Kontrollgruppe, ▥ Übertraining. [Nach 13]

als Parameter der anaeroben Ausdauer als auch die maximalen Laktat- und Katecholaminkonzentrationen im Stufen- und anaeroben Laufbandtest liegen in der Übertrainingsgruppe deutlich niedriger. Beim anaeroben Test wird in der Übertrainingsgruppe eine obere Adrenalin- bzw. Noradrenalinkonzentration von 10 bzw. 30 nmol·l^{-1} nicht überschritten (Abb. 4). Im Wettkampf sind übertrainierte Athleten ebenfalls nicht in der Lage, ihre anaeroben Energiereserven voll auszuschöpfen, wie aus den sowohl im Labor als auch nach einem 1500 m-Rennen deutlich niedrigeren maximalen Blutlaktatspiegeln in Abb. 5 ersichtlich ist. Die identischen Laktatkonzentrationen im 40sekündigen anaeroben Submaximaltest (Abb. 3) weisen auf eine offensichtlich unveränderte alaktazide anaerobe Kapazität, zumindest bei der hier vorliegenden parasympathikotonen Form des Übertrainings, hin.

Hormonelles Verhalten bei körperlicher Belastung und Übertraining   261

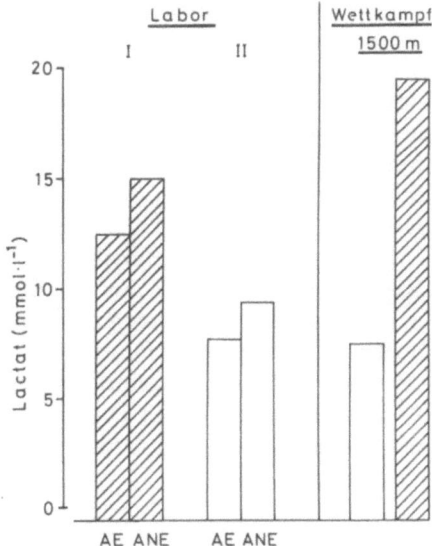

Abb. 5. Vergleich der maximalen Blutlaktatspiegel bei einem Spitzenmittelstreckenläufer im Zustand des Übertrainings *(offene Säulen)* und bei gutem Trainingszustand *(schraffierte Säulen)* nach aeroben *(AE)* und anaeroben *(ANE)* Laufbandtests und im Wettkampf. [Nach 12]

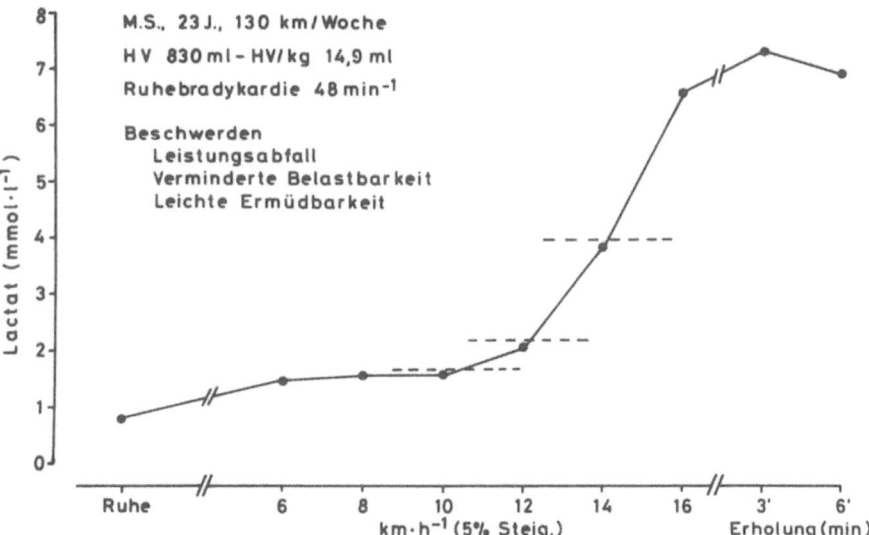

Abb. 6. Verhalten der Blutlaktatspiegel bei stufenweise ansteigender Laufbandbelastung bei einer 23jährigen Langstreckenläuferin im Zustand des Übertrainings. Die in der Laktatkurve eingezeichneten horizontalen Linien (----) haben folgende Bedeutung: Obere Linie = Intensität des durchgeführten Dauertrainings, das zum Übertraining führte; mittlere Linie = individuelle anaerobe Schwelle; untere Linie = aerobe Schwelle. [Nach 12]

Abb. 6 zeigt das Beispiel eines fehlerhaften Trainings als Ursache eines Übertrainingszustandes bei einer 23-jährigen Langstreckenläuferin, bei der ein organisch krankhafter Befund durch entsprechende Untersuchungen ausgeschlossen werden konnte. Das Herz war deutlich im Sinne eines Sportherzens umgeformt und vergrößert. Die Trainingsanamnese zeigte, daß die Sportlerin ihr Dauerlauftraining fast ständig mit einer überschwelligen Belastungsintensität durchführte, die im steilen Teil der Laktatkurve mit überwiegend anaerober Energiebereitstellung und konsekutiver Übersäuerung lag.

In diesem Zusammenhang wird die trainingsphysiologische Bedeutung des Katecholaminverhaltens aus den Ergebnissen einer Untersuchung deutlich, in der in regelmäßigen Abständen die Plasmakonzentrationen von Adrenalin und Noradrenalin während 3 mit unterschiedlicher Belastungsintensität durchgeführten Ausdauerbelastungen gemessen wurden (Abb. 7) [22]. Die Belastung an der CO_2-Schwelle (CO_2 T) [27] entspricht etwa der Trainingsform des sog. Tempodauerlaufs der Mittel- oder Langstreckenläufer und geht mit einem kontinuierlichen

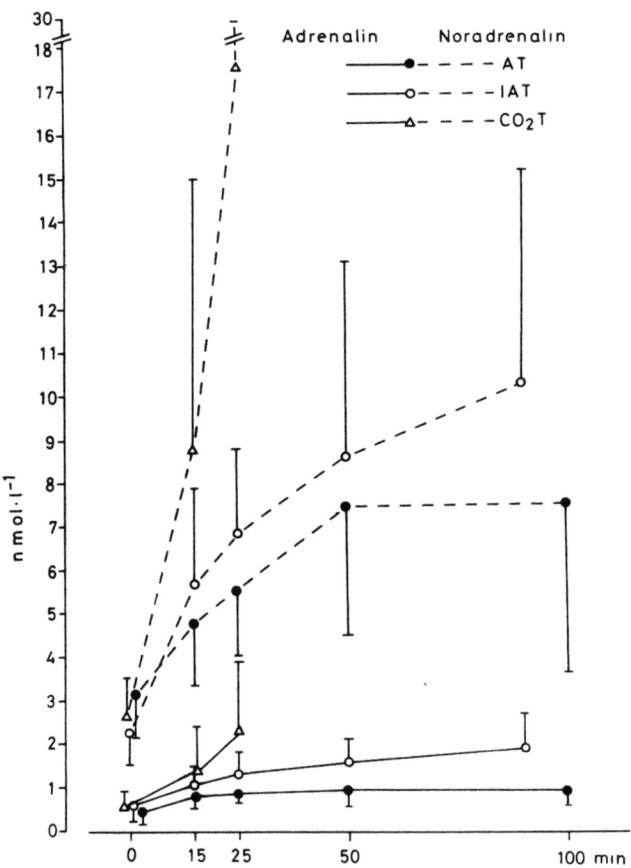

Abb. 7. Verhalten von Adrenalin und Noradrenalin bei 3 Ausdauerbelastungen unterschiedlicher Intensität (Mittelwerte ± Standardabweichung). [Nach 22]

Laktatanstieg bei gleichzeitig hoher sympatho-adrenaler Aktivität einher, die auf die erhebliche nervale Beanspruchung hinweist. Ein intensives Ausdauertraining, d. h. im Bereich der individuellen anaeroben Schwelle (IAT) [28], stellt einen optimalen Trainingsreiz zur Verbesserung der aeroben Ausdauer dar [15, 21, 28], kann jedoch wegen der zunehmend ansteigenden Plasmakatecholamine nicht über zu lange Distanzen und nicht häufiger als 2-, höchstens 3mal wöchentlich durchgeführt werden. Die Ausdauerbelastung im Bereich der sog. aeroben Schwelle (AT) [33], d. h. mit einer Belastungsintensität entsprechend einer Laktatkonzentration um $2 \text{ mmol} \cdot \text{l}^{-1}$, stellt für den Leistungssportler eine regenerative Trainingseinheit dar. Bei geringer sympathoadrenaler und metabolischer Belastung wird ein hohes Maß an muskulärer Durchblutung sowie eine beruhigende Wirkung auf das zentrale Nervensystem erreicht. Diese Trainingsform führt somit zu einer schnelleren Wiederherstellung der Belastbarkeit nach harten Trainingseinheiten oder Wettkämpfen und ist auch für den Gesundheitssport sowie für die Prävention und Rehabilitation von Herz-Kreislauf-Krankheiten geeignet. Hieraus ergibt sich die Empfehlung für die obengenannte übertrainierte Langstreckenläuferin (Abb. 6): Der größte Teil des Trainings sollte zunächst im aeroben Schwellenbereich [15, 21, 28] durchgeführt werden. Zusätzlich sollten regelmäßige regenerative Trainingseinheiten zwischengeschaltet werden. Zur „Behandlung" eines Übertrainingssyndroms gehört außerdem gegebenenfalls eine sorgfältige Herdsuche, wobei insbesondere auf Zahnwurzelvereiterungen oder eine chronische Tonsillitis geachtet werden sollte. Darüber hinaus muß zeitweilig vermehrten familiären und beruflichen Streßsituationen sowie bioklimatischen oder nutritiven Faktoren Rechnung getragen werden [12, 17].

Obwohl das Übertraining ein relativ häufiges Syndrom darstellt, dessen Prävention von wesentlicher Bedeutung für die Steuerung der Belastungsintensität im Training ist, stehen bisher nur wenige objektive Kriterien zur Diagnose bzw. Prävention zur Verfügung. Hierzu zählt die Bestimmung der maximalen Laktat- und Plasmakatecholaminkonzentrationen, wobei gewährleistet sein muß, daß bis zur subjektiven Erschöpfung ausbelastet wurde. Eine weitere Möglichkeit stellen trainingsbegleitende Maßnahmen mit regelmäßigen Harnstoffkontrollen im Blutserum dar [4]. Kontinuierlich ansteigende Serumharnstoffkonzentrationen signalisieren eine katabole Stoffwechsellage bei zu hoher Trainingsbelastung, so daß eine Trainingsreduktion erforderlich wird. Ein oberer Grenzwert von 50 mg% ($8{,}3 \text{ mmol} \cdot \text{l}^{-1}$) sollte nicht überschritten werden. Differentialdiagnostisch muß eine vermehrte Eiweiß- bzw. verminderte Flüssigkeitszufuhr berücksichtigt werden. Im Gegensatz dazu weisen erhöhte Werte der Kreatinkinase im Blutserum lediglich auf eine vorangegangene hohe muskuläre Belastung hin [17]. Abb. 8 zeigt, wie durch sofort einsetzende regenerative Maßnahmen (3. Woche) nach einem anfänglich aufgrund vermehrter hochintensiver Belastungen steilen Anstieg des Serumharnstoffs ein Übertraining vermieden werden konnte.

Möglichkeiten einer hormonellen Trainingssteuerung

Die Grundlage zu einer hormonellen Trainingssteuerung basiert auf der Beobachtung, daß die Blutkonzentrationen von Testosteron, Sexual-Hormone-Binding-

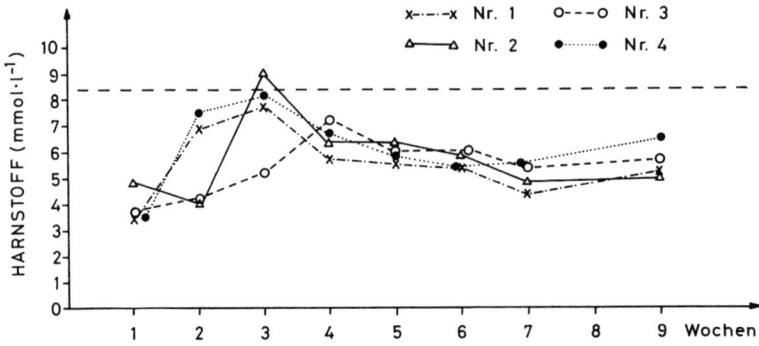

Abb. 8. Verhalten des Serumharnstoffs bei 4 Spitzenruderinnen während einer 9wöchigen Trainingsphase in der Wettkampfsaison. Die unterbrochene horizontale Linie stellt den oberen Grenzwert der Harnstoffkonzentration dar. [Nach 32]

Globulin (dem Trägerprotein der Sexualhormone) und Kortisol abhängig von Intensität und Dauer vorausgegangener Trainings- oder Wettkampfbelastungen Veränderungen aufweisen, die durch adäquate Regenerationsphasen reversibel sind. Aus den Blutkonzentrationen von Testosteron (T) und Sexual-Hormone-Binding-Globulin (SHBG) kann der biologisch aktive freie Testosteronanteil T/SHBG [3], aus den Konzentrationen von Testosteron und Kortisol (C) der Quotient T/C als Ausdruck des hormonellen anabol-katabolen Gleichgewichtes bestimmt werden [2]. Bereits in früheren Studien wurde vereinzelt darauf hingewiesen, daß ein Abfall des freien Testosterons möglicherweise Ausdruck einer ungenügenden Regeneration während Perioden repetitiver intensiver Belastungen sein könnte [2, 19, 23]. Auf die Notwendigkeit eines adäquaten Verhältnisses zwischen anabol und katabol wirkenden Hormonen für einen trainingsbedingten Kraftzuwachs lassen weitere Untersuchungen [9] schließen, worin die Autoren ein paralleles Verhalten der Quotienten T/SHBG und T/C zum Kraftzuwachs aufzeigen konnten. Die am Ende der 6monatigen Beobachtungsperiode eingetretene Leistungsstagnation bei sogar intensiviertem Training, die einem Übertrainingszustand entsprach, ging mit einer Stagnation des bis dahin auf eine anabole Stoffwechselsituation hinweisenden hormonellen Gleichgewichtes einher. Adlercreutz et al. [2] berichteten ebenfalls über eine nach zu intensiven Trainingsbelastungen induzierte katabole Stoffwechsellage, die durch einen Abfall des Verhältnisses zwischen freiem Testosteron und Kortisol gekennzeichnet ist. Das hormonelle Verhalten in den Tagen nach einer mehrstündigen erschöpfenden Ausdauerbelastung, wie sie ein Triathlonwettbewerb darstellt, weist sogar auf ein mehrtägiges anaboles Defizit, gekennzeichnet durch eine Depression der biologisch aktiven freien Testosteronfraktion, hin (Abb. 9) [30]. Ungeeignete Belastungen während dieser Erholungsphase könnten in ein Übertraining münden mit gleichzeitig längerfristig erhöhtem Kortisolspiegel, was nach dem untersuchten Triathlonwettbewerb lediglich in den ersten Stunden der Fall war.

Eine weitere Studie [31] befaßte sich mit dem Verhalten von Testosteron und Kortisol während der Wettkampfperiode von männlichen und weiblichen Spitzenruderern. Bei allen Athleten kam es im Verlauf der 7wöchigen Beobachtungspe-

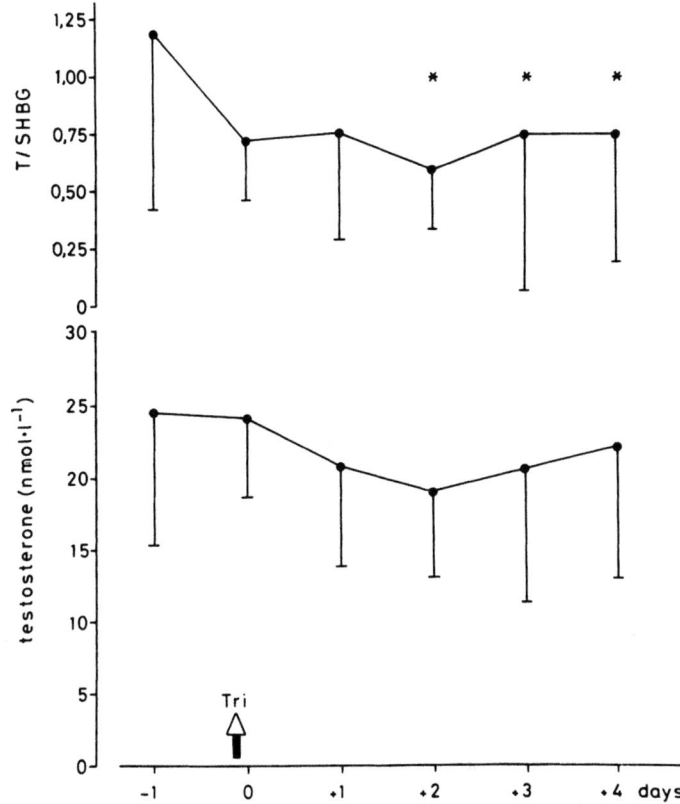

Abb. 9. Verhalten der Blutkonzentrationen von Gesamttestosteron und freiem Testosteron *(T/ SHBG)* 1 Tag vor, unmittelbar nach einem Triathlonwettbewerb und während der 4 ersten Tage der darauffolgenden Erholungsphase (Mittelwerte ± Standardabweichung). [Nach 30]

riode zu einem zunehmenden Abfall von Testosteron, freiem Testosteron und T/C (Abb. 10 und 11). Eine regenerative Trainingswoche, die wegen eines bei allen Ruderern deutlichen Harnstoffanstieges durchgeführt wurde, bremste den Abfall. Bei 2 Ruderern, die bereits nach der 2. bzw. 3. Woche das Training abbrachen, normalisierten sich die obengenannten Parameter in den folgenden Wochen, was in Abb. 12 am Beispiel des freien Testosterons dargestellt wird.

Insgesamt verhalten sich freies Testosteron und T/C parallel zur Belastungsintensität: nach intensiven Trainings- oder Wettkampfbelastungen kommt es zu einem mehrtägigen Abfall, nach regenerativen Trainingsmaßnahmen wieder zu einem Anstieg. Das hormonelle Verhalten in Perioden wiederholter intensiver Belastungen weist insgesamt auf eine zunehmende katabole Stoffwechsellage hin, die durch regenerative Maßnahmen günstig beeinflußt wird. Athleten, die das Trainingsprogramm vorzeitig abbrachen, zeigten ein deutlich unterschiedliches hormonelles Verhalten zu den weiter trainierenden Ruderern, während die entsprechenden Harnstoffkonzentrationen bei beiden Gruppen ähnlich lagen. Ein Einbruch im Wettkampf zeichnete sich bereits 1 Woche zuvor durch auffällig

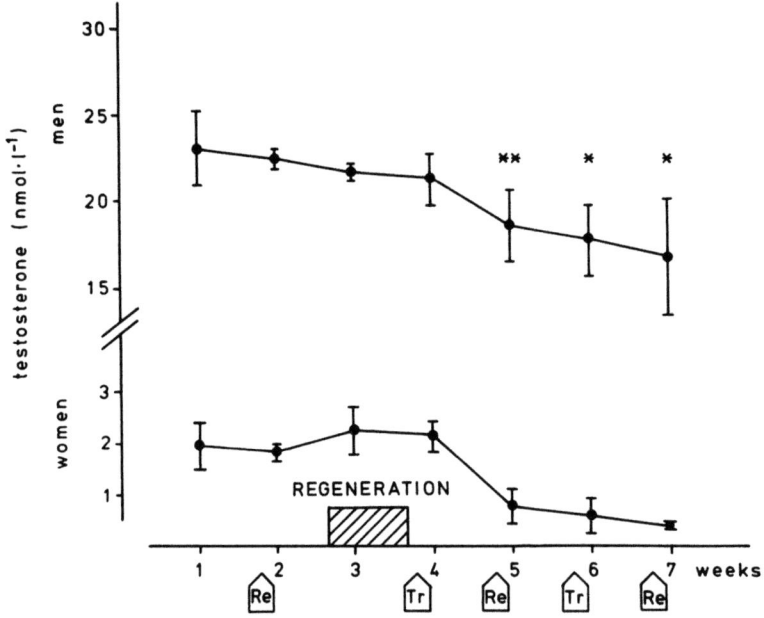

Abb. 10. Verlauf der Testosteronkonzentration im Serum bei 6 männlichen und 3 weiblichen Ruderern während 7 Wochen der Wettkampfperiode (*Re* Regatta, *Tr* Trainingslager) (Mittelwerte ± Standardabweichung); Statistik: * = p < 0,05, ** = p < 0,01. [Nach 31]

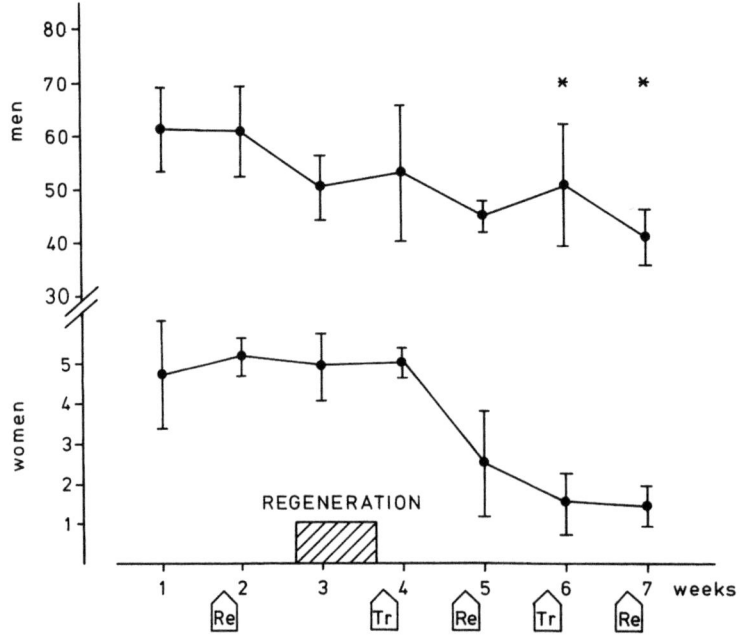

Abb. 11. Verhalten des Verhältnisses von Testosteron zu Kortisol (T/C) bei 6 männlichen und 3 weiblichen Ruderern während 7 Wochen der Wettkampfperiode (Legende s. Abb. 10). [Nach 31]

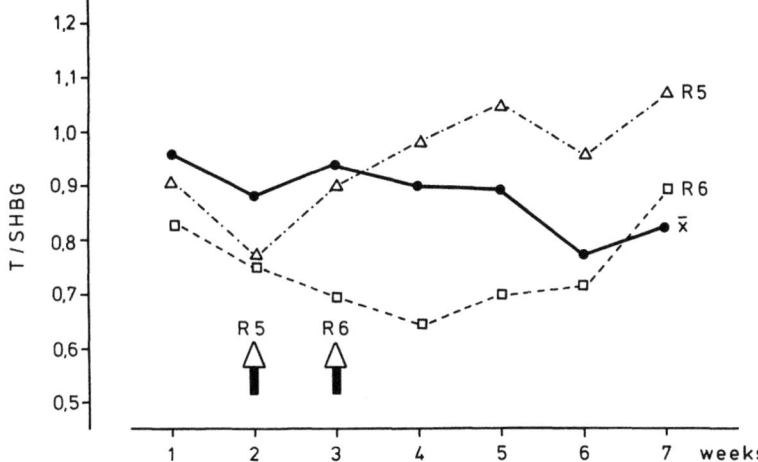

Abb. 12. Verlauf des freien Testosterons *(T/SHBG)* bei 2 nach 2 bzw. 3 Wochen *(Pfeile)* aus dem Training ausgeschiedenen Athleten *R5* und *R6* im Vergleich zum Verlauf des Mittelwertes der übrigen Ruderer ($\bar{x}$). [Nach 31]

niedrige T/C-Werte ab, die auf einen Übertrainingszustand hindeuteten. Die am Tage nach dem Rennen im Vergleich zu den übrigen Ruderern deutlich niedrigeren Konzentrationen für den freien Testosteronanteil sowie für Kortisol können als Ausdruck einer zentralen Ermüdung angesehen werden, wie in der Literatur am Beispiel eines kollabierten Langstreckenläufers beschrieben worden ist [5]. Die Harnstoffkonzentrationen unterschieden sich weder vor noch nach diesem Leistungsabfall von denen der übrigen Ruderer.

Die Ursache für den zunehmenden Abfall der Testosteronkonzentration ist z.Zt. noch unklar; hier muß einerseits ein zentraler Mechanismus, im Zusammenhang mit einer eventuell erniedrigten Ausschüttung von LH oder Prolaktin diskutiert werden [1, 8], andererseits könnte ein direkter Einfluß auf die testikuläre Testosteronsekretion, etwa durch Hemmung eines enzymatischen Schrittes oder eine abgefallene Empfindlichkeit der Leydig-Zellen gegenüber stimulierenden Hormonen eine Rolle spielen [8].

In erster Linie besteht die Notwendigkeit, individuelle Richtwerte aufzustellen, die eine für das Erreichen von Höchstleistungen erforderliche intensive Wettkampf- oder Trainingsbelastung von einem Übertrainingszustand abzugrenzen vermögen; tatsächlich konnte die Mehrzahl der untersuchten Ruderer trotz des beschriebenen veränderten hormonellen Gleichgewichtes weiterhin überzeugende Wettkampfleistungen erbringen. Die bisher in der Literatur aufgeführten Richtwerte [2] basieren lediglich auf Untersuchungen nach 1wöchigen hochintensiven Trainingsbelastungen bei Langstrecklern. In Situationen einer offensichtlich akuten Überbelastung erlauben jedoch die allgemeine Symptomatik sowie insbesondere die Bestimmung des Serumharnstoffs eine relativ zuverlässige Diagnose. Diese Parameter versagen jedoch meist in den Fällen eines chronischen Übertrainings, so daß hier die Verlaufsbeobachtung sorgfältig ausgesuchter hormoneller Parameter eine empfindlichere Methode zur optimalen Belastungssteuerung im

Training darstellen könnte. Dies wird insbesondere auch aus dem unterschiedlichen Verhalten von Hormon- und Harnstoffkonzentrationen der weiter trainierenden im Vergleich zu den aus dem Trainingsprozeß ausgeschiedenen Athleten bzw. dem bei einem Rennen eingebrochenen Ruderer, ersichtlich.

Ziel einer hormonellen Trainingssteuerung muß es sein, anabol und katabol wirkende Hormone möglichst schnell und ohne größeren Aufwand bestimmen zu können sowie eine direkte Übertragbarkeit dieser Ergebnisse in die individuelle Trainingsplanung zu ermöglichen, um rechtzeitig Überbelastungen zu erkennen und entsprechende Maßnahmen ergreifen zu können. Eine Weiterentwicklung der beschriebenen hormonellen Verlaufsbeobachtung mit Festlegung von hormonellen Grenzwerten könnte in Zukunft eine interessante Methode zur Steuerung eines optimal abgestimmten Trainings durch wohldosierte Belastungen verschiedener Intensitätsbereiche darstellen.

Literatur

1. Aakvaag A, Sand T, Opstad PK, Fonnum F (1978) Hormonal changes in serum in young men during prolonged physical strain. Eur J Appl Physiol 39: 283-291
2. Adlercreutz H, Härkönen M, Kuoppasalmi K et al. (1986) Effect of training on plasma anabolic and catabolic steroid hormones and their response during physical exercise. Int J Sports Med 7 [Suppl]: 27-29
3. Anderson DC (1974) Sex hormone binding globulin. Clin Endocrinol 3: 69-96
4. Berg A (1977) Die aktuelle Belastbarkeit - Versuch ihrer Beurteilung anhand von Stoffwechselgrößen. Leistungssport 7: 420-424
5. Dessypris A, Kuoppasalmi K, Adlercreutz H (1976) Plasma cortisol, testosterone, androstenedione and luteinizing hormone (LH) in a non-competitive marathon run. J Steroid Biochem 7: 33-37
6. Galbo H (1983) Hormonal and metabolic adaptation to exercise. Thieme, Stuttgart
7. Gillespie CA, Edgerton VR (1970) The role of testosterone in exercise induced glycogen supercompensation. Horm Metab Res 2: 364-366
8. Guezennec CY, Ferre P, Serrurier B, Merino D, Pesquies PC (1982) Effect of prolonged physical exercise and fasting upon plasma testosterone level in rats. Eur J Appl Physiol 49: 159-168
9. Häkkinen K, Pakarinen A, Alén M, Komi PV (1985) Serum hormones during prolonged training of neuromuscular performance. Eur J Appl Physiol 53: 287-293
10. Israel S (1958) Die Erscheinungsformen des Übertrainings. Sportmedizin 9: 183-188
11. Israel S (1976) Zur Problematik des Übertrainings aus internistischer und leistungsphysiologischer Sicht. Med Sport 16: 1-12
12. Kindermann W (1984) Übertraining, Symptome und Ursachen. In: Jeschke D (Hrsg) Stellenwert der Sportmedizin in Medizin und Sportwissenschaft. Springer, Berlin Heidelberg New York Tokyo, S 340-346
13. Kindermann W (1986) Das Übertraining - Ausdruck einer vegetativen Fehlsteuerung. Dtsch Z Sportmed 37: 238-245
14. Kindermann W, Keul J (1977) Anaerobe Energiebereitstellung im Hochleistungssport. Hofman, Schorndorf
15. Kindermann W, Simon G, Keul J (1979) The significance of the aerobic-anaerobic transition for the determination of work load intensities during endurance training. Eur J Appl Physiol 42: 25-34
16. Kindermann W, Schnabel A, Schmitt WM, Biro G, Cassens J, Weber F (1982) Catecholamines, growth hormone, cortisol, insulin and sex hormones in anaerobic and aerobic exercise. Eur J Appl Physiol 49: 389-399
17. Kindermann W, Salas-Fraire O, Sroka G, Müller U (1983) Serumenzymverhalten nach körper-

licher Belastung - Abgrenzung von krankheitsbedingten Veränderungen. Herz Kreisl 15: 117-123
18. Kindermann W, Schmitt WM, Schnabel A, Berg A, Biro G (1985) Verhalten von Testosteron im Blutserum bei Körperarbeit unterschiedlicher Dauer und Intensität. Dtsch Z Sportmed 36: 99-104
19. Kuoppasalmi K (1980) Plasma testosterone and sex-hormone-binding globulin capacity in physical exercise. Scand J Clin Lab Invest 40: 411-418
20. Kuoppasalmi K, Näveri H, Rehunen S, Härkönen M, Adlercreutz H (1976) Effect of strenuous anaerobic running exercise on plasma growth hormone, cortisol, luteinizing hormone, testosterone, androstenedione, estrone and estradiol. J Steroid Biochem 7: 823-829
21. Mader AQ, Liesen H, Heck H, Philippi H, Rost R, Schürch P, Hollmann W (1976) Zur Beurteilung der sportspezifischen Ausdauerleistungsfähigkeit im Labor. Sportarzt Sportmed 27: 80-88, 109-112
22. Manz HM, Stegmann H, Weiler B, Kindermann W (1984) Verhalten der Plasmakatecholamine bei Ausdauerbelastungen unterschiedlicher Intensität. In: Jeschke D (Hrsg) Stellenwert der Sportmedizin in Medizin und Sportwissenschaft. Springer, Berlin Heidelberg New York Tokyo, S 153-157
23. Remes K, Kuoppasalmi K, Adlercreutz H (1985) Effect of physical exercise and sleep deprivation on plasma androgen levels: Modifying effect of physical fitness. Int J Sports Med 6: 131-135
24. Scheele K, Herzog W, Ritthaler G, Wirth A, Weicker H (1979) Metabolic adaptation to prolonged exercise. Eur J Appl Physiol 41: 101-108
25. Schmitt WM, Kindermann W, Schnabel A, Biro G (1981) Metabolismus und hormonelle Regulation bei Marathonläufen unter besonderer Berücksichtigung von Lebensalter, Trainingszustand und Geschlecht. Dtsch Z Sportmed 32: 1-7
26. Schnabel A, Kindermann W, Schmitt WM, Biro G, Stegmann H (1982) Hormonal and metabolic consequences of prolonged running at the individual anaerobic threshold. Int J Sports Med 3: 163-168
27. Simon J, Young JL, Gutin B, Blood DK, Case RB (1983) Lactate accumulation relative to the anaerobic and respiratory compensation thresholds. J Appl Physiol 54: 13-17
28. Stegmann H, Kindermann W, Schnabel A (1981) Lactate kinetics and individual anaerobic threshold. Int J Sports Med 2: 160-165
29. Sutton JR, Coleman M, Casey J, Lazarus L (1973) Androgen responses during physical exercise. Br Med J I: 520-522
30. Urhausen A, Kindermann W (1987) Behaviour of testosterone, sex hormone binding globulin (SHBG) and cortisol before and after a triathlon competition. Int J Sports Med (im Druck)
31. Urhausen A, Müller M, Förster HJ, Weiler B, Kindermann W (1986) Trainingssteuerung im Rudern. Dtsch Z Sportmed 37: 340-346
32. Urhausen A, Kullmer T, Kindermann W (1987) A seven week follow-up study of the behaviour of testosterone and cortisol during the competition period of rowers. Eur J Appl Physiol (im Druck)
33. Wasserman K, Whipp J, Koyal SN, Beaver WL (1973) Anaerobic threshold and respiratory gas exchange during exercise. J Appl Physiol 32: 236-243
34. Weicker H (1985) Hormonelle Regulation bei Ausdauer- und Kurzzeitbelastung. In: Franz IW, Mellerowicz H, Noack W (Hrsg) Training und Sport zur Prävention und Rehabilitation in der technisierten Umwelt. Springer, Berlin Heidelberg New York Tokyo, S 42-50

Biochemical Indicators in Diagnosis of Overstrain Condition in Athletes

M. Härkönen, K. Kuoppasalmi, H. Näveri, J. Karvonen, and H. Adlercreutz

The possible counterproductive effect of prolonged training of high intensity on physical performance is well known among athletes. This overstrain condition is difficult to detect before its appearance and also in its early phase, using the physiological tests now in use for this purpose. Therefore, we have approached this problem from the biochemical point of view, hoping to find better indicators.

Endogenous hormones have an important role in regulating energy expenditure and in withstanding stress. The regulation of protein metabolism is also a complicated balance between catabolic (glucocorticoids, thyroid hormones) and anabolic (insulin, growth hormones, androgens) hormones. Therefore, the changes in blood hormone levels could perhaps be used to monitor overstrain condition. In order to uncover the hormonal changes occurring in overstrain we have studied the effect of training and acute exercise on pituitary-gonadal and adrenocortical function in man and rat.

After intense exercise low-serum testosterone and high-serum cortisol concentrations were regularly observed in athletes, the harder the strain the bigger and longer-lasting these changes. Physical fitness did not seem to be associated with an increase in serum androgen levels in man [1, 2, 3]. Similarly, the training did not change the basal levels of serum or testicular androgens, or receptors for LH and lactogen in testis tissue in the rat. However, the capacity of testicular interstitial cell suspensions to produce cAMP and testosterone increased during gonadotropin stimulation.

When trained and untrained rats were exposed to acute exercise, serum testosterone levels were clearly depressed after the exercise, whereas LH was unchanged. In the testis tissue androgens were also decreased, but the cAMP concentrations were unchanged. In both trained and untrained animals acute exercise decreased the capacity of interstitial cell suspensions to produce cAMP, whereas no consistent effects were seen on testosterone production.

These studies indicate that training has no effect on serum or testicular androgen concentrations, but it increases interstitial cell capacity to produce testosterone. Acute exercise decreases serum and testicular androgens without affecting serum LH. This seems to be a direct effect on the testis and may be due to high serum corticosteroid levels. Thus, in athletes who have undergone prolonged training of high intensity, androgenic-anabolic activity could be below the level needed to initiate the anabolic phase of skeletal muscle protein metabolism and to counteract the catabolic effects of glucocorticoids on skeletal muscle. The significance of androgens in intense training is evidently related to their deficiency during the recovery phase.

Based on this approach we exposed a group of young long-distance runners to intense training for 1 week whereafter they were examined using various physiological tests (e.g. resting pulse rate, orthostatic cardiovascular tests, pulse rate recovery after exercise) and clinical chemical tests (e.g. serum total and free (measured) testosterone, serum SHBG, serum cortisol, serum HGH, saliva testosterone, saliva cortisol, serum creatine kinase, serum prealbumin, urine methylhistidine, urine creatinine) to detect the possible overstrain condition. Runners of similar age, training normally, served as the control group. The serum-free testosterone/cortisol ratio correlated well with physiological tests and seems to be the method of choice for diagnosing overstrain condition.

The basal values for an individual athlete should be determined during the basic conditioning period when the strain is as small as possible. Using these as individual reference values the tendency to overstrain can be followed. In addition, serum SHBG can be used as an indicator of accumulated strain and serum creatine kinase for evaluating the response of muscle to exercise.

We already have some experience in monitoring overstrain among Finnish top athletes, mainly cross-country skiers, long-distance runners and rowers, preparing for the Olympics and World Championship Games.

References

1. Kuoppasalmi K (1981) Effects of exercise stress on human plasma hormone levels with special reference to steroid hormones. Doctoral dissertation, University of Helsinki 1981
2. Kuoppasalmi K, Näveri H, Härkönen M, Adlercreutz H (1980) Plasma cortisol, androstenedione, testosterone and luteinizing hormone in running exercise of different intensities. Scand J Clin Lab Invest 40: 403–409
3. Kuoppasalmi K, Näveri H, Rehunen S, Härkönen M, Adlercreutz H (1976) Effect of strenuous anaerobic running exercise on plasma growth hormone, cortisol, luteinizing hormone, testosterone, androstenedione, estrone and estradiol. J Steroid Biochem 7: 823–829

Unphysiologisches im Segelsport

A. A. Bettermann

Die Seekrankheit

Einführung

Solange es die Seefahrt gibt, plagt sich die Menschheit auch mit der Seekrankheit, jener Kinetose, unter der bei extremen Wetterbedingungen und ohne entsprechende Adaptation etwa 80% aller Menschen leiden. Einen ersten therapeutischen Ansatz beschreibt bereits der römische Arzt Aulus Cornelius Celsus (25 v.Chr.- 50 n.Chr.), der in seinem Werk „De Medicina" eine strenge Diät aus leicht verdaulichen Speisen empfahl. Alle diätetischen Versuche jedoch, die in den folgenden Jahrhunderten noch erheblich verfeinert wurden, hatten zweifellos stets doch nur einen Plazeboeffekt. Der englische Arzt Bernhard von Gordon beschritt 1303 als erster neue Wege. Er empfahl, den Kopf hochzuhalten und ihn synchron zum Schiffsgeschaukel zu bewegen. Diese Therapie wurde am englischen Hof derart beherzigt, daß eigens ein besonders ausgesuchter Beamter angestellt wurde, um das erlauchte Haupt des Königs zu „umfassen und hin und her, rauf und runter" zu bewegen, wenn er zwecks Besuchs seiner französischen Latifundien den Ärmelkanal überqueren mußte. Man weiß heute, daß in Rückenlage mit leicht rekliniertem Kopf, eine weitgehende Beherrschung der Seekrankheit möglich ist.

Es kann heute als gesichert gelten, daß Einwirkungen verschiedener Beschleunigungskomponenten und -intensitäten sowie deren Richtungswechsel auf den menschlichen Organismus die auslösende Ursache aller Kinetosen ist. Die Beschleunigungsarten lassen sich unterteilen in Linear- und Angularbeschleunigungen, die in der Seefahrt als Rollen, Stampfen und Tauchschwingen bezeichnet werden (Abb. 1). Die Kombination dieser drei Komponenten, die als Schlingern bezeichnet wird, ist aufgrund der Irregularität des Bewegungsablaufes besonders gefürchtet. Bei ausgeprägt suszeptiblen Individuen kann der kinetische Reiz sogar bei optischer Stimulation auftreten.

Zum Zwecke der Orientierung im Raum ist der Mensch auf die Zusammenarbeit zahlreicher Sinnesorgane angewiesen. Nach heutiger Auffassung ist der Vestibularapparat das wichtigste zentrale Organ, das dem Organismus als Grundlage aller räumlich orientierten Wahrnehmungen und Vorstellungen sowie aller spontanen oder kontrollierten Bewegungen, die gerichtet im Raum erfolgen, dient. Ein vereinfachtes Schema der Reizausbreitung zeigt die Abb. 2.

Das allgemein als Charakteristikum angesehene Erbrechen ist nur der Höhepunkt der sehr vielseitigen Symptomatik. Dieses führt zu starker Ermattung und ist teilweise mit dem gefürchteten Vernichtungsgefühl verbunden. Ein völliger Per-

Unphysiologisches im Segelsport 273

Abb. 1. Schlingerbewegungen des Schiffes als Auslöser der Seekrankheit. *Links:* Rollen – Bewegung seitlich hin und her; *Mitte:* Stampfen – Bewegung wie ein Schaukelpferd; *rechts:* Tauchschwingen – Fahrstuhlbewegung

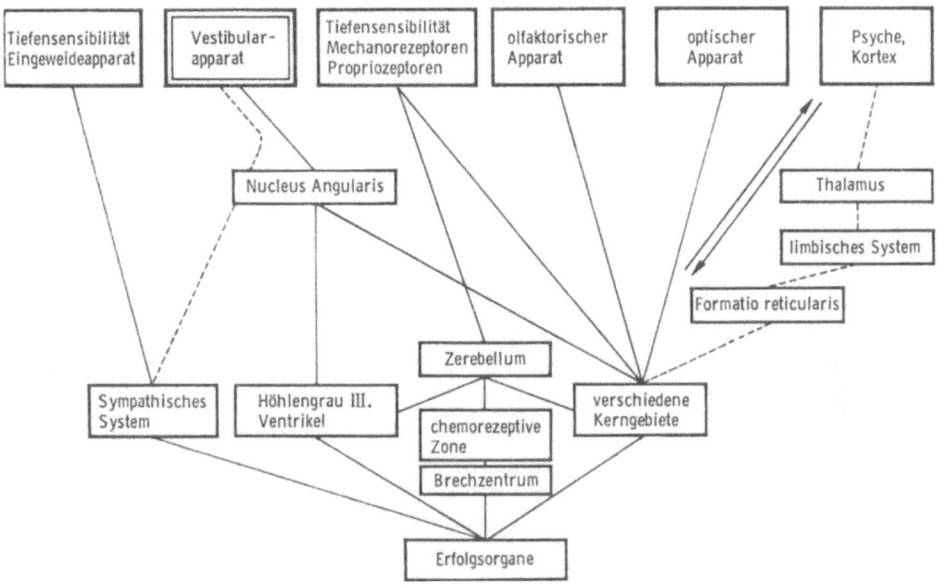

Abb. 2. Schema der Reizausbreitung

Tabelle 1. Symptome der Seekrankheit und ihre Häufigkeit (in %)

Apathie	90–95	Kalter Schweiß	35–50
Übelkeit	85–90	Händezittern	35–45
Schwindel	80–90	Sinken des Blutdrucks	35–40
Weniger Appetit und Appetitverlust	70–80	Blässe der Haut	35–40
Kopfschmerzen	65–70	Muskelschwäche	20–30
Langsamerer Herzschlag	65–70	Frösteln	20–30
Speichelfluß	65–70	Hitzegefühl	20–30
Erbrechen	50–60	Schlaflosigkeit	15–20
Schläfrigkeit	50–60	Trockenheit im Mund	10–15
Gähnsucht	40–50	Appetitzunahme	10–15
Blau unterlaufene Fingernägel	35–55	Aufstoßen	5–10

sönlichkeitszusammenbruch mit ernstzunehmenden suizidalen Absichten kann die Folge sein. Die Symptome der Seekrankheit in Relation zur Gesamtzahl der Erkrankten verdeutlicht die Tabelle 1 (nach Wozhzhowa).

Material und Methode

65 Teilnehmer einer Hochseeregatta wurden während eines Beobachtungszeitraumes von insgesamt 30 h folgenden Untersuchungen unterzogen:
Kreislaufparameter: RR (stündlich), EKG (permanent).
Laborparameter: BZ (2stündl.), Harnstoff, Kreatinin, GOT, Na, K, Ca, Cl, Urinstatus (jeweils vor und während der Exposition).
Psychometrische Parameter: Perdue-Pegboard-Test (vor, während und nach der Exposition) Schlafmuster (permanent).
Symptomatische Parameter (Fragebogen): Epigastrische Sensationen, Übelkeit, Apathie, Schwindelgefühl, Speichelfluß, Erbrechen, Kopfschmerzen, Frieren (Schüttelfrost), Appetitlosigkeit (stündlich).
Gewichtsverhalten (vorher – nachher).

Auswertung und Ergebnisse (Abb. 3)

Die Schlafphasen dauerten längstens 2 h, die Schlafdauer betrug bei keinem der Probanden mehr als insgesamt 5 h. Der Gewichtsverlust betrug im Durchschnitt 1,8 kg (min. 1,3 max. 4,1 kg), wobei hier ein gleichgroßes Kollektiv „gesunder" Segler zur Kontrolle mituntersucht wurde, das einen Gewichtsverlust von durchschnittlich 0,9 kg zeigte. Das Auftreten der verschiedenen Symptome war individuell sehr unterschiedlich ausgeprägt, wobei es in allen Fällen zum Erbrechen kam (conditio sine qua non). Dreimal wurden im Erbrochenen Erythrozyten gefunden, was als Ausdruck einer Magenschleimhautschädigung durch die Veränderung der Sekretionsverhältnisse von Salzsäure und Pepsin zu werten ist. Vier Fälle von Schüttelfrost wurden beobachtet.

Durch die psychometrischen Untersuchungen wurde der Grad der Apathie deutlich. Dieses führende Symptom einer zunehmenden Entgleisung psychosomatischer und psychovegetativer Parameter zeigt besonders deutlich die individuelle Einstellung zum Krankheitswert dieser Kinetose. Von allgemeiner Abgeschlagenheit bis hin zur völligen Teilnahmslosigkeit geht hier das Spektrum. In nicht selten beobachteten Fällen wurde jedes Bemühen um eine aktive Hilfe vom „Patienten" abgelehnt (27%). 4 Probanden zeigten eine ausgeprägte Form der Selbstaufgabe.

Bei den Laboruntersuchungen waren vor allem die Blutzuckerschwankungen (kombiniert mit einem Auftreten von Ketonkörpern im Urin) auffällig. Die relativen Hypoglykämien führten jedoch in keinem Falle zu einer Entgleisung des Zuckerstoffwechsels. Die durch das Erbrechen hervorgerufene Dehydration wurde im Hämatokrit deutlich, die Salzverluste konnten einerseits durch die Bestimmung der Elektrolyte im Serum qualitativ, andererseits durch die Untersuchungen im Erbrochenen und im Sammelurin quantitativ beurteilt werden. Die z. T. beträchtli-

Unphysiologisches im Segelsport 275

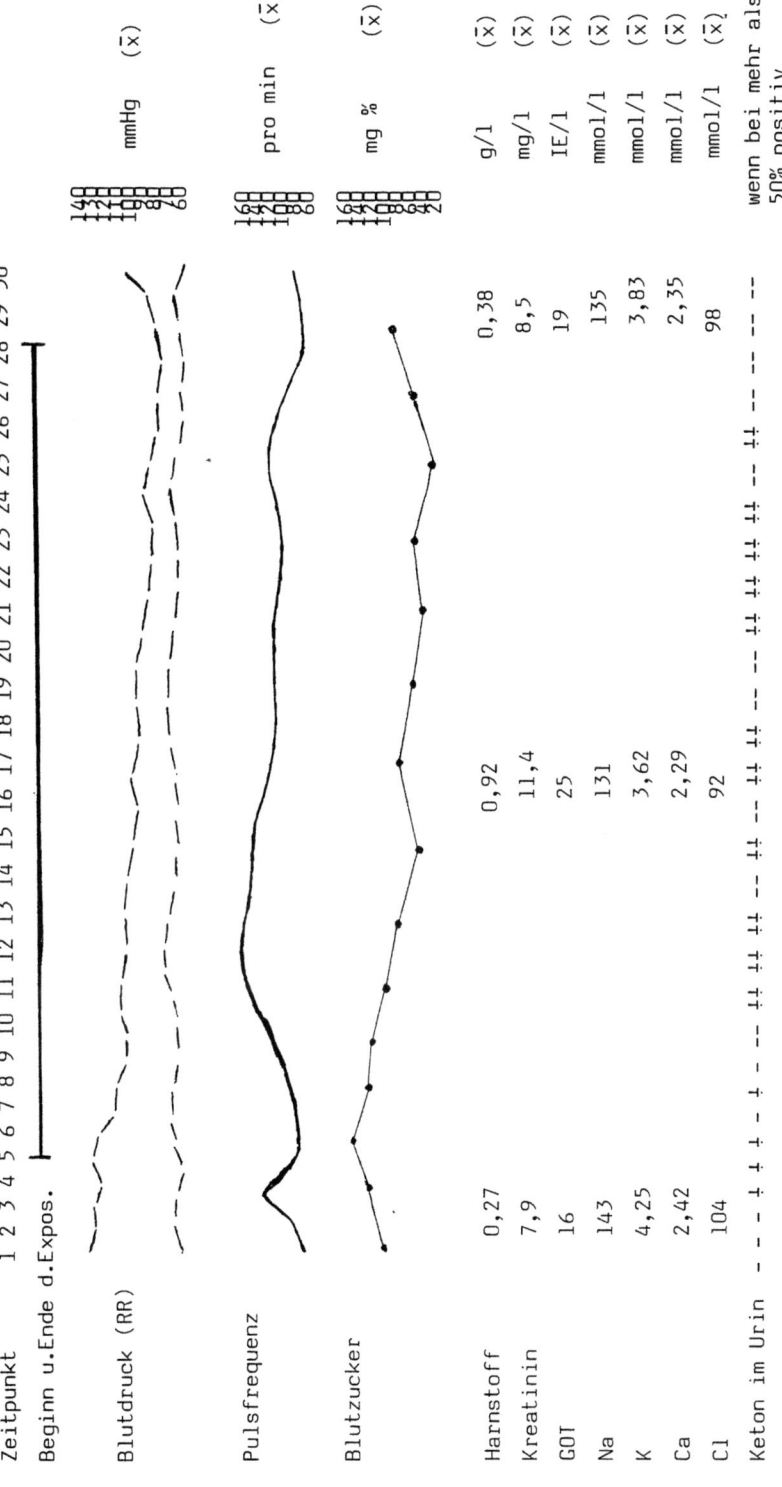

Abb. 3. Die Auswertung der Untersuchungen im einzelnen. (Sämtliche Untersuchungen wurden von Ärzten unternommen, die als Crewmitglieder an Bord der jeweiligen Yacht mitsegelten)

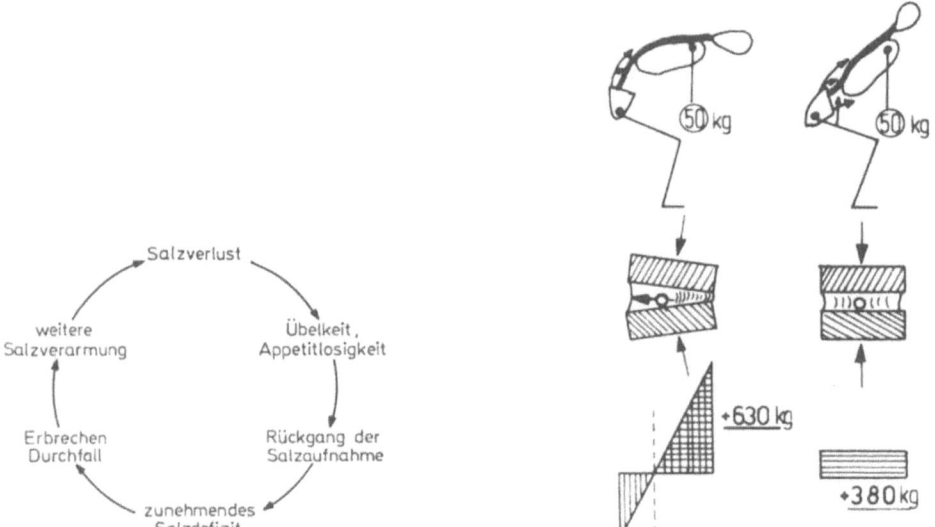

Abb. 4 *(links).* Circulus vitiosus von Erbrechen und Salzverarmung bei ausgeprägter Seekrankheit

Abb. 5 *(rechts).* Auswirkung der stark gekrümmten Haltung bei Rückenschmerzen der Segler

chen Kaliumverluste (bis zu 170 mmol/l) und Natriumverluste (0,5 kg/KG) konnten jedoch stets ausreichend kompensiert werden, wie die Serumwerte zeigen. Den Circulus vitiosus der Salzverarmung veranschaulicht Abb. 4.

Der Rückenschmerz

Einführung

Einen ganz anderen Symptomenkomplex stellen die häufig beklagten Rückenschmerzen der Jollensegler dar. Das optimale Trimmen eines Bootes ist für seine Geschwindigkeit ebenso wichtig wie die Rumpfform und die Besegelung. Dieses Trimmen wird vor allem durch den gezielten Einsatz des Körpergewichtes, welches nicht selten durch das Tragen nasser Pullover vergrößert wird, erreicht, wobei zum Teil akrobatische Leistungen vollbracht werden. Daß hierbei vor allem die Wirbelsäule extremen Belastungen ausgesetzt ist, weiß jeder, der einmal bei stürmischem Wetter Zuschauer gewesen ist. Hierbei ist nicht nur die zweifelsfrei oftmals unphysiologische Haltung als Ursache für Schäden der Wirbelsäule anzusehen, sondern die in dieser Haltung zusätzlich auftretenden Belastungen in Form ständig wechselnder Bewegungsmuster und feucht-kalter klimatischer Bedingungen. Welche Bedeutung der stark gekrümmten Haltung hierbei zugemessen werden muß, zeigt Abb. 5.

Die ungleichmäßige Verteilung der Belastung auf nur einen kleinen Teil des Bandscheibenquerschnittes kann auch durch ein kräftiges und schnell reagierendes Muskelkorsett der Wirbelsäule nicht ausgeglichen werden.

Es ist unbestritten, daß in bestimmten Sportdisziplinen gehäuft Wirbelkörperaufbaustörungen auftreten, für die besondere Druck- und Stauchungsbelastungen sowie ausgeprägte Kyphosierungen als pathogenetische Faktoren angeführt werden. Hieraus können sich habituelle Fehlhaltungen mit nachfolgender Fixation entwickeln. Dementsprechend sollten vor allem Jugendliche im Training stets ausgleichende gymnastische Übungen machen und auf eine gezielte Stärkung der Rückenmuskulatur achten [1, 3, 4, 6, 7, 10, 11]. Vor allem im Sinne einer Protektion vor später eintretenden aber rasch fortschreitenden degenerativen Wirbelsäulenveränderungen ist hier noch viel zu leisten.

Material und Methode

15 Jahre nach den olympischen Segelwettbewerben in Kiel wurden jetzt 85 Teilnehmer unter der Fragestellung ihrer Wirbelsäulenbeweglichkeit und der dabei auftretenden Beschwerden nachuntersucht. Das Durchschnittsalter der ausschließlich männlichen Probanden betrug 28 Jahre. Für die Ausgangsbewertung wurden die folgenden Neigungs- und Rotationswinkel zugrunde gelegt (s. Tabelle 2 sowie Abb. 6 und 7).

Ferner wurden Messungen der Brustwirbelsäulenbeweglichkeit mit dem Kyphometer nach Debrunner und die Bestimmung des Fingerspitzen-Bodenabstandes nach Erdmann durchgeführt, wobei der Bewegungsanteil in den Hüftgelenken besonders berücksichtigt wurde.

Die Schmerzsymptomatik war in einem Fragebogen graduell abgestuft (Skala 1-5) und in Relation zu den täglichen Bewegungsmustern gesetzt. Ein Punktsystem half bei der Auswertung, eine statistische Bereinigung fand nicht statt.

Tabelle 2. Normale Beweglichkeit der Wirbelsäule [nach 5]. Angaben in der Neutral-0-Methode

	Grad
Vor-/Rückneigung	
Halswirbelsäule	40-0-75
Brust- + Lendenwirbelsäule	105-0-60
Lendenwirbelsäule	60-0-35
	110-0-140
Rechts-/Linksneigung	
Halswirbelsäule	35-0-35
Brustwirbelsäule	20-0-20
Lendenwirbelsäule	20-0-20
	75-0-75
Rechts-/Linksdrehung	
Halswirbelsäule	45-0-45
Brustwirbelsäule	35-0-35
Lendenwirbelsäule	5-0-5
	90-0-90

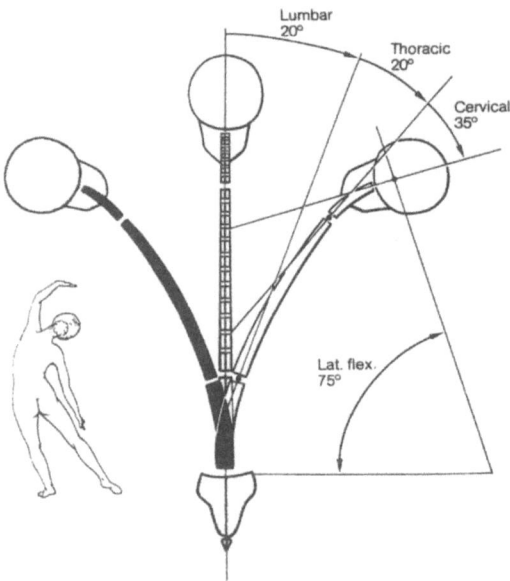

Abb. 6. Physiologische Seitbeuge der Wirbelsäule. [5]

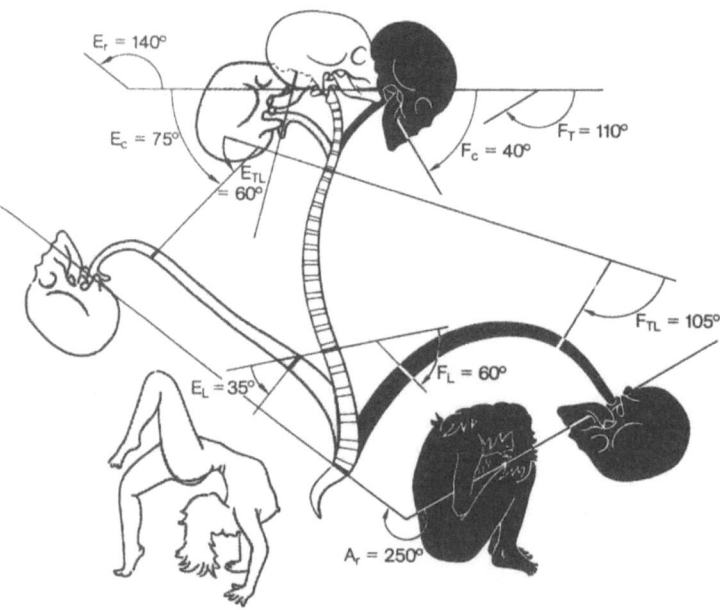

Abb. 7. Normale Rück- und Vorbeugemöglichkeiten der Wirbelsäule. [Nach 5]

Auswertung und Ergebnisse

Die Vor- und Rückneigung in den einzelnen Wirbelsäulenabschnitten änderte sich wie folgt:

HWS von 35-0-65 nach 25-0-50
BWS plus LWS von 100-0-50 nach 75-0-35
LWS von 55-0-35 nach 20-0-20

Die Rechts-/Linksneigung reduzierte sich wie folgt:
HWS von 30-0-30 nach 25-0-25
BWS von 20-0-20 nach 10-0-10
LWS von 20-0-20 nach 5-0-5

Die Drehungen wurden wie folgt eingeschränkt:
HWS von 45-0-45 nach 40-0-40
BWS von 30-0-30 nach 20-0-20
LWS von 5-0-5 nach nicht meßbar

Der durchschnittlich gemessene Fingerspitzen-Bodenabstand vergrößerte sich um 24 cm (7-32), wobei bemerkt werden muß, daß diese Abstände bei der initialen Untersuchung 1972 teilweise negative Werte aufwiesen und im Durchschnitt 2 cm betrugen (-12 -8).

Die von nahezu allen Probanden beklagten „Rückenschmerzen" waren vor allem im Bereich des BWS-LWS-Überganges und der unteren HWS lokalisiert. 35% aller Probanden beklagten eine Schmerzzunahme unter normaler täglicher Bewegungsbelastung, 8% regelmäßig rezidivierende Schmerzen auch in Ruhe und 83% der noch leistungsmäßig segelnden Probanden (das entspricht 90% vom Gesamtkollektiv) hatten vermehrt Beschwerden im Zuge der von ihnen gesegelten Regatten.

Die Steigerungsrate der Schmerzen betrug im Durchschnitt 2,1 Punkte. 8 Sportler hatten sich in eine krankengymnastische Übungsbehandlung begeben, 5 von ihnen gelegentlich ein Schmerzmittel konsumiert. Es bleibt zu hoffen, daß dieses Kollektiv nicht mit der Zeit immer größer wird - oder einem von ihnen schließlich so zumute ist, wie das Abb. 8 zeigt.

Zusammenfassung

In der Sporttraumatologie spielt der Segelsport im Rahmen der Wassersportarten nur eine sehr untergeordnete Rolle. Selten gibt es aufsehenerregende Verletzungen - ein einziges Mal wurden 1979 die Segler des Admirals Cup in den Schlagzeilen erwähnt, weil es zu einer schrecklichen Katastrophe mit dem Tod zahlreicher Regattateilnehmer gekommen war. Das aber betraf ja nur den Hochseesegelsport - das Jollensegeln auf den zahlreichen Revieren an der Küste und im Binnenland ist aus sportmedizinischer Sicht uninteressant. Zwei Krankheitsbilder aber, die für die Aktiven immer wieder von großer Bedeutung sind, stellen die Seekrankheit für die Seesegler und die Wirbelsäulenschäden für die Binnensegler dar.

Anläßlich der inoffiziellen Weltmeisterschaft der Hochseesegler im Jahre 1985

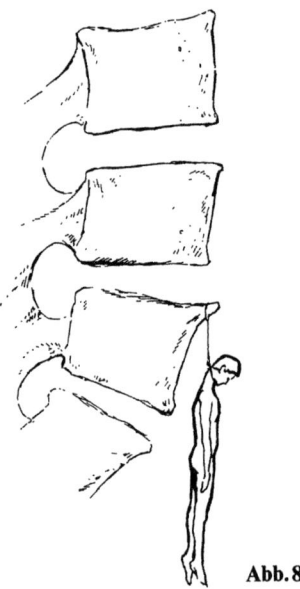

Abb. 8

wurde eine Untersuchung an 65 Sportlern durchgeführt, die unter einer bereits seit längerem bekannten Seekrankheit litten. Neben der allgemeinen Kreislaufüberwachung (Telemetrie) wurden zahlreiche Blutuntersuchungen vorgenommen, die über das Ausmaß der Wasser- und Elektrolytverluste Auskunft geben sollten. Darüber hinaus mußten sich die Segler psychometrischen Tests unterziehen. Die Beobachtungszeiträume betrugen jeweils 30 h während einer Regatta über 210 Seemeilen. Erhebliche Blutdruckschwankungen (30%) und drastische Anstiege der Herzfrequenz (125%) führten z. T. in eine Schockvorstufe, die dann durch die Wasser- und Elektrolytverluste, die mit denen von Marathonläufern durchaus vergleichbar sind, noch verstärkt wurde. Ein derartiges Krankheitsbild dürfte zu den schwersten „Schmerzen" gehören, die ein Hochseesegler erdulden muß, wobei im Zuge dieser Untersuchung auch Therapieformen Anwendung fanden (Lagerung, Sedierung, Durchblutungsförderung), die ohne ein ärztliches Eingreifen ein gutes Beherrschen der Symptome möglich machen.

Im wahrhaftigeren Sinne Schmerzen verursachen den „Binnenseglern" die extremen Belastungen der Wirbelsäule, die beim Trimmen ihrer Boote durch das sog. Ausreiten, dessen exponierteste Form das Trapezsegeln ist, entstehen. 85 Teilnehmer der olympischen Segelwettbewerbe 1972 wurden damals und jetzt einer Funktionsuntersuchung der Wirbelsäule unterzogen, die nach der Methode von Kapandji [5], angegeben und in der Neutral-0-Methode, durchgeführt wurden. Hierbei sollten die Schmerzsymptomatik und die Bewegungseinschränkung besondere Berücksichtigung finden. Mehr als 40% aller dieser ehemaligen Leistungssportler hatten Bewegungseinschränkungen von bis zu 62% in den einzelnen Wirbelsäulenabschnitten und beklagten erhebliche Schmerzen vor allem im Bereich der LWS auch unter Ruhebedingungen. Hierbei dürften für die Genese die heftigen und langandauernden oder in kurzer Zeit trommelfeuerartig wiederholten stereotypen Einflüsse durch Vibrationen eine entscheidende Rolle spielen. Von untergeordneter Bedeutung war erstaunlicherweise die Tatsache, ob die sportliche Aktivität fortgesetzt oder schon seit Jahren unterbrochen war. Das Ausmaß der Bewegungseinschränkung stand in direkter Korrelation zum beklagten Schmerz. Die andauernd wiederholte Belastung während der Regatten durch die extrem unphysiologische Kombination aus Fehlhaltung und Stauchungsvibration (ultraphysiologische Krafteinflüsse) vermindert die Funktionsmöglichkeiten, das heißt: verringerte Belastbarkeit durch das Auftreten von Schmerzen.

Literatur

1. Cotta H (1983) Der Mensch ist so jung wie seine Gelenke, 3. Aufl. Piper, München
2. Debrunner HU (1972) Das Kyphometer. Z Orthop 110: 1-12
3. Erdmann H (1979) Die körperliche Untersuchung. Die Wirbelsäule in Forschung und Praxis, Bd 83. Hippokrates, Stuttgart, S 13
4. Gußbacher A, Niethard F (1987) Sportschäden an der Wirbelsäule: Jugendliche sind besonders gefährdet. Dtsch Ärztebl 84: 814-818
5. Kapandji JA (1972) Physiologie articulaire, Vol III. Maloine, Paris
6. Junghanns H (1986) Die Wirbelsäule unter den Einflüssen des täglichen Lebens, der Freizeit, des Sportes, Bd 100. Hippokrates, Stuttgart
7. Krahl H (1975) Aspekte der Tauglichkeitsbeurteilung im Leistungssport. Orthop Prax 11: 56-61
8. Kunze K (1987) Indikationen der operativen Behandlung von Wirbelsäulenverletzungen. Unfallchirurgie 13: 38-44
9. Louis R (1983) Surgery of the spine. Springer, Berlin Heidelberg New York Tokyo
10. Rompe G, Krahl H (1972) Sportschäden und Sportverletzungen. I: Wirbelsäule und Becken. Z Orthop 110: 100-107
11. Steinbrück K, Krahl H (1978) Sportschäden und Sportverletzungen an der Wirbelsäule. Dtsch Ärztebl 75: 1139-1145
12. Wolter D (1985) Vorschlag für eine Einteilung von Wirbelsäulenverletzungen. Unfallchirurg 88: 481-484

Trainingssteuerung in der Schwimmtherapie bei Patienten mit koronarer Herzkrankheit

U. Schwan und C. Halhuber

Einleitung

Schwimmen ist eine Individualsportart und gehört zu jenen Sportarten, die auch im höheren Lebensalter ein hohes Maß an Lebensqualität mit sich bringen können. Eine besondere Eignung für den älteren Menschen erhält das Schwimmen dadurch, daß durch den Auftrieb das Körpergewicht eine untergeordnete Rolle spielt [20, 31].

Darüber hinaus gibt es noch andere Vorteile, die für das Schwimmen mit älteren Menschen sprechen:

- Entlastung der Stützfunktion des Körpers,
- Beanspruchung großer Muskelgruppen auf allgemeine aerobe dynamische Ausdauer,
- gute Anwendbarkeit für Gehbehinderte und Übergewichtige,
- geringere Belastung von Sehnen, Bändern und Gelenken,
- Entwicklung anderer motorischer Hauptbeanspruchungsformen (Koordination, Flexibilität und Kraft),
- bessere Ökonomie der Atmung,
- höheres Blutangebot an die Arbeitsmuskulatur,
- geringere Blutlaktatwerte durch Einsatz größerer Muskelgruppen,
- kürzere Erholungszeit nach dem Schwimmen gegenüber anderen Sportarten und
- bessere Temperaturregulation durch die Kühlfunktion des Wassers [8, 21, 31].

Weiterhin ist das Schwimmen in erster Linie eine Ausdauersportart und führt zu wertvollen Anpassungserscheinungen des Stoffwechsels und des kardiopulmonalen Systems. Völker et al. [32] konnten bei einem Schwimmlernprogramm mit telemetrischer Herzfrequenzregistrierung und Bestimmung der Blutlaktatkonzentration eine Zunahme der Ausdauerleistungsfähigkeit, gemessen durch fahrradergometrische Belastung feststellen. Rost [21] bezeichnet das Schwimmen als sportmedizinisch ideale Sportart.

Aus diesem Grund haben differenzierte Schwimmprogramme (z. B. Bewegungsbäder, Anfängerschwimmen, Ausdauerschwimmen nach der Intervall- und Dauermethode, Wasserspiele und Entspannungsübungen) sowohl in der Krankengymnastik als auch in der Sporttherapie in den bewegungstherapeutischen Konzepten von Rehabilitationskliniken einerseits ihren festen Platz [4, 7, 16, 19, 23, 33, 36].

Andererseits bestehen aber gerade in der kardiologischen Rehabilitation noch Bedenken, weil einige Hinweise auf kardiale Zwischenfälle und gefährliche Herzrhythmusstörungen in Verbindung mit Ischämiereaktionen vorliegen [5, 9, 10, 18, 24, 27, 34].

Die im folgenden erläuterten physiologisch-medizinischen Aspekte werden dafür verantwortlich gemacht.

Physiologisch-medizinische Aspekte

Volumenverschiebung

Beim Eintauchen ins Wasser kommt es durch den hydrostatischen Druck auf die subkutanen Hautgefäße zu einer Blutvolumenverschiebung in den Thorakalraum [3, 26, 29]. Die Blutvolumenverschiebung kann bis zu 500 ml betragen [29], wodurch das Herzvolumen im Wasser um 150 ml zunehmen kann [6]. Es kommt zu einer stärkeren Vordehnung des Myokards und zu einer Erhöhung des Schlagvolumens. Die daraufhin eintretende Herzfrequenzverlangsamung [2, 28], auch Tauchbradykardie oder Tauchreflex genannt, dürfte bei Herzgesunden den erhöhten myokardialen Sauerstoffverbrauch durch die Erhöhung der Pumpkraft wieder ausgleichen [17, 29]. Die Tauchbradykardie bleibt während und auch nach starken körperlichen Belastungen im Wasser bei Herzgesunden erhalten, so daß dieser Reflex alle bekannten kreislaufantreibenden Mechanismen überspielt [26]. Diese Tauchbradykardie ist beim apnoeischen Tauchen noch ausgeprägter als beim einfachen Atemanhalten im Wasser. Sie kann als Vagusreflex angesehen werden und ist die Summe einer Reihe von Faktoren:

- hydrostatischer Druck,
- vergrößertes intrathorakales Blutvolumen,
- erhöhte Drücke im kleinen Kreislauf,
- vermehrter venöser Rückfluß des Blutes [26].

Aber gerade erhöhte Drücke im kleinen Kreislauf und eine Bradykardie können beim Herzgeschädigten in Verbindung mit einer schlechten linksventrikulären Funktion gefährliche Rhythmusstörungen hervorrufen.

Wirkungsgrad

Der Wirkungsgrad gibt Auskunft darüber, wie ökonomisch eine Arbeit geleistet wird. Der Wirkungsgrad bezeichnet die Beziehung zwischen erbrachter Leistung und dem dazu erforderlichen Energieumsatz. Während für den einzelnen Muskel der Wirkungsgrad etwa 35-40% beträgt, erreicht der Gesamtorganismus einen Wirkungsgrad von ca. 25%, da ein Teil der Energie für die Transportsysteme zur Verfügung gestellt werden muß [22, 26]. Leistungsphysiologische Messungen ergaben z.B. einen Wirkungsgrad bei der Fahrradergometrie von 20-25% und beim Laufen zwischen 20-22%.

Die mechanische Arbeit des Schwimmens läßt sich nur schwer schätzen. Sie besteht hauptsächlich darin, den Reibungswiderstand des Wassers zu überwinden. Da sich der Reibungswiderstand aber aus dem Reibungswiderstand der Haut, dem Widerstand, der durch Turbulenz erzeugt wird und dem Wellenwiderstand zusammensetzt, ergeben sich beim Schwimmen Wirkungsgradunterschiede von 0,5–8,0 % [26].

Da das Schwimmen zu jenen Sportarten zählt, die eine hohe Koordinationsfähigkeit erfordern, kann der Energieumsatz bei einer konstanten Schwimmgeschwindigkeit zwischen einem ungeübten und einem leistungssportorientierten Schwimmer stark streuen.

Der Energieumsatz und die Belastung für das Herz-Kreislauf-System sind also von mehreren Faktoren abhängig:

- Kreislaufreaktion beim Eintauchen ins Wasser,
- Körperlage im Wasser,
- Schwimmtechnik,
- Atemtechnik und
- Schwimmgeschwindigkeit.

Aus diesem Grund ist es problematisch, fahrradergometrische Daten unmittelbar auf das Schwimmen zu übertragen und fahrradergometrische Mindestleistungen als Eingangsvoraussetzung für die Schwimmtherapie zu fordern. Auch die Versuche, die Belastungen durch das Schwimmen physikalisch zu definieren [14, 15, 27], ergaben keine einheitlichen Kriterien für die Beurteilung der Schwimmtauglichkeit.

Neben den physiologischen Aspekten werden aber auch psychische Faktoren (z. B. Angst vor dem Wasser) und das daraus resultierende Pressen in Verbindung mit einer falschen Atemtechnik als Auslöser für Rhythmusstörungen im Wasser diskutiert.

Rost [21] weist darauf hin, daß beim Einsatz größerer Muskelgruppen mit hohem Kraftaufwand zusätzlich eine Preßatmung auftreten kann. Hierduch entstehen Risiken für ein vorgeschädigtes Herz.

Wir sind von dem ursächlichen Zusammenhang zwischen dem Aufenthalt im Wasser und dem Auftreten von Rhythmusstörungen im Wasser nicht überzeugt. Um dieser Fragestellung nachzugehen, führen wir bei praktisch allen Patienten schwimmtelemetrische Untersuchungen durch.

Methodik

An der hier diskutierten Untersuchung nahmen 109 Patienten mit koronarer Herzkrankheit (Zustand nach Herzinfarkt und/oder Bypassoperation) teil, die im Rahmen einer Anschlußheilbehandlung (3–4 Wochen nach Infarkt oder Bypassoperation) in der Herz-Kreislauf-Klinik Bad Berleburg behandelt wurden. Die Patienten wurden nach einem von uns entwickelten, standardisierten schwimmtherapeutischen Eingangstest untersucht (Abb. 1–3). Nach drei dosierten Schwimmversuchen mit unterschiedlicher Geschwindigkeit sollten die Patienten 5–6 min frei schwimmen, d. h. ohne schwimmtechnische Anweisungen.

Die Wassertiefe betrug 135 cm und die Wassertemperatur 28 °C.

Während der Untersuchungsdauer wurden Herzfrequenz, Herzrhythmusstörungen, Angina pectoris, Dyspnoe, Sternotomieschmerz registriert und die „allgemeine Wasserbewältigung" beurteilt.

Herz-Kreislauf-Klinik
5920 Bad Berleburg

Chefärztin Dr. med. Carola Halhuber
Innere Medizin, Kardiologie, Sportmedizin
Telefon (02751) 881

DIAGNOSTISCHE SCHWIMMTELEMETRIE

Datum: _____   Alter: _____

Erstuntersuchung: ☐   Gewicht: _____

Kontrolltest: ☐   Schwimmer: _____

Diagnose: _____

Fragestellung: _____

Medikamente: _____

Abb. 1. Untersuchungsprotokoll der Schwimmtelemetrie (Seite 1)

Wassertemperatur: Grad Celsius   Untersuchungsdauer: Minuten

Art der Rhythmusstörung/ Meßzeitpunkte	Herzfrequenz	VES monot.	VES polyt.	Couplets	Ventrik. Tachyk.	supra-VES	Vorhof-flimmern	Überleitungs-blockierung
Stand an Land								
Stand hüfttief sofort								
nach 1 Min.								
Stand halstief sofort								
nach 1 Min.								
Gehen (3 Min.)								
Schwimmen 2 Min. langsam								
2 Min. mittel								
2 Min. schnell								
Freies Schwimmen (6 Min.)								
Pause 1 Min. Erholung								
3 Min. Erholung								
Stand an Land sofort								
nach 1 Min.								

Abb. 2. Untersuchungsprotokoll der Schwimmtelemetrie (Seite 2)

Beurteilung:

Schwimmtechnik: _____

Atemtechnik: _____

Allgemeine Wasserbewältigung: _____

Dyspnoe: _____

Sternotomieschmerzen: _____

Subjektives Wohlbefinden: _____

_____ _____ _____
Unterschrift Untersucher   Datum   Unterschrift des Stationsarztes

Abb. 3. Untersuchungsprotokoll der Schwimmtelemetrie (Seite 3)

Die registrierten Rhythmusstörungen wurden mit den Ergebnissen der Fahrradergometrie und dem 24-h-Bandspeicher-EKG verglichen.

Die medikamentöse Therapie (Antiarrhythmika, β-Blocker und Kalziumantagonisten) wurde zwischen den genannten Untersuchungen nicht geändert.

Untersuchungsergebnisse und Diskussion

Herzfrequenz

Abbildung 4 zeigt die Mittelwerte für die Herzfrequenz während der einzelnen Meßzeitpunkte der schwimmtelemetrischen Untersuchung. Die Herzfrequenz fiel mit zunehmender Eintauchtiefe des Körpers ins Wasser kontinuierlich ab. Während der körperlichen Belastung (Gehen und Schwimmen) stieg die Herzfrequenz zunehmend an und erreichte beim schnellen Schwimmen die höchsten Werte. Sie fiel in der Erholungszeit und nach dem Ausstieg aus dem Wasser bis knapp über den Ausgangswert wieder ab.

Auffällig ist, daß die Patienten beim freien Schwimmen niedrigere Herzfrequenzen erreichten als bei den vorgegebenen Schwimmgeschwindigkeiten. Dies spricht gegen die Befürchtung, daß sich Patienten im Wasser ohne Aufsicht unkontrolliert belasten und sich somit Risikosituationen aussetzen würden.

Der Herzfrequenzabfall bei progressiver Immersion fiel aber unterschiedlich hoch aus. Bei 97 Patienten beobachteten wir die in der Literatur [2, 26, 28, 29] beschriebene Herzfrequenzsenkung beim Eintauchen ins Wasser. Am häufigsten beobachteten wir eine Frequenzsenkung von 1–5 Schlägen pro Minute. Der Spitzenwert lag bei –36 Schlägen pro Minute.

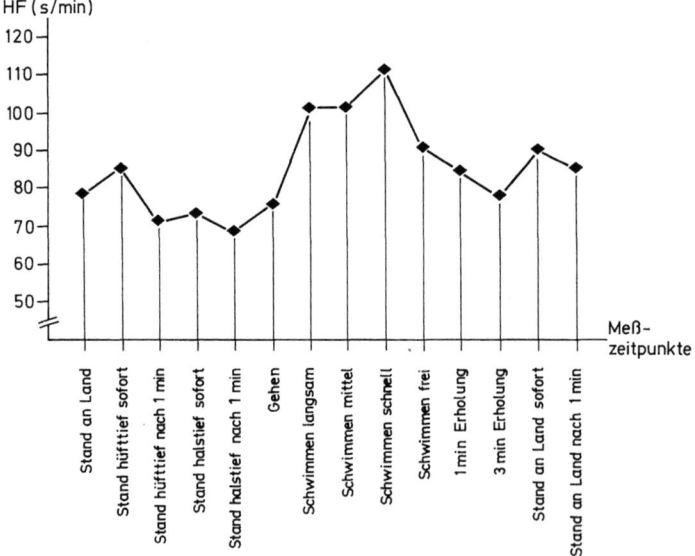

Abb. 4. Mittleres Herzfrequenzprofil während der Schwimmtelemetrie

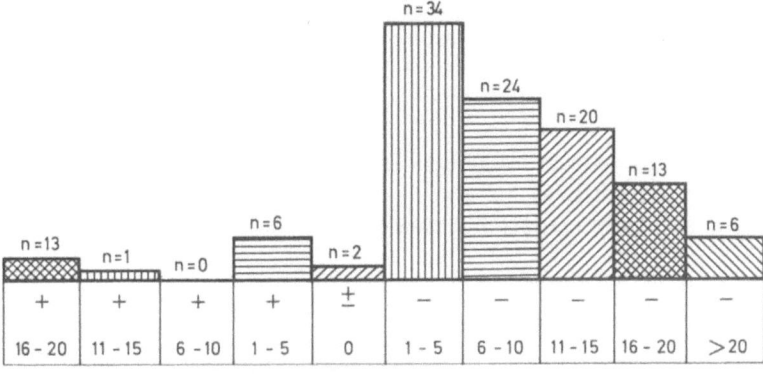

Abb. 5. Herzfrequenzreaktionen (s/min) bei progressiver Immersion während der Schwimmtelemetrie. Herzfrequenzabfall (−), Herzfrequenzanstieg (+)

Bei 2 Patienten fanden wir keine Herzfrequenzsenkung und bei 10 Patienten sogar einen Anstieg bis zu 20 Schlägen pro Minute. Da es sich bei diesen Patienten um Schwimmer handelte, die trotz langer Schwimmabstinenz keine Angst vor dem Wasser und vor der Untersuchung hatten, können psychogene Überlagerungen ausgeschlossen werden.

Daraus ergeben sich für die Trainingssteuerung im Schwimmen folgende Schlußfolgerungen: Während es nach dem nomogrammatischen Einstufungsverfahren nach Lagerstrøm [11] möglich ist, die fahrradergometrisch festgelegte Trainingsherzfrequenz auf einige sporttherapeutische Verfahren zu übertragen und somit eine individuelle Laufgeschwindigkeit berechnet werden kann, ergeben sich für die Übertragung auf das Schwimmen wegen der Wirkungsgradunterschiede Probleme [26, 29]. Hier erweist sich die Pulsfrequenz als einzig brauchbarer Parameter.

Geht man davon aus, daß der Tauchreflex alle kreislaufantreibenden Mechanismen überspielt und während körperlicher Arbeit im Wasser erhalten bleibt, muß bei der Berechnung der Trainingsherzfrequenz beim Schwimmen der individuelle Herzfrequenzabfall oder -anstieg einbezogen werden.

Bei einem Herzfrequenzabfall nach subaqualer Immersion muß diese Differenz abgezogen werden.

Beispiel 1:

Fahrradergometrisch festgelegte Trainingsherzfrequenz	120 s/min
Tauchreflex	−10 s/min
Trainingsherzfrequenz Schwimmen	110 s/min

Bei Patienten, bei denen ein Herzfrequenzanstieg beobachtet wurde, sollte auch nur bis zur fahrradergometrischen Trainingsherzfrequenz belastet werden.

Obwohl schon einige Hinweise auf den Pulmonalkapillardruck und den Pulmonalarteriendruck beim Schwimmen vorliegen [1], müssen die tatsächlichen hämodynamischen Verhältnisse bei unterschiedlichen Schwimmgeschwindigkeiten als noch nicht hinreichend geklärt betrachtet werden.

Beispiel 2:

Fahrradergometrisch festgelegte Trainingsherzfrequenz	120 s/min
Herzfrequenzanstieg	+10 s/min
Trainingsherzfrequenz Schwimmen	120 s/min

Herzrhythmusstörungen

Tabelle 1 zeigt die von uns während der Schwimmtelemetrie beobachteten Herzrhythmusstörungen. Da die fahrradergometrisch ermittelte Leistungsfähigkeit als Basisparameter für die Bewegungstherapie gilt, haben wir bei der Auflistung der Rhythmusstörungen die Patienten in Mitglieder der Trainingsgruppe (Leistungsfähigkeit größer als 1 Watt pro kg Körpergewicht) und Mitglieder der Übungsgruppe (Leistungsfähigkeit kleiner als 1 Watt pro kg Körpergewicht) unterteilt.

Bei 44 schwimmtelemetrischen Untersuchungen fanden wir keine Rhythmusstörungen. In 27 Fällen beobachteten wir monotope, bei 12 Patienten polytope ventrikuläre Extrasystolen. Bei 2 Untersuchungen wurde ein Bigeminus, in 5 Fällen Couplets (Lown IVa) und einmal eine 3er-Salve registriert.

In 33 Fällen beobachteten wir supraventrikuläre Extrasystolen und einen kurzen supraventrikulären Run.

Bei der Beurteilung der Rhythmusstörungen im Wasser muß weiterhin die Frage gestellt werden, ob die Rhythmusstörungen in bestimmten Situationen im Wasser auftreten. Tabelle 2 zeigt die Häufigkeitsverteilung der Rhythmusstörungen während der einzelnen Meßzeitpunkte. Danach waren die Rhythmusstörungen häufiger während des Eintauchens halstief und während der Schwimmversu-

Tabelle 1. Herzrhythmusstörungen und subjektives Empfinden während schwimmtelemetrischer Untersuchungen bei Patienten mit koronarer Herzkrankheit

	Trainingsgruppe n=40	Übungsgruppe n=69	Gesamt n=100
Keine Rhythmusstörungen	16	28	44
Monotope VES	14	13	27
Polytope VES	6	6	12
Bigeminus	1	1	2
Couplets (Lown IVa)	3	2	5
Ventr. Tachykardie	1 (3er-Salve)	–	1
Supra-VES	8	25	33
Supraventrikuläre Tachykardie	–	1	1
Angina pectoris	–	4	4
Dyspnoe	–	5	5

Tabelle 2. Häufigkeitsverteilung der Herzrhythmusstörungen und des subjektiven Empfindens während der Schwimmtelemetrie

Art der Rhythmusstörungen/ Meßzeitpunkte		Monotop. VES	Polytop. VES	Bige-minus	Couplets	Ventrikuläre Tachykardie	Supra-VES	Supra-Tachykardie	Angina Pectoris	Dyspnoe
Stand an Land		++++++ oooo			+		+++			
Stand hüfttief	sofort	++++ ooooo +++++++ ooo	oo o		+o +		++++ +++++++			
	nach 1 min									
Stand halstief	sofort	+++++++ ooooo +++++++ ooooooooo	+o +o oo		+ ++		++++ oo +++ ++ oooo			
	nach 1 min									
Gehen		+++++++ ooo	+ oo		+o		++++ ooo			
Schwimmen	langsam	+++++++ ooo	+++	+			++++++++ oo +++		+++ o	+++
	mittel	+++++++ +++ oooo	++++	+	+	o	+ o	o		
	schnell				o					
Freies Schwimmen		oo	ooo							
Pause	1.min Erholung	+++++++ ooo ++ oooo	++ oo		+o +		++++ o		++	++
	3.min Erholung									
Stand an Land	sofort	++ ooo +++ oo	++ +o				+++			
	nach 1 min									

+ = Übungstruppe,   o = Trainingsgruppe

che mit vorgegebener Schwimmgeschwindigkeit zu beobachten. Auffällig ist auch hier, daß beim freien Schwimmen die wenigsten Rhythmusstörungen registriert wurden.

Bei den höhergradigen Rhythmusstörungen (Lown IVa u. Lown IVb) läßt sich ebenfalls keine eindeutige Risikosituation im Wasser nachweisen.

Ein Vergleich der Rhythmusstörungen im Wasser mit den Rhythmusstörungen während der Ergometrie und des 24-h-Bandspeicher-EKGs zeigt folgende Ergebnisse (Tabelle 3-5):

29 Patienten hatten sowohl bei der Schwimmtelemetrie als auch bei der Ergometrie und 24-h-Bandspeicher-EKG Lown I u. II, und 22 Patienten hatten wäh-

Tabelle 3. Vergleich der Rhythmusstörungen zwischen 24h-Bandspeicher-EKG, Ergometrie und Schwimmtelemetrie

Bandspeicher/Ergometrie:	Lown I-II/supra-VES
Schwimmtelemetrie:	Lown I-II/supra-VES
n = 29	
Bandspeicher/Ergometrie:	Lown I-II/supra-VES
Schwimmtelemetrie:	∅
n = 22	

Tabelle 4. Vergleich der Rhythmusstörungen zwischen 24h-Bandspeicher-EKG, Ergometrie und Schwimmtelemetrie

Bandspeicher/Ergometrie:	Lown III
Schwimmtelemetrie:	Lown III
n = 1	
Bandspeicher/Ergometrie:	Lown III
Schwimmtelemetrie:	Lown I-II
n = 15	
Bandspeicher/Ergometrie:	Lown III
Schwimmtelemetrie:	∅
n = 11	

Tabelle 5. Vergleich der Rhythmusstörungen zwischen 24h-Bandspeicher-EKG, Ergometrie und Schwimmtelemetrie

Bandspeicher/Ergometrie:	Lown IVa
Schwimmtelemetrie:	Lown IVa
n = 5	
Bandspeicher/Ergometrie:	Lown IVa
Schwimmtelemetrie:	Lown I-III
n = 14	
Bandspeicher/Ergometrie:	Lown IVa
Schwimmtelemetrie:	∅
n = 10	

rend der Schwimmtelemetrie keine Rhythmusstörungen, obwohl solche durch die genannten Voruntersuchungen belegt waren.

Bei Patienten, bei denen Rhythmusstörungen der Klasse Lown III durch die Voruntersuchungen diagnostiziert wurde, hatten 15 Patienten geringgradigere und 11 Patienten keine Rhythmusstörungen während des Schwimmens (Tabelle 4).

Bei den 29 Patienten, bei denen hochgradige Rhythmusstörungen der Klasse Lown IVa bekannt waren, hatten nur 5 diese Rhythmusstörung beim Schwimmen. 14 Patienten hatten geringgradigere und 10 Patienten hatten keine Rhythmusstörungen während der Schwimmtelemetrie (Tabelle 5).

Ein Patient mit einer 3er-Salve (Lown IVb) im Bandspeicher während eines Spazierganges zeigte auch während des langsamen Schwimmens eine 3er-Salve. Es handelte sich um einen 45jährigen Patienten mit kleinem Hinterwandinfarkt und einer Leistungsfähigkeit von 1,5 Watt pro kg Körpergewicht.

Subjektive Beschwerden

Bei 4 Patienten mußte die Untersuchung wegen pektanginöser Beschwerden abgebrochen werden. Diese Beschwerden traten überwiegend während des Schwimmens auf und waren bei den Patienten aus der Übungsgruppe etwas häufiger zu beobachten (Tabelle 1 und 2).

5 Patienten aus der Übungsgruppe äußerten während des Wasseraufenthaltes Dyspnoe. Ursache hierfür könnte die eingeschränkte linksventrikuläre Pumpfunktion sein. Diese Patienten hatten eine Auswurffraktion von unter 50%.

Kein Patient mit Zustand nach aortokoronarer Bypassoperation klagte über Sternotomieschmerzen.

Alle Patienten versicherten uns, daß sie sich bei den schwimmtelemetrischen Untersuchungen wesentlich wohler gefühlt haben, als bei den anderen Belastungsuntersuchungen. Die in der Literatur beschriebene Entlastung der Stützfunktion des Körpers durch den Auftrieb scheint hier die entscheidende Rolle zu spielen [1, 12, 32].

Das Gefühl der „Schwerelosigkeit" im Wasser eröffnet gerade älteren Personen mit Schwächen oder Schäden am Bewegungsapparat neue Möglichkeiten der Körpererfahrung und somit einer gezielten und differenzierten Bewegungstherapie.

Schlußfolgerungen

Da das Schwimmen zu den beliebtesten Freizeitsportarten gehört, sollte es auch im Rahmen der kardiologischen Rehabilitation differenzierter angeboten werden.

Unsere schwimmtelemetrischen Überwachungen an 2500 Patienten, die vorliegende Untersuchungen an Koronarkranken und frühere Untersuchungen an Herzklappenpatienten [25] zeigen, daß das Schwimmen im temperierten Schwimmbad kein höheres Risiko innerhalb der Sporttherapie darstellt als die übrigen sporttherapeutischen Verfahren, wie z.B. Ergometertraining oder Lauftraining, Gymnastik und Bewegungsspiele.

Soll das Schwimmen als Ausdauersportart angeboten und durchgeführt werden, sollte wie beim Lauftraining mit der Intervallform begonnen werden [13].

Die Länge der Intervalle richtet sich nach der schwimmerischen Vorerfahrung und nach der individuellen Schwimmtechnik. Die Verbesserung der Schwimmtechnik muß dabei im Vordergrund stehen. Die schwimmtechnischen Leitlinien, wie sie Wilke [35] für ein präventivmedizinisches Schwimmtraining für Senioren aufgestellt hat, lassen sich auch auf das Schwimmen mit kardiologischen Patienten übertragen.

Inwieweit das Schwimmen als nicht überwachter Freizeit- und Urlaubssport für Koronarkranke geeignet ist, muß noch offen bleiben, da unsere Untersuchungen bei einer Wassertemperatur von 27-30 °C und einer Wassertiefe von 135 cm durchgeführt wurden. Da es bei niedrigeren Wassertemperaturen, wie sie z.B. in Badeseen oder am Meer herrschen zu einer Kälte-Angina-pectoris kommen kann, können unsere Ergebnisse diesbezüglich nicht auf eine Urlaubssituation übertragen.

Mit Patienten aus der Übungsgruppe (Leistungsfähigkeit geringer als 1 Watt/kg Körpergewicht), bei denen ein Trainingsprogramm mit den wünschenswerten kardiopulmonalen und metabolischen Adaptationen nicht möglich ist, lassen sich aber Bewegungsbäder und Entspannungs- und Körperwahrnehmungsübungen im Schwimmbecken sowohl aus kardiologischer als auch aus sportwissenschaftlicher Sicht zufriedenstellend ausführen.

Wir empfehlen schwimmtelemetrische Untersuchungen bei
- ausgedehntem frischen, z.B. Vorderwandinfarkt mit Verdacht auf Aneurysma,
- kompliziertem Verlauf,
- Rhythmusstörungen Lown IVa, IVb (mehr als 10 (20?) Couplet's oder 2 Salven),
- Dilatation des linken Ventrikels, EF < 50 % bzw. bei Belastung abnehmend,
- Zustand nach Herzklappenersatz.

Die Schwimmtelemetrie ist nicht erforderlich bei
- kleinem Infarkt, z.B. inferiorer Hinterwandinfarkt mit unkompliziertem Verlauf,
- keine Ischämiezeichen bei Ergometerbelastung mit 1 Watt/kg Körpergewicht (ST-Senkung, Angina pectoris),
- keine potentiell gefährliche Rhythmusstörungen (Lown IVa/IVb),
- keine Dilatation des linken Ventrikels, EF > 50 %,
- lang zurückliegenden, auch größeren Infarkten.

Zusammenfassung

Es wurde über 109 Patienten mit koronarer Herzkrankheit berichtet, die im Rahmen der Schwimmtherapie telemetrisch untersucht wurden. Während der Untersuchungsdauer wurden Herzfrequenz, Herzrhythmusstörungen, Angina pectoris, Dyspnoe und Sternotomieschmerz registriert und Schwimm- und Atemtechnik beurteilt.

Die wesentlichen Ergebnisse lauten:
- Bei keinem Patienten wurden lebensbedrohliche Situationen beobachtet.
- Bei keinem Patienten wurden schwerwiegendere Herzrhythmusstörungen beobachtet, als die, die bereits durch Ergometrie und 24-h-Bandspeicher-EKG registriert wurden.
- Die Herzfrequenzreaktion beim Eintauchen ins Wasser fiel unterschiedlich hoch aus. Einige Patienten wiesen einen Anstieg auf.
- Der Tauchreflex muß bei der Berechnung der individuellen Trainingsherzfrequenz einbezogen werden.
- Patienten, die auf Grund von ergometrischen Belastungsuntersuchungen für eine Bewegungstherapie in Übungsgruppen eingeteilt werden, können auch in differenzierten Schwimmprogrammen betreut werden.
- Die Ergebnisse können nicht auf die Urlaubssituation am Meer übertragen werden.
- Das subjektive Wohlgefühl der Patienten war während des Schwimmens auffällig besser als bei anderen Belastungsuntersuchungen.

Literatur

1. Bücking J, Krey S (1986) Schwimmbelastung nach Herzinfarkt. Dtsch Med Wochenschr 111: 1838–1841
2. Davidowski TA, Wolf I (1984) The QT-interval during reflex cardivascular adaptation. Circulation 69: 22
3. De Marees H (1979) Leistungsphysiologie. Medizin heute. Tropon-Werke, Köln
4. Dengler A, Binkowski H (1985) Rehabilitationsprogramm Isny-Neutrauchburg. In: Binkowski H, Fischer S (Hrsg) Berichtsband vom 5. Neutrauchburger Wochenendseminar für Bewegungstherapie, Isny
5. Drews A, Drews S, Halhuber MJ, Hofmann H, Michel D (1986) Bewegungstherapie in der Früh- und Spätrehabilitation von Infarktpatienten. In: Hollmann W (Hrsg) Zentrale Themen der Sportmedizin, 3. Aufl. Springer, Berlin Heidelberg New York Tokyo
6. Gauer OH, Lange L (1973) Regulation des Niederdrucksystems. 5. Rothenburger Gespräche, Urban u. Schwarzenberg, München
7. Halhuber C, Schwan U (1984) Rehabilitationsprogramm Bad Berleburg. In: Binkowski H, Fischer S (Hrsg) Berichtsband vom 5. Neutrauchburger Wochenendseminar für Bewegungstherapie, Isny
8. Hollmann W, Hettinger T (1980) Sportmedizin, Arbeits- und Trainingsgrundlagen. Schattauer, Stuttgart
9. Hüllemann KD (1980) Medikamente in der Koronargruppe. MMW 122: 897–900
10. Hüllemann KD (1983) Telemetrie und Bandspeicher. In: Hüllemann KD (Hrsg) Sportmedizin – für Klinik und Praxis. Thieme, Stuttgart
11. Lagerstrøm D (1978) Bewegungstherapie und Sport im Rahmen der Rehabilitation von Herzinfarktpatienten. Sportwiss. Dissertation, Köln
12. Lagerstrøm D (1984) Schwimmen mit Koronarpatienten – ja oder nein? In: Halhuber C (Hrsg) Ambulante Herzgruppen. Perimed, Erlangen
13. Lagerstrøm D (1986) Fitnesstraining und Laufen. In: Lagerstrøm D, Völker K (Hrsg) Sport und Bewegung bei koronarer Herzkrankheit. Echo-Verlag, Köln
14. Lin YC (1984) Circulatory functions during immersion and breath-hold dives in human undersea. Biomed Res 11: 123
15. McMurray RC, Horvarth SM, Miles SD (1983) Haemodynamic responses of runners and water polo players during exertion in water. Eur J Appl Physiol 51: 163
16. Michel D, Stoephasius G (1984) Rehabilitationsprogramm Bernried. In: Binkowski H,

Fischer S (Hrsg) Berichtsband vom 5. Neutrauchburger Wochenendseminar für Bewegungstherapie
17. Nowacki PE (1974) Kreislaufregulation im Wasser. Physiotherapie 65/6: 387–391
18. Pall E (1975) Todesfälle an einer Rehabilitationsklinik für Herz-Kreislaufkrankheiten. MMW 117/48: 1911–1918
19. Petersen P, Hirsch U (1984) Rehabilitationsprogramm Waldkirch. In: Binkowski H, Fischer S (Hrsg) Berichtsband vom 5. Neutrauchburger Wochenendseminar für Bewegungstherapie
20. Rieckert H, Hinneberg H (1973) Schwimmen als Training in Leistungssport und Rehabilitation. Sportwissenschaft 3: 374–381
21. Rost R (1984) Herz und Sport – Eine Standortbestimmung der modernen Sportkardiologie. Perimed, Erlangen
22. Rost R, Hollmann W (1982) Belastungsuntersuchungen in der Praxis. Thieme, Stuttgart
23. Samek L, Schöne U (1984) Rehabilitation bei Problempatienten. In: Binkowski H, Fischer S (Hrsg) Berichtsband vom 5. Neutrauchburger Wochenendseminar für Bewegungstherapie
24. Schmidt KFL (1978) Sport in der Rehabilitation Infarktkranker gestern und heute. In: Clauss A (Hrsg) Sportärztliche und sportpädagogische Betreuung. Perimed, Erlangen
25. Schwan U (1986) Schwimmen mit Patienten nach Herzklappenersatz. In: Halhuber C (Hrsg) Nachsorge nach Herzklappenersatz – Der Patient mit der künstlichen Herzklappe in der Praxis und in der Herzgruppe. Echo-Verlag, Köln
26. Stegemann J (1977) Leistungsphysiologie – Physiologische Grundlagen der Arbeit und des Sports. Thieme, Stuttgart
27. Stein G (1975) Vergleichende Untersuchungen an Herzinfarktpatienten beim Schwimmen, Gehen und Laufen. Z Physiol Med 4: 15
28. Sterba JA, Lundgren CE (1985) Diving bradycardia and breathholding time in man undersea. Biomed Res 139: 6
29. Völker K (1983) Belastungsrelevante medizinisch-physiologische Aspekte des Schwimmens. In: Lagerstrøm D, Völker K (Hrsg) Sport und Gesundheit (Sonderausgabe). Echo-Verlag, Köln
30. Völker K (1985) Schwimmen in Herzgruppen – Ergebnisse neuerer Untersuchungen. In: Lagerstrøm D, Völker K (Hrsg) Sport und Gesundheit, Bd 3. Echo-Verlag, Köln
31. Völker K, Liesen H, Wilke K, Hollmann H (1983) Die Beeinflussung der körperlichen Leistungsfähigkeit erwachsener Breitensportler durch Schwimmprogramme unterschiedlicher Intensität. In: Heck H, Hollmann W, Liesen H, Rost R (Hrsg) Sport und Leistung. Deutscher Ärzteverlag, Köln
32. Völker K, Madsen Ø, Lagerstrøm D (1983) Fit durch Schwimmen. Perimed, Erlangen
33. Volck G, Grupe O, Jeschke D (1984) Sport und Bewegungstherapie unter kurativem Aspekt. In: Jeschke (Hrsg) Stellenwert der Sportmedizin in Medizin und Sportwissenschaft. Springer, Berlin Heidelberg New York Tokyo
34. Weidemann HE, Thiesing K (1975) Die Mortalität von Herzpatienten während klinischer Behandlung in einem Herz-Kreislauf-Zentrum. In: Buchwalski (Hrsg) Herzinfarktrehabilitation – 2. Jahrestagung der Arbeitsgemeinschaft Rekonditionsmedizin e. V., Bad Rothenfelde
35. Wilke K (1983) Präventiv-medizinisch orientiertes Schwimmtraining mit Senioren. In: Lagerstrøm D, Völker K (Hrsg) Sport und Gesundheit (Sonderausgabe). Echo-Verlag, Köln
36. Wydra G, Bös K, Karisch G (1983) Sporttherapie im Bereich stationärer Heilbehandlungen. In: Jeschke D (Hrsg) Stellenwert der Sportmedizin in Medizin und Sportwissenschaft. Springer, Berlin Heidelberg New York Tokyo

Bedeutung und Gestaltung einer sinnvollen Sporternährung unter präventiven Gesichtspunkten

M. Hamm

Seitdem Menschen sportliche Höchstleistungen anstreben, versuchen sie, ihre Leistungsfähigkeit neben dem Training durch bestimmte Ernährungsmaßnahmen zu verbessern. Dabei muß aus Sicht der Ernährungswissenschaft deutlich gesagt werden, daß die tägliche vollwertige Basiskost (= abwechslungsreiche Ernährung) die beste Grundlage dafür ist. Lediglich an Wettkampftagen auf die Ernährung zu achten und mitunter dann auch nur auf einige spezielle Präparate zu vertrauen, dürfte jedoch kaum ausreichend sein, um den sportlichen Erfolg „ernährungsmäßig" vorzubereiten und abzusichern. Nährstoffkonzentrate können in der Wettkampfphase kaum die Fehler ausgleichen, die Folge einer allzu lässigen Einstellung der alltäglichen Ernährung gegenüber sind. Ein ungünstiges Eiweiß-Fettbzw. Kohlenhydrat-Fett-Verhältnis in der täglichen Kost kann nicht durch Elektrolyt-, Vitamin- oder sonstige Wirkstoffpräparate wettgemacht werden. Zunächst einmal muß das Grundmuster der Nährstoffzufuhr, d.h. die jeweils angemessene prozentuale Verteilung der energieliefernden Nährstoffe, stimmen.

Eigene Ernährungserhebungen und die Auswertung von Ernährungsprotokollen bestätigen auch bei Leistungssportlern - beispielsweise Schwimmern und Spielsportlern - folgende Ernährungsfehler, die nach Aussagen des Ernährungsberichtes 1984 der Deutschen Gesellschaft für Ernährung [2] für die gegenwärtige Ernährungssituation typisch sind:

- zu hoher Fettanteil bei der täglichen Energiebereitstellung,
- zu geringer Kohlenhydratanteil, der zudem noch eine ungünstige Zusammensetzung aufweist, was das Verhältnis der komplexen Polysaccharid-Kohlenhydrate zu Mono- und Disacchariden betrifft,
- darüber hinaus ist die Versorgung mit nicht energieliefernden essentiellen Nährstoffen wie Faktoren des Vitamin-B-Komplexes, insbesondere Thiamin, Pyridoxin und Folsäure sowie teilweise Kalzium, Magnesium (gilt für Leistungssportler) und Eisen kritisch.

Der Leistungssportler kann sich unter den gegebenen Bedingungen und Maßstäben in keiner Weise Fehler in der Ernährung leisten. Es geht dabei längst nicht mehr allein darum, leistungsmindernden Mangelerscheinungen vorzubeugen, sondern durch eine optimale Nährstoffversorgung/Stoffwechsellage die bestmöglichen Voraussetzungen für Höchstleistungen zu schaffen.

Gesteigerte Stoffwechselanforderungen bei hohen körperlich-muskulären und bei vermehrten psychisch-nervlichen Beanspruchungen erhöhen den Bedarf an bestimmten Nahrungsfaktoren über das Maß der für die jeweilige Zielgruppe (Alter, Geschlecht, Beruf) zugrundegelegten Empfehlungen für die Energie- und

Nährstoffzufuhr hinaus. Diesen individuellen Bedarf insgesamt entsprechend auszugleichen, ist vorrangige Aufgabenstellung. Man spricht dann von einer ausgewogenen Ernährungsbilanz.

Bedarfsangepaßte und vollwertige Ernährung im Sport zielt ab auf [6]

- Sicherstellung aller ernährungsabhängigen Stoffwechselleistungen (Energiebereitstellung und -freisetzung, Versorgung mit Substanzen für Aufbau und Erhaltung von körpereigenen Strukturen und Wirkstoffen, Gewährleistung von Enzymaktivitäten, von hormonellen Steuersystemen und Regelkreisen, der Nerven- und Muskel- sowie Herz-Kreislauf-Funktion),
- Schutz vor leistungsmindernden Mangelerscheinungen und Ausgleich von Nährstoff- bzw. Substanzverlusten,
- Stabilisierung und Förderung der Abwehrkräfte, des Wohlbefindens und der Leistungsmotivation,
- leistungsgerechtes Körpergewicht,
- optimale, für die betreffende Sportart vorteilhafte Glykogenspeicherung,
- Erhaltung bzw. Vermehrung der Muskelsubstanz im Krafttraining,
- Kontrolle der Zufuhr stoffwechselbelastender Substanzen (Fette, Cholesterin, Purine),
- Förderung der Regeneration bzw. Wiederherstellungsprozesse auch nach Unfällen und Verletzungen.

Im Rahmen einer der jeweiligen Sportart und Sportphase angepaßten Ernährungsgestaltung ist auf folgende Gesichtspunkte besonders hinzuweisen: Zunächst können in der Phase der Wettkampfvorbereitung durch gezieltes Nährstoffangebot „Reserven" angelegt bzw. „Speicher" optimal gefüllt werden, um frühzeitigen Mangelsituationen – soweit wie möglich – vorzubeugen. Ferner ist es angebracht, bereits während der Wettkampfphase (z.B. in Pausen) bestimmte Nährstoffverluste an Wasser, an Elektrolyten und an Kohlenhydraten teilweise wieder zu ergänzen. Schließlich sollen nach der Belastung Regenerations-(= Wiederherstellungs-)-prozesse möglichst rasch in Gang gebracht werden und verlorengegangene Substanzen „aufgefüllt" werden.

Bei der Sicherstellung bzw. Optimierung der Leistungsbereitschaft aus ernährungsphysiologischer Sicht kommen im einzelnen
den energetischen Bedürfnissen,
dem Proteinbedarf,
der Vitaminzufuhr sowie
dem Wasser- und Elektrolythaushalt besondere Bedeutung zu. Im folgenden sollen nur einige Orientierungspunkte angesprochen werden.

Von den verschiedenen Substraten, die im Energiestoffwechsel zur Energiegewinnung herangezogen werden können, spielen unter körperlichen Belastungen zwei Gruppen eine wesentliche Rolle: die Kohlenhydrate und Fette. Je höher die Belastungsintensität ist, desto größer ist der Kohlenhydratanteil an der Energiebereitstellung. Eine fettreiche Ernährung mindert im Gegensatz zu einer kohlenhydratbetonten Kost die vorteilhafte Glykogenspeicherung bzw. -wiederauffüllung in den Muskeln.

Überschwellige Trainingsreize und entsprechendes Proteinangebot mit der Nahrung sind wesentliche Voraussetzungen für den Erfolg im Krafttraining. Bei optimaler Eiweißversorgung sind Muskel- und Bindegewebe weniger verletzungsanfällig und heilen im Falle eines Sportunfalles schneller. Ein erhöhter Proteinbedarf besteht ferner in der Aufbauphase nach überstandenen Erkrankungen (z.B. bei Muskelschwund nach verletzungsbedingter Trainingspause).

Aber Eiweiße sind auch zum Aufbau von Enzymen notwendig, die die im Sport vermehrt beanspruchten Vorgänge im Energie- und Baustoffwechsel steuern. Vitamine – insbesondere die Faktoren des B-Komplexes – sind dabei als Koenzyme in vielfältiger Weise mit der Regulation dieser Stoffwechselprozesse verknüpft.

Müdigkeit, Leistungsabfall und Störungen des emotionellen Gleichgewichts können Symptome eines latenten Vitamin-B_1-Mangels sein. Ausgeprägte Mangelerscheinungen führen in Abhängigkeit von den Lebensbedingungen und der Gesamternährungsversorgung zu Nervenentzündungen, Muskelschwäche, Muskelschmerzen sowie Krämpfen, die bis zu Lähmungen gehen [10]. Im Zusammenhang mit Fragen der Sporternährung ist aber die völlig unzureichende Zufuhr eines Vitamins, also die Avitaminose, nicht das eigentliche Ernährungsproblem. Vielmehr gilt es die sog. Hypovitaminosen, die zu suboptimalen Versorgungszuständen führen, zu vermeiden.

Mangelzustände im Bereich der Mineralstoffe führen u.a. zu (schmerzbedingter) Leistungseinschränkung vor allem im Muskel und am Nerven. Magnesium ist hier ein besonders wichtiger Gruppenrepräsentant, weil gerade sein Mangel eine erhöhte Gefahr für das Auftreten von Muskelkrämpfen bedeutet. Beim sportgerechten Mineralstoffersatz gebührt längst nicht mehr dem legendären Kochsalz oder Natriumchlorid (alleinige) Aufmerksamkeit, sondern vielmehr den beiden Elektrolyten Magnesium und Kalium. Eine vollwertige kohlenhydratbetonte Ernährung ist Grundlage für eine zufriedenstellende Basisversorgung.

Zur Flüssigkeits- und Elektrolytsubstitution in der Wettkampfsituation eignet sich besonders ein Apfelsaft-Mineralwasser-Schorle (im Verhältnis 1:1 gemischt). Apfelsaft ist wie andere Fruchtsäfte eine gute Kaliumquelle. Bei der Auswahl des Mineralwassers hilft ein Blick auf das Etikett: ca. 100 mg Magnesium und mehr pro Liter sind eine gute Empfehlung. Nicht ergänzte Wasserverluste bergen relativ schnell die Gefahr einer Bluteindickung mit verschlechterter Transportfunktion für Nährstoffe, Sauerstoff, Stoffwechselendprodukte und Wärme.

Die Gegenüberstellung von Ernährungsaufgaben, Nährstoffunktionen und möglichen kritischen Versorgungszuständen beim Sportler führt nochmals zu folgender grundsätzlichen Feststellung: Nur eine vollwertige Ernährung mit Lebensmitteln und Getränken, die eine hohe Dichte an essentiellen Nährstoffen aufweisen, trägt zur optimalen Anlage entsprechender Nährstoffspeicher bei und ermöglicht die Einhaltung sportartenspezifischer Empfehlungen/Relationen für die Zufuhr energieliefernder Nährstoffe (z.B. Kohlenhydratbetonung oder Anhebung des Proteinanteils bei gleichzeitiger Fettkontrolle).

Aktueller Bewertungsmaßstab für die Qualität eines Lebensmittels/der Ernährung ist die Nährstoffdichte. Sie gibt das Verhältnis eines nicht energieliefernden essentiellen (N.E.E.) Nährstoffes zum Energiegehalt des betreffenden Lebensmittels an.

In der Praxis wird folgendermaßen vorgegangen:

$$\text{Nährstoffdichte} = \frac{\text{Gehalt an einem N.E.E.-Nährstoff}}{\text{Energiegehalt des Lebensmittels}}$$

Die Ist-Nährstoffdichte bezieht sich auf das Lebensmittel. Sie kann mit Hilfe der verschiedenen Nährwerttabellen, die den Gehalt an Energie und Nährstoffen pro 100 g eines Lebensmittels angeben, berechnet werden.

Die Soll-Nährstoffdichte gibt den Bedarf des Körpers je nach Stoffwechselsituation (normaler oder erhöhter Energie- und Eiweißumsatz) an.

Ein Beispiel soll die Anwendung veranschaulichen:
Soll-Nährstoffdichte für Vitamin B_1 = 0,5 mg/1000 kcal
Zuschlag im Sport = 0,4 mg/1000 kcal
Soll-Nährstoffdichte insgesamt: 0,9 mg/1000 kcal

An diesem Ziel werden verschiedene Lebensmittel gemessen:
In hellen Brötchen sind	per 1000 kcal = 0,36 mg Thiamin
Im Steinmetzbrot	per 1000 kcal = 0,9 mg Thiamin
Im Weizenvollkornbrot	per 1000 kcal = 1,1 mg Thiamin
In Vollkorn-Haferflocken	per 1000 kcal = 1,5 mg Thiamin
In Weizenkeimen	per 1000 kcal = 5,4 mg Thiamin
In Kakaopulver stark entölt – nicht Instant-Produkte	per 1000 kcal = 1,5 mg Thiamin
In Haselnüssen	per 1000 kcal = 0,6 mg Thiamin
Erdnüssen, frisch (!)	per 1000 kcal = 1,5 mg Thiamin
Erdnüssen, geröstet	per 1000 kcal = 0,5 mg Thiamin
Sonnenblumenkernen	per 1000 kcal = 3,6 mg Thiamin
In Reis, Weißreis (roh)	per 1000 kcal = 0,2 mg Thiamin
Naturreis (roh)	per 1000 kcal = 1,1 mg Thiamin
In Schweinefleisch(filet)	per 1000 kcal = 3,9 mg Thiamin
In Sojakeimlingen	per 1000 kcal = 6,9 mg Thiamin
In Apfelsinensaft (!) frisch gepreßt	per 1000 kcal = 2,1 mg Thiamin
In Zucker, Honig	per 1000 kcal = 0(!) mg Thiamin

Gute Nährstoffquelle: Ist-Nährstoffdichte größer/gleich Soll-Nährstoffdichte.

Mit diesen Nährstoffdichteangaben wird in der Ernährungswissenschaft und Ernährungsberatung in zunehmendem Maße gearbeitet. Dieses Bewertungssystem erleichtert die bewußte Lebensmittelauswahl und -zusammenstellung. Es ermöglicht ebenso eine gezielte Aufwertung von Lebensmitteln bei der Speisenzubereitung. Erst an zweiter Stelle sollten Überlegungen zur (kurzfristigen) Nährstoffsupplementation in Form von Präparaten stehen. Im Falle eines vorhandenen definierten Nährstoffmangels ist ein entsprechend sicherer und schneller Ausgleich möglich. Eine kritische Analyse des jeweils leistungsabhängigen Bedarfs (Ernährungsstatus) sollte jedoch vorausgehen.

Bei der Diskussion um eine Nährstoffzusatzversorgung im Sport sind weitere Fragen zu berücksichtigen:

1) Wie sieht der Gehalt an Mineralstoffen, insbesondere Spurenelementen, in den verschiedenen Lebensmitteln auch unter Berücksichtigung ihrer Erzeugung bzw. Gewinnung und Verarbeitung aus?
2) Wie sieht die Bioverfügbarkeit der Nährstoffe in Konzentraten und Präparaten aus? Die Bioverfügbarkeit ist u.a. abhängig von der Dosis, der chemischen Struktur der Mineralstoffverbindungen, aber auch von Wechselwirkungen zur gesamten Nahrung und zur eventuellen Einnahme von Arzneimitteln. Die Kenntnis von resorptionsfördernden und -hemmenden Faktoren ist bei der Gabe von entsprechenden Präparaten wesentlich. Eine eiweißreiche Kost, ein hohes Kalziumangebot, aber auch Alkohol, können die Magnesiumaufnahme beeinträchtigen, während die Vitamine B_1 und B_6 die Magnesiumresorption fördern [1].

Abschließend verbleibt festzustellen, daß eine bewußte Ernährung im Sport auch die Berücksichtigung individueller Verträglichkeiten, d.h. die eigene Beobachtung miteinbeziehen muß, wie man unter bestimmten Belastungsbedingungen auf Speisen und Getränke reagiert. Die spontane und unkritische Zuwendung zu populären Kostformen auch im Sport, beispielsweise die Haas-Diät [5] oder die Vollwerternährung, bringt nicht immer den gewünschten Erfolg, vor allem dann nicht, wenn die neue Ernährungsweise wegen starrer Vorgaben nicht flexibel genug gehandhabt werden kann und nicht genügend Anpassungszeit für die Ernährungsumstellung eingeplant wird. Jede erfolgreiche Verhaltensänderung – auch das Ernährungslernen im Sport – setzt viele kleine Schritte voraus, geht es doch darum, ein auf Dauer zufriedenstellendes und leistungsadäquates Ernährungsverhalten zu entwickeln.

Literatur

1. Böhmer D (1986) Sportler. Der Magnesium-Bedarf ist oft erhöht. Ärztl Prax 25: 794–795
2. Deutsche Gesellschaft für Ernährung (1984) Ernährungsbericht. Frankfurt/M.
3. Deutsche Gesellschaft für Ernährung (1985) Empfehlungen für die Nährstoffzufuhr, 4. Aufl. Umschau-Verlag, Frankfurt/M.
4. Elmadfa I (1984) Die große Vitamin- und Mineralstoff-Tabelle. Gräfe & Unzer, München
5. Haas R (1986) Eat to succeed. Rawson Associates, New York
6. Hamm M (1985) Sport und Ernährung. In: Starischka S, Gschwender B, Hellwig W (Hrsg) Aspekte von Lehre und Forschung. Dortmunder Schriften Sport, Bd I. SFT-Verlag, Erlensee
7. Hamm M, Nilles M (1982) Richtig essen hilft gewinnen – Sporternährung praxisnah. Hädecke, Weil der Stadt
8. Haralambie G (1982) Einführung in die Sportbiochemie. Bartels & Wernitz, Berlin. Sport- und Freizeit-Service, Freiburg
9. Koerber KW von, Männle T, Leitzmann C (1986) Vollwert-Ernährung, 5. Aufl. Haug, Heidelberg
10. Roche-Hoffmann-La Roche AG (1980) Vitamin-Compendium. Editiones Roche, Basel

Schlußwort

R. Spintge

Schmerz und Sport - es muß in diesem Kontext die Frage angesprochen werden, inwieweit es vertretbar ist, das physiologische Warnsignal Schmerz durch ärztliche und andere Maßnahmen auszuschalten. Körperliche Aktivität und insbesondere sportliche Betätigung hebt per se die Schmerzschwelle signifikant [1, 3]. Aus biologischer und entwicklungsgeschichtlicher Sicht ist dieser Mechanismus sinnvoll, denn er ermöglichte eine Leistungssteigerung des menschlichen Organismus in Situationen aktiver Auseinandersetzung mit der Umwelt, wie z. B. Jagd oder Verteidigung. Situationen also, die für das Fortbestehen und die Entwicklung des einzelnen und der Art entscheidende Bedeutung besaßen und besitzen. Zur Gefahr wird diese Reaktionsweise des Organismus für diesen selbst jedoch dann, wenn die Schmerzschwelle, d.h. die in diesem Sinne naturgegebenen Leistungsgrenzen weiter hinausgeschoben werden, z. B. durch chemische (Doping) Mittel, aber auch durch psychologische und psychosomatische Einflußnahmen (mentales Training, Hypnose etc.). Letztlich läßt sich der Organismus auch nur bis zu einem gewissen Punkt „betrügen", wie der schreckliche, von großen Schmerzen begleitete Tod von Birgit Dressel jüngst wieder einmal vor Augen geführt hat. Die Aussage „der Sieg betäubt das Risikogefühl" [2, 4] darf nicht gelten.

Unter diesem Gesichtspunkt müssen wir unsere Arbeit im Bereich des Sportes stets selbstkritisch überdenken und auch entsprechend aufklärend auf die von uns Betreuten einwirken. Sport soll Sport bleiben. Der Schmerz als unbestechlicher Warner mahnt uns alle dazu.

Literatur

1. Arentz T, De Meirleir K, Hollmann W (1988) Über den Einfluß der endogenen opioiden Peptide auf die Schmerzwahrnehmung während körperlicher Arbeit. In: Spintge R, Droh R (Hrsg) Schmerz und Sport - Interdisziplinäre Schmerztherapie in der Sportmedizin. Springer, Berlin Heidelberg New York Tokyo (in diesem Band, S. 230-236)
2. Köster R (1987) Die Droge Doping lauert doch. Medical Tribune MTV 27: 13
3. Pöllmann L, Oesterheld R, Höllmann B (1987) Körperliche Aktivierung und Schmerzschwelle - experimentelle Untersuchungen. Schmerz Pain Douleur 1: 39-42
4. Zeyer R (1987) Skandal: Wiener dopt deutsche Leichtathleten. Wiener Juli 1987: 3-6

Sachverzeichnis

Achillessehne 13–20
Akupunktur 109–116, 118, 234
Algoneurodystrophie 7, 91, 104, 127, 155, 248
Arbeitsmedizin, Musiker/Tänzer 5, 139–146, 246

Biomechanik 246

Chondropathia patellae 6, 31, 240

Ellenbogen 5, 82, 84, 113, 124
Emotion 184, 186, 188, 191, 230, 248, 251, 259, 272, 284, 295, 297, 299
Endorphine 161, 164, 167, 186–188, 217, 230, 234
Entspannung 104, 155, 173, 179, 184, 282
Ernährung 263, 272

Fechten 5

Fußball 3, 5, 7, 40, 153

Geräteturnen 3
Gewichtheben 6, 60

Hand 141–146
Handball 3, 5, 6, 126
Hochsprung 3
Hüftgelenk 72–80, 82, 124, 247, 250

Isokinetik 26–32, 35–44, 63–64, 239

Kniegelenk 6, 20, 33–42, 59–69, 73, 82, 124, 130, 153, 240
Koordination 252, 284

Kopfschmerz 134, 273
Krafttraining 5, 26, 47, 298
Kreuzband 241

Langlauf 60, 154, 159, 243, 259, 262, 267, 271, 280
Laser 121
Leichtathletik 3, 5, 6, 84, 126
Leistenbeschwerden 7, 84

Marathon s. Langlauf
Meniskus 6, 73, 127
Motivation 6, 30, 247, 298
Muskel 23, 153, 173, 199, 207, 220–229, 230, 234, 239, 249, 251, 256, 282, 283, 297
Muskelkater 205–206

Nervenblockade 4, 128
Nervenstimulation, elektrische 4, 87–91, 94–100, 101–107, 234

Overuse-Syndrom s. Überlastungssyndrom

Patellarsehne 20–22, 59, 118

Quadrizepssehne 22

Reflexdystrophie s. Algoneurodystrophie
Rehabilitation 3, 239, 247, 251, 282, 299
Reiten 3, 126
Rhythmus 166
Ringen 5, 6, 47
Rudern 84, 243, 264, 271

Schallapplikation 151–153
Schmerzbewältigung, psychophysische 161, 167, 170, 172–177
Schmerztherapie, spezielle 4, 54, 64–67, 74–76, 85–86, 87–91, 94–100, 101–105, 112–116, 123–125, 129–131, 134–136, 141, 151–153, 180–183, 295
Schultergelenk 6, 45–57, 140, 247, 250
Schwimmen 282, 297
Segeln 274
Skilauf 5, 6, 37, 47, 126, 271
Sonographie 13–24, 51–53
Spielsport 297
Sprunggelenk 6, 106, 124, 241
Suggestion 176, 180–183

Tanz 246
Tennis 3, 5, 47, 84, 109
TENS s. Nervenstimulation

Training 4, 5, 26, 64, 155, 170, 173–177, 184, 190, 235, 239, 257, 259, 263–267, 277, 289, 294
Triathlon 264
Turnen 5

Überlastungssyndrom 3, 4, 5, 6, 47, 235, 254
Übertraining 154, 258, 270

Volleyball 3, 47

Werfen 5, 6, 47
Wirbelsäule 5, 71, 91, 98, 105, 116, 124, 140, 152, 247, 249, 250, 252, 276–279

Zuschauerreaktion 191–192

MIX
Papier aus verantwortungsvollen Quellen
Paper from responsible sources
FSC® C105338

If you have any concerns about our products,
you can contact us on
ProductSafety@springernature.com

In case Publisher is established outside the EU,
the EU authorized representative is:
**Springer Nature Customer Service Center GmbH
Europaplatz 3, 69115 Heidelberg, Germany**

Printed by Libri Plureos GmbH
in Hamburg, Germany